디지털 논리회로 이해

디지털 논리회로 이해

| 오창환 저

한국학술정보

머리말

우리는 온 세상을 인터넷으로 엮어주는 디지털 정보화시대에 살고 있다. 이제 반도체 기술과 컴퓨터 및 통신 기술의 발달로 제2의 정보화 혁명이라고 일컬어지는 유비쿼터스 시대를 맞이하려 하고 있다.

유비쿼터스 시대에는 모든 사물뿐만 아니라 동물 및 인체 내에 컴퓨터를 장착시켜서 센싱, 네트워킹, 제어 기능 등을 실시간으로 처리함에 따라 다양한 디지털 회로 기술을 필요로 하게 된다. 컴퓨터 기술은 CPU 칩 하나만으로 구성될 수 없다. 항상 CPU 주변에 디지털 논리회로가 함께 수반되어야만 사용자 수요에 적합한 디지털 시스템을 구성할 수 있게 된다.

유비쿼터스 시대의 최첨단 디지털 시스템이라고 할지라도 디지털 논리회로 기술을 적용하지 않고서는 한 발자국을 디딜 수 없는 것이 사실이다. 이와 같이 디지털 논리회로 기술은 지금까지 그래 왔던 것처럼 미래의 최첨단 기술 시대에서도 필수불가결한 IT 근간 기술들 중의 하나로 남을 것은 분명하다. 디지털 논리회로는 거의 모든 교육기관에서 디지털 기술 관련 과목으로 중요하게 여겨지고 있으며 기사시험 과목에도 포함되어 있다.

이 책의 특징은 대학교에서 한 학기 강의 동안 마칠 수 있는 분량으로 적절히 조정되어 있으며 디지털 이해를 시작으로 디지털 논리회로에서 필수적인 사항들을 보다 알기 쉽게 설명한 것이다. 또한 컴퓨터 전공자가 아닌 일반 독자들도 이해하기 용이하도록 디지털 논리회로 관련 기술들에 관한 핵심 내용들을 중심으로 요약하여 설명하려 노력하였으며 서술적 표현 대신에 표와 그림을 활용함으로써 독자들로 하여금 보다 빠르게 이해할 수 있도록 하였다.

이 책의 구성은 다음과 같다.

제1장 '디지털 이해'에서는 디지털 개념을 아날로그와 비교하여 설명하며 디지털 데이터의 표현 방식에 관하여 서술한다. 디지털 논리회로의 여러 가지 종류를 소개하고 아날로그 신호를 디지털로 변환하기 위한 각종 기술들에 관한 A/D 변환기를 기술한다.

제2장 '수의 체계'에서는 우리들의 일상생활에서 사용하는 10진수를 기준으로 하여 컴퓨터에서 사용하는 2진수의 개념을 설명한다. 또한 디지털 회로에 자주 사용되는 8진수와 16진수에 대한 설명이 포함된다. 진법 계산에 관하여 기술하고 보수 사용을 통한 컴퓨터 감산을 설명한다.

제3장 '정보의 코드화'에서는 디지털 신호를 숫자로 표기하는 코드화의 개념을 설명하고 BCD 코드와 그레이 코드에 관해 서술한다. 또한 디지털 통신에서 사용되는 에러 검출 코드와 에러 정정 코드에 관하여 설명하고, 컴퓨터 키보드와 본체 사이에서 널리 사용되고 있는 알파뉴메릭 코드에 관하여 서술한다.

제4장 '논리 게이트'에서는 디지털 논리회로에서 사용되고 있는 각종 게이트를 소개한다. 입력 디지털 신호를 역으로 바꾸어주는 NOT 게이트를 시작으로 버퍼 게이트를 서술하고 AND, NAND, OR, NOR 게이트를 기술한다. XOR 게이트와 XNOR 게이트에 관해서도 설명한다. 정논리와 부논리, 게이트의 전기적 특성에 관해 설명한다.

제5장 '부울 대수'에서는 부울 논리식의 표현에 관한 개요를 서술하고 부울 대수에 관한 여러 가지 규칙과 법칙을 설명한다. 논리회로를 부울 함수로 변환하는 기법을 기술하고 SOP(sum-of-products)와 POS(product-of-sums)로 구분되는 부울 함수의 표현에 관하여 설명한다.

제6장 '카르노 맵을 이용한 부울 함수의 간략화'에서는 부울 함수를 간략화시키기 위한 방법인 카르노 맵의 개요를 설명하고, 변수가 2개로 구성되는 카르노 맵, 즉 2 변수 카르노 맵과 함께 3 변수 카르노 맵, 4 변수 카르노 맵 등에 관해 서술한다. 부울 함수를 간략화시킬 때에 참고해야 하는 선택적 카르노 맵에 대해 기술하고 don't care 조건이 포함되는 카르노 맵 간략화에 대해 설명한다. 또한 5변수 카르노 맵에 관한 설명이 포함된다.

제7장 '조합 논리회로'에서는 조합 논리회로의 개요를 설명하고 조합 논리회로를 해석하는 방법을 서술한다. 또한 디지털 시스템 설계 과정에서 요구되는 조합 논리회로 설계 기법을 기술한다. 조합 논리회로의 예로서 반 가산기와 전 가산기, 반 감산기와 전 감산기,

코드 변환 논리회로, 패리티 발생 및 검사 회로, 크기 비교기 등을 소개한다. 또한 NAND와 NOR 게이트들로 구성되는 논리회로 설명을 포함한다.

제8장 '조합 논리회로 응용'에서는 조합 논리회로 응용 개요를 시작으로 조합 논리회로를 사용하는 여러 가지 응용 회로들을 소개한다. 우선 2진 가산기를 소개하고 컴퓨터 구조에서 사용되는 디코더에 대해 설명한다. 디지털 숫자 표시기인 BCD-7세그먼트에 대해 설명하고 인코더에 관해 기술한다. 통신장치에서 널리 사용되는 멀티플렉서와 디멀티플렉서를 설명하고 프로그램 논리장치에 대해 서술한다.

제9장 '순차 논리회로'에서는 플립플롭으로 구성되는 순차 논리회로의 개요를 설명하고 비동기식 플립플롭에 대해 서술한다. 이어서 동기식 플립플롭에 관한 설명이 이어진다. 또한 플립플롭의 주요 특성에 관해 설명한다.

제10장 '순차 논리회로 해석 및 설계'에서는 RS 플립플롭, D 플립플롭, T 플립플롭, JK 플립플롭 등으로 구성된 순차 논리회로에 관한 해석 및 설계 방법을 설명한다. 특히 순차 논리회로 설계에 활용하기 위한 각각의 플립플롭 여기표 설명이 포함된다.

제11장 '카운터'에서는 디지털 시스템에서 자주 사용되는 카운터의 개요와 설계 방식에 관해 설명한다. 우선 카운터의 개요를 서술하고 리플 카운터라고도 불리는 간단한 방식의 비동기식 카운터 설계 방법을 기술한다. 이어서 동기식 카운터의 설계 방식의 설명이 추가된다.

제12장 '레지스터'에서는 레지스터 개요에 관해 설명하고 4가지의 입출력 조합, 즉 병렬입력－병렬출력 레지스터, 직렬입력－직렬출력 레지스터, 직렬입력－병렬출력 레지스터, 병렬입력－직렬출력 레지스터 등에 관하여 서술한다. 양방향 레지스터 사이의 데이터 전송에 관하여 설명하고, 양방향 시프트 레지스터, 범용 시프트 레지스터, 시프트 레지스터의 응용에 관하여 기술한다.

제13장 '메모리'에서는 메모리 개요를 서술한다. ROM의 논리구조와 구성방식에 관해

설명한다. 또한 RAM의 논리구조와 구성방식에 관해 서술하고 메모리 확장 등에 관해 기술한다.

이 책을 통해 많은 독자들이 디지털 논리회로에 대해 보다 폭넓고 보다 알기 쉽게 이해하여 전공학습과 함께 정보화 교육에 커다란 보탬이 되기 바란다. 또한 이 책에 부족한 점이 많아 독자의 기대에 못 미칠 우려도 있다고 생각하며 앞으로 많은 조언과 충고를 받아들여 이를 개정판에 반영함으로써 그야말로 훌륭한 디지털 논리회로 관련 서적으로 오래도록 활용되기를 바란다.

2013. 1.

오창환

차례

1_디지털 이해

1.1. 디지털 개념

1.1.1. 디지털 데이터와 아날로그 데이터

데이터는 우리들의 일상생활에서 측정된 각종 값들을 의미하며 여기에는 온도, 습도, 압력, 소리 크기, 빛의 세기 등의 자연현상을 나타내는 값들이 있고, 우리들의 신체 크기, 즉 체중, 신장, 가슴둘레, 허리둘레 등의 값들도 있다.

온도의 변화를 측정하여 그래프로 표시해주는 온도측정 장치를 생각해보면 시간이 변화함에 따라 온도 그래프는 직선 모양이 되기도 하고 곡선 모양으로 바뀌기도 한다. 이와 같이 측정 데이터가 연속적으로 변화하는 데이터를 아날로그 데이터라고 부른다.

아날로그 데이터는 연속적인 값들의 집합이므로 어느 한 시점의 데이터를 숫자로 표기하기 위해서는 자릿수를 무한개로 늘릴 수 없기에 그래프 값을 숫자로 정확하게 표기하는 데에는 한계가 있을 수밖에 없다. 따라서 아날로그 데이터는 숫자로 표기하는 테이블 방식이 아니라 연속적인 선으로 이어진 그래프로 나타내야 한다. 아날로그 데이터를 그래프로 표기하면 사람의 눈으로 데이터의 변화를 감지할 수 있으며, 아날로그 소리 데이터는 귀로 듣고서 소리 크기의 변화를 감지할 수 있다. 이 세상의 모든 측정치를 사람의 감각기관을 통해 감지하는 데에는 아날로그 방식으로 전달되고 인식되지만 문서 데이터로 표기하기 위해서는 그래프 형식을 빌릴 수밖에 없다. 만일 숫자로 표기하고자 하면 그래프와 달리 연속적이지 못하고 불연속 데이터로 변화하게 되어 순수 아날로그 데이터라고 말할 수 없게 된다.

　인간이 자연현상이나 물질 등을 나타내기 위한 대푯값을 사용하기 시작할 때부터 디지털 시대로 접어들었다고 말할 수 있겠다. 여러 종류의 바위들의 실제 모양은 아날로그이지만 그것들을 대표적으로 바위라고 말하는 것은 인간의 편리성으로 인해 아날로그 현상을 포기하는 것이라 여겨진다. 사람의 모습도 각양각색이라서 사람들을 구별하여 부르기 위해 이름을 짓기 시작했으며 이렇게 각 사람을 이름으로 표시하는 것도 일종의 디지털 현상일 것이다.

　그러나 이와 같은 대푯값은 엄밀히 말하면 디지털 데이터라고 규정지을 수 없고 단지 순수 아날로그 데이터에서 벗어난다고 말할 수 있다. 오늘날 디지털 시대에서 디지털 데이터라 함은 'LOW'와 'HIGH'의 두 가지 값으로만 표기되는 데이터를 의미한다. 실제적으로 디지털 데이터가 존재하는데 예를 들어서 신호등의 밝기가 일정한 경우, 신호등의 변화 현상은 '불 꺼짐'과 '불 켜짐'만으로 충분하므로 디지털 데이터에 해당한다.

　연속적인 아날로그 데이터를 어떻게 두 레벨만을 가지는 디지털 데이터로 표기할 수 있을까? 우리들이 일상생활에서 사용하는 숫자(0~9로 이루어진 숫자)를 생각해보자. 아날로그 데이터값을 보다 정확하게 표기하려면 자릿수를 늘리면 가능하듯이 비록 두 레벨만 있는 디지털 데이터로도 이들의 자릿수를 늘리면 아날로그 데이터를 정확하게 표기할 수 있는 것이다. [그림 1-1]은 아날로그 데이터와 디지털 데이터를 보여준다.

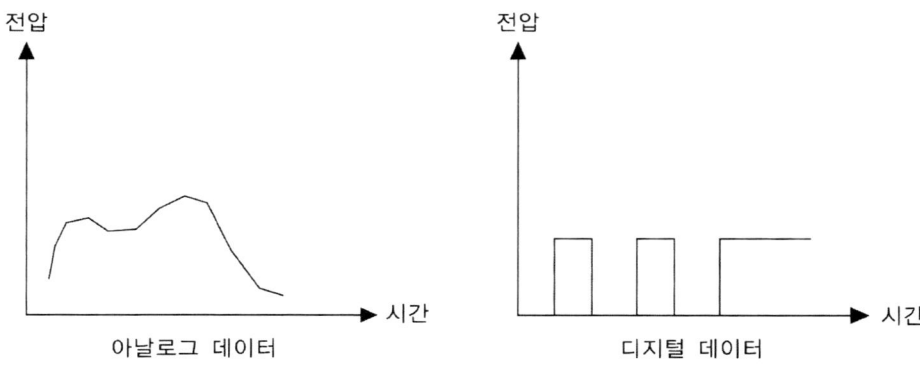

[**그림 1-1**] 아날로그 데이터와 디지털 데이터

1.1.2. 디지털 시스템과 아날로그 시스템

사람의 말소리는 자체적인 에너지가 없기 때문에 멀리 전송되지 못한다. 음성을 유선이나 무선으로 멀리 전송하기 위해서는 음성의 크기 변화를 전기 에너지로 변환시켜야 하는데 이와 같이 변환된 전기 에너지의 흐름을 신호(signal)라고 부른다. 아날로그 데이터와 디지털 데이터를 각각 전기 에너지의 흐름으로 변환시킨 것이 바로 아날로그 신호와 디지털 신호가 된다.

시스템은 입력되는 입력신호에 어떠한 기능을 동작시켜서 원하는 출력신호를 얻게 해주는 기기장치의 집합체이다. 아날로그 시스템은 아날로그 신호를 입력받아서 원하는 형태의 아날로그 신호를 출력시켜주는 시스템을 의미한다. 디지털 시스템이 등장하기 전까지는 모든 전자 및 통신 시스템이 아날로그 시스템으로 동작되었다. 예를 들어서 아날로그 전화기는 아날로그 음성을 입력으로 받아서 음성의 크기를 전기 에너지 크기로 변환시켜서 아날로그 전기에너지 흐름을 출력시켜준다. 오디오 시스템의 레코드는 아날로그 음성의 전압 크기에 따라 레코드판 위의 홈 깊이를 달리하는 방식으로 아날로그 음성 데이터를 저장하기 때문에 이 또한 아날로그 시스템에 해당한다. [그림 1-2]는 아날로그 시스템을 나타내고 있다.

[그림 1-2] 아날로그 시스템

디지털 시스템은 이산적 값들로 이루어지는 디지털 신호를 입력으로 하여 디지털 신호를 출력시키는 전자장치를 말한다. 디지털 신호의 대표적인 예로서 컴퓨터 데이터가 있다. 컴퓨터는 모든 동작이 디지털 방식으로 이루어지기 때문에 컴퓨터 데이터의 흐름은 'LOW'와 'HIGH' 전압으로 표현되는 디지털 신호이다. 그러나 자연 현상에서 측정된 값을 전기 에너지 흐름으로 바꾼 전기 신호나 아날로그 시스템의 출력 등은 아날로그 신호이기 때문에 디지털 시스템에 직접적으로 입력될 수 없다. 아날로그 신호를 디지털 시스템에 입력시키기 위해서는 우선 아날로그 신호를 디지털 신호로 변환해야 한다.

예를 들어서 사람의 음성 신호가 마이크를 통과하면 전기적 아날로그 신호로 변환되고 이 신호를 증폭하기 위해 디지털 방식의 오디오 시스템에 입력시킬 경우에 아날로그 마이크 신호를 디지털 신호로 변환시켜야 하는데 이러한 장치를 A/D 변환기(Analog-to-Digital converter)라고 부른다. 디지털 오디오 시스템의 출력은 디지털인데 스피커는 아날로그 방식으로 동작하므로 디지털 오디오 시스템의 신호를 D/A(Digital-to-Analog converter) 변환기를 통과시켜서 아날로그로 변환시켜야 한다. <그림 1-3>은 디지털 시스템을 보여주고 있다

[그림 1-3] 디지털 시스템

디지털 시스템은 아날로그 시스템에 비해 다음과 같은 장점이 있다.

• 잡음에 강하다: 아날로그 시스템은 외부 잡음이나 온도 변화, 부품의 사용 기간 등에 민감하지만 디지털 시스템은 내·외부 잡음의 영향을 줄일 수 있다.

• 시스템 설계가 용이하다: 디지털 시스템에서는 'ON'과 'OFF'의 두 가지 상태만이 존재하는 스위칭 회로를 사용하기 때문에 설계가 용이하다. 또한 디지털 시스템은 기본적인 집적 회로로 구성되기 때문에 아날로그 회로에 비하여 그 구성이 단순하다.

• 유연성이 높다: 디지털 시스템은 프로그래밍으로 전체 시스템을 제어할 수 있기 때문에 새로운 규격 변화에 대해 유연성이 높다.

• 정보의 저장과 가공이 용이하다: 디지털 정보는 아날로그와 달리 메모리에 저장이 용이하고 또한 저장된 정보를 가공하여 다른 목적으로 활용할 수 있다.

• 정보처리의 정확성과 정밀도를 높일 수 있다: 아날로그 시스템에서는 3V와 2V의 입력이 더해질 경우에 정확하게 5V의 출력이 나오는 것이 아니라 오차가 발생하기 마련이다. 그러나 디지털 시스템에서는 각각의 입력을 디지털 데이터로 변환하기 때문에 출력 데이터도 디지털 데이터로 정확하게 산출된다.

• 소형화와 저렴한 가격으로 구성이 가능하다: 복잡한 회로를 반도체 집적회로를 사용하여 작은 크기로 제작할 수 있고, 대량 생산이 용이하기 때문에 가격이 낮아진다.

디지털 시스템이 아날로그 시스템에 비해 여러 가지 장점이 있다고 해도 모든 시스템을 디지털화시킬 수는 없다. 예를 들어서 무선통신의 경우에는 디지털 신호를 아날로그 신호로 변환하고 이를 캐리어 주파수에 실어 전송하게 된다. 또한 모든 자연현상은 아날

로그 신호이므로 디지털 시스템을 통해 데이터를 전송하기 위해서는 아날로그 신호를 디지털 신호로 변환해야 한다. 이와 같이 전자장치는 아날로그 시스템과 디지털 시스템이 서로 공존하게 되므로 이들 사이의 변환이 필요한데 이들의 상호관계를 표시하면 [그림 1-4]와 같다.

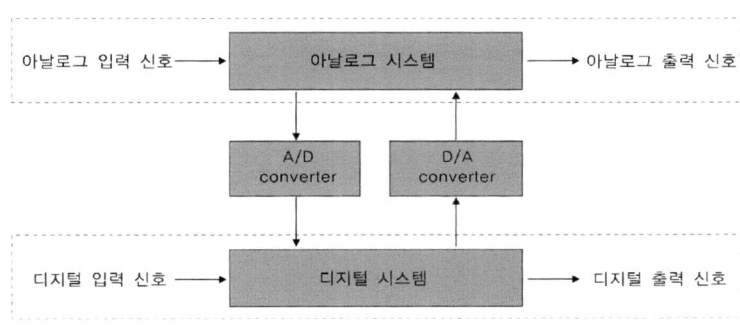

[그림 1-4] 아날로그 시스템과 디지털 시스템의 상호 연결

1.2. 디지털 데이터의 표현

1.2.1. 디지털 데이터의 두 가지 레벨

디지털 데이터는 0과 1의 두 가지 레벨로 표현되는데 어느 레벨을 0 혹은 1로 정할지는 미리 약속되어 있어야 한다. 예를 들어서 스위치의 상태를 디지털 데이터로 표현하는 경우에는 두 가지 상태, 즉 '꺼져 있는 상태'와 '켜져 있는 상태'를 각각 '0'과 '1'로 표현할 수 있다.

5V의 전원으로 동작되는 디지털 회로에서는 회로 전압이 0V~5V 사이에 놓이게 되므로 전압 상태를 두 가지 레벨로 표현하기 위해서는 각각의 레벨이 차지하는 범위를 결정할 필요가 있다. 그런데 두 가지의 전압 레벨에서 높은 전압 레벨을 1로 나타내고 낮은 전압 레벨을 0으로 나타내는 방식을 양 논리 시스템(Positive logic system) 혹은 정논리라고 부르고, 이와 반대로 낮은 전압 레벨을 1로 나타내고 높은 전압 레벨을 0으로 나타내는 방식을 음 논리 시스템(Negative logic system) 혹은 부논리라고 부른다.

양 논리 시스템에서 디지털 데이터를 표현하는 전압 레벨을 [그림 1-5]에 나타낸다. 입력신호의 전압레벨이 2.0V~5V의 범위에 있으면 High, 즉 1을 나타내고, 입력신호의 전압

레벨이 0V~0.4V이면 Low, 즉 0을 나타낸다. 출력신호의 경우에는 High, 즉 1을 나타내기 위해서는 전압레벨을 2.7V~5V 사이로 유지시키며 Low, 즉 0을 나타내기 위해서는 전압레벨을 0V~0.4V 사이를 유지하도록 출력시킨다. 입력신호 전압레벨의 범위가 출력신호 전압레벨의 범위보다 큰 것은 신호가 전달되는 과정에서 발생할 수 있는 잡음에 좀 더 강하도록 하기 위한 목적을 가진다.

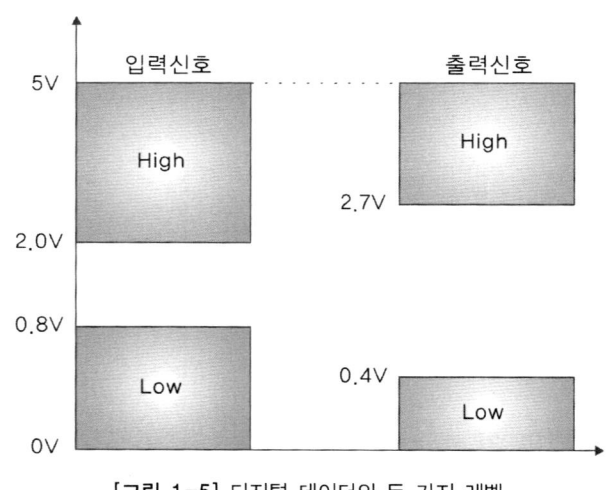

[그림 1-5] 디지털 데이터의 두 가지 레벨

1.2.2. 디지털 데이터의 표현 단위

디지털 데이터의 최소 단위는 비트(bit)이다. 비트는 10진수에서 디지트(digit)에 해당하는데 10진수에서 한 자리 숫자는 10가지 수를 의미하지만 한 비트는 0과 1의 2가지 수를 표현할 수 있다. 10진수에서 두 자릿수는 $100(=10^2)$가지 수를 나타낼 수 있지만 2비트로는 $4(=2^2)$가지 수, 즉 00, 01, 10, 00 등을 표현할 수 있다.

비트는 컴퓨터의 정보를 나타내는 가장 기본적인 단위로서 전압이 높고 낮음을 각각 1과 0의 두 가지 상태 정보로 표현할 수 있다. 1자리 비트는 2가지 상태 정보, 2자리 비트는 4가지 상태 정보 등을 표현할 수 있지만 컴퓨터는 보통 8자리 비트를 기본으로 사용하기 때문에 비트 8개가 하나의 뭉치로 모인 묶음을 1바이트(byte)라고 부른다. 단순히 비트 8개와 1바이트는 구별되어야 하는데 각각의 비트가 서로 독립적으로 8개가 있는 것은 1비트가 2 상태를 나타내기 때문에 2×8=16가지 상태만을 표현할 수 있지만 비트 8개가 각각 자릿수를 나타낼 때에는 $256(=2^8)$가지 상태를 나타낼 수 있는 것이다. 10진수에서 숫자 4개가 1의 자리만 4개 있는 것과 숫자 4개가 각각 1의 자리, 10의 자리, 100의 자리, 1,000자리에 있는 것이 서로 다름과 동일한 이치이다.

4비트가 모여 4자리가 된 단위를 니블(nibble)이라고 부르고 1바이트는 1캐릭터(character)라고도 부르는데 캐릭터라 함은 컴퓨터 키보드에 표시된 영문, 숫자, 특수기호 등을 포함하여 의미한다. 정확하게 말하면 키보드의 캐릭터를 표시하기 위해서는 7비트($2^7 = 128$가지 상태)만으로 충분하지만 나머지 1비트는 패리티 비트(parity bit)로 사용되기 때문에 일반적으로 1캐릭터를 1바이트로 정의하고 있다.

컴퓨터의 CPU 명령어는 8비트, 16비트, 32비트, 64비트 등으로 구성되는데 이와 같이 CPU 명령어 기본 단위를 워드(word)라고 부른다. 따라서 16비트 컴퓨터에서는 1워드가 16비트를 의미하고, 64비트 컴퓨터에서는 1워드가 64비트를 의미한다.

컴퓨터의 워드에서 맨 아래 자리 비트를 LSB(Least Significant Bit)라고 부르고 최상위 자리 비트를 MSB(Most Significant Bit)라고 부른다. 16비트 컴퓨터에서 LSB는 비트 0을 말하고 MSB는 비트 15를 말하며, 64비트 컴퓨터에서는 LSB와 MSB가 각각 비트 0과 비트 63을 의미한다.

약어로 표기할 때에 bit는 소문자 b, byte는 대문자 B로 표기한다. 메모리 용량을 나타낼 때에 보통 DRAM은 1비트 단위이고 SRAM은 1바이트 단위이므로 DRAM은 1Kb 용량, SRAM은 1KB 용량 등으로 표기한다. 1Kb DRAM 8개를 병렬로 연결 구성해야만 1KB SRAM과 동일한 용량이 된다. 1KB의 정확한 용량은 2^{10} 값으로서 1,024B이며 1MB는 2^{20} 으로 1,048,576B이다. 대용량의 단위는 10^3 단위로 K, M, G, T(Tera), P(Peta), E(Exa), Z(Zetta), Y(Yotta) 등이 되며 1YB는 10^{24} 바이트를 의미하게 된다.

1.2.3. 디지털 펄스 파형

아날로그 파형은 사인(sine) 파형과 코사인(cosine) 파형들의 조합으로 분석되지만 디지털 파형은 High 상태와 Low 상태가 반복적으로 일어나는 펄스(pulse) 파형으로 구성된다. 펄스 파형은 주기 펄스(periodic pulse)와 비주기 펄스(non-periodic pulse)로 구분되는데 주기 펄스는 High 상태와 Low 상태가 일정 구간으로 반복되는 파형이고 비주기 펄스는 High 상태와 Low 상태의 반복에 규칙성이 없는 파형을 의미한다.

[그림 1-6]은 이상적인 디지털 주기 펄스 흐름을 나타낸 것이다. Low 상태에서 High 상태로 올라가는 포인트를 라이징 에지(rising edge) 혹은 상승 에지라고 부르고, High 상태에

서 Low 상태로 떨어지는 포인트를 폴링 에지(falling edge) 혹은 하강 에지라고 부른다.

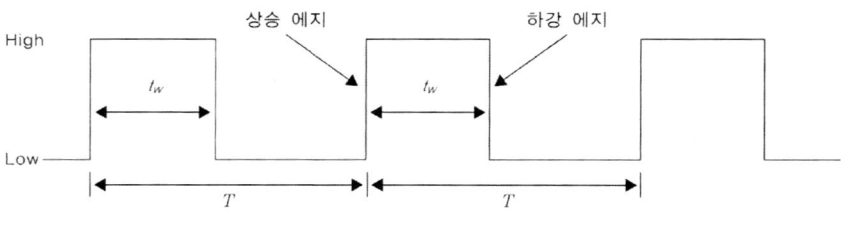

[그림 1-6] 이상적인 디지털 주기 펄스

이상적인 디지털 펄스에서는 High 상태와 Low 상태 사이의 변화 포인트가 직각 형태로 이루어져 있지만 실제적인 파형에서는 High 상태와 Low 상태 사이의 변화가 순간적으로 이루어지지 않는다. [그림 1-7]은 실제적인 디지털 펄스를 보여주고 있다. 펄스 진폭을 A 라고 할 때에 펄스 진폭의 10%인 $0.1A$에서 펄스 진폭의 90%인 $0.9A$까지 상승하는 데 걸리는 시간을 상승 시간(rising time: t_r)이라 하고, 펄스 진폭의 90%에서 10%까지 떨어지는 시간을 하강시간(falling time: t_f)이라고 부른다. 펄스 폭(pulse width: t_w)은 High 상태의 50% 진폭을 유지하는 구간을 의미한다.

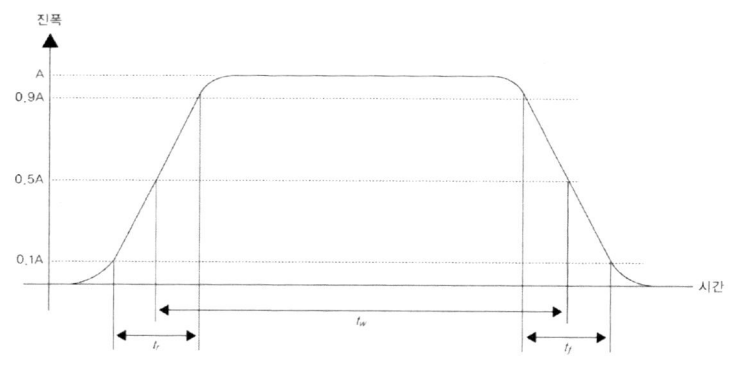

[그림 1-7] 실제적인 디지털 펄스

디지털 주기 펄스에서 주기(period)는 High 상태 (Low 상태)에서 Low 상태(High 상태)로 변화했다가 다시 High 상태로 변화하는 데 걸리는 시간을 의미한다. 주파수(frequency)는 단위로 Hz(헤르츠)를 사용하며 1초 동안에 주기가 몇 번 반복하는가를 나타내므로 주기의 역수가 된다. 예를 들어서 주기가 1/2초이면 주파수는 2Hz가 되는 것이다. [그림 1-8]은 서로 다른 주기의 펄스를 보여주고 있다.

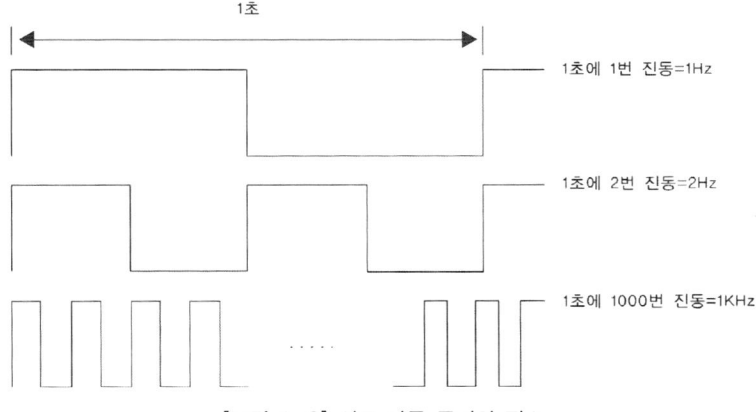

[그림 1-8] 서로 다른 주기의 펄스

주기와 주파수의 관계를 수식으로 나타내면 아래와 같다.

$$T = \frac{1}{f}, \quad f = \frac{1}{T}$$

주기 펄스에서는 듀티 사이클(duty cycle) 용어가 사용되는데 이는 주기(T)에 대한 펄스 폭(t_w)의 비를 백분율(%)로 나타낸 값을 의미한다.

$$\text{duty cycle} = \frac{tw}{T} \times 100\%$$

1.3. 디지털 논리회로

1.3.1. 개요

디지털 데이터를 하드웨어(hardware)로 처리하기 위해서는 디지털 회로(Digital Circuit)가 필요하다. 즉 디지털 회로는 아날로그 회로와 달리 입력 데이터와 출력 데이터 모두를 Low 상태와 High 상태만으로 이루어지는 디지털 정보를 처리하는 회로를 의미한다.

디지털 회로의 출발은 트랜지스터의 동작에서 시작되었다. 원래 트랜지스터는 진공관 회로에 이어 오디오 신호의 앰프 회로에 적용되었으나 전압 동작범위를 바꾸어주면 스위칭 회로로도 동작됨이 발견되었다. 앰프 회로에서는 입력 신호를 증폭하여 출력 신호로 내보내지만 스위칭 회로에서는 입력 신호에 따라 출력 신호가 '스위칭 ON' 혹은 '스위칭 OFF' 상태만을 가지게 된다.

스위칭 회로는 '참'과 '거짓' 등의 2가지 정보만을 다루기 때문에 논리회로라고 부르며 논리회로의 기본 소자에는 OR 게이트, AND 게이트, NOT 게이트 등이 기본을 이루고 있다. 논리회로는 크게 조합 논리회로와 순서 논리회로로 나누어진다.

- 조합 논리회로: 조합 논리회로(combinational logic circuit)의 출력은 입력 상태에만 따라 결정된다. 기본 논리 게이트 등으로 구성된다.
- 순차 논리회로: 순차 논리회로(sequential logic circuit)의 출력은 입력 상태뿐만 아니라 현재의 출력 상태에 따라 결정된다. 순차 논리회로에서는 입력 상태가 동일하다고 해도 현재 상태의 값에 따라 출력이 전혀 다른 값을 가질 수 있다. 순차 논리회로는 기본 논리 게이트와 더불어 플립플롭(flip-flop) 등으로 구성된다.

1.3.2. 기본 논리회로

기본 논리회로는 트랜지스터의 포화상태를 활용한다. [그림 1-9]는 트랜지스터를 이용한 기본 논리회로를 보여주고 있다. 트랜지스터는 컬렉터(collector), 베이스(base), 이미터(emitter) 등의 3부분으로 구성되는데 베이스에 유입되는 전압의 크기에 따라 OFF 상태, 증폭 상태, ON 상태 등으로 구분된다. 트랜지스터는 베이스 전압이 0V이면 OFF 상태가 되고, 0V~임계 V 구간이면 증폭 상태가 되며 임계 V 이상이면 포화 상태(saturation state)가 되어 ON 상태가 된다. OFF 상태에서는 컬렉터의 전압이 High임을 의미하고 증폭 상태에서는 베이스 신호 전압이 증폭되어 컬렉터 전압에 그대로 나타나며 ON 상태에서는 컬렉터 전압이 Low 상태가 된다.

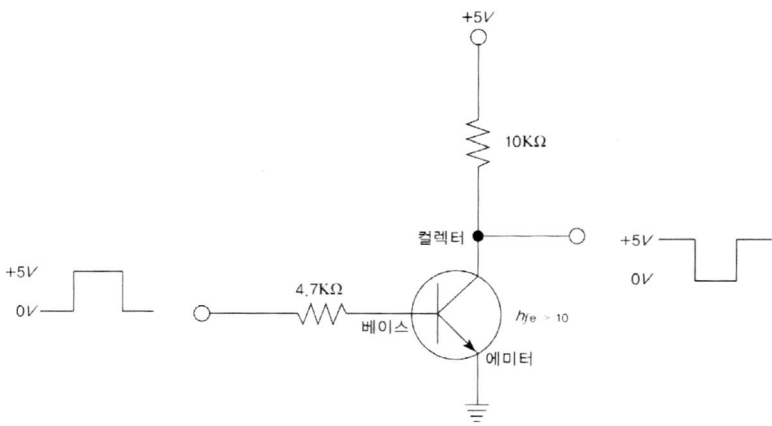

[그림 1-9] 기본 논리회로

1.3.3. 바이폴라 논리회로

바이폴라 논리회로(Bipolar Logic Circuit)는 트랜지스터의 양극 특성을 이용하여 구성한 회로를 의미하며 트랜지스터의 주변회로에 따라 RTL, DTL, TTL, Schottky TTL, ECL 등으로 구분된다. [그림 1-10]은 RTL과 DTL 회로의 예를 보여준다. [그림 1-11]은 TTL 회로의 예를 나타내고 [그림 1-12]는 Schottky TTL과 ECL 회로의 예를 보여준다.

- RTL(Resistor-Transistor Logic): 저항(Resistor)과 트랜지스터(Transistor)로 구성된 논리회로
- DTL(Diode-Transistor Logic): 다이오드(Diode)와 트랜지스터(Transistor)로 구성된 논리회로
- TTL(Transistor-Transistor Logic): 2개 이상의 트랜지스터들로 구성된 논리회로로서 가장 많이 사용되는 바이폴라 논리회로이다.
- Schottky TTL: TTL 회로에 쇼트키 다이오드를 사용함으로써 TTL의 단점인 지연 시간 (delay time)을 감소시킴에 따라 고속으로 동작하는 논리회로이다.
- ECL(Emitter-Coupled Logic): 트랜지스터의 에미터를 결합시킴으로써 고속으로 동작하게 하는 논리회로로서 바이폴러 회로 중에서 20%~25% 정도 사용된다.

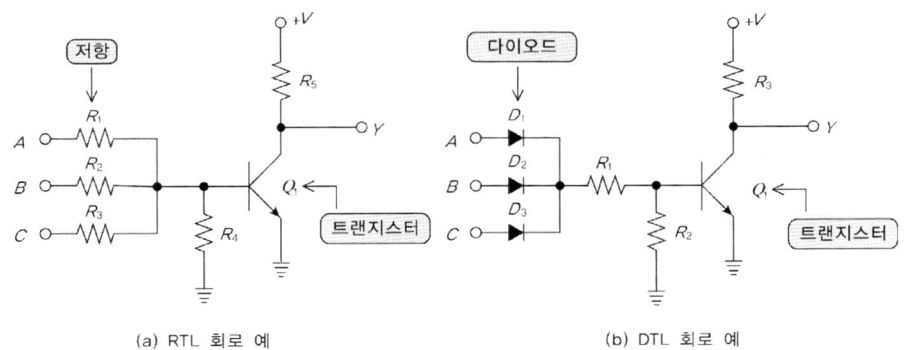

(a) RTL 회로 예   (b) DTL 회로 예

[그림 1-10] RTL과 DTL 회로의 예

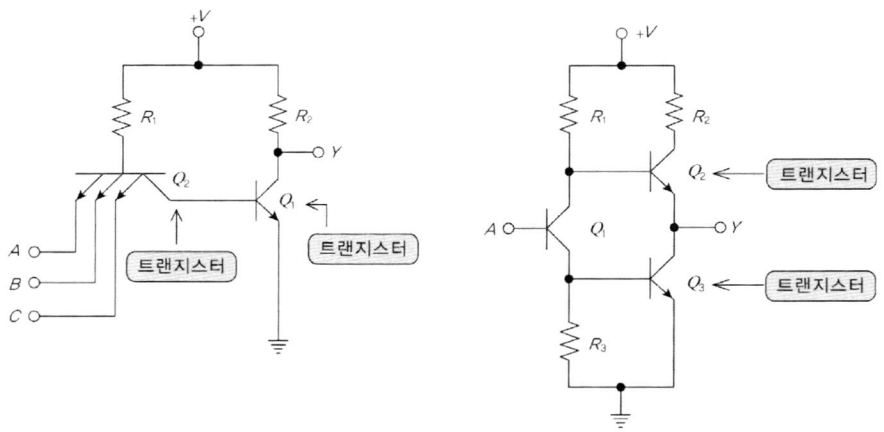

(a) 에미터 다중 입력 트랜지스터 논리회로
(Multiple-Emitter Input Transistor Logic)

(b) 토템 폴 출력 트린지스터 논리회로
(Totem-Pole Output Transistor Logic)

[그림 1-11] TTL 회로의 예

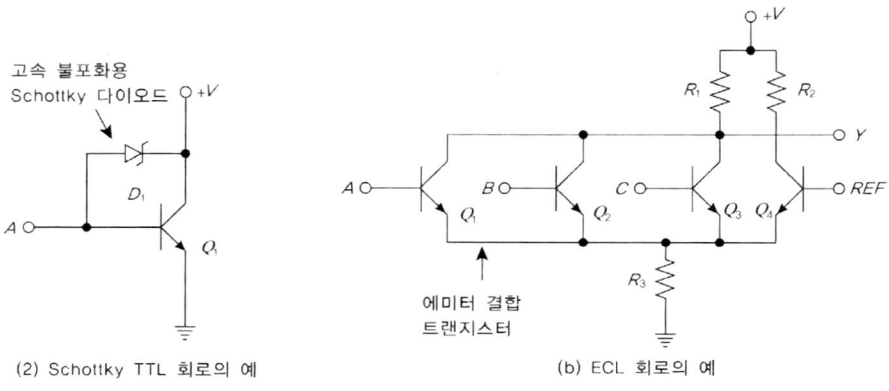

(2) Schottky TTL 회로의 예

(b) ECL 회로의 예

[그림 1-12] Schottky TTL과 ECL 회로의 예

1.3.4. 기타 논리회로

바이폴러 논리회로 이외에 MOS(Metal-Oxide Semiconductor) 논리회로가 있는데 여기에는 NMOS, PMOS, CMOS 등이 있다. 이러한 MOS 논리회로들 중에서 가장 많이 사용되는 CMOS(Complementary Metal-Oxide Semiconductor)는 전력소모가 적은 장점이 있으나 지연시간이 다른 타입의 논리회로보다 긴 것이 단점이다. [그림 1-13]은 CMOS 회로의 예를 보여준다.

보통의 논리회로에서는 컬렉터와 전원 사이에 저항이 구성되어 있지만 사용자로 하여

금 컬렉터로 흐르는 전류를 조정할 수 있도록 컬렉터 저항을 외부에서 구성시킬 수 있는 논리회로가 있는데 이를 오픈 컬렉터 출력회로라고 부른다. 또한 이 저항을 풀업 저항(Pull-up Resistor)이라고 부른다. 오픈 컬렉터 출력회로는 외부에 풀업 저항을 연결하지 않으면 전혀 동작하지 않으므로 주의해야 한다.

논리회로에는 'Low' 상태와 'High' 상태 이외에 트라이 스테이트(Tri-State)가 있다. 트라이 스테이트는 말 그대로 제3의 상태로서 'Low' 상태로도 'High' 상태로도 정해져 있지 않고 출력 제어용 입력(Enable Input)이 가해질 경우에만 입력상태에 따라 정해지는 상태를 의미한다. 출력 제어용 입력으로 'Low'전압을 사용하는 회로를 'Active Low'회로라고 부르고 'High'전

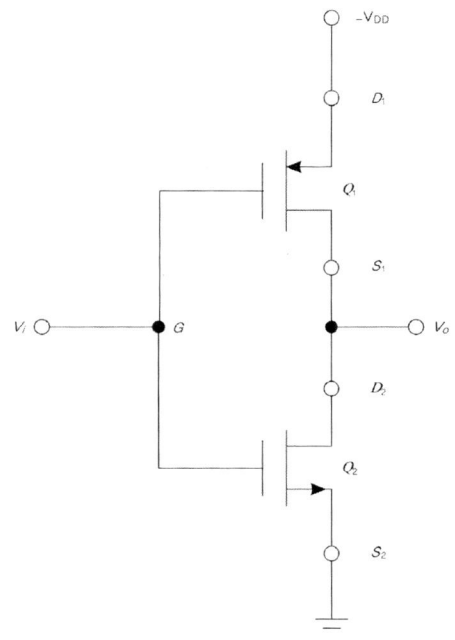

[그림 1-13] CMOS 회로의 예

압을 사용하는 회로를 'Active High'회로라고 부른다.

[그림 1-14]는 오픈 컬렉터 출력회로와 트라이 스테이트 회로의 예를 보여주고 있고 트라이 스테이트 회로의 Enable Input은 Active Low임을 나타내고 있다. 트라이 스테이트 회로에서는 여러 개의 출력을 한 점으로 모을 수 있기 때문에 여러 개의 출력들 중에서 어느 하나를 선택하고자 할 때에 사용된다.

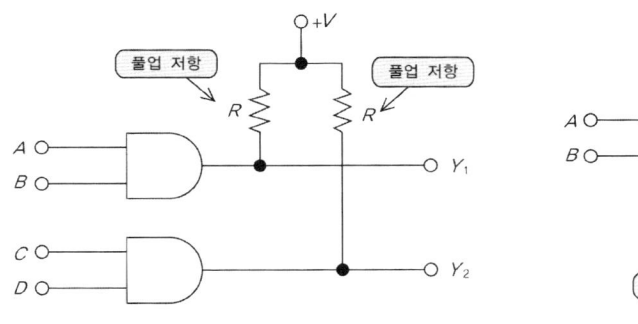

(a) 오픈 콜렉터 출력회로의 예

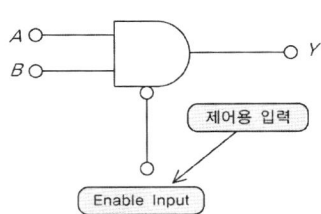

(b) 트라이 스테이트 회로의 예

[그림 1-14] 오픈 컬렉터 출력회로와 트라이 스테이트 회로의 예

1.3.5. 디지털 집적회로

트랜지스터 회로를 사용하여 AND 게이트, OR 게이트, NOT 게이트, 기타 게이트 등을 구성하는데 이러한 게이트들의 몇 개를 묶어서 하나의 칩(chip)으로 설계한 결정체가 집적회로(IC: Integrated Circuit)이다. 집적회로는 트랜지스터, 다이오드, 저항, 콘덴서 등과 같은 소자들을 반도체 웨이퍼 칩 위에 구현한 것으로서 외부와의 연결은 IC의 핀들을 통해 이루어진다.

IC 칩은 제조 기술에 따라 하나의 칩 내부에 집적시킬 수 있는 트랜지스터의 수가 달라지며 반도체 제조 기술의 발달에 힘입어 그 수가 점차적으로 증가하고 있다. 한 칩에 넣을 수 있는 트랜지스터들의 수가 증가한다는 것은 칩 내부에 들어가는 게이트의 수가 그만큼 증가함을 의미하는데 집적도를 높이기 위해서는 칩 내부의 회로 선폭이 좁아져야 하기 때문에 기술적인 어려움은 점점 더 가중될 수밖에 없다. 일반적으로 IC는 하나의 칩에 집적되는 트랜지스터의 수에 따라 아래와 같이 분류된다.

- SSI(Small Scale IC): 수십 개의 트랜지스터들이 넣어진 IC 칩으로 기본적인 논리게이트와 플립플롭들이 여기에 해당한다.
- MSI(Medium Scale IC): 수백 개의 트랜지스터들이 집적된 IC 칩을 말하며 카운터, 디코더, 레지스터, 멀티플렉서, 산술회로, 소형 기억 장치 등이 포함된다.
- LSI(Large Scale IC): 수천 개의 트랜지스터들이 집적된 대규모 IC 칩을 말하며 8비트 마이크로프로세서와 소규모 기억장치들이 여기에 속한다.
- VLSI(Very Large Scale IC): 수만~수십만 개의 트랜지스터가 집적된 초대규모 IC로서 대형 마이크로프로세서와 대규모 메모리들이 이 분류에 속한다.
- ULSI(Ultra Large Scale IC): 수백만 개 이상의 트랜지스터들이 집적되는 32비트급 이상의 마이크로프로세서 칩들과 수백 메가비트 이상의 반도체 기억장치 칩들을 나타내기 위한 용어이다.

반도체 칩의 실제 크기는 아주 작지만 인쇄회로기판(PCB: Printed Circuit Board) 위에 고정시켜서 다른 부품들과 연결 구성해야 하기 때문에 플라스틱 류의 특수 재료를 이용하여 적절한 크기로 패키지된다. [그림 1-15]는 DIP(Dual In-line Package) 타입의 IC 형태를 보여주고 있다.

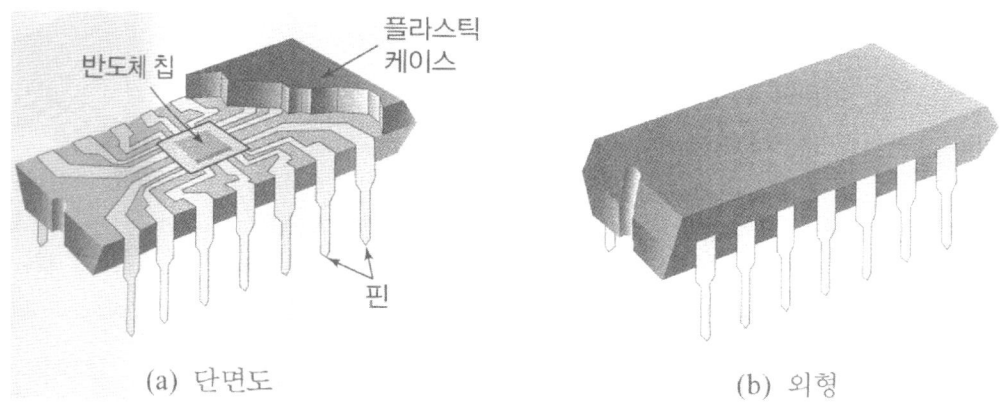

(a) 단면도   (b) 외형

[그림 1-15] DIP 타입의 IC 형태

[그림 1-15]의 DIP 칩에서는 중심부의 반도체 칩 위에 실제 게이트를 구성하는 트랜지스터들이 집적되어 있고, 그 칩으로부터 입력과 출력 단자들이 금속 리드 선을 통하여 지정된 핀(pin)으로 연결되어 있다. DIP 패키지는 핀들이 양쪽으로 나란히 구성되어 있어서 붙여진 이름이며 IC 칩에 가장 널리 사용되고 있다.

DIP형 IC는 PCB 보드 위에 뚫어진 구멍(hole)에 핀들을 꽂아서 반대편 층에서 납땜을 통해 고정시키기 때문에 PCB 양쪽 면을 모두 사용해야만 한다. DIP IC와는 달리 SMD(Surface-Mount Device) 타입 IC는 PCB의 한쪽 면에만 부착시켜도 다른 칩들과 접속할 수 있다. SMD는 DIP 형태의 IC 크기를 70%, 무게를 90%가량 줄였다. 또한 PCB의 제조 가격과 함께 납땜 처리 비용도 크게 감소시켰다. [그림 1-16]은 SMD 타입 IC를 보여주고 있는데 SOP(Small-Outline Package)는 핀들이 바깥쪽으로 구부러져 있어서 PCB 상의 금속 리드 선(lead line)들과 쉽게 접속될 수 있는 구조이다. 또한 LCC(Leadless Chip Carrier)형 패키지는 핀들이 패키지의 네 면 모두에 설치되어 칩이 장착될 때 차지하는 공간이 더 작아질 수 있는 장점이 있다.

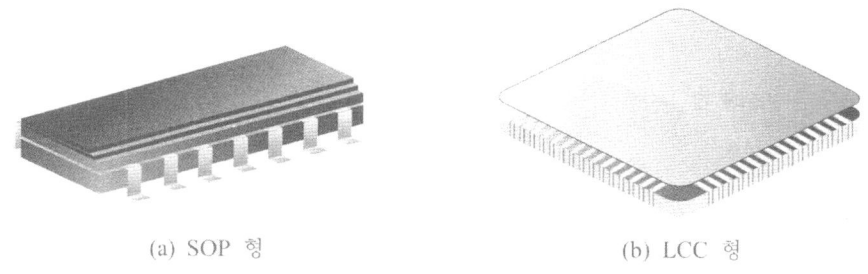

(a) SOP 형   (b) LCC 형

[그림 1-16] SMD 타입의 IC 형태

1.4. A/D 변환기

아날로그 신호는 디지털 신호로 변환시켜서 처리하는 것이 잡음의 영향을 덜 받고 정보를 저장할 수 있을 뿐만 아니라 대규모 IC화가 용이해진다. 아날로그 신호를 디지털 신호로 바꾸는 장치를 아날로그-디지털(A/D: Analog/Digital) 변환기라고 부른다. A/D 변환기의 동작은 3가지 과정, 즉 표본화, 양자화, 부호화 등의 순서로 이루어진다.

1.4.1. 표본화

아날로그 신호를 디지털화하려면 일정한 시간 간격으로 아날로그 신호 세기를 검출해야 하는데 이를 표본화(sampling)라고 한다. 나이퀴스트 샘플링 정리에 의하면 어떤 아날로그 신호를 그 신호의 최대 주파수보다 두 배 이상의 속도를 가지고 일정한 시간 간격으로 샘플링을 수행하면 이 데이터는 원래의 신호가 가지는 모든 정보를 포함할 수 있다는 것이다.

사람의 음성 데이터는 20Hz~3,300Hz 사이에 존재하는데 최대 음성 주파수를 4,000Hz로 간주하여 샘플링 속도를 4,000Hz의 두 배, 즉 8,000Hz로 샘플링 한다면 음성 데이터의 모든 정보를 포함할 수 있게 됨에 따라 디지털화된 음성 데이터를 다시 아날로그 신호로 바꾸면 원래의 음성 데이터와 동일시된다는 것이다. 따라서 음성 샘플링 주기는 1/8,000초 =125μs가 된다.

[그림 1-17](a)는 아날로그 신호를 일정한 주기로 샘플링한 값을 원래 신호의 크기와 일치시키는 과정, 즉 PAM(Pulse Amplitude Modulation)을 나타내고 있다. PAM 펄스는 비록 연속적인 신호는 아니지만 그 값의 범위는 아날로그에 해당한다.

1.4.2. 양자화

[그림 1-17](b)는 양자화를 나타내고 있다. 샘플링한 값은 비록 불연속적이지만 이들 값, 즉 1.5, 6.9, 3.3 등을 2진수로 나타내려면 많은 비트가 소요되는 단점이 있다. 따라서 PAM 펄스는 다시 PCM (Pulse Code Modulation)펄스로 양자화시켜야 한다. 양자화에서 만일 비트가 3개 주어진다고 하면 2^3, 즉 8개의 서로 다른 진폭으로 정량화시켜야 하므로 진폭을 나타내는 값으로는 0, 1, 2, 3, 4, 5, 6, 7 중에서 가장 가까운 값을 선택해야 한다. 이러한 과정

에서 양자화 잡음이 발생하는데 예를 들어서 PAM의 1.5를 2로 양자화하면 0.5의 양자화 잡음이 발생하게 된다. PAM의 진폭을 디지트로 표시할 때에 비트 수가 많으면 많을수록 양자화 잡음은 줄어들 것이지만 동일한 아날로그 신호에 대해 디지털화된 데이터의 양이 늘어나는 문제가 발생하게 된다.

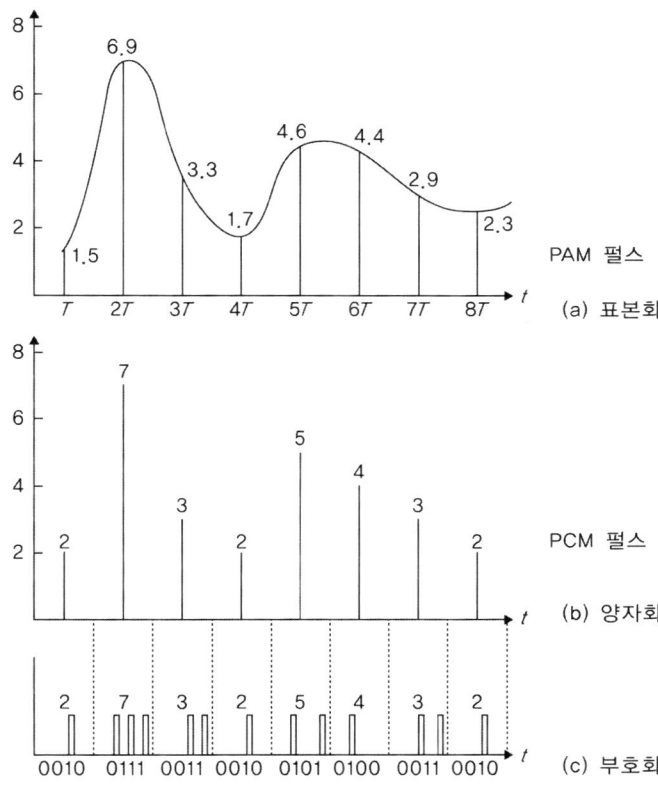

[그림 1-17] 아날로그−디지털 변환 과정(참고문헌: 디지털 논리회로, 임석구 외 저, 한빛미디어)

1.4.3. 부호화

부호화(coding)는 양자화된 값을 2진수 부호로 변환하는 과정을 말한다. [그림 1-17](c)는 4비트로 부호화하는 형태를 보여준다. 부호 비트 수가 많으면 많을수록 신호 크기를 보다 세밀하게 나눌 수 있기 때문에 양자화 잡음은 줄일 수 있으나 송신 대역폭 요구가 증가되는 단점이 있다.

2_수의 체계

2.1. 개요

인간은 일상생활에서 10진수를 사용하고 있다. 10진수라 함은 0에서 9까지의 수를 10가지의 숫자로 표현하는 것을 말하는데 이는 인간의 손가락 개수가 10개이기 때문인 것으로 짐작한다. 원시시대의 인간은 사람 수 혹은 동물 수를 셀 때에 여러 가지 방법으로 셌을 것이다.

예를 들어서 오른팔, 왼팔, 오른 다리, 왼 다리, 그리고 머리를 사용하여 개수를 세었다면 5진수를 사용했다고 말할 수 있다. 동물 한 마리는 오른팔을 들고, 왼팔을 들면 두 마리, 오른 다리를 들면 세 마리, 왼 다리를 들면 네 마리, 머리를 한번 들면 다섯 마리 식으로도 개수를 셀 수 있었을 것이다. 오늘날 아프리카 밀림지역에 사는 미개의 부족에서는 10진수가 아닌 3진수를 사용한다고 한다.

인간의 생활에서 시간은 12진수와 60진수를 사용하는데 이는 시침이 한 바퀴 도는 시간을 12시간으로 정하여 오전 시간과 오후 시간으로 나누고, 분침이 한 바퀴 도는 것을 60분으로 정하여 이를 1시간으로 하기 때문이다. 그러나 디지털 기기에는 2진수, 8진수, 16진수가 자주 사용되고 있다.

2진수는 0과 1의 두 가지 숫자로 개수를 표현하는 것을 말하고 8진수는 0에서 7, 16진수는 0에서 15까지를 숫자로 사용하는 수의 표현방법인 것이다. 그런데 모든 진수에서는 각 자리마다 하나의 숫자로 표현해야 하므로 10, 11, 12, 13, 14, 15의 경우에는 아라비아 숫자가 아닌 영문자 A, B, C, D, E, F를 순서대로 사용한다. 따라서 16진법의 B 개는 11개를 나타낸다.

디지털 기기에서 2진수를 사용하는 것은 전구가 켜지고 꺼지는 두 가지 동작을 가지듯이 디지털 기기의 전자 소자들이 On과 Off 상태로 이루어지는 스위칭(switching) 작동을 수행하기 때문이다. 컴퓨터가 0과 1을 사용한다고 하여 실제로 메모리 내용이 0이라는 숫자와 1이라는 숫자가 기록되는 것은 아니고 이는 단지 우리 인간이 알 수 있도록 두 개의 숫자를 빌려 사용하는 것이다. 컴퓨터는 오로지 어느 회로의 전압이 임계값 이상과 임계값 이하일 경우에 이들 두 동작이 서로 반대의 결과를 가져오게 된다.

디지털 기기가 2진법을 사용할 수밖에 없던 것은 트랜지스터의 동작과 연관성이 있다. 트랜지스터는 원래 오디오의 증폭기로 사용되었지만 스위칭 동작 회로를 꾸며서 임계 전압 이상으로 입력될 경우에는 트랜지스터 스위치가 On이 되고 그 이하 전압일 경우에는 Off 상태가 되도록 구성한 것이 디지털 회로의 출발점이었던 것이다. 트랜지스터를 병렬로 두 개를 사용하게 되면 On On, On Off, Off On, Off Off 등으로 4가지의 서로 다른 상태를 표시할 수 있는데 사람이 이해하기 쉽도록 숫자를 빌려서 00, 01, 10, 11 등으로 표기하게 되었다.

디지털 기기에서는 2진수 외에도 8진수와 16진수를 자주 사용하는데 이는 8이 2^3이고 16이 2^4이므로 2진법과 연관성이 많기 때문이다. 컴퓨터에서는 한 자릿수를 비트(bit)라고 불리는데 예를 들어 00이면 두 자리, 즉 2비트 수라 일컫는다.

초기의 컴퓨터는 4비트짜리의 마이크로프로세서로 출발하였는데 이후 8비트가 주류를 이루고 16비트를 거쳐 32비트, 64비트로 성능 확장을 거듭해 오고 있다. 컴퓨터 세상에서는 2, 8, 16, 32, 64, 128, 256, 512, 1024, 2048 등으로 확장되는데 이는 컴퓨터 시스템에 2진수가 적용되고 있기 때문인 것이다.

수의 체계에는 2진수, 8진수, 16진수 이외에도 여러 가지 진수가 존재하는데 R진수인 경우 소수점 이상을 n자리, 소수점 이하를 m자리라고 할 때에 R진수의 숫자 N을 대수항으로 표현하면 아래와 같다.

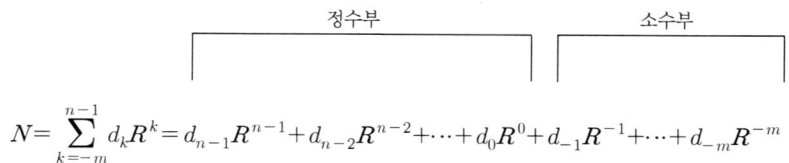

$$N = \sum_{k=-m}^{n-1} d_k R^k = d_{n-1}R^{n-1} + d_{n-2}R^{n-2} + \cdots + d_0 R^0 + d_{-1}R^{-1} + \cdots + d_{-m}R^{-m}$$

여기에서 N은 임의의 진수 값, k는 정수, R은 기수, n은 1의 자릿수에서부터 정해지는 자리번호 0, 1, 2, ... 등의 승수, R^k는 자릿값(weight), d_k는 R진수에서 k자리의 계수로서 $0 < d_k < R$이다. R은 진수의 기본 수로서 2진수는 2, 3진수는 3, 4진수는 4의 값을 가진다. 상기의 식은 모든 진수는 자릿값(weight)에 따라 결정되는 각 자리 숫자 값의 합으로 구성됨을 나타낸다. 예를 들어서 10진수인 N=235.67의 경우에 정수부의 맨 처음의 2는 100의 자리, 즉 10^2의 자리, 다음의 3은 10의 자리, 즉 10^1의 자리, 5는 1의 자리, 즉 $10^0(=1)$자리이다. 소수부의 첫 번째 자리 6은 10^{-1}의 자리, 7은 10^{-2}의 자리에 해당한다. 따라서 10진수 $235.67 = 2 \times 10^2 + 3 \times 10^1 + 5 \times 10^0 + 6 \times 10^{-1} + 7 \times 10^{-2}$을 의미한다.

2.2. 10진수

10진수는 우리들이 매일 일상생활에서 사용하고 있는 수의 체계이다. 10진수는 기수가 10이 되며 각 자릿값은 이 기수의 승수로 결정된다. 10진수는 0에서 9까지의 10개 숫자로 이루어지는데 모든 진수가 그러하듯이 10진수에서도 끝의 수 9 다음 숫자로는 원래 숫자 9가 처음 숫자 0으로 바뀌고 한 자릿수를 왼쪽으로 증가시켜 1을 만듦에 따라 10이 된다.

1의 자리가 넘으면 10의 자리가 하나 증가하듯이 10의 자리가 넘으면 100의 자리가 하나 증가하게 된다. 따라서 10진수 234에서 2는 3이나 4와는 달리 100의 자릿값을 가지므로 200을 나타내며 3은 30을, 그리고 4는 4를 표현함에 따라 10진수 234는 $2 \times 100 + 3 \times 10 + 4$의 의미를 가진다. 10진수의 소수일 경우에는 소수점 첫 번째 자릿값은 0.1, 두 번째 자릿값은 0.01 등으로 이루어지는데 이를 수식으로 표현하면 기수 10의 -1승과 -2승에 각각 해당한다.

다른 진수도 10진수와 같이 동일한 방식으로 이루어지는데 단지 기수만이 해당 진수의 기수로 교체될 뿐이다.

2.3. 2진수

2진수는 기수가 2로서 두 가지의 숫자를 가지고 수를 셈한다. 모든 수의 체계가 그렇듯이 2진수도 일종의 부호로서 아라비아 숫자가 아닌 다른 기호를 사용할 수도 있다. 예를 들어서 A와 B의 문자 두 개를 순서대로 사용하여 2진수로 표기할 경우 A, B, BA, BB, BAA, BAB, BBA, BBB와 같은 순서가 된다. 그러나 10진수에서 사용해왔던 아라비아 숫자가 우리들에게 익숙하므로 0에서 9까지의 숫자들 중에서 0과 1을 가져다가 2진수 표기에 사용하고 있다. 따라서 상기의 A와 B로 이루어진 숫자 열은 0, 1, 10, 11, 100, 101, 110, 111이 된다.

2진수에서 11은 '십일'로 읽지 않고 '일일'로 읽는데 이는 2진수에서는 0(영)과 1(일)들로만 구성되기 때문이다. 10진수에서와 동일한 방법으로 2진수 11을 자릿값(weight)을 사용하여 표기하면 $(11)_2 = 1 \times 2^1 + 1 \times 2^0 = 2 + 1 = 3$이 된다.

2진수 N_2 값을 일반적 수의 체계로 표기하면 아래와 같이 된다.

$$N_2 = \sum_{k=-m}^{n-1} d_k 2^k = d_{n-1} 2^{n-1} + d_{n-2} 2^{n-2} + \cdots + d_0 2^0 + d_{-1} 2^{-1} + \cdots + d_{-m} 2^{-m}$$

예를 들어서 $(1001.11)_2$를 위의 수식을 이용하여 2의 기수를 갖는 승수 열 전개로 구해보면 아래와 같다.

$$(1001.11)_2 = \sum_{k=-2}^{3} d_k 2^k = 1 \times 2^3 + 0 \times 2^2 + 0 \times 2^1 + 1 \times 2^0 + 1 \times 2^{-1} + 1 \times 2^{-2}$$
$$= 8 + 0 + 0 + 1 + \frac{1}{2} + \frac{1}{4} = 8 + 0 + 0 + 1 + 0.5 + 0.25 = (9.75)_{10}$$

2진수를 구성하는 숫자를 비트(bit: binary digit)라고 부른다. 2진수를 10진수로 변환할 때에는 비트가 0인 경우는 전체가 0의 값으로 처리되지만 1의 경우에는 비트 값이 1인 자리의 승수를 구하여 더하면 된다. 반대로 10진수를 2진수로 변환할 때에는 2진수의 자릿값을 어떻게 구성하면 원래의 10진수가 되는지를 따져보면 된다.

2진수의 자릿값은 순서대로 $\cdots 256, 128, 64, 32, 16, 8, 4, 2, 1$이므로 예를 들어서 10진수 2는 10, 10진수 4는 100, 10진수 8은 1000, 10진수 16은 10000이 되며 10진수 9는 8+1이므로 1000+1=1001이 되는 것이다. [표 2-1]은 10진수와 2진수를 나타낸다.

[표 2-1] 10진수와 2진수

10진수	2진수
0	0
1	$1(1 \times 2^0)$
2	$10(1 \times 2^1 + 0 \times 2^0)$
3	$11(1 \times 2^1 + 1 \times 2^0)$
4	$100(1 \times 2^2 + 0 \times 2^1 + 0 \times 2^0)$
5	$101(1 \times 2^2 + 0 \times 2^1 + 1 \times 2^0)$
6	$110(1 \times 2^2 + 1 \times 2^1 + 0 \times 2^0)$
7	$111(1 \times 2^2 + 1 \times 2^1 + 1 \times 2^0)$
8	$1000(1 \times 2^3 + 0 \times 2^2 + 0 \times 2^1 + 0 \times 2^0)$
9	$1001(1 \times 2^3 + 0 \times 2^2 + 0 \times 2^1 + 1 \times 2^0)$

[예제 2-1] 2진수 $(1101.101)_2$을 10진수로 변환하라.

(풀이)

$$(1101.101)_2 = 1 \times 2^3 + 1 \times 2^2 + 0 \times 2^1 + 1 \times 2^0 + 1 \times 2^{-1} + 0 \times 2^{-2} + 1 \times 2^{-3}$$
$$= 8 + 4 + 1 + \frac{1}{2} + \frac{1}{8} = 8 + 4 + 1 + 0.5 + 0.125 = 13.625$$

2진수를 10진수로 변환할 때에는 상기와 같이 각각의 자릿값에 계수값을 곱하여 이를 전체적으로 합산하면 얻어진다. 2의 승수로 계산하는 대신에 처음부터 128, 64, 32, 16, 8, 4, 2, 1, 1/2, 1/4, 1/8, 1/16 순으로 기억해 두면 더욱 편리할 것이다.

10진수를 2진수로 변환하는 방법으로 10진수를 2로 나누고 그때 생긴 몫을 다시 2로 나누고 그 몫을 또다시 2로 계속 나누어 가면서 생기는 나머지를 각각 순서에 따라 열거하는 방법이 있다. 기수 2로 계속하여 나누는 것은 2진수의 체계에서 각 자릿수의 승수를 얻기 위함인 것이다. 10진수 7은 일단 2보다 크니 2진수로 변환할 때에 한 자릿수 이상일 것이며, 몇 번 나누면 2보다 작아지느냐 하는 것은 변환된 2진수에서 자릿수가 몇 개 인가를 알아보는 결과에 해당한다. 10진수 7은 2보다 크고 또한 4보다 크며 8보다 작으니 세 자리의 2진수임을 알 수 있으며 각 자리의 계수 값으로는 나머지 값들의 열거로 구성된다.

10진수 $(35)_{10}$를 2진수로 변환하면 아래와 같다.

2) 35

2) 17 − − − − − − − − − − 나머지 1 (LSB: Least Significant Bit)

2) 8 − − − − − − − − − − 나머지 1

2) 4 − − − − − − − − − − 나머지 0

2) 2 − − − − − − − − − − 나머지 0

2) 1 − − − − − − − − − − 나머지 0

　　0 − − − − − − − − − − 나머지 1 (MSB: Most Significant Bit)

10진수 35는 2로 나누면 몫이 17이고 나머지가 1이 되는데 이때에 나머지 1이 2진수로 변환할 때에 맨 아래 자릿수가 되며 이를 LSB(Least Significant Bit)라고 부른다. 2진수에서는 2보다 작은 수 0과 1로만 구성되어야 하므로 17을 다시 나누어 몫이 8과 나머지 1을 얻는데 이때의 나머지가 변환된 2진수의 두 번째 자리가 된다. 8도 아직 2보다 크므로 2로 나누면 몫이 4이고 나머지는 0이 되므로 변환된 2진수의 세 번째 자릿수는 0이 되고, 4를 다시 2로 나누면 몫이 2이고 나머지 0이 얻어지는데 이 나머지 값이 네 번째 자릿수가 된다. 2를 다시 나누면 몫이 1이고 나머지가 0이 되는데 나머지 값이 다섯 번째 자릿수가 된다. 최종적으로 1을 다시 나누면 몫이 0이고 나머지가 1이 되는데 이 나머지 1이 변환된 2진수의 MSB(Most Significant Bit)가 되는 것이다. 실제로 나머지가 1이 될 때에는 이를 다시 2로 나누지 않고 이 1을 MSB로 결정해도 된다.

[예제 2-2] 10진수 $(137)_{10}$을 2진수로 변환하라.

(풀이)

2) 137

2) 68 − − − − − − − − − − − − − − − − − − − 나머지 1(LSB)

2) 34 − − − − − − − − − − − − − − − − − − − 나머지 0

2) 17 − − − − − − − − − − − − − − − − − − − 나머지 0

2) 8 − − − − − − − − − − − − − − − − − − − 나머지 1

2) 4 − − − − − − − − − − − − − − − − − − − 나머지 0

2) 2 − − − − − − − − − − − − − − − − − − − 나머지 0

　　1　(MSB) − − − − − − − − − − − − − − 나머지 0

따라서 10진수 $(137)_{10}$은 2진수 $(10001001)_2$이 된다.

10진수 0.6875를 2진수로 변환하기 위해서는 각 단계마다 2를 곱하여 그 값의 1의 자리들의 나열로 구성된다.

```
MSB   ------    0. 6875
          x              2
                1. 3750
          x              2          답 : (0.1011)₂
                0. 7500
          x              2
                1. 5000
          x              2
LSB   ------    1. 0000
```

답 : $(0.1011)_2$

10진수 0.6875는 1보다 작은 수이므로 2진수로 변환해도 1보다 작아야 하기 때문에 변환된 2진수의 MSB는 0이 된다. 다음 단계는 소수점 이하인 수 0.6875를 2로 곱하여 그 값의 1의 자리가 소수점 첫째 자리가 된다. 소수점 이하인 수 0.3750을 2로 곱하면 1의 자리는 0이 되고 소수점 이하 값은 0.7500이 되는데 1의 자릿값인 0이 소수점 둘째 자릿값이 된다. 이와 동일한 방법으로 곱한 결과 값의 소수점 이하 값이 0이 될 때까지 계속하여 곱해 나간다.

[예제 2-3] 10진수 25.1875를 2진수로 변환하라.

(풀이) 정수 부분과 소수 부분으로 나누어 아래와 같이 계산한다.

① 정수 부분

```
2) 25
2) 12  ------------------------ 나머지 1 (LSB)
2) 6   ------------------------ 나머지 0
2) 3   ------------------------ 나머지 0
   1  (MSB) ------------------- 나머지 1
```

따라서, $(25)_2 = (11001)_2$

② 소수 부분

```
MSB   ------    0. 1875
          x              2
                0. 3750
          x              2
                0. 7500
          x              2
                1. 5000
          x              2
LSB   ------    1. 0000
```

그러므로 $(0.1875)_{10} = (0.0011)_2$

정수 부분과 소수 부분을 합하여 답을 구한다.

(답): $(25.1875)_{10} = (11001.0011)_2$

2.4 8진수와 16진수

8진수는 8개의 숫자(0, 1, 2, 3, 4, 5, 6, 7)를 가지며 기수로 8을 사용하고 8과 9 등의 숫자는 사용하지 않는다. 8진수를 10진수로 변환하는 일반식은 아래와 같다.

$$N = \sum_{k=-m}^{n-1} d_k R^k = d_{n-1} R^{n-1} + d_{n-2} R^{n-2} + \cdots + d_0 R^0 + d_{-1} R^{-1} + \cdots + d_{-m} R^{-m}$$

$$= d_{n-1} \times 8^{n-1} + d_{n-2} \times 8^{n-2} + \cdots + d_2 \times 8^2 + d_1 \times 8^1 + d_0 \times 8^0 + d_{-1} 8^{-1} + \cdots + d_{-m} 8^{-m}$$

여기에서 각 자리의 계수($d_{n-1} \cdots d_2, d_1, d_0, d_{-1}, d_{-2}, \cdots$)들은 각각 0, 1, 2, 3, 4, 5, 6, 7 중의 하나가 된다.

16진수는 IBM이나 RCA계의 컴퓨터 시스템에서 많이 사용된다. 16진수는 0에서 9까지의 숫자 10개와 영문자 A, B, C, D, E, F 등의 문자 6개, 즉 16개의 숫자와 문자로 구성된다. 16진수를 나타내기 위해서는 16개의 숫자가 필요하지만 10진수의 숫자는 10개뿐이 없으므로 6개의 영문자를 추가한 것이다. 8진수와 16진수의 예를 다음과 같이 제시한다.

$$(235.7)_8 = 2 \times 8^2 + 3 \times 8^1 + 5 \times 8^0 + 7 \times 8^{-1}$$
$$= 128 + 24 + 5 + 0.875 = 157.875$$

$$(2DE)_{16} = 2 \times 16^2 + 13 \times 16^1 + 14 \times 16^0 = 512 + 208 + 14 = 734$$

[표 2-2] 10진수, 2진수, 8진수, 16진수

10진수 (기수10)	2진수 (기수2)	8진수 (기수8)	16진수 (기수16)
00	0000	00	0
01	0001	01	1
02	0010	02	2
03	0011	03	3
04	0100	04	4
05	0101	05	5
06	0110	06	6

07	0111	07	7
08	1000	10	8
09	1001	11	9
10	1010	12	A
11	1011	13	B
12	1100	14	C
13	1101	15	D
14	1110	16	E
15	1111	17	F

8진수를 10진수로 변환하거나 10진수를 8진수로 변환하는 방식은 2진수의 변환 방법과 비슷하다. 8진수를 10진수로 변환할 때에는 정수 부분과 소수 부분으로 구분하여 각 자릿수의 계수와 자릿값을 곱한 후에 각각을 더한다. 10진수를 8진수로 변환할 때에는 10진수 값을 기수 8로 계속하여 나눈 후에 나머지를 순서대로 열거하면 된다.

[예제 2-4] 8진수 46을 10진수로 변환하라.

(풀이)

$$(46)_8 = 4 \times 8^1 + 6 \times 8^0 = 4 \times 8 + 6 \times 1 = (38)_{10}$$

8진수 46은 8^1의 자리인 둘째 자리의 계수가 4이고 1의 자리의 계수가 6이므로 상기와 같이 해당 자리의 승수 값을 얻은 후에 이를 서로 더함으로써 10진수 38을 구할 수 있다.

[예제 2-5] 10진수 38을 8진수로 변환하라.

8) 38

　4 − − − − − − − − − − − − − − − − − 나머지 6

$$(38)_{10} = (46)_8$$

10진수 38을 8진수로 변환하기 위해서는 상기와 같이 10진수 38을 8로 계속 나눈 다음 그때 생긴 나머지를 열거하면 8진수를 구할 수 있다.

소수를 10진수로 바꾸기 위해서는 10진수에 8을 곱한 다음 곱한 값의 정수를 취하여 8진수의 자릿수로 잡으면 된다.

[예제 2-6] 10진수 129.875를 8진수로 변환하라.

(풀이)

① 정수 부분

8) 129

8) 16 − − − − − − − − − − − − − − − − 나머지 1

　2 − − − − − − − − − − − − − − − − 나머지 0

$(129)_{10} = (201)_8$

② 소수 부분

$$
\begin{array}{r}
\quad 0.\ 875 \\
\times \quad\quad 8 \\
\hline
7.\ 000
\end{array}
$$

$(0.875)_{10} = (0.7)_8$

따라서 정부 부분과 소수 부분을 합치면 10진수 129. 875는 8진수 201.7이 됨을 알 수 있다.

16진수를 10진수로 변환할 때에는 각각의 자릿수에 자릿수 값(16의 승수)을 곱하여 더하고, 10진수를 16진수로 변환할 때에는 10진수를 16으로 계속하여 나눈 후에 나머지 값을 열거함으로써 얻을 수 있다.

16진수 A2B를 10진수로 변환하고자 하면 우선 계수 A의 자릿값이 $(16)^2$으로서 256이고 계수 2의 자릿값은 $(16)^1$으로서 16이며 계수 B의 자릿값은 1이므로 아래와 같은 계산을 통해 구할 수 있다.

$$
\begin{aligned}
(A2B)_{16} &= 10 \times 16^2 + 2 \times 16^1 + 11 \times 16^0 \\
&= 10 \times 256 + 2 \times 16 + 11 = 2560 + 32 + 11 = (2603)_{10}
\end{aligned}
$$

16진수 0.8을 10진수로 변환하기 위해서는 아래와 같은 계산 과정이 필요하다.

$$
(0.8)_{16} = 8 \times 16^{-1} = \frac{8}{16} = (0.5)_{10}
$$

[예제 2-7] 10진수 386을 16진수로 변환하라.

(풀이)

16) **386**

16) **24** $-------------$ 나머지 2

　1　$---------------$ 나머지 8

따라서, $(386)_{10} = (182)_{16}$

[예제 2-8] 16진수 182를 10진수로 변환하라.

(풀이)

$(182)_{16} = 1 \times 16^2 + 8 \times 16^1 + 2 \times 16^0 = 256 + 128 + 2 = (386)_{10}$

모든 컴퓨터나 디지털 시스템에서는 2진수 표현을 사용한다. 8진수와 16진수는 2진수 양을 간접적으로 표현하는 데 유용하다. 이는 그들의 기수가 각각 2의 승수를 가지고 있기 때문이다. $2^3 = 8$이고 $2^4 = 16$이므로 8진수의 각 숫자는 3개의 2진수에 해당하고, 16진수의 각 숫자는 4개의 2진수에 해당한다.

　　2진수를 8진수로 변환하고자 할 때에는 2진수의 소수점을 기준으로 하여 각각 3개씩 묶어서 얻게 된다. 예를 들어서 $(101010110100.011000101)_2$을 8진수로 변환하는 데에는 아래와 같은 간단한 과정으로 충분하다.

$$(\ 101 \ | \ 010 \ | \ 110 \ | \ 100. \ | \ 011 \ | \ 000 \ | \ 101 \ )_2$$
$$\downarrow \qquad \downarrow \qquad \downarrow \qquad \downarrow \qquad \downarrow \qquad \downarrow \qquad \downarrow$$
$$(\ \ 5 \quad \ \ 2 \quad \ \ 6 \quad \ \ 4. \quad \ 3 \quad \ \ 0 \quad \ \ 5 \ \ )_8$$

　　3 숫자로 이루어진 각각의 2진수는 8을 넘지 않을 것이므로 마치 10진수로 변환하듯이 직접적으로 변환하면 해당 자리의 8진수를 얻을 수 있다. 2진수 101은 10진수로 5에 해당하며 이는 8진수로도 5가 된다. 소수 부분도 정수 부분과 마찬가지 방법으로 3 숫자씩 묶어서 8진수로 변환하면 된다.

　　2진수를 16진수로 변환하는 것도 2진수를 4비트씩 묶어서 각각을 16진수로 변환하면 된다. 상기의 2진수를 16진수로 변환하면 다음과 같다.

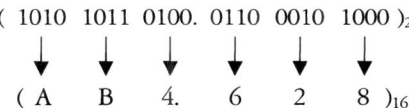

$$(\ 1010 \quad 1011 \quad 0100. \quad 0110 \quad 0010 \quad 1000 \ )_2$$
$$\downarrow \qquad \downarrow \qquad \downarrow \qquad \downarrow \qquad \downarrow \qquad \downarrow$$
$$(\ \ A \qquad B \qquad 4. \qquad 6 \qquad 2 \qquad 8 \ \ )_{16}$$

　　8진수 또는 16진수를 2진수로 변환하는 것은 상기와 반대 과정으로 수행된다. 8진수의 각 숫자는 등가 2진수의 3개 숫자로 변환된다. 또한 16진수의 각 숫자는 등가 2진수의 4개 숫자로 변환된다.

$(267.15)_8 = (010110111.001101)_2$

$(ABC.6)_{16} = (101010111100.0110)_2 = (101010111100.011)_2$

2.5 진법 연산

2.5.1. 덧셈 연산

　　10진수가 아닌 다른 진수의 덧셈에서도 자리 올림이 발생한다. 10진수의 덧셈에서 각 자릿수의 합이 10이 될 때에 자리 올림이 발생하듯이 다른 진수의 덧셈에서도 각 자릿수의 합이 해당 진수의 기수가 될 때에 자리 올림이 발생한다. 자리 올림을 캐리(carry)라고 부른다.

(1) 2진수 덧셈

2진수는 가산의 합이 2이면 자리 올림이 발생한다(각 자리의 최대의 수는 1).

$$\begin{array}{r} 11 \\ +\quad 10 \\ \hline 101 \end{array}$$

상기의 덧셈에서 둘째 자리 가산의 경우 1+1은 자리 올림이 발생함에 따라 10이 되는 것이다.

[예제 2-9] $(1011)_2 + (101)_2$을 구하여라

(풀이)

$$\begin{array}{r} 1011 \\ +\quad 101 \\ \hline 10000 \end{array}$$

(2) 8진수 덧셈

8진수 덧셈에서는 가산의 합이 8이면 자리 올림이 발생하므로 각 자리의 최대의 수는 7이 된다. 예를 들어서 $(24)_8 + (27)_8$은 $(53)_8$이 되는데 이는 첫째 자리의 가산 합이 11이지만 자리 올림이 발생함에 따라 8을 감하고 나머지 3이 첫째 자릿수가 된다.

[예제 2-10] $(6347)_8 + (375)_8$를 구하여라.

(풀이)

$$\begin{array}{r} 6347 \\ +\quad 375 \\ \hline 6744 \end{array}$$

(3) 16진수 덧셈

16진수의 덧셈은 가산의 합이 16(10진수의 16이 아니라 열여섯 개라는 의미)이면 자리 올림이 발생하며 최대의 수는 F이다. 예를 들어서 $(3B)_{16} + (A9)_{16}$를 계산할 때에 첫째 자리의 합은 11+9이므로 20이 되어 자리 올림이 발생하고 나머지 4가 첫째 자리 가산의 결과 값이 된다. 둘째 자리는 1(자리 올림) +3+10=14가 되고 이는 16진수로 E에 해당하므로 계산 값은 E4가 된다.

[예제 2-11] $(A6E7)_{16} + (7D29)_{16}$을 구하여라.

(풀이)

```
  A6E7
+ 7D29
 12410
```

(4) 10진수와 2진수 연산

10진수 15+12를 2진수로 변환하여 계산해 보면 아래와 같다.

10진수		2진수
15	→ 2진 변환 →	1111
+ 12	→ 2진 변환 →	+ 1100
27	→ 2진 변환 →	11011

상기의 계산에서 10진수 결과 값인 27을 2진수로 변환하면 11011이므로 10진수 계산 결과 값과 2진수 계산 값이 서로 일치함을 알 수 있다.

2.5.2. 뺄셈 연산

10진수가 아닌 다른 진수의 뺄셈에서도 자리 내림(borrow)이 발생한다. 10진수의 뺄셈에서 피감수가 감수보다 적을 경우에는 자리 내림이 발생하는데 이런 경우에는 상위 자리에서 10을 빌려 와서 뺄셈을 수행하게 된다. 이와 마찬가지로 다른 진수의 뺄셈에서 피감수가 감수보다 작을 경우 상위 자리에서 기수만큼 빌려 와서 뺄셈을 수행하면 된다.

(1) 2진수 뺄셈

2진수 뺄셈에서 감수가 피감수보다 크면 피감수의 상위 비트에서 2를 빌려 온다. 예를 들어서 $(10)_2 - (1)_2$의 경우 첫째 자리에서 자리 내림(borrow)이 발생하여 상위 자리에서 2를 빌려 와서 2-1=1이 되고 상위 자리는 0이 되므로 결과 값은 $(1)_2$이 된다.

[예제 2-11] $(1001)_2 - (101)_2$을 구하여라.

(풀이)

```
  1001
-  101
   101
```

2.5.3. 곱셈 연산

곱셈은 덧셈을 몇 번 반복하여 계산하는 이치이므로 덧셈 방식과 차이가 없다. 여기에서는 2진수의 곱셈만을 다루고자 한다.

```
        1101
  x      110
       0000
       1101
      1101
    10011100
```

2.5.4. 나눗셈 연산

10진수 이외의 나눗셈 연산은 10진수의 나눗셈과 동일한 방법으로 수행된다.

```
           110
1101)1001110
      1101
      11010
      1101
        00
```

2.6 컴퓨터의 음수 표현

컴퓨터에서는 0과 1의 두 가지 상태만으로 모든 수를 표현하기 때문에 +, − 등의 부호도 0이나 1 중 하나로 나타내야 한다. 컴퓨터에서는 부호 비트(sign bit)를 통해 양수(+)를 0으로, 음수(−)를 1로 표현한다. 모든 경우에 부호비트는 최상위비트(가장 왼쪽 비트, MSB: Most Significant Bit)에 나타낸다. 부호 비트를 사용하여 양수와 음수를 표현하는 방법에는 아래와 같은 세 가지 표현들이 있다.

- 부호화−크기 표현(signed-magnitude representation)
- 1의 보수 표현(1's complement representation)
- 2의 보수 표현(2's complement representation)

2.6.1. 부호화-크기 표현

부호화-크기 표현에서는 왼쪽 끝의 비트가 부호 비트이고 나머지 비트들은 수의 크기(magnitude)를 나타낸다. 수의 크기 부분은 부호 없는 정수에 대한 2진수 표현과 동일한 방법으로 변환된다. 따라서 부호화-크기 표현에서는 음수와 양수를 표현함에 있어서 각각의 부호 비트만 다르고, 크기 부분은 동일하게 된다. 예를 들어서 +5와 −5를 각각 8비트의 부호화-크기로 표현할 경우에 +5는 +를 나타내는 부호화 비트 0을 시작으로 00000101이 되고 −5는 −를 나타내는 부호화 비트 1을 시작으로 10000101이 된다.

[예제 2-12] +123과 −123을 각각 8비트 부호화-크기 표현으로 나타내라.

(풀이)

$$+123 = 01111011$$
$$-123 = 11111011$$

부호화-크기로 표현된 n-비트 2진수$(a_{n-1}a_{n-2}a_{n-3}\cdots a_2a_1a_0)$를 10진수로 변환하는 데에 아래 식이 사용된다.

$$A = (-1)^{a_{n-1}}(a_{n-2}\times 2^{n-2} + a_{n-3}\times 2^{n-3} + \cdots a_2\times 2^2 + a_1\times 2^1 + a_0\times 2^0)$$

상기의 식은 맨 왼편의 비트가 1이면 −부호를, 0이면 +부호를 가지고, 크기 부분은 기존의 2진수-10진수 변환 방식과 동일하다는 것을 나타낸다.

[예제 2-13] 부호화-크기로 표현된 2진수 10100010을 10진수로 변환하라.

(풀이)

$$(10100010)_2 = (-1)^7(0\times 2^6 + 1\times 2^5 + 0\times 2^4 + 0\times 2^3 + 0\times 2^2 + 1\times 2^1 + 0\times 2^0)$$
$$= -(32+2) = (-34)_{10}$$

부호화-크기 표현에서 산술 연산을 수행하는 경우 부호 비트와 크기 부분을 별도로 처리해야 하기 때문에 회로의 복잡성이 증대되고 연산 시간이 더 오래 걸리는 단점이 있다. 부호화-크기 표현의 산술 연산은 아래의 순서로 진행된다.

① 두 수의 부호를 비교한다.

② 부호가 동일한 경우에는 크기 부분을 더하고, 부호가 서로 다른 경우에는 크기 부분의 차이를 구한다.

③ 연산 결과 값의 부호는 크기 부분의 절댓값이 더 큰 수의 부호에 따른다.

부호화-크기 표현의 또 다른 단점으로는 '0'에 대한 표현이 두 가지로 존재한다는 것이다.

- 00000000 = +0

- $10000000 = -0$

부호화−크기 표현에서 n비트의 2진수로 나타낼 수 있는 정수들의 개수는 2^n개가 아니라 (2^n-1)개다. 예를 들어 부호화−크기 표현에서 8비트로 나타낼 수 있는 정수의 범위는 -127~$+127$로서 모두 $(2^8-1)=255$개가 된다.

2.6.2. 보수 표현

부호화−크기 표현의 단점을 보완하기 위해 보수 표현(complement representation)이 개발되었다. 이러한 보수에는 일반적으로 두 가지 종류의 보수가 있다. 즉 r의 보수와 $(r-1)$의 보수가 있다. 예를 들어서 2진수에서는 2의 보수와 1의 보수가 있고, 8진수에서는 8의 보수와 7의 보수, 10진수에서는 10의 보수와 9의 보수가 있다.

(1) r의 보수

정수부(integer part)가 n개의 숫자로 구성되어 있으며 기수(base)가 r인 수 N이 있다고 할 때에 수 N에 대한 r의 보수는 다음과 같이 정의된다.

$$N\text{에 대한 }r\text{의 보수}=\begin{cases}r^n-N, & N\neq 0 \\ 0, & N=0\end{cases}$$

예를 들어서 10진수 $(14.875)_{10}$에 대한 10의 보수는 $10^2-14.875=85.125$이다. 단어의 의미로 생각해 보면 9에 대한 10의 보수는 9에서 몇을 더하면 10이 되느냐 라는 의미이기 때문에 1이 되는 것이다. 2진수 $(1001)_2$의 2의 보수는 $2^4-(1001)_2=(10000-1001)_2=(0111)_2$

2의 보수의 경우에도 어떤 수를 더하면 2가 되는가에 해당하므로 2진수 1에 대한 2의 보수는 1이 된다.

(2) $r-1$의 보수

정수부(integer part)는 n개의 숫자로 되어 있고, 소수부(fraction part)는 m개의 숫자로 구성되어 있는 수 N, 즉 $N=(a_{n-1}a_{n-2}\cdots a_2a_1a_0.a_{-1}a_{-2}\cdots a_{-m})_r$인 경우에 N에 대한 $(r-1)$의 보수는 다음과 같이 정의된다.

N에 대한 $(r-1)$의 보수 $= r^n-r^{-m}-N$

예를 들어서 $(14.875)_{10}$에 대한 9의 보수는

$(10^2-10^{-3}-14.875)=99.999-14.875=85.124$가 된다. $(14.875)_{10}$에 대한 10의 보수와 9의 보수는 맨 끝자리만 차이가 난다. 즉 9의 보수에서 그의 맨 끝자리에 1을 더하면 10의 보수가

됨을 알 수 있다.

(1001.01)₂에 대한 1의 보수는

$(2^4 - 2^{-2} - 1001.01)_2 = 1111.11 - 1001.01 = 0110.10$이 된다. 일반적으로 2진수의 1의 보수는 2진수의 0과 1을 서로 바꾸면 쉽게 구할 수 있다. 즉 1100의 1의 보수는 1을 0으로, 0을 1로 바꾸어서 0011이 된다. 10의 보수에서와 마찬가지로 9의 보수는 보수를 취하고자 하는 수에 어떤 수를 더하면 9가 되느냐에 해당한다. 10진수 4에 대한 9의 보수는 5이고, 46에 대한 9의 보수는 46에 어떤 수를 더하면 99가 되느냐에 해당하므로 53이 되는 것이다.

보수 표현에서도 맨 좌측 비트(MSB)를 부호 비트로 사용하는 것은 부호화-크기 표현과 동일하다. 양수에 대한 1의 보수와 2의 보수는 부호화-크기의 결과와 동일하다. 1의 보수와 2의 보수로 음수를 표현하는 방법은 양수 표현에 아래의 규칙을 각각 적용하면 된다.

- 1의 보수: 모든 비트들을 반전시킨다. (0 → 1, 1 → 0).
- 2의 보수: 모든 비트들을 반전시키고 결과 값에 1을 더한다. 즉 1의 보수를 얻어서 그 결과 값에 1을 더한다. 이 과정에서 MSB로부터 올림 수(carry)가 발생하면 이를 버린다(drop-out).

예를 들어서 +6과 -6을 1의 보수와 2의 보수로 표현할 경우 아래와 같다.

$+6 = 00000110$

$-6 = 11111001$ (1의 보수)

$-6 = 11111010$ (2의 보수)

1의 보수에서는 부호화-크기 표현과 마찬가지로 0에 대한 표현이 +0과 -0 등의 두 가지가 존재한다. +0에 대한 1의 보수 표현은 '00000000'이므로 이 값에 1의 보수를 취하면 -0에 대한 표현으로서 '11111111'이 된다. 그러나 2의 보수에서는 +0을 '00000000'으로 표시하고 -0을 표시하기 위해 이 값에 2의 보수를 취하면 11111111(1의 보수)+1=1 00000000이 되며 이때에 올림 수 1을 버리면 결과적으로 -0과 동일한 00000000이 얻어진다.

1의 보수에서 -0을 표현하는 '11111111'은 2의 보수에서는 -128을 표현하게 됨에 따라 2의 보수 표현에서는 1의 보수보다 음수를 한 개 더 나타낼 수 있게 된다. 따라서 변환 과정은 1의 보수가 더 간편함에도 불구하고 대부분의 컴퓨터 시스템에서는 1의 보수 대신에 2의 보수가 널리 사용되고 있다.

부호 비트를 포함한 8비트 2진수에 대해 부호화-크기 표현, 1의 보수, 2의 보수 등으로 표현할 수 있는 정수의 범위와 비트 패턴들을 나열해 보면 [표 2-3]과 같다. 표를 보면 음수에 대해 1의 보수에서는 -127까지만 표현할 수 있는 데 반해, 2의 보수에서는 -128까지 표현할 수 있음을 확인할 수 있다.

[표 2-3] 부호화−크기 표현, 1의 보수, 2의 보수의 8비트 표현 범위

$b_7b_6b_5b_4b_3b_2b_1$	8비트 크기며,MSB가 부호비트임		
	부호와−크기 표현	1의 보수	2의 보수
01111111	+127	+127	+127
01111110	+126	+126	+126
01111101	+125	+125	+125
01111110	+124	+124	+124
⋮ ⋮ ⋮ ⋮			
00000011	+3	+3	+3
00000010	+2	+2	+2
00000001	+1	+1	+1
00000000	+0	+0	0
10000000	−0	-127	-128
10000001	−1	-126	-127
10000010	−2	-125	-126
10000011	−3	-124	-125
⋮ ⋮ ⋮ ⋮			
11111100	−124	-3	-4
11111101	−125	-2	-3
11111110	−126	-1	-2
11111111	−127	-0	-1

2.7 보수에 의한 감산

디지털 컴퓨터에서 2진수의 연산은 일상적으로 우리가 수행하는 방법과 차이가 있다. 덧셈의 경우에는 우리의 방법과 동일하게 수행된다. 그러나 뺄셈의 경우에는 보수를 이용하여 덧셈을 수행한다. 또한 곱셈의 경우에는 빠른 속도를 이용한 반복적인 덧셈을 실행하여 계산한다. 나눗셈의 경우에는 빠른 속도로 보수를 이용한 덧셈을 반복함으로써 계산하게 된다.

디지털 컴퓨터에서 감산을 하는 경우 음(−)의 수를 보다 효과적으로 표시하는 방법으로 보수를 이용하며 보수를 이용하면 덧셈회로만으로 뺄셈 과정을 간단히 수행하고 논리적 처리가 쉬워져서 회로 구성이 간단해진다.

보수에 의한 감산의 예로 10진수를 생각해보자. 10진수 135−32를 계산해보자.

$$135-32 = 135+(-32) = 135+(-032)$$
$$= 135+(10^3-032-10^3)$$
$$= 135+(10^3-032)-10^3$$
$$= (135+968)-1000$$
$$= 1103-1000 = 103$$

상기의 10진수 감산에서 감수를 음수로 바꾸고 이를 보수로 변환하여 더함으로써 감산을 덧셈으로 바꿀 수 있게 된다. 이때에 감수의 자릿수와 피감수의 자릿수를 일치시키기 위해 32를 032의 세 자릿수로 바꾼다. (-032)에 대한 10의 보수는 968이 되고 이 값을 135와 더하면 1103으로 자리 올림이 발생하는데 이러한 자리 올림을 버림으로써 103을 얻게 된다.

일반적으로 기수가 r인 두 양수의 감산에는 r의 보수에 의한 감산과 $(r-1)$의 보수에 의한 감산 등이 있다.

2.7.1. r의 보수에 의한 감산

피감수(minuend)를 M이라 하고 감수(subtrahend)를 S라고 할 때에 감산 규칙은 아래와 같다.
① 감수 S의 r의 보수를 구하여 피감수 M과 더한다.
② 더한 결과에서 끝자리 올림(end carry)이 발생하면 이를 버린다. (M>S 일경우). 끝자리 올림이 발생하지 않으면 더한 결과에 다시 r의 보수를 구하고 앞에 $(-)$부호를 추가한다. (M<S일 경우)

[예제 2-14] 10의 보수를 이용하여 $(36234-691)_{10}$을 계산하라.

(풀이)

M=36234   36234
N=006916   +   99309
N의 10'S = 99309   ① 35543

끝자리 올림 ①을 버린다.

답: 35543

[예제 2-15] 10의 보수를 이용하여 $(691-36234)_{10}$를 계산하라.

(풀이)

M=00691   00691
N=36234   +   63766
N의 10'S = 63766   64457

끝자리 올림이 없으므로 64457의 10의 보수를 취하고 앞에 $(-)$부호를 붙인다.

답: $-35543 = -(64457의\ 10의\ 보수)$

[예제 2-16] 2의 보수를 이용하여 $(1110-1100)_2$를 계산하라.

(풀이)

$$
\begin{array}{ll}
\text{M}=1110 & \qquad\qquad 1110 \\
\text{N}=1100 & \qquad +\quad 0100 \\
\text{N의 2'S}=0100 & \qquad \overline{① \ \ 0010}
\end{array}
$$

끝자리 올림 ①을 버린다.

답: 0010

[예제 2-17] 2의 보수를 이용하여 $(1100-1110)_2$를 계산하라.

(풀이)

$$
\begin{array}{ll}
\text{M}=1100 & \qquad\qquad 1100 \\
\text{N}=1110 & \qquad +\quad 0010 \\
\text{N의 2'S}=0010 & \qquad \overline{1110}
\end{array}
$$

끝자리 올림이 발생하지 않았으므로 1110의 2의 보수를 취하고 앞에 $(-)$부호를 붙인다.

답: $-0010 = -(1110의\ 2의\ 보수)$

2.7.2. $(r-1)$의 보수에 의한 감산

$(r-1)$의 보수에 의한 감산은 순회식 자리 올림(end-around carry)을 제외하고 r의 보수에 의한 감산의 순서와 동일하다.

① 감수 S의 $(r-1)$의 보수를 구하여 피감수 M과 더한다.

② 더한 결과에서 끝자리 올림(end carry)이 발생하면 최하위 자리에 1을 더한다. (M>S
   일 경우)

   끝자리 올림이 발생하지 않으면 더한 결과에 다시 $(r-1)$의 보수를 구하고 앞에 $(-)$
   부호를 추가한다. (M<S일 경우)

[예제 2-18] 9의 보수를 이용하여 $(36234-691)_{10}$을 계산하라.

(풀이)

$$
\begin{array}{ll}
\text{M}=36234 & \qquad\qquad 36234 \\
\text{N}=00691 & \qquad +\quad 99308 \\
\text{N의 9'S}=99308 & \qquad \overline{① \ \ 35542} \\
& \qquad +\qquad\quad ① \\
& \qquad \overline{\qquad 35543}
\end{array}
$$

순회식 자리 올림이 발생했으므로 더한 결과 값에 1을 더해준다.

답: 35543

[예제 2-19] 9의 보수를 이용하여 $(691-36234)_{10}$를 계산하라.

(풀이)

```
M = 00691                    00691
N = 36234              +     63765
N의 9'S = 63765             64456
```

자리 올림 수가 발생하지 않았으므로 64456의 9의 보수를 취해서 그 앞에 (−)부호를 붙인다.

답: $-35543 = -$ (64456의 9의 보수)

[예제 2-20] 1의 보수를 이용하여 $(1110-1100)_2$를 계산하라.

(풀이)

```
M = 1110                     1110
N = 1100              +      0011
N의 1'S = 0011           ① 0001
                      +        ①
                             0010
```

순회식 자리 올림이 발생했으므로 더한 결과 값에 1을 더해준다.

답: 0010

[예제 2-21] 1의 보수를 이용하여 $(1100-1110)_2$를 계산하라.

(풀이)

```
M = 1100                     1100
N = 1110              +      0001
N의 1'S = 0001              1101
```

자리 올림 수가 발생하지 않았으므로 1101의 1의 보수를 취해서 그 앞에 (−)부호를 붙인다.

답: $-0010 = -$ (1101의 1의 보수)

3_정보의 코드화

3.1. 코드화의 개념

코드화(coding)는 어떤 정보를 다른 문자나 글자를 이용하여 표현하는 것을 뜻한다. 최근에 긴 말뜻을 짧은 단어 몇 글자로 표현하는 것도 일종의 코드화에 해당한다고 볼 수 있다. 중국의 사자성어도 긴 단어들로 이루어진 문장을 단지 네 글자로만 표현하는 것이니 넓게 보면 이것도 코드에 해당한다.

암호화 시스템에서는 문자를 특정의 숫자로 변환하여 암호문을 작성하는데 이 암호문이 다른 사람들에게 노출되어도 숫자들의 나열이기 때문에 해석이 불가능하게 됨에 따라 정보를 보호할 수 있게 된다. 수신측에서 암호문을 수신하면 숫자를 문자로 변환하여 원문을 얻어서 정보를 정상적으로 획득할 수 있게 된다.

컴퓨터를 포함한 디지털 시스템에서는 오로지 두 가지 레벨, 즉 '0'과 '1'만으로 모든 정보를 나타내야 한다. 한 비트로는 두 가지의 정보를 표현할 수 있고 두 비트로는 2^2, 즉 4가지의 정보를 구분할 수 있으며 세 비트, 네 비트는 각각 $8(=2^3)$가지, $16(=2^4)$가지 등을 나타낼 수 있다. 정보기기에서 정보 저장, 처리, 전달 과정이 수행될 때에는 모든 정보들이 오로지 '0'과 '1'만으로 나타내진다.

예를 들어서 음성 정보의 경우 음의 높낮이를 '0'과 '1'의 비트 나열 조합으로 구분하는 것이다. 비트 수가 많으면 많을수록 음의 높낮이를 보다 세밀하게 구분할 수 있지만 정보 비트 양이 많아지는 단점이 발생한다. 음성 정보 이외에 데이터 정보와 비디오 정보 등 모든 멀티미디어 정보들은 이와 같이 '0'과 '1'로 코드화되어 디지털 시스템에서 저장, 처리, 전달 등이 수행된다.

우리들은 일상생활에서 10진수를 사용하는데 10진수는 0, 1, 2, 3, 4, 5, 6, 7, 8, 9 등의 10가지 숫자로 구성된다. 이와 같은 10진수를 컴퓨터 시스템에서 나타내기 위해서는 네 비트를 필요로 한다. 세 비트로는 8가지밖에 표현될 수 없고 네 비트로는 16가지를 표현할 수 있으나 컴퓨터 시스템에서는 6가지 초과를 감수하더라도 네 비트를 사용하여 10진수를 나타낼 수밖에 없다.

디지털 시스템에서 10진수를 2진수로 변환하는 것을 2진화 10진 코드(BCD: Binary-Coded Decimal) 혹은 인코딩(encoding)이라 하고, 그 반대는 디코딩(decoding)이라고 한다. BCD에서는 10진수의 각 항을 2진수로 표시한다. 10진수 13은 2진수로는 1101이지만 BCD로는 0001 0011로 표현된다.

2진수 코드에는 크게 웨이티드 코드(weighted code)와 언웨이티드 코드(unweighted code) 등으로 구분된다. 웨이티드 코드는 말 그대로 코드화된 2진수의 각 비트 위치가 일정한 값을 갖는 코드를 말하며, 언웨이티드 코드는 각 비트의 위치에 따라 일정한 값을 갖지 않는다.

3.2. BCD 코드

3.2.1. 8421 코드

8421 코드는 BCD 코드의 대표적인 코드로서 BCD 코드라고 말하면 8421 코드를 지칭하는 것으로 한다. 8421 코드는 0에서 9까지로 이루어지는 10진수의 각 자리마다 8, 4, 2, 1의 순서로 가중치(weighted)를 두어 2진수로 표현하는 코드이다. 이와 같이 이 코드는 4개의 자리가 각각 8, 4, 2, 1의 값을 가지기 때문에 8421 코드라고 부른다.

앞 절에서 설명한 바와 같이 4개의 비트로는 16가지의 수($2^4 = 16$)를 표현할 수 있으나 10진수는 0에서 9까지의 10개 숫자만을 사용하므로 6개의 코드, 즉 1010, 1011, 1100, 1101, 1110, 1111 등은 사용하지 않고 남게 된다. 8421 코드의 주요 장점은 10진수와의 변환이 비교적 쉽다는 점이다. 즉 한 번에 10진수의 한 자리씩 변환해 나가므로 0에서 9까지의

10진수에 대응하는 2진수만을 기억하고 있으면 되는 것이다. [표 3-1]은 10진수에 대한 2진수와 8421 코드와의 비교를 보여준다.

예를 들어서 10진수 35는 2진수와 8421 코드로 아래와 같이 코딩된다.

$$(35)_{10} = (0011 \ 0101)_{BCD} = (100011)_2$$

[표 3-1] 10진수-2진수-8421 코드와의 비교

10진수	2진수	BCD (8421코드)		10진수	2진수	BCD (8421코드)	
0	0000	0000	0000	10	1010	0001	0000
1	0001	0000	0001	11	1011	0001	0001
2	0010	0000	0010	12	1100	0001	0010
3	0011	0000	0011	13	1101	0001	0011
4	0100	0000	0100	14	1110	0001	0100
5	0101	0000	0101	15	1111	0001	0101
6	0110	0000	0110	16	10000	0001	0110
7	0111	0000	0111	17	10001	0001	0111
8	1000	0000	1000	18	10010	0001	1000
9	1001	0000	1001	19	10011	0001	1001

그러나 8421 코드는 2진 가산법의 수학적 연산을 그대로 적용하지 못하는 문제점이 있다. 예를 들어서 13과 7을 8421 코드로 더하면 아래와 같다.

```
    13              0001    0011
  +  7            +  0000    0111
  ─────            ─────────────
    20              0001    1010
```

상기의 8421 코드 계산에서는 1010이 존재하지 않으므로 10진수로 디코딩할 수 없게 된다. 만일 8421 코드 계산에서 4비트의 값이 9보다 크거나 캐리가 발생하면 그것은 잘못된 결과이므로 이러한 경우에는 그 계산 값에 6(0110)을 더하여 BCD 코드로 바꾸어야 한다. 6을 더했을 때에 캐리가 발생하면 그것은 한 자리를 올려서 더하면 된다. 여기에서 6을 더하는 이유는 사용하지 않는 6개의 코드(1010, 1011, 1100, 1101, 1110, 1111)의 영역을 벗어나서 자리 올림하기 위함인 것이다.

[예제 3-1] 17+46을 8421 BCD 코드를 사용하여 계산하라.

(풀이)

```
     17           0001     0111
  +  46        +  0100     0110
─────────      ──────────────────
     63           0101     1101 (9를 넘기므로 +6해야 함)
                        +  0110
               ──────────────────
                  0110     0011 (캐리 발생하여 자리 올림 함)
                    │        │
                    ▼        ▼
                    6        3
```

[예제 3-2] 58+67을 8421 BCD 코드를 사용하여 계산하라.

(풀이)

```
     58           0101     1000
  +  67        +  0110     0111
─────────      ──────────────────
    125           1011     1111 (양측 모두 9보다 크므로 +6)
                +  0110     0110
        ──────────────────────────
     0001    0010     0101 (양측 모두 캐리 발생)
       │       │        │
       ▼       ▼        ▼
       1       2        5
```

3.2.2. 3 초과 코드(3 Excess code)

3 초과 코드는 8421 코드에서 3을 더한 값으로 표시되며 8421 코드보다 연산하기가 쉬운 코드이다. 10진수를 3 초과 코드의 형태로 변환하려면 10진수의 각 자릿수에 3, 즉 0011을 더해주면 된다. 3 초과 코드에서는 4개의 비트마다 자릿값(weight)이 정해지는 것이 아니므로 언웨이티드(unwighted)코드이다.

예를 들어 10진수 5는 8421 코드로는 0101이지만, 3 초과 코드로는 0101+0011 = 1000이 된다.

[표 3-2]는 3 초과 코드표를 나타낸다. 3 초과 코드는 4비트씩 표시할 수 있는데 16개의 코드 중에서 10개만을 사용한다. 10진수로는 0에서 9까지만 3 초과 코드가 적용된다. 3 초과 코드에서 사용되지 않는 코드들로는 0000, 0001, 0010, 1101, 1110, 1111 등이다.

[예제 3-3] 10진수 $(136)_{10}$을 3 초과 코드로 변환하라.

(풀이)

$(136)_{10}$을 우선 8421 코드로 변환하고 이를 다시 3 초과 코드로 나타낸다.

```
      1          3          6
   0001       0011       0110  ← 8421 코드
 + 0011     + 0011     + 0011
   ─────      ─────      ─────
   0100       0110       1001  ← 3 초과 코드
```

[표 3-2] 3 초과 코드표

10진수	3초과 코드	8421 코드
0	0011	0000
1	0100	0001
2	0101	0010
3	0110	0011
4	0111	0100
5	1000	0101
6	1001	0110
7	1010	0111
8	1011	1000
9	1100	1001
10	0100 0011	0001 0000
11	0100 0100	0001 0001
12	0100 0101	0001 0010
13	0100 0110	0001 0011
⋮	⋮ ⋮	⋮ ⋮
98	1100 1011	1001 1000
99	1100 1100	1001 1001
100	0100 0011 0011	0001 0000 0000

(1) 3 초과 코드의 가산

3 초과 코드는 8421 코드와는 달리 언웨이티드 코드이다. 3 초과 코드의 감산은 아래와 같은 규칙들을 따른다.

(가) 10진수의 각 자리의 덧셈 합이 9보다 작거나 같은 경우에는 항상 6초과의 숫자가 된다. 따라서 3 초과 코드로 바꾸기 위해 각 자리마다 $(0011)_2$을 빼주어야 한다. 즉, 두 개의 수를 합하여 자리 올림이 발생하지 않으면 그 결과에서 $(0011)_2$을 빼주면 된다.

(나) 10진수의 각 자리 합이 9를 초과할 경우에는 자리 올림이 발생한다. 이렇게 캐리가

발생하는 경우에는 4비트 군의 합이 모두 8421 형으로 변형된다. 따라서 3 초과 코드로 돌아가기 위해서는 자리 올림 수를 발생시킨 그룹에 3을 더해야 한다. 즉, 자리 올림이 생기는 경우 결과 값의 각 자리에 $(0011)_2$을 더해야 한다.

[예제 3-4] 23+46을 3 초과 코드를 사용하여 계산하라.

(풀이)

```
    23            0101    0110  ← 23의 3 초과 코드
+   46          + 0111    1001  ← 46의 3 초과 코드
────────        ─────────────
    69            1100    1111
                - 0011  - 0011  ← 각 자리에 3을 뺀다.
                ─────────────
                  1001    1100  ← 69의 3 초과 코드
```

각각의 자리에 자리 올림 수(캐리)가 발생하지 않았으므로 각 자리에서 3을 빼주어야 한다.

[예제 3-5] 87+45를 3 초과 코드로 계산하라.

(풀이)

```
    87               1011     1010  ← 87의 3 초과 코드
+   45             + 0111     1000  ← 45의 3 초과 코드
────────           ──────────────
   132               0011     0010  ← 양쪽 모두에 캐리 발생
          + 0011   + 0011   + 0011  ← 각 자리에 3을 더한다.
          ────────────────────────
             0100     0110     0101  ← 132의 3 초과 코드
```

[예제 3-6] 24+37을 3 초과 코드로 계산하라.

(풀이)

```
    24            0101    0111  ← 24의 3 초과 코드
+   37          + 0111    1010  ← 37의 3 초과 코드
────────        ─────────────
    61            1100    0001  ← 우측에 3을 더하고
                - 0011  + 0011     좌측에 3을 뺀다.
                ─────────────
                  1001    0100  ← 61의 3 초과 코드
```

(2) 3 초과 코드의 자기 보수 특성

3 초과 코드는 자기 보수 코드(self complementing code)이다. 3 초과 코드에서 1의 보수는 10진수의 9의 보수에 해당한다. 예를 들어서 10진수 5에 대한 3 초과 코드는 1000이고 이것의 1의 보수는 0111이 된다. 0111은 3 초과 코드에서 10진수 4에 해당하는데 4는 5에 대한 9의 보수이다. 1의 보수는 디지털 논리회로에서 각 비트의 0과 1을 바꿈으로써 쉽게 만들 수 있고, 3 초과 코드를 사용하면 연산 동작이 쉽게 이루어지며 감산을 9의 보수법을 이용

하여 실행할 수 있기 때문에 매우 유용한 것이다. [표 3-3]은 3 초과 코드와 자기보수형을 보여준다.

[표 3-3] 3 초과 코드와 자기보수형

10진수	3초과 코드	3초과 코드	10진수
0	0011	1100	9
1	0100	1011	8
2	0101	1010	7
3	0110	1001	6
4	0111	1000	5
5	1000	0111	4
6	1001	0110	3
7	1010	0101	2
8	1011	0100	1
9	1100	0011	0

3.2.3. 기타 4비트 BCD 코드

4비트 BCD 코드에는 8421 코드와 3 초과 코드 외에도 여러 가지 코드가 사용되고 있다. [표 3-4]는 4비트 BCD 코드를 보여준다.

[표 3-4] 4비트 BCD 코드

10진수	5421코드	7421코드	5311코드	2421코드	$8\overline{42}1$코드	$7\overline{42}1$코드
0	0000	0000	0000	0000	0000	0000
1	0001	0001	0001	0001	0111	0111
2	0010	0010	0011	0010	0110	0110
3	0011	0011	0100	0011	0101	0101
4	0100	0100	0101	0100	0100	0100
5	1000	0101	1000	1011	1011	1010
6	1001	0110	1001	1100	1010	1001
7	1010	1000	1011	1101	1001	1000
8	1011	1001	1100	1110	1000	1111
9	1100	1010	1101	1111	1111	1110

[표 3-4]의 BCD 코드들은 웨이티드 코드들이다. 즉 각 비트들의 위치에 따라 가중치가 정해진다. 5421 코드의 경우에는 네 번째 자리 비트의 가중치가 5, 세 번째 자리 비트의 가중치는 4, 두 번째 자리 비트의 가중치는 2이고 첫 번째 자리 비트의 가중치가 1인 것이다. 예를 들어 5421 코드의 1011은 $1 \times 5 + 0 \times 4 + 1 \times 2 + 1 \times 1 = (8)_{10}$로서 10진수 8에 해당한다. 또한 10진수를 인코딩할 때에 10진수의 각 자리마다 해당 코드로 인코딩한다. 17을 5421 코드로 변환하면 아래와 같다.

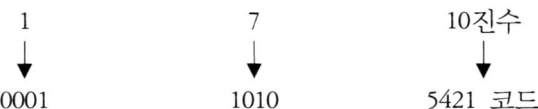

$842\overline{1}$ 코드는 첫 번째 자리 비트의 가중치가 (-1)이고 두 번째 자리 비트의 가중치는 (-2)가 된다. 2421 코드와 $842\overline{1}$ 코드는 자기보수형 코드이다. 즉 10진수의 9의 보수에 해당하는 코드는 원래 코드와 1의 보수의 관계를 가진다.

3.2.4. 5비트 이상의 BCD 코드

10진수를 나타내는 코드들 중에는 5비트와 6비트 이상의 코드들도 있다. [표 3-5]는 5비트와 6비트 이상의 BCD 코드를 나타낸다.

[표 3-5] 5비트와 6비트 이상의 BCD 코드

10진수	5비트 코드			6비트 이상의 코드		
	2-out of-5	51111	시프트 카운터	2-5진 코드		링 카운터
				50	43210	9876543210
0	00011	00000	00000	01	00001	0000000001
1	00101	00001	00001	01	00010	0000000010
2	00110	00011	00011	01	00100	0000000100
3	01001	00111	00111	01	01000	0000001000
4	01010	01111	01111	01	10000	0000010000
5	01100	10000	11111	10	00001	0000100000
6	10001	11000	11110	10	00010	0001000000
7	10010	11100	11100	10	00100	0010000000
8	10100	11110	11000	10	01000	0100000000
9	11000	11111	10000	10	10000	1000000000

2-out of-5 코드에서는 10진수를 나타내는 각각의 코드마다 비트 1의 개수가 모두 2개로 구성되는데 이와 같은 코드는 착오 검출에 적용될 수 있다. 비트 나열들 중에서 1의 개수가 2가 아니면 이는 에러가 발생했음을 의미하는 것이다.

51111 코드는 웨이티드 코드이며 세트된 비트의 배열이 규칙적으로 구성되므로 실제 전자회로에서의 동작 구성이 용이하다. 시프트 카운터 코드는 존슨 코드라고도 불리며 언웨이티드 코드인데 비트의 배열이 51111 코드보다 더욱 규칙적이기 때문에 전자 회로 구성이 보다 더 용이하다. 시프트 카운터 코드는 말 그대로 초기 0의 코드는 00000이지만 이후에는 비트 1이 왼쪽으로 하나씩 시프트 되고 1이 모두 차면 다음에는 비트 0이 왼쪽으로 시프트 되는 형태로 구성되어 있다.

3.3. 그레이 코드

그레이 코드(Gray code)는 언웨이티드 코드로서 연산에는 사용되지 않지만 전송, 입출력 장치, A/D 컨버터 및 다른 주변장치 등에 사용된다. 이는 그레이 코드가 현 상태에서 다음 상태로 변화할 때에 단지 하나의 비트만이 변화되는 최소 변화 코드의 일종이기 때문이다. 예를 들어 10진수 4에 해당하는 그레이 코드 0110과 10진수 5에 해당하는 그레이 코드 0111은 단지 첫 번째 자리 비트가 0에서 1로 바뀌었을 뿐이다. [표 3-6]은 10진수를 2진수 코드와 그레이 코드로 나타낸 것이다.

[표 3-6] 2진수와 그레이 코드

10진수	2진수 코드	그레이 코드	10진수	2진수 코드	그레이 코드
0	0000	0000	8	1000	1100
1	0001	0001	9	1001	1101
2	0010	0011	10	1010	1111
3	0011	0010	11	1011	1110
4	0100	0110	12	1100	1010
5	0101	0111	13	1101	1011
6	0110	0101	14	1110	1001
7	0111	0100	15	1111	1000

3.3.1. 2진수를 그레이 코드로 변환하기

2진수를 그레이 코드로 변환하는 과정은 아래와 같다.

① 2진수의 가장 왼쪽 비트는 그레이 코드의 가장 왼쪽 비트가 된다.

　　즉, 2진수의 MSB 비트는 그대로 내려와서 그레이 코드의 MSB 비트가 된다.

② 그레이 코드의 왼쪽에서 두 번째 비트는 2진수의 가장 왼쪽 비트와 왼쪽에서 두 번째 비트를 더한 결과 값이 된다. 이때에 캐리는 무시한다.

③ 이후의 그레이 코드는 ②에서와 동일한 방식으로 진행된다.

예를 들어 2진수 10110을 그레이 코드로 변환하는 과정은 아래와 같다.

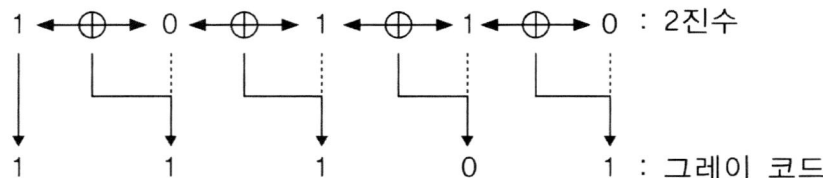

3.3.2. 그레이 코드를 2진수로 변환하기

그레이 코드를 2진수로 변환하는 과정은 아래와 같다.

① 그레이 코드의 가장 왼쪽 비트는 2진수의 가장 왼쪽 비트가 된다.

② 2진수의 왼쪽에서 두 번째 비트는 새로 생긴 2진수 비트와 그레이 코드의 왼쪽에서 두 번째 비트를 더한 결과 값이 된다. 이때에 캐리는 무시한다.

③ 이후의 2진수는 ②와 동일한 방식으로 진행된다.

예를 들어 그레이 코드 11101을 2진수로 변환하는 과정은 아래와 같다.

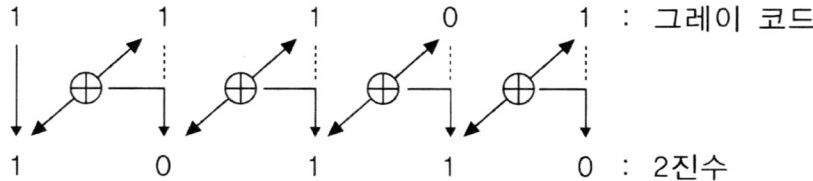

3.4. 에러 검출 코드

디지털 시스템은 아날로그 시스템에 비해 데이터 송수신이 정확하게 전달되지만 전송 과정에서 여러 형태의 잡음과 함께 일시적인 오동작 등으로 인해 데이터가 잘못 전달되는 경우가 종종 발생하게 된다. 데이터가 전송되는 경우 모든 데이터들은 비트 '0'을 낮은 전압으로, 비트 '1'을 높은 전압 등으로 구분하여 전달하게 되는데 낮은 전압 중간에 잡음으로 인해 짧은 펄스가 삽입되면 수신측에서 비트 '0'을 비트 '1'로 잘못 오인하게 되는 수가 발생한다.

예를 들어서 '00101001'의 비트 스트림이 전송되는 과정에서 왼쪽에서 네 번째 비트 '0'을 나타내는 낮은 전압에서 잡음이 끼어들어 높은 전압으로 인식되는 바람에 비트 '1'로 잘못 수신한다면 '00111001'의 비트 스트림을 수신하게 되는 것이다. 이러한 데이터 흐름이 음성을 나타내는 경우에는 원래의 음 높이에 차이를 유발할 것이고 비디오의 경우에는 찌그러진 영상이 수신되며 문자 데이터의 경우에는 다른 문자로 수신하게 된다. 데이터의 저장 및 전송 과정에서 발생하는 이러한 데이터의 유실 및 손실 등을 데이터 에러(error)라고 한다.

에러 검출 코드는 정보가 저장 및 전송될 때에 발생할 수 있는 에러를 검출하는 데 사용되며 가장 간단하게 사용되는 방법들 중의 하나가 패리티 코드이다.

3.4.1. 패리티 코드

패리티 코드는 패리티 비트(parity bit)를 사용하여 만드는 코드이다. 패리티 비트는 데이터의 에러 검출을 위해 데이터에 추가되는 여분의 한 비트로서 시스템의 설계 기준에 따라 데이터 시작의 한 비트나 데이터 끝의 한 비트를 사용하게 된다. 예를 들어서 패리티 코드가 01101101이라고 할 때에 데이터 시작의 경우에는 맨 앞 비트인 '0'이 패리티 비트이며 데이터 끝의 경우에는 맨 끝 비트인 '1'이 패리티 비트가 된다.

일반적으로 패리티 비트는 한 단어, 즉 7비트의 데이터에 추가되는 형태이다. 패리티 비트에 의한 에러 검출은 한 단어에서 2개 비트 이상에서 에러가 발생하는 중복 에러의 경우에는 검출할 수 없고 한 비트에서 에러가 발생해야만 검출이 가능하다. 또한 패리티 비트는 에러의 발생 여부를 검출할 수는 있으나 검출된 에러를 교정할 수 없다. 패리티 비트는 각각의 패리티 코드 내의 1의 개수에 따라 짝수 패리티와 홀수 패리티로 구분한다.

(1) 짝수 패리티 비트(even parity)

짝수 패리티 비트에서는 패리티 코드 내의 데이터 비트와 패리티 비트의 1의 전체 개수가 짝수가 되도록 패리티 비트를 '0' 혹은 '1'로 결정한다.

예를 들어서 1001001이라는 데이터에 패리티를 추가할 경우 현재의 1의 개수는 3개로서 홀수 개인데 패리티 비트를 '1'로 함으로써 '1'의 개수를 전체 4개로 하여 아래와 같이 짝수 개로 만드는 것이다.

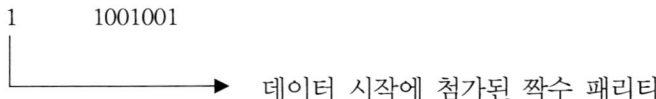

데이터 시작에 첨가된 짝수 패리티

(2) 홀수 패리티 비트(odd parity)

홀수 패리티 비트에서는 패리티 코드 내의 데이터 비트와 패리티 비트의 1의 전체 개수가 홀수가 되도록 패리티 비트를 결정한다. 상기의 짝수 패리티 비트에서와 동일한 1001001의 데이터에 홀수 패리티를 추가할 경우 현재의 1의 개수는 3개로서 홀수 개이며 패리티 비트를 포함하여 전체 비트 '1'의 개수를 홀수로 만들기 위해서는 패리티 비트가 '0'이 되어야 한다.

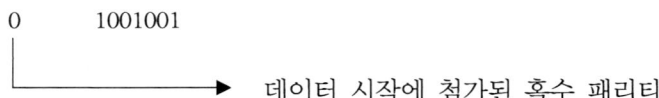

데이터 시작에 첨가된 홀수 패리티

앞에서 설명한 바와 같이 하나의 패리티 비트로는 에러 검출만이 가능하고 에러 정정은 불가능하다. 에러를 정정할 수 있도록 패리티를 블록 데이터에 적용하는 방법이 있다. 가로와 세로로 구성되는 데이터 블록에 패리티를 적용하면 에러를 검출하여 위치를 찾아 정정할 수 있게 되는데 이를 병렬 패리티(parallel parity)라고 한다.

병렬 패리티는 [표 3-7]에서와 같이 각각의 가로 1바이트에 대해 패리티를 만들고 각각의 세로 1바이트에 대해 패리티를 구성하여 블록 단위로 전송하면 가로와 세로에 대해 각각 패리티를 검사함으로써 에러를 찾아내고 정정할 수 있다.

전송된 데이터 블록 중에서 한 비트의 에러가 발생하면 가로와 세로 패리티의 특정 부분에 패리티가 맞지 않게 되며 [표 3-8]에서와 같이 두 부분이 마주치는 곳에서 에러가 발생함을 알 수 있음에 따라 이를 정정할 수 있다.

[표 3-7] 원래 데이터 블록의 병렬 패리티

								패리티 비트
1	0	1	0	1	0	1	1	1
1	0	0	0	0	0	1	1	1
0	1	0	0	1	0	0	0	0
0	1	1	1	0	0	0	0	1
1	0	1	1	1	0	0	1	1
0	1	0	0	0	1	1	1	0
1	1	1	1	1	1	1	1	0
0	1	1	1	1	0	0	0	0

패리티워드

0	1	1	0	1	0	0	1	0

[표 3-8] 에러가 발생한 데이터 블록의 병렬 패리티

								패리티 비트
1	0	1	0	1	0	1	1	1
1	0	0	0	0	0	1	1	1
0	1	0	0	1	0	0	0	0
0	1	1	1	0	0	0	0	1
1	0	1	1	0	0	0	1	1
0	1	0	0	0	1	1	1	0
1	1	1	1	1	1	1	1	0
0	1	1	1	1	0	0	0	0

패리티 워드

0	1	1	0	1	0	0	1	0

3.4.2. 기타 에러 검출 코드

에러 검출 코드를 목적으로 구성된 코드들로는 2-out-of 5 코드, 63210 코드, 이중 5(biquinary) 코드, 링 카운터(ring counter) 코드 등이 있다. [표 3-9]는 이들의 에러 검출 코드를 나타낸다.

- 2-out-of 5 코드: 하나의 10진수 숫자를 5비트로 나타내고 각 코드는 모두 2개의 1을 가지게 되므로 에러 검출이 패리티 비트보다 더 간편하며 주로 통신에 사용된다.
- 63210 코드: 2-out-of 5코드에서와 같이 각각의 코드는 모두 2개의 1을 가짐에 따라 에러 검출이 용이하다.
- 이중 5(biquinary) 코드: 모두 7비트로 구성되며 맨 앞의 두 자릿수 50의 2비트는 10진수의 5보다 크고 작음을 나타내고 나머지 5비트는 카운터로 사용된다. 이중 5(biquinary) 코드에서는 각각의 코드마다 2개의 1과 5개의 0으로 구성된다.

- 링 카운터(ring counter) 코드: 10진수의 각 숫자를 10비트로 나타내며 각각의 코드는 단 한 개의 1을 가지므로 에러 검출이 가능하고 디코딩(decoding)이 용이하다.

[표 3-9] 에러 검출 코드

10진수	2-out-of-5	63210	5043210	9876543210
0	00011	00110	0100001	0000000001
1	00101	00011	0100010	0000000010
2	00110	00101	0100100	0000000100
3	01001	01001	0101000	0000001000
4	01010	01010	0110000	0000010000
5	01100	01100	1000001	0000100000
6	10001	10001	1000010	0001000000
7	10010	10010	1000100	0010000000
8	10100	10100	1001000	0100000000
9	11000	11000	1010000	1000000000

3.5. 에러 정정 코드

패리티 비트 사용으로 에러 검출은 가능하지만 에러를 정정할 수는 없다. 패리티 비트를 병렬로 사용하여 데이터 블록을 전송하는 경우에는 에러를 검출할 수 있을 뿐만 아니라 그 에러를 정정할 수도 있지만 이 방법은 사용하기 복잡하다는 단점이 있다. 단순한 패리티 비트 방식에서 발전하여 에러를 정정할 수 있는 코드 방식으로 해밍 코드가 있다.

3.5.1. 해밍 코드(hamming code)

패리티 코드를 응용하여 에러를 정정할 수 있도록 발전시킨 코드가 해밍 코드이다. 해밍 코드는 벨(Bell) 연구소의 R. 해밍(R. Hamming)이 개발한 방식으로서 한 비트에 에러가 발생하면 해당 위치를 찾아서 이를 정정할 수 있는 코드이다.

패리티 코드에서는 추가 비트로 한 비트의 패리티 비트가 필요하지만 해밍 코드는 많은 비트들이 추가적으로 필요하게 되므로 데이터 저장 및 전달의 양이 늘어나게 된다. 해밍 코드는 2개 이상의 비트에서 에러가 발생할 경우 정정이 불가능하다.

추가되는 패리티 비트의 수는 아래와 같이 결정된다.

$$2^p \geq d+p+1$$

> d: 데이터 비트의 수
> p: 패리티 비트의 수

예를 들어서 4비트 크기의 데이터가 있을 때에 상기 식에 $d=4$를 대입하여 만족하는 p값을 구하면 된다.

$p=2$일 경우에는 부등호 왼편은 $2^p=2^2=4$이고, 부등호 오른편은 $d+p+1=4+2+1=7$이 되므로 부등호를 만족하지 못한다.

$p=3$일 경우에는 부등호 왼편은 $2^p=2^3=8$이고, 부등호 오른편은 $d+p+1=4+3+1=8$이 되므로 부등호를 만족한다.

따라서 4비트의 데이터에 해당하는 해밍 코드를 만들 경우 패리티 비트가 3개 추가되어 4+3=7비트의 해밍 코드가 생성되는 것이다.

그렇다면 추가되는 패리티 비트들은 해밍 코드의 어느 비트 위치에 추가되는가? 해밍 코드에서 패리티 비트의 위치는 [표 3-10]에서와 같이 해밍 코드의 비트 1, 비트 2, 비트 4, 비트 8, 비트 16, 비트 32 … 위치에 들어가며 기호 P_1, P_2, P_3, P_4 … 등으로 나타낸다.

[표 3-10] 해밍 코드 구성도

해밍 코드 비트 위치	H_1	H_2	H_3	H_4	H_5	H_6	H_7	H_8	H_P	H_{10}	H_{11}	H_{12}
기호	P_1	$P2$	D_1	$P3$	D_2	D_3	D_4	$P4$	D_5	D_6	D_7	D_8
P_1 영역	✓		✓		✓		✓		✓		✓	
P_2 영역		✓	✓			✓	✓			✓	✓	
P_3 영역				✓	✓	✓	✓					✓
P_4 영역								✓	✓	✓	✓	✓

P_1은 P_1을 포함하여 하나 건너 하나씩 데이터를 취하여 짝수 패리티를 만든다. P_2는 P_2를 포함하여 두 개 비트를 취하고 2개 건너 2개씩 취하여 짝수 패리티를 만든다. P_3는 P_3를 포함하여 4개 비트를 취하고 4비트 건너 4개씩 취한다. P_4는 P_4를 포함하여 8개 비트를 취하고 8개 건너 8개 비트씩 취하여 짝수 패리티를 만든다. 각각의 패리티가 취하는 비트 영역은 [표 3-10]에서 ☑로 보여준다. 이를 간단히 요약하면 아래와 같다.

- P_1: 1, 3, 5, 7, 9, … 비트에서 1의 개수가 짝수가 되기 위한 비트 값
- P_2: 2, 3, 6, 7, 10, 11, … 비트에서 1의 개수가 짝수가 되기 위한 비트 값
- P_3: 4, 5, 6, 7, 12, 13, 14, 15, … 비트에서 1의 개수가 짝수가 되기 위한 비트 값
- P_4: 8, 9, 10, 11, 12, 13, 14, 15, 24, 25, 26, 27, 28, 29, 30, 31, … 비트에서 1의 개수가

짝수가 되기 위한 비트 값

[예제 3-7] 4비트로 구성된 데이터 1100의 해밍 코드를 구하라.

(풀이)

4비트 데이터를 위한 패리티 비트 개수를 구하기 위해 아래 식을 참조한다.

$2^p \geq d+p+1$

d: 데이터 비트의 수
p: 패리티 비트의 수

상기 식에서 $d=4$를 대입하여 부등호를 만족하는 p값은 3이므로 해밍 코드는 $d+p=7$이
되어 7비트로 구성됨을 알 수 있다. [표 3-10]을 참고하여 데이터 4비트와 패리티 3비트의
위치, 그리고 패리티 영역을 참조하여 각 패리티의 값을 아래와 같이 구한다.

- P_1: 1, 3, 5, 7비트에서 짝수 패리티가 되려면 $P_1=0$이어야 한다. 즉, 비트 3은 데이터
  비트 1로서 '1' 값을 가지고, 비트 5는 데이터 비트 2로서 '1' 값을 가지며 비트 7은
  데이터 비트 4로서 '0' 값을 가지므로 P_1을 포함하여 짝수 패리티가 되기 위해서는
  P_1이 0이 되어야 한다.
- P_2: 2, 3, 6, 7비트에서 짝수 패리티를 가지기 위해서는 $P_2=1$이어야 한다.
- P_3 : 4, 5, 6, 7비트에서 짝수 패리티를 가지려면 $P_3=1$이어야 한다.

따라서 데이터 1100에 대한 해밍 코드는 [표 3-11]에서와 같이 0111100이 된다.

[표 3-11] 1100에 대한 해밍 코드

비트 위치	H_1	H_2	H_3	H_4	H_5	H_6	H_7
기호	P_1	P_2	D_1	P_3	D_2	D_3	D_4
정보 비트			1		1	0	0
패리티 비트	0	1		1			
해밍 코드	0	1	1	1	1	0	0

3.5.2. 단일 에러 검출 및 정정

해밍 코드로 작성된 정보에서 에러의 위치와 이를 정정하기 위해서는 각 패리티 영역이
적절한 패리티인가를 조사해야 한다. 에러의 위치와 이를 정정하는 과정은 아래와 같다.

① P_1에 대응하는 비트 그룹(1, 3, 5, 7)의 패리티를 조사하여 짝수 패리티면 P_1에 '0'을,
  홀수 패리티면 '1'을 할당한다. 즉, P_1인 해밍코드 비트 1을 포함하여 비트 3, 비트

5, 비트 7에서 1의 개수가 짝수가 되면 $P_1 = 0$, 홀수 개이면 $P_1 = 1$이 된다.

② P_2와 P_3에 대해서도 ①과 동일한 방법으로 진행한다.

③ 각 그룹별 패리티 조사 결과 '000'이면 에러가 없음을 나타낸다. 에러가 있는 비트의 위치를 나타내기 위한 2진 숫자의 나열은 P_3, P_2, P_1 순서이다.

[예제 3-8] 상기 예제의 해밍 코드는 0111100이었다. 이 데이터의 비트 2에 에러가 발생하여 0011100으로 전달되었을 때에 이를 정정하는 과정을 보여라.

(풀이)

P_1: 0011100의 비트 1, 3, 5, 7에서 1의 개수는 2개로 짝수이므로 짝수가 되려면 $P_1 = 0$

P_2: 0011100의 비트 2, 3, 6, 7에서 1의 개수는 1개로 홀수이므로 짝수가 되려면 $P_2 = 1$

P_3: 0011100의 비트 4, 5, 6, 7에서 1의 개수는 2개로 짝수이므로 짝수가 되려면 $P_3 = 0$

$P_3 P_2 P_1 = 010$으로서 이는 2에 해당하므로 비트 2에 에러가 발생했음을 알 수 있다.

3.6. 알파뉴메릭 코드

컴퓨터 키보드에는 영문자, 숫자, 특별 문자들로 구성되어 있는데 이들 문자가 컴퓨터에 입력되어 메모리에 저장되기 위해서는 이들도 '0'과 '1'로 코드화되어야 하며 이러한 코드를 알파뉴메릭 코드(Alphanumeric Code)라고 부른다. 알파뉴메릭 코드에는 6비트 BCD 코드, ASCII (American Standard Code for Information Interchange) 코드, EBCDIC (Extended Binary Coded Decimal Interchange Code) 코드 등이 있다.

3.6.1. 6비트 BCD 코드

6비트 BCD 코드는 4비트의 8421 BCD 코드에 2개의 비트를 더하여 6비트로 구성함으로써 $2^6 = 64$가지의 서로 다른 문자와 숫자를 표현할 수 있고 패리티 비트 한 개를 가진다. 6비트 BCD 코드에는 내부 BCD 코드와 외부 BCD 코드가 있는데, 전자는 IBM 7094 컴퓨터에서, 그리고 후자는 CDC(Control Data Corporation) Cyber 컴퓨터에서 사용된다. [그림 3-1]은 6비트 BCD 코드의 구성을 보여준다.

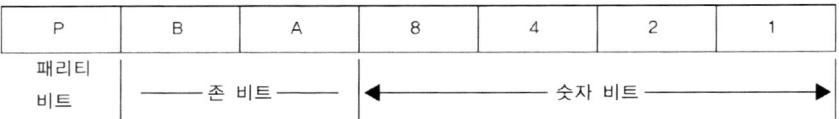

P	B	A	8	4	2	1
패리티 비트	─── 존 비트 ───		◄─────── 숫자 비트 ───────►			

[그림 3-1] 6비트 BCD 코드의 구성

패리티 비트는 맨 왼쪽 비트에 위치하고 존 비트는 2비트로서 제1군, 제2군, 제3군, 제4군으로 구분된다. [표 3-12]는 패리티 비트를 제외한 6비트 BCD 코드를 보여준다.

[표 3-12] 6비트 BCD 코드

영 문 자						수 자	
제 1 군		제 2 군		제 3 군		제 4 군	
A	110001	J	100001			1	000001
B	110010	K	100010	S	010010	2	000010
C	110011	L	100011	T	010011	3	000011
D	110100	M	100100	U	010100	4	000100
E	110101	N	100101	V	010101	5	000101
F	110110	O	100110	W	010110	6	000110
G	110111	P	100111	X	010111	7	000111
H	111000	Q	101000	Y	011000	8	001000
I	111001	R	101001	Z	011001	9	001001
						0	001010

3.6.2. ASCII 코드

ASCII(American Standard Code for Information Interchange) 코드는 미국 표준 코드로서 1968년 국제 표준 기구(ISO: International Standard Organization)에서 개발되었고 미국 국립 표준 연구소(ANSI: American National Standard Institute)에 의해 제정되었다. ASCII 코드에는 두 종류, 즉 7자리 비트로 표기하는 ASCII-7 코드와 8자리 비트로 표기하는 ASCII-8 코드가 있다. 여기에서는 ASCII-7 코드 형태를 다루고자 한다. ASCII 코드는 [그림 3-2]에서와 같이 3개의 존 비트와 4개의 숫자비트로 구성되어 전체 $2^7 = 128$개의 서로 다른 문자와 숫자를 표기할 수 있다.

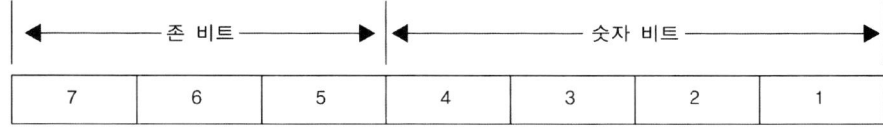

존 비트			숫자 비트			
7	6	5	4	3	2	1

[그림 3-2] 7비트 ASCII 코드의 구성

6비트 BCD 코드에서는 64가지의 문자와 숫자만을 구별할 수 있기 때문에 영어의 대문자와 소문자를 구별할 수 없었으나 7비트 ASCII 코드에서는 그 구별이 가능해 진다. [표 3-13]은 ASCII 코드를 보여준다.

[표 3-13] ASCII 코드

영 문 자						숫 자	
제 1 군				제 2 군		제 3 군	
A	1000001	L	1001100	P	1010000	1	0110001
B	1000010	M	1001101	Q	1010001	2	0110010
C	1000011	N	1001110	R	1010010	3	0110011
D	1000100	O	1001111	S	1010011	4	0110100
E	1000101			T	1010100	5	0110101
F	1000110			U	1010101	6	0110110
G	1000111			V	1010110	7	0110111
H	1001000			W	1010111	8	0111000
I	1001001			X	1011000	9	1001001
J	1001010			Y	1011001	0	0110000
K	1001011			Z	1011010		

3.6.3. EBCDIC 코드

EBCDIC(Extended Binary Coded Decimal Interchange Code) 코드는 '확장 2진화 10진 코드'라고도 불리며 현재 대부분의 컴퓨터에서 사용되고 있다. EBCDIC 코드에서는 8개의 비트로 정보를 표현하므로 $2^8 = 256$가지의 서로 다른 문자와 숫자를 표현할 수 있고 1개의 패리티 비트를 포함하여 전체 9비트로 이루어진다.

8개의 데이터 비트는 4개의 존비트(Zone bit)와 4개의 숫자 비트(Digit bit)로 구성된다. [표 3-14]는 EBCDIC 코드를 보여준다.

[표 3-14] EBCDIC 코드

영 문 자								숫 자		
제 1 군			제 2 군			제 3 군			제 4 군	
A	11000001	C1	J	11010001	D1				1	11110001	F1
B	11000010	C2	K	11010010	D2	S	11100010	E2	2	11110010	F2
C	11000011	C3	L	11010011	D3	T	11100011	E3	3	11110011	F3
D	11000100	C4	M	11010100	D4	U	11100100	E4	4	11110100	F4
E	11000101	C5	N	11010101	D5	V	11100101	E5	5	11110101	F5
F	11000110	C6	O	11010110	D6	W	11100110	E6	6	11110110	F6
G	11000111	C7	P	11010111	D7	X	11100111	E7	7	11110111	F7
H	11001000	C8	Q	11011000	D8	Y	11101000	E8	8	11111000	F8
I	11001001	C9	R	11011001	D9	Z	11101001	E9	9	11111001	F9
									0	11110000	F0

4_논리 게이트

4.1. 논리게이트 개요

진공관 시대의 전자회로에서는 진공관 기술을 이용하여 라디오와 오디오 시스템을 제작하였다. 진공관은 전원이 공급되면 전극이 달구어져서 그곳으로부터 전자가 방출됨으로써 전자회로가 동작되는 유리관 형태의 전자부품이다. 진공관 부품이 엄지손가락만큼 컸으므로 진공관으로 라디오를 구성함에 있어 라디오의 크기가 커질 수밖에 없었다. 진공관으로 만든 인류 최초 컴퓨터의 크기가 교실 하나를 가득 채울 정도로 컸다고 하니 진공관 회로가 차지하는 면적의 크기를 짐작할 수 있을 것이다.

진공관 시대 이후 트랜지스터의 발명은 전자기술을 한층 더 높일 수 있는 계기가 되었다. 트랜지스터는 기존의 진공관 회로를 대체함으로써 라디오 및 오디오 시스템의 핵심 부품으로 자리 잡게 되었고 더군다나 트랜지스터는 스위칭 회로에 적용되면서 바야흐로 디지털 회로 시대를 활짝 열 수 있게 되었다.

아날로그 회로와는 달리 디지털 회로에서는 '낮은 전압'과 '높은 전압'의 두 상태만을 나타내기 때문에 스위칭 회로가 필요하게 되었고 트랜지스터는 이러한 동작을 구현하기에 적합한 부품으로 출발하게 되었다.

그러나 논리 게이트가 출현되지 않았다면 오늘날의 디지털 시대는 열리지 못했을 것이다. 논리 게이트는 트랜지스터 회로를 응용하여 2진 논리 상태, 즉 '0'과 '1'의 상태로 동작하는 전자회로이다. 논리 게이트는 하나 또는 그 이상의 입력 신호로부터 하나의 출력

신호를 발생시키도록 구성된 전자회로이다. 디지털 시스템에서 '0'과 '1'의 두 가지 상태를 구분하기 위한 방법으로 전압 레벨을 사용하는데 예를 들어 0V~1V 사이의 전압 상태를 '0' 상태로, 3V~5V 사이의 전압 상태를 '1' 상태로 정하게 된다. 이렇게 정해진 전압 상태 분류는 다른 회로와의 연동을 위해 당연히 상태 구분의 전압 레벨 범위가 서로 일치해야 한다.

논리 게이트(logic gate) 회로는 구조적으로 트랜지스터, 전계 효과 트랜지스터(FET: Field Effect Transistor), 다이오드(diode), 저항(resistor) 등으로 이루어지며 NOT 게이트, 버퍼 게이트, AND 게이트, NAND 게이트, OR 게이트, NOR 게이트, XOR 게이트, XNOR 게이트 등이 있다.

4.2. NOT 게이트

NOT 게이트는 입력 한 개와 출력 한 개로 구성되는 게이트로서 논리부정을 나타내며 인버터(inverter)라고도 부른다. 입력이 '1'을 나타내는 '높은 전압(high voltage)'일 경우에 출력은 '0'을 나타내는 '낮은 전압(low voltage)'으로 나타나고, 반대로 입력이 '0'일 경우에는 출력은 '1' 상태를 가지게 된다.

NOT 회로는 논리식 $\overline{A}$(A bar)나 A'(A prime) 등으로 표기한다. NOT 게이트의 스위칭 회로와 논리기호를 [그림 4-1]과 [그림 4-2]에 각각 나타낸다. [그림 4-1]에서 스위치 A가 ON, 즉 '1' 상태이면 전구 Y에는 전압이 차단되어 전구가 ON 상태, 즉 '1' 상태가 되지 않고, OFF 상태, 즉 '0' 상태가 된다. 반대로 스위치 A가 off 되면 전구 Y는 ON 상태로 바뀐다.

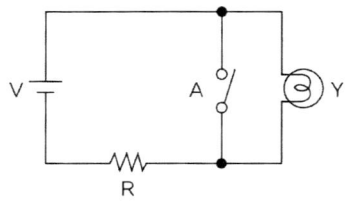

[그림 4-1] NOT 게이트의 스위칭 회로

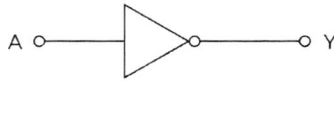

[그림 4-2] NOT 게이트의 논리 기호

[그림 4-3]은 NOT 게이트의 트랜지스터 회로를 나타낸다. 트랜지스터는 컬렉터, 베이스, 이미터 등으로 구성되는데 베이스 입력 A의 전압이 높을 경우 (ON 상태)에는 트랜지스터가 포화상태가 되어 컬렉터 출력 Y에는 전압이 걸리지 않는 상태, 즉 낮은 전압(OFF) 상태가 된다. 베이스 입력 A의 전압이 낮을 경우(OFF 상태)에는 트랜지스터의 컬렉터 Y는 전압이 높은 상태(ON)로 바뀌게 된다. [그림 4-4]는 NOT 게이트의 진리표를 보여준다.

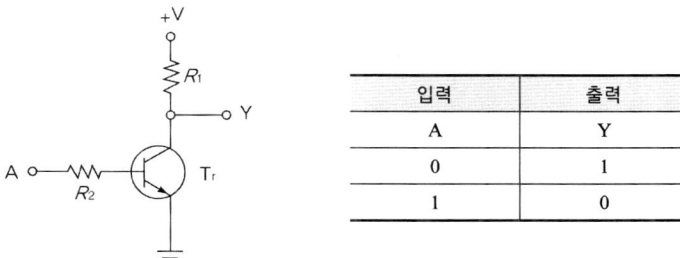

입력	출력
A	Y
0	1
1	0

[그림 4-3] NOT 게이트의 트랜지스터 회로   [그림 4-4] NOT 게이트의 진리표

[그림 4-4]의 NOT 게이트의 진리표를 통해 아래와 같은 관계식을 얻을 수 있다.

$Y = \overline{A}$(A bar라고 읽는다.)

상기 식을 통해 NOT 게이트의 진리표를 검토하면 아래와 같다.

입력 $A = 0$일 경우: $Y = \overline{A} = \overline{0} = 1$

입력 $A = 1$일 경우: $Y = \overline{A} = \overline{1} = 0$

따라서 NOT 논리 게이트에서는 입력 단자 A에 '0'의 신호가 가해지면 출력 단자 Y에 '1'의 신호가 나타나게 되고, 입력 단자 A에 '1'의 신호가 가해지면 출력 단자 Y에는 '0'의 신호가 나타난다.

[그림 4-5]는 펄스 입력에 대한 NOT 게이트 동작을 보여준다.

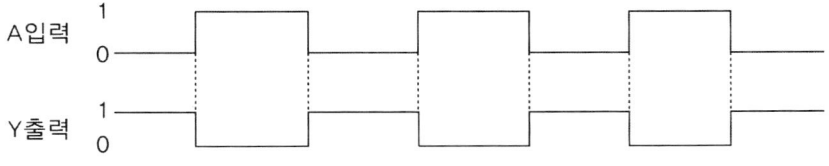

[그림 4-5] 펄스 입력에 대한 NOT 게이트 동작

[그림 4-5]에서 입력 A 펄스의 상태가 'Low'이면 출력 Y 펄스의 상태는 'High' 상태가 되

고, 입력 A 펄스의 상태가 'High'이면 출력 Y 펄스의 상태는 'Low' 상태가 된다. 즉, 입력 A의 상태가 인버팅(inverting)되어 출력 Y에 나타나게 된다.

NOT 게이트는 [그림 4-6]에서와 같이 IC 7404에서 6개의 게이트로 구성되어 있다. 이들 6개의 게이트는 상호 독립적으로 동작하는데 우선적으로 핀 14의 Vcc와 핀 7의 GND는 연결시켜줘야 게이트가 정상적으로 동작할 수 있다.

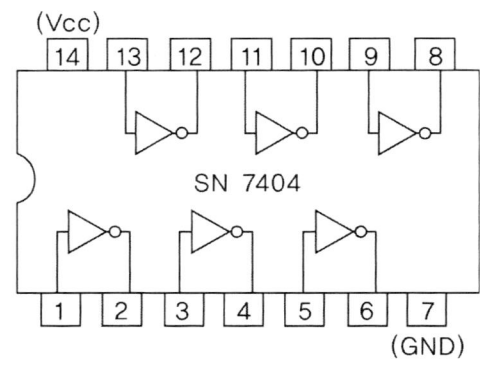

[그림 4-6] IC 7404 핀 배치도

4.3. 버퍼 게이트

버퍼(buffer)는 자동차의 완충장치를 뜻하는 단어로서 범퍼(bumper)라고도 불리는데 정보기술 용어로서는 입출력 인터페이스 메모리와 정보통신 인터페이스 메모리 등에 사용되고 있다.

버퍼 게이트는 입력된 신호를 변경하지 않고 그대로 출력하는 게이트로서 단순한 전송 기능을 수행한다. 그렇다면 버퍼 게이트는 왜 필요로 하는 것일까? 논리 게이트는 하나의 게이트로만 동작되는 것이 아니라 여러 논리 게이트들이 상호 연결되어 하나의 동작 모듈 기능을 수행하게 된다. 하나의 논리 게이트 출력은 한 개 이상의 논리 게이트 입력으로 연결 구성되는데 한계 개수 이상으로 연결될 경우에는 중간에 버퍼 게이트를 두어서 이를 극복할 수 있다.

예를 들어서 하나의 게이트 출력이 4개의 다른 게이트 입력으로 연결 구성할 수 있는데 실제로 7개의 다른 게이트 입력으로 연결하기 위해서는 게이트 출력으로 3개의 게이트 입력에 연결하고 나머지 한 개는 버퍼 게이트에 연결시킨 후에 이것의 출력을 4개의 다른 게이트 입력에 연결시키면 된다. 단 버퍼 게이트 출력을 통한 신호와 그렇지 않고 직접적으로 연결된 신호 사이에는 지연 시간(delay time)이 달라진다.

버퍼 게이트에서는 입력이 0이면 출력도 0, 입력이 1이면 출력도 1이 된다. [그림 4-7]과 [그림 4-8]은 버퍼 게이트의 진리표와 버퍼 게이트의 논리기호를 나타낸다.

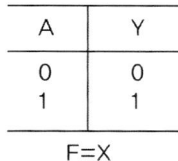

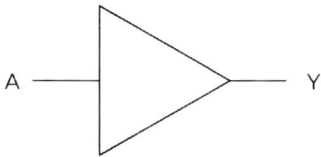

[그림 4-7] 버퍼 게이트의 진리표   [그림 4-8] 버퍼 게이트의 논리기호

[그림 4-7]의 버퍼 게이트의 진리표를 통해 아래와 같은 관계식을 얻을 수 있다.

$Y = A$

상기 식을 통해 버퍼 게이트의 진리표를 검토하면 아래와 같다.

입력 A=0일 경우 : $Y = A = 0$

입력 $A = 1$일 경우 : $Y = A = 1$

[그림 4-9]는 버퍼 게이트가 6개 들어 있는 IC 7407을 보여준다.

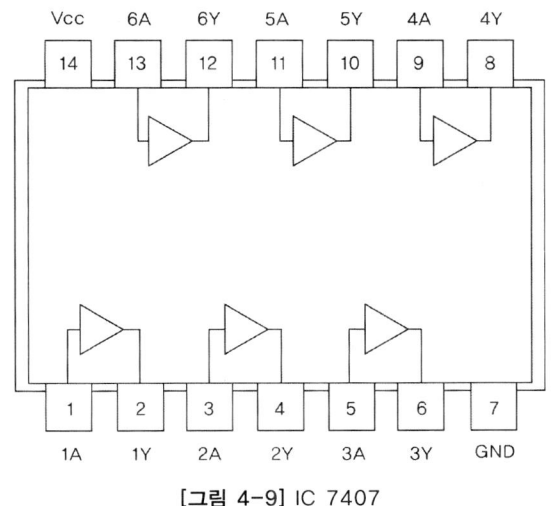

[그림 4-9] IC 7407

버퍼에는 3가지 상태, 즉 High, Low, High Impedance 등을 구분할 수 있는 버퍼가 있는데 이를 3 상태(tri-state) 버퍼라고 한다. [그림 4-10]은 3 상태 버퍼의 진리표와 논리기호를 나타낸다. 하이 임피던스(High Impedance) 상태라는 것은 마치 연결선이 절단된 것과 마찬가지의 효과를 가진다. 3 상태 버퍼에는 Enable 단자가 있는데 이 단자를 액티브(active) 시켜야만 3 상태의 입력상태가 출력상태로 전달되고, Enable 단자가 인액티브(inactive) 상태에 있으면 3 상태의 입력은 출력으로 전달되지 못하고 마치 절단되어 있는 것과 같은 현상을 나타내는 것이다.

액티브 상태라 함은 $\overline{E}$의 상태가 Low인 경우, 혹은 E의 상태가 High인 경우를 의미한다. 즉, Enable 단자에 bar가 있는 단자의 경우에는 Low가 되어야만 3 상태 버퍼의 입력 신호가 출력 신호로 전달될 수 있고, High인 경우에는 하이 임피던스 상태가 된다.

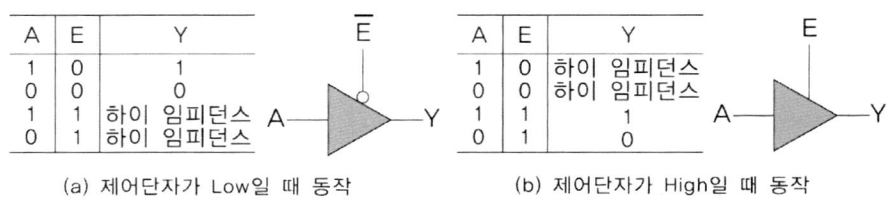

(a) 제어단자가 Low일 때 동작   (b) 제어단자가 High일 때 동작

[그림 4-10] 3 상태 버퍼의 진리표와 논리 기호

[그림 4-11]은 3 상태 버퍼 IC를 나타낸다.

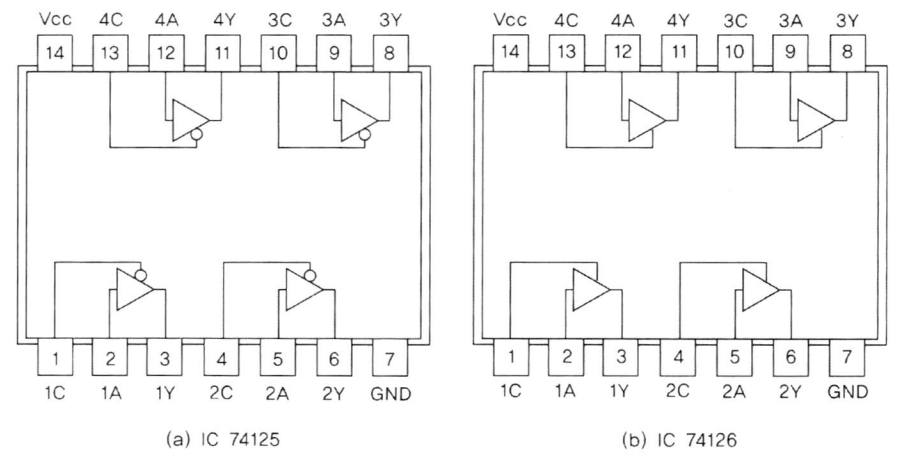

(a) IC 74125   (b) IC 74126

[그림 4-11] 3 상태 버퍼 IC

4.4. AND 게이트

AND 게이트는 이름에서도 알 수 있듯이 모든 입력 신호 레벨이 '1'일 경우에만 출력이 '1'의 신호가 나타나는 게이트이다. AND 게이트는 2개 이상의 입력 단자와 1개의 출력 단자를 가지고 있는데 [그림 4-12]는 2개의 입력 스위치에 의한 AND 회로를 보여주고 있다. [그림 4-12]에서는 스위치 A와 스위치 B가 모든 'ON', 즉 '1'의 상태이어야만 전구가 ON 상태, 즉 '1'의 상태가 된다. [그림 4-13]은 AND 게이트의 논리기호를 나타낸다.

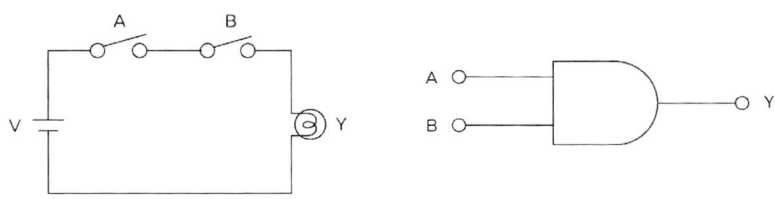

[그림 4-12] AND 게이트의 스위치 회로   [그림 4-13] AND 게이트의 논리기호

[그림 4-14]와 [그림 4-15]는 각각 AND 게이트의 다이오드 회로와 AND 게이트의 진리표를 나타낸다. 다이오드는 화살표 시작점의 전압이 화살표 끝 지점의 전압보다 높아야 다이오드가 ON 되는데 이는 다이오드가 없이 그냥 선으로 직접 연결되는 것과 같은 효과이다. 따라서 입력 A와 B 중에서 어느 하나라도 낮은 전압을 가지면 해당 다이오드가 ON이 되어버려 출력 Y의 상태가 낮은 전압 상태로 된다.

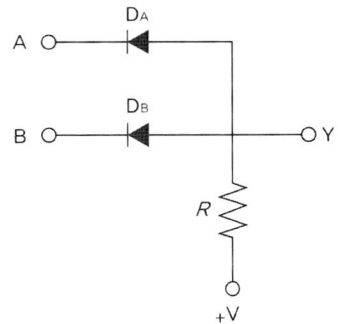

[그림 4-14] AND 게이트의 다이오드 회로

입력		출력
A	B	Y
0	0	0
0	1	0
1	0	0
1	1	1

[그림 4-15] AND 게이트의 진리표

[그림 4-15]의 진리표를 통해 AND 게이트의 논리식을 구하면 아래와 같다.

$Y = A \cdot B$(A and B라고 읽는다)

상기 식을 통해 AND 게이트의 진리표를 검토하면 아래와 같다.

입력 A=0, 입력 B=0일 경우: $Y = A \cdot B = 0 \cdot 0 = 0$

입력 A=0, 입력 B=1일 경우: $Y = A \cdot B = 0 \cdot 1 = 0$

입력 A=1, 입력 B=0일 경우: $Y = A \cdot B = 1 \cdot 0 = 0$

입력 A=1, 입력 B=1일 경우: $Y = A \cdot B = 1 \cdot 1 = 1$

[그림 4-16]은 펄스 입력에 대한 AND 게이트 동작을 보여준다. A 입력과 B 입력의 전압레벨이 시간의 흐름에 따라 변화할 때에 이들을 입력으로 하는 AND 게이트의 출력 Y는 두 입력 신호가 'High' 상태일 때에만 'High' 상태를 갖게 된다.

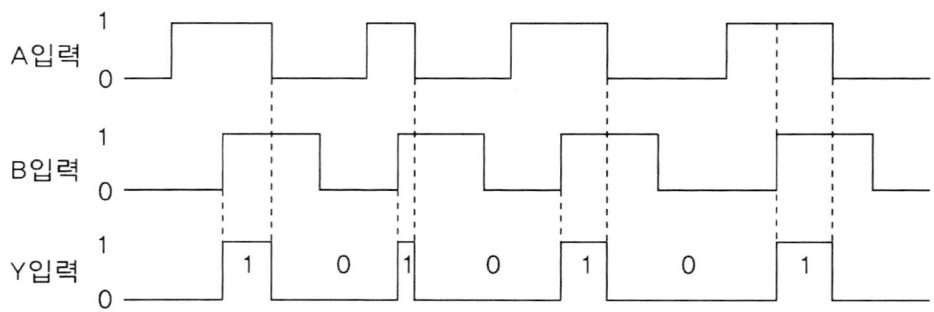

[그림 4-16] 펄스 입력에 대한 AND 게이트 동작

논리회로를 설계할 때에는 원하는 출력 신호를 우선 정해 놓고서 어떤 입력신호를 주입해야만 그 출력신호를 얻을 수 있을 것인가를 판단하여 입력신호를 선택하게 된다. 따라서 회로 설계 시에는 출력 신호를 중심으로 회로를 구성하게 되고, 설계 회로 분석 시에는 입력 신호를 중심으로 출력 신호 파형을 얻음으로써 회로 동작을 이해하고 또한 회로 설계의 오류를 검출할 수 있다. [그림 4-17]은 AND 게이트인 IC 7408을 보여준다.

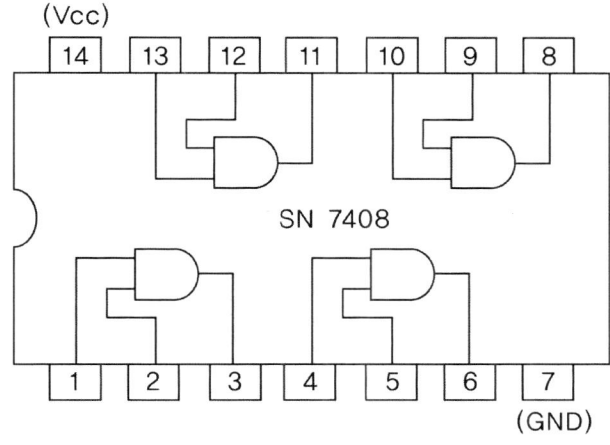

[그림 4-17] IC 7408

4.5. NAND 게이트

NAND 게이트는 AND 게이트에 NOT 게이트가 직렬로 연결된 형태로서 AND 게이트 출력의 인버터이다. [그림 4-18]과 [그림 4-19]는 각각 NAND 게이트의 회로와 NAND 게이트의 진리표를 나타낸다. NAND 게이트의 회로에서 입력 A와 입력 B 중에 어느 하나라도 'Low' 상태, 즉 '0' 상태이면 다이오드가 연결 상태가 되어 트랜지스터의 베이스에 전압이 걸리지 않게 됨에 따라 트랜지스터의 컬렉터 전압이 'High' 상태, 즉 '1'의 상태가 된다.

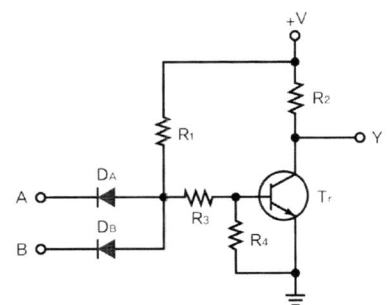

[그림 4-18] NAND 게이트의 회로

입력		출력
A	B	Y
0	0	1
0	1	1
1	0	1
1	1	0

[그림 4-19] NAND 게이트의 진리표

[그림 4-20]은 NAND 게이트의 논리기호를 나타낸다. 논리기호에서 입력 단자 혹은 출력 단자에 'o'표시를 넣은 것은 인버트 신호를 의미한다.

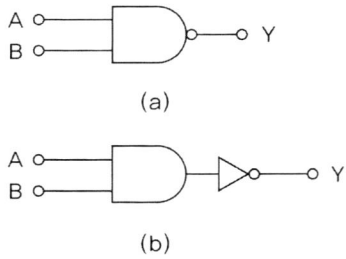

(a)

(b)

[**그림 4-20**] NAND 게이트의 논리기호

NAND 게이트의 진리표를 통해 다음과 같은 논리식을 얻을 수 있다.

$Y = \overline{A \cdot B}$ (A and B의 bar라고 읽는다.)

상기 식에서와 같이 NAND 게이트는 AND 게이트의 논리식 결과에 bar를 붙여서 인버팅(inverting)시킨 출력을 가진다. 상기의 논리식을 통해 진리표를 검토하면 아래와 같다.

입력 A=0, 입력 B=0일 경우: $Y = \overline{A \cdot B} = \overline{0 \cdot 0} = \overline{0} = 1$

입력 A=0, 입력 B=1일 경우: $Y = \overline{A \cdot B} = \overline{0 \cdot 1} = \overline{0} = 1$

입력 A=1, 입력 B=0일 경우: $Y = \overline{A \cdot B} = \overline{1 \cdot 0} = \overline{0} = 1$

입력 A=1, 입력 B=1일 경우: $Y = \overline{A \cdot B} = \overline{1 \cdot 1} = \overline{1} = 0$

NAND 게이트는 상기와 같이 모든 입력 신호들이 '1' 상태일 때에만 '0'의 출력신호를 얻고자 할 때에 활용된다. [그림 4-21]은 펄스 입력에 대한 NAND 게이트 동작을 나타낸다.

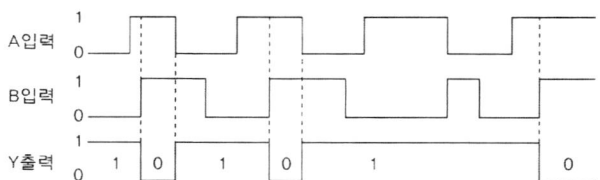

[**그림 4-21**] 펄스 입력에 대한 NAND 게이트 동작

상기의 펄스 파형에서 볼 수 있듯이 출력 Y는 입력 A와 입력 B 둘 다 'High' 상태일 때에만 'Low' 상태가 된다. [그림 4-22]는 NAND 게이트인 IC 7400을 나타낸다.

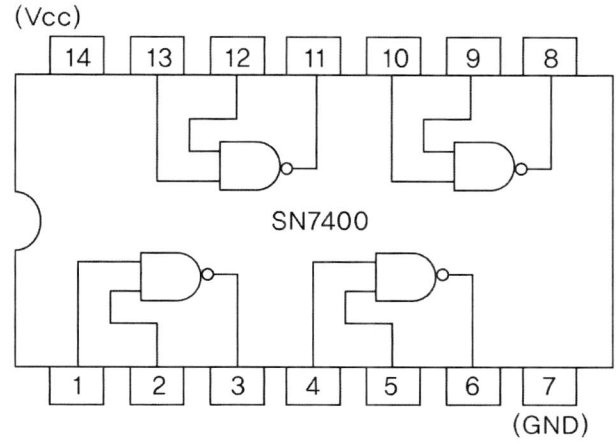

[그림 4-22] IC 7400

4.6. OR 게이트

OR 게이트에서는 말 그대로 하나의 입력 '혹은' 다른 입력이 '1' 상태이기만 하면 출력이 '1' 상태가 된다. 입력 단자가 2개일 경우에는 입력의 경우의 수가 $2^2 = 4$가 되며 입력단자가 3개일 경우에는 $2^3 = 8$가지의 입력신호 조합이 생긴다. [그림 4-23]과 [그림 4-24]는 각각 OR 게이트의 스위치 회로와 OR 게이트의 논리기호를 나타낸다.

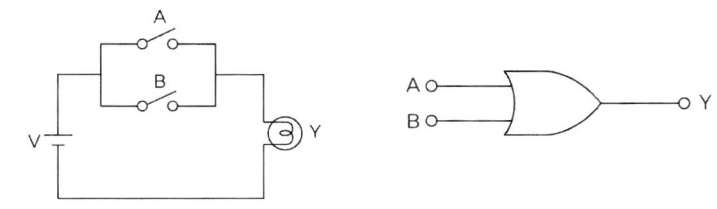

[그림 4-23] OR 게이트의 스위치 회로   [그림 4-24] OR 게이트의 논리기호

OR 게이트의 스위치 회로에서 스위치 A와 스위치 B의 둘 중에서 어느 하나라도 'ON', 즉 '1'의 상태이면 전구가 'ON', 즉 '1'의 상태가 된다. 전구가 켜지지 않기 위해서는 스위치 A와 스위치 B가 모두 'Off', 즉 '0' 상태이어야 한다. [그림 4-25]와 [그림 4-26]은 각각 OR 게이트의 다이오드 회로와 OR 게이트의 진리표를 나타낸다.

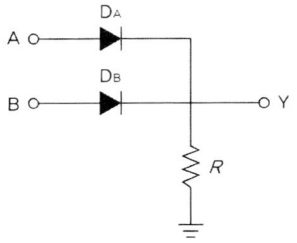

[그림 4-25] OR 게이트의 다이오드 회로

입력		출력
A	B	Y
0	0	0
0	1	1
1	0	1
1	1	1

[그림 4-26] OR 게이트의 진리표

상기의 다이오드 회로에서 입력 단자 A와 입력 단자 B의 둘 중에서 어느 하나라도 'High' 신호가 들어오면 저항 R을 통해 전류가 흐르게 되어 저항 R에 전압 강하가 생김에 따라 출력 Y는 'High' 상태가 된다. [그림 4-27]은 펄스 입력에 대한 OR 게이트 동작을 나타낸다.

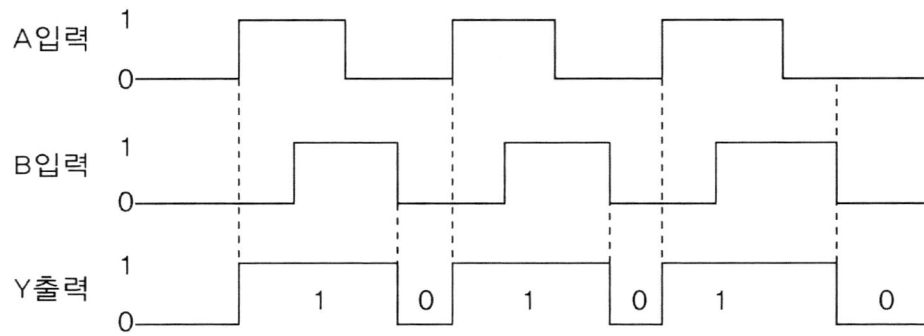

[그림 4-27] 펄스 입력에 대한 OR 게이트 동작

OR 게이트에서는 A입력 신호와 B입력 신호 모두가 '0'레벨일 때에만 출력 Y가 '0'레벨을 가지게 된다. 그 이외의 입력 신호에서는 출력 Y가 '1' 상태 신호를 가진다. [그림 4-28]은 OR 게이트인 IC7432를 나타낸다.

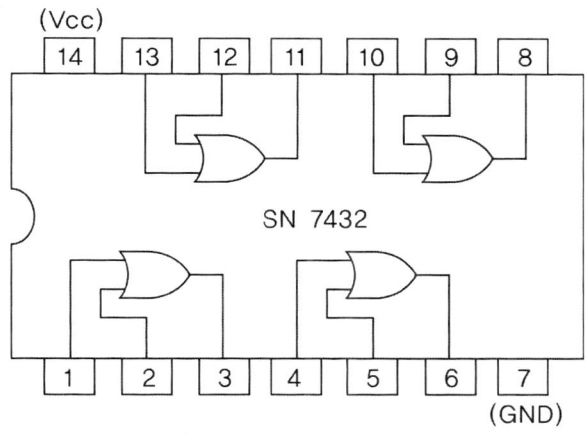

[그림 4-28] IC 7432

4.7. NOR 게이트

NOR 게이트는 OR 게이트의 출력 단자에 NOT 게이트를 접속하여 구성한다. NOR 게이트에서는 OR 게이트와 반대로 모든 입력 신호들이 '0'상태일 때에 출력이 '1'이 된다. [그림 4-29]와 [그림 4-30]은 각각 NOR 게이트의 회로와 NOR 게이트의 진리표를 나타낸다.

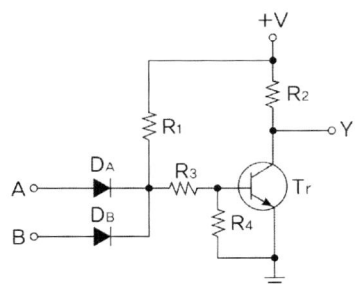

[그림 4-29] NOR 게이트의 회로

입력		출력
A	B	Y
0	0	1
0	1	0
1	0	0
1	1	0

[그림 4-30] NOR 게이트의 진리표

NOR 게이트의 회로에서 입력 A와 입력 B 중에 어느 하나라도 'High' 상태이면 트랜지스터가 포화상태가 되어 출력 Y에는 전압이 'Low' 상태가 된다. 두 입력 모두 'Low' 상태이어야만 트랜지스터의 베이스에 전압이 'Low' 상태가 되어 트랜지스터가 'Off'됨에 따라 출력 Y는 'High' 상태가 되는 것이다. [그림 4-31]은 NOR 게이트의 논리기호를 나타낸다.

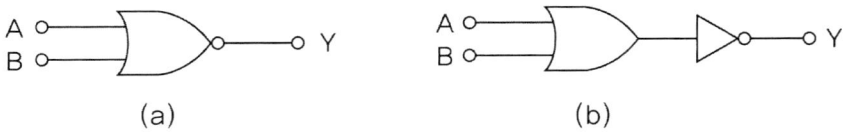

(a)   (b)

[그림 4-31] NOR 게이트의 논리기호

NOR 게이트의 진리표를 통해 논리식을 얻으면 아래와 같다.

$Y = \overline{A+B}$ (A or B의 bar라고 읽는다.)

NOR 게이트의 논리식과 진리표를 검토하면 아래와 같다.

입력 A=0, 입력 B=0일 경우: $Y = \overline{A+B} = \overline{0+0} = \overline{0} = 1$

입력 A=0, 입력 B=1일 경우: $Y = \overline{A+B} = \overline{0+1} = \overline{1} = 0$

입력 A=1, 입력 B=0일 경우: $Y = \overline{A+B} = \overline{1+0} = \overline{1} = 0$

입력 A=1, 입력 B=1일 경우: $Y = \overline{A+B} = \overline{1+1} = \overline{1} = 0$

NOR 게이트는 OR 게이트 결과를 인버팅(inverting)시킨 결과가 출력되므로 입력들 중에 어느 하나라도 '1'상태이면 출력은 '1'의 인버터인 '0'상태가 되는 것이다. 모든 입력들이 '0' 상태일 경우에만 출력이 '1'상태가 된다. [그림 4-32]는 펄스 입력에 대한 NOR 게이트 동작을 나타낸다.

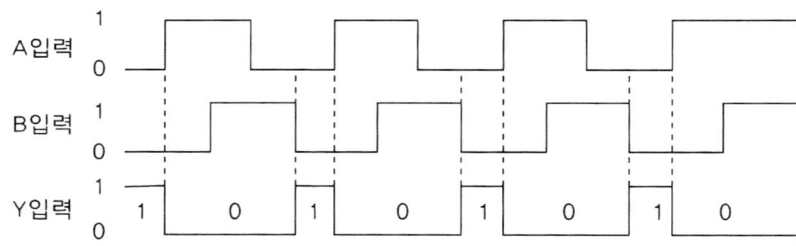

[그림 4-32] 펄스 입력에 대한 NOR 게이트 동작

NOR 게이트는 두 입력 펄스의 신호가 둘 다 'Low' 상태일 때에만 'High' 상태가 되고 입력 펄스 신호의 다른 조합은 모두 'High' 상태가 된다. [그림 4-33]은 NOR 게이트인 IC 7402를 나타낸다.

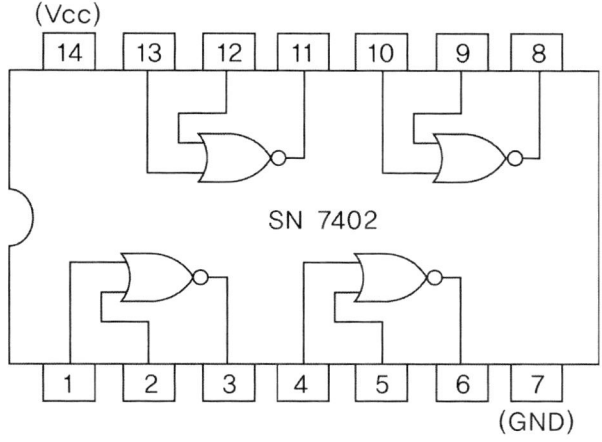

[그림 4-33] IC 7402

4.8. XOR 게이트

XOR 게이트는 배타적(exclusive) OR 게이트의 약어로서 두 개의 입력 신호가 서로 같으면 출력이 '0'으로 나타나고 서로 다르면 '1'로 동작한다. 배타적이라 함은 서로 같음 대신에 서로 다름을 택한다는 의미로 해석되므로 XOR 게이트는 출력이 '1'이 되기 위해서는 입력이 서로 달라야 함을 나타낸다. [그림 4-34]는 XOR 게이트의 스위치 회로를 나타낸다.

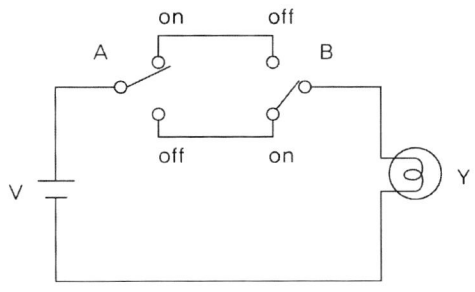

[그림 4-34] XOR 게이트의 스위치 회로

XOR 게이트의 스위치 회로에서 스위치 A가 'ON', 즉 '1'상태이면 스위치 B는 'OFF', 즉 '0'상태이어야 전구 Y가 'ON', 즉 '1' 상태가 된다. 스위치 A가 '0' 상태에는 스위치 B

가 '1'상태이어야 전구 Y가 '1'상태가 된다. 스위치 A와 스위치 B의 상태가 서로 동일한 경우에는 전구 Y는 불이 켜지지 않는다. [그림 4-35]는 XOR 게이트의 논리회로 구성을 나타낸다. XOR 게이트를 NOT 게이트, AND 게이트, OR 게이트를 사용하여 구성하면 [그림 4-35]와 같다.

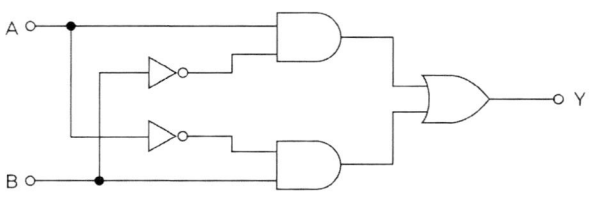

[**그림 4-35**] XOR 게이트의 논리회로 구성

XOR 게이트의 논리회로 구성에서 출력 Y가 '1'이 되기 위해서는 위 AND 게이트 혹은 아래 AND 게이트 출력이 '1'이 되어야 한다. 위 AND 게이트 출력이 '1'이 되기 위해서는 $A=1, B=0$이어야 하고, 아래 AND 게이트 출력이 '1'이 되기 위해서는 $A=0, B=1$ 되어야 한다. 따라서 출력 Y가 '1'이 되기 위해서는 $A=0, B=1$ 혹은 $A=1, B=0$이어야 한다. [그림 4-36]과 [그림 4-37]은 각각 XOR 게이트의 논리기호와 XOR 게이트의 진리표를 나타낸다.

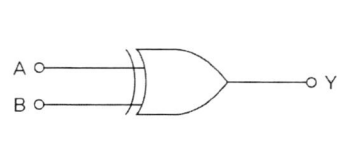

	입력		출력
	A	B	Y
	0	0	0
	0	1	1
	1	0	1
	1	1	0

[**그림 4-36**] XOR 게이트의 논리기호   [**그림 4-37**] XOR 게이트의 진리표

[그림 4-37]의 XOR 게이트의 진리표를 통해 XOR 게이트의 논리식을 구하면 아래와 같다.
$Y = \overline{A} \cdot B + A \cdot \overline{B} = A \oplus B$ (A exclusive or B라고 읽는다.)
XOR 게이트의 논리식과 진리표를 검토하면 아래와 같다.

입력 A=0, 입력 B=0일 경우: $Y = \overline{A} \cdot B + A \cdot \overline{B} = \overline{0} \cdot 0 + 0 \cdot \overline{0}$
$= 1 \cdot 0 + 0 \cdot 1 = 0 + 0 = 0$

입력 A=0, 입력 B=1일 경우: $Y = \overline{A} \cdot B + A \cdot \overline{B} = \overline{0} \cdot 1 + 0 \cdot \overline{1}$
$= 1 \cdot 1 + 0 \cdot 0 = 1 + 0 = 1$

입력 A=1, 입력 B=0일 경우: $Y = \overline{A} \cdot B + A \cdot \overline{B} = \overline{1} \cdot 0 + 1 \cdot \overline{0}$
$= 0 \cdot 0 + 1 \cdot 1 = 0 + 1 = 1$

입력 A=1, 입력 B=1일 경우: $Y = \overline{A} \cdot B + A \cdot \overline{B} = \overline{1} \cdot 1 + 1 \cdot \overline{1}$
$= 0 \cdot 1 + 1 \cdot 0 = 0 + 0 = 0$

[그림 4-38]은 펄스 입력에 대한 XOR 게이트 동작을 나타낸다.

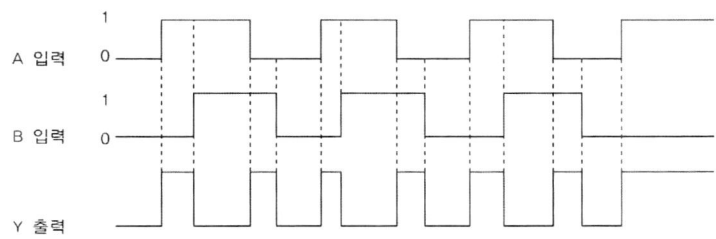

[그림 4-38] 펄스 입력에 대한 XOR 게이트 동작

XOR 게이트의 펄스 동작에서 입력 A 신호와 입력 B 신호가 서로 다른 전압 레벨일 경우에 출력 Y가 '1'상태가 됨을 알 수 있다. [그림 4-39]는 XOR 게이트인 IC 7486을 나타낸다.

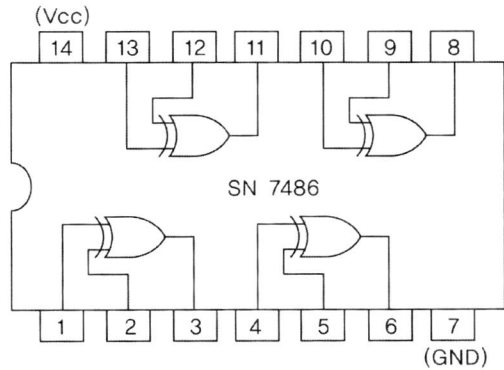

[그림 4-39] IC 7486

4.9. XNOR 게이트

XNOR(exclusive NOR) 게이트는 배타적(exclusive) NOR 게이트로서 두 개의 입력 신호가 서로 다르면 출력이 '0으로 나타나고 서로 같으면 '1'로 동작한다. XNOR 게이트는 '1' 상태로 입력되는 입력 단자의 수가 짝수 개이면 출력이 '1'이 되고 그렇지 않으면 '0'이 된다. [그림 4-40]은 XNOR 게이트의 스위치 회로를 나타낸다.

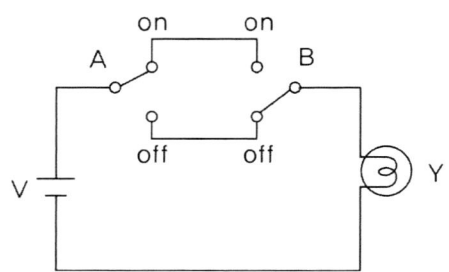

[그림 4-40] XNOR 게이트의 스위치 회로

XNOR 게이트의 스위치 회로에서 스위치 A와 스위치 B가 동일하게 'ON' 혹은 'OFF'되어야 전구가 'ON'이 된다. [그림 4-41]은 XNOR 게이트의 논리회로 구성을 나타낸다.

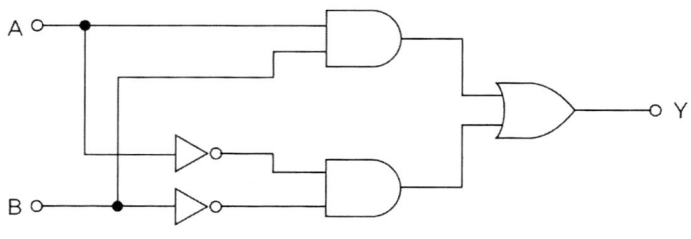

[그림 4-41] XNOR 게이트의 논리회로 구성

XNOR 게이트의 논리회로 구성에서 출력 Y가 '1'이 되기 위해서는 두 개의 AND 게이트 출력 중에서 어느 하나라도 '1'이 되어야 한다. 위 AND 게이트의 출력이 '1'이 되기 위해서는 입력 A와 입력 B가 모두 '1'이어야 하고, 아래 AND 게이트의 출력이 '1'이 되기 위해서는 입력 A와 입력 B가 모두 '0'이어야 한다. [그림 4-42]와 [그림 4-43]은 각각 XNOR 게이트의 논리기호와 XNOR 게이트의 진리표를 나타낸다.

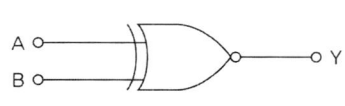

입력		출력
A	B	Y
0	0	1
0	1	0
1	0	0
1	1	1

[그림 4-42] XNOR 게이트의 논리회로

[그림 4-43] XNOR 게이트의 진리표

[그림 4-43]의 XNOR 게이트의 진리표를 통해 XNOR 게이트의 논리식을 구하면 아래와 같다.

$$Y = \overline{A \oplus B} = \overline{\overline{A} \cdot B + A \cdot \overline{B}} = (A + \overline{B}) \cdot (\overline{A} + B)$$
$$= A \cdot \overline{A} + A \cdot B + \overline{A} \cdot \overline{B} + B \cdot \overline{B} = 0 + A \cdot B + \overline{A} \cdot \overline{B} + 0$$
$$= A \cdot B + \overline{A} \cdot \overline{B}$$

XNOR 게이트의 논리식과 진리표를 검토하면 아래와 같다.

입력 A=0, 입력 B=0일 경우: $Y = A \cdot B + \overline{A} \cdot \overline{B} = 0 \cdot 0 + \overline{0} \cdot \overline{0}$
$\qquad\qquad\qquad\qquad\qquad = 0 \cdot 0 + 1 \cdot 1 = 0 + 1 = 1$

입력 A=0, 입력 B=1일 경우: $Y = A \cdot B + \overline{A} \cdot \overline{B} = 0 \cdot 1 + \overline{0} \cdot \overline{1}$
$\qquad\qquad\qquad\qquad\qquad = 0 \cdot 1 + 1 \cdot 0 = 0 + 0 = 0$

입력 A=1, 입력 B=0일 경우: $Y = A \cdot B + \overline{A} \cdot \overline{B} = 1 \cdot 0 + \overline{1} \cdot \overline{0}$
$\qquad\qquad\qquad\qquad\qquad = 1 \cdot 0 + 0 \cdot 1 = 0 + 0 = 0$

입력 A=1, 입력 B=1일 경우: $Y = A \cdot B + \overline{A} \cdot \overline{B} = 1 \cdot 1 + \overline{1} \cdot \overline{1}$
$\qquad\qquad\qquad\qquad\qquad = 1 \cdot 1 + 0 \cdot 0 = 1 + 0 = 1$

[그림 4-44]는 펄스 입력에 대한 XNOR 게이트 동작을 나타낸다.

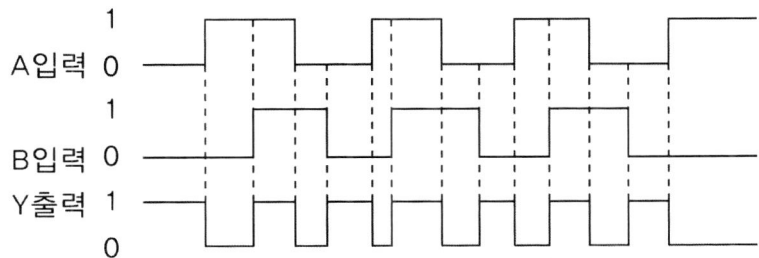

[그림 4-44] 펄스 입력에 대한 XNOR 게이트 동작

XNOR 게이트의 펄스 동작에서 입력 A신호와 입력 B 신호가 서로 같은 전압 레벨일 경우에 출력 Y가 '1'이 됨을 알 수 있다. [그림 4-45]는 XNOR 게이트인 IC 74266을 나타낸다.

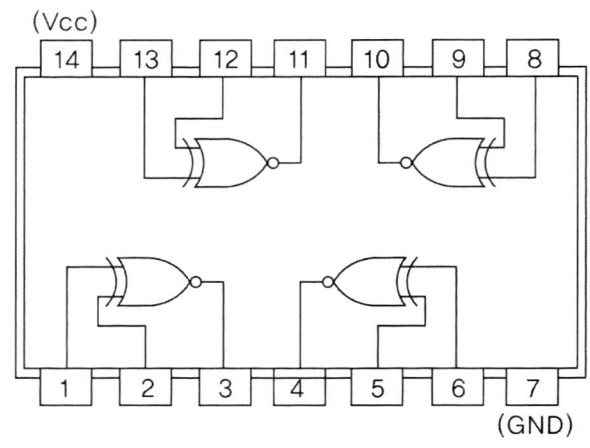

[그림 4-45] IC 74266

4.10. 정논리와 부논리

디지털 시스템에서 높은 전압 상태와 낮은 전압 상태에 논리 값을 할당할 때에 어느 것을 '0' 혹은 '1'로 설정하느냐 하는 것은 설계자의 임의로 정할 수 있다. 본 책에서는 지금까지 높은 전압 상태를 '1'의 논리 값으로 할당하고, 낮은 전압 상태를 '0'으로 할당해 오고 있는데 이러한 논리 개념을 정논리(positive logic)라고 한다. 이와는 반대로 낮은 전압 상태를 '1'로 할당하고, 높은 전압 상태를 '0'으로 할당하는 개념이 있는데 이를 부논리(negative logic)라고 한다.

[그림 4-46]은 정논리 AND 게이트와 부논리 OR 게이트를 나타낸다.

A	B	Y
L	L	L
L	H	L
H	L	L
H	H	H

A	B	Y
0	0	0
0	1	0
1	0	0
1	1	1

A	B	Y
L	L	L
L	H	L
H	L	L
H	H	H

A	B	Y
1	1	1
1	0	1
0	1	1
0	0	0

전압레벨   진리표   전압레벨   진리표

(a) 정논리 AND   (b) 부논리 OR

[그림 4-46] 정논리 AND 게이트와 부논리 OR 게이트

정논리 AND 게이트에서는 'Low' 상태를 '0'의 논리 값으로, 'High' 상태를 '1'의 논리 값으로 할당한다. 부논리 OR 게이트에서는 'Low' 상태를 '1'의 논리 값으로, 'High' 상태를 '0'의 논리 값으로 할당한다. 이들 두 게이트는 동일한 입력의 전압레벨과 동일한 출력의 전압레벨에 대하여 서로 다른 논리 게이트 기능을 갖게 된다.

[그림 4-47]은 정논리 게이트와 부논리 게이트 간의 대응을 나타낸다.

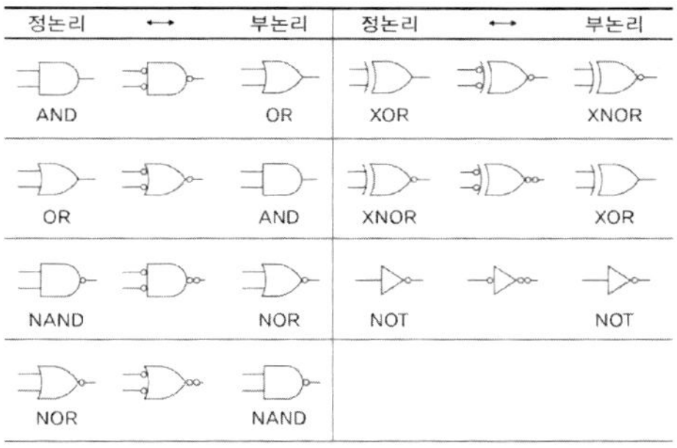

[그림 4-47] 정논리 게이트와 부논리 게이트 간의 대응

정논리 게이트에서 부논리 게이트로 변환하려면 게이트의 모든 입력 단자와 출력 단자에 버블(bubble), 즉 NOT 게이트를 표현하는 자그만 동그라미를 표기한다. 논리회로를 구성할 때에 정논리 개념이든 부논리 개념이든 일관성 있는 방식을 채택한다면 동일한 기능의 회로를 얻을 수 있다. 일반적으로는 정논리 개념으로 논리회로를 구성하므로 본 책에서는 정논리 방식으로 회로를 설계하고 해석하기로 한다.

그런데 정논리와 부논리의 개념과는 상관없이 논리 게이트의 개념을 바꿔서 생각해 볼 수 있다. OR 게이트는 두 입력 중에서 어느 하나라도 '1'이 되면 출력이 '1'이 되는 게이트이다. 또한 OR 게이트는 두 입력 모두 '0'이어야만 출력이 '0'이 되는 게이트이다. 후자의 개념은 AND의 개념으로서 모든 입력 단자에 버블을 붙이고 AND를 시켜서 출력 단자에 버블을 붙이면 OR 게이트와 동일함을 의미한다. 이와 동일한 방식으로 AND 게이트는

모든 입력 단자에 버블을 붙이고 OR시켜서 출력 단자에 버블을 붙여서도 표현할 수 있다. 이는 아래와 같은 관계식이 성립하기 때문이다.

OR 게이트: $Y = A + B = \overline{\overline{A + B}} = \overline{\overline{A} \cdot \overline{B}}$

AND 게이트: $Y = A \cdot B = \overline{\overline{A \cdot B}} = \overline{\overline{A} + \overline{B}}$

4.11. 게이트의 전기적 특성

1947년 트랜지스터 개발로 전기 기술의 비약적인 발전이 시작되었으며 이러한 트랜지스터를 집적시킨 IC(Integrated Circuit)는 디지털 기술의 혁신적인 발전을 가져왔다.

초기의 IC는 한 칩에 10개의 게이트를 집적시킨 SSI(Small Scale IC) 급이었는데 매년 두 배 정도로 집적도가 향상되면서 1965년에는 게이트를 100개가량 집적시킨 MSI(Medium Scale IC)가 등장하였고, 1971년에는 수천 개의 게이트를 집적시킨 LSI(Large Scale IC)를 만들었으며 오늘날에는 수백만 개의 게이트로 구성된 VLSI(Very Large Scale IC)와 ULSI(Ultra Large Scale IC) 시대에 이르렀다.

IC는 반도체 재료에 따라 특성이나 기능이 정해지는데 주요 전기적 특성으로는 전파 지연 시간, 전력 소모, 잡음 여유도, 팬-아웃 등이 있다.

4.11.1. 전파 지연 시간(propagation delay time)

전파 지연 시간은 논리회로가 입력신호를 받고서 출력 결과를 나타낼 때까지 걸리는 시간을 의미한다. 이러한 전파 지연 시간에는 아래와 같이 두 가지가 있다.

- t_{PLH}(propagation delay time from low to high): 입력신호에 반응하여 출력이 논리 0에서 논리 1로 변화하는 데 걸리는 시간
- t_{PHL}(propagation delay time from high to low): 입력신호에 반응하여 출력이 논리 1에서 논리 0으로 변화하는 데 걸리는 시간

[그림 4-48]은 전파 지연 시간을 나타낸다. 그림에서 입력 펄스가 NOT게이트에 전달되면 출력은 이 펄스의 인버팅 상태로 나타난다. 그림에서 전파 지연 시간 t_{PLH}와 t_{PHL}은 입력신호가 50%의 레벨을 가지는 시점부터 출력이 50%가 될 때까지의 시간을 측정한다. 여러 개의 게이트를 통과할수록 전체 지연시간은 점점 더 길어지므로 논리회로 설계 시에

는 이 점을 고려해야 한다.

예를 들어서 동일한 펄스라고 해도 여러 개의 논리게이트를 거친 펄스는 원래의 펄스보다 오른쪽으로 쉬프트(shift)되어 있을 것이므로 동일한 형태의 펄스라고 해도 실제로는 시간 축에서 서로 다른 펄스로 인식되어야 하는 경우가 생긴다.

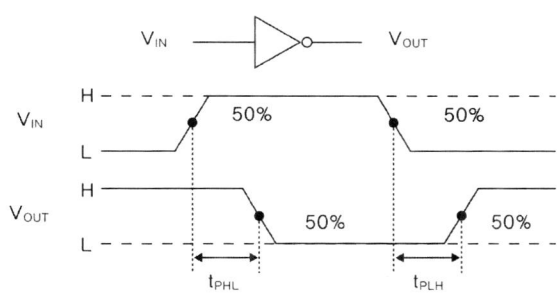

[그림 4-48] 전파 지연 시간

동일한 NOT 게이트 기능의 IC라고 해도 각 IC마다 어느 범위의 전압 레벨을 '0'으로 혹은 '1'로 결정하는지는 서로 다르다. [표 4-1]은 7400 시리즈의 IC 특성을 나타낸다. 7400은 입력이 최소 2V 이상이어야만 '1'로 인식하고 최대 0.8V까지만 '0'으로 인식한다. 또한 7400은 출력을 '1'로 나타내기 위해 최소 2.4V 이상을 유지하고 '0'을 나타내기 위해 최대 0.4V 이하로 출력한다.

[표 4-1] 7400 시리즈의 IC 특성

	t_{PHL} (max) [ns]	t_{PLH} (max) [ns]	V_{OH} (min) [V]	V_{OL} (max) [V]	V_{IH} (min) [V]	V_{IL} (max) [V]	I_{OH} (max) [mA]	I_{OL} (max) [mA]	I_{IH} (max) [mA]	I_{IL} (max) [mA]
7400	22	15	2.4	0.4	2	0.8	-0.4	16	40	-1.6
74S00	4.5	5	2.7	0.5	2	0.8	-1	20	50	-2
74LS00	15	15	2.7	0.4	2	0.8	-0.4	8	20	-0.4
74ALS00	11	8	3	0.4	2	0.8	-0.4	8	20	-0.1
74F00	5	4.3	2.5	0.5	2	0.8	-1	20	20	-0.6
74HC00	23	23	3.84	0.33	3.15	0.9	-4	4		
74AC00	8	6.5	4.4	0.1	3.15	1.35	-75	75		
74ACT00	9	7	4.4	0.1	2	0.8	-75	75		

t_{PHL} : H에서 L로 변할 떠 전파지연시간 t_{PLH} : L에서 H로 변할 때 전파지연시간

V_{OH} : 논리 레벨 H일 때 출력전압 V_{OL} : 논리 레벨 L일 때 출력전압

V_{IH} : 논리 레벨 H일 때 입력전압 V_{IL} : 논리 레벨 L일 때 입력전압

$I_{OH},\ I_{OL},\ I_{IH},\ I_{IL}$: 위와 같을 때 전류

4.11.2. 전력 소모

논리 게이트의 전력 소모(power dissipation)는 공급 전압(V_{cc})과 공급 전류(I_{cc})의 곱, 즉 $P_{CC} = V_{CC} \times I_{CC}$로 나타낸다. 각 IC의 특성에 따라 공급 전압과 공급 전류가 서로 다르고 또한 IC 제조사마다 다르므로 논리회로 설계 시에는 공급사에서 제공되는 데이터 시트 (data sheet)를 참조해야 한다.

논리 게이트의 공급 전압(V_{CC})은 일정하지만 공급 전류(I_{CC})는 논리 0과 논리 1의 경우에 서로 다르며 논리 1일 경우가 논리 0의 경우보다 공급 전류가 더 많이 소요된다. 따라서 공급 전류(I_{CC})는 논리 0 상태의 공급 전류인 I_{CCL}과 논리 1 상태의 공급 전류인 I_{CCH}의 평균으로 계산한다. 실제로 논리 0 상태의 빈도수와 논리 1의 빈도수를 정확하게 알 수는 없으므로 양측의 빈도수가 서로 동일하다고 간주하여 평균 소모 전력을 구하면 아래와 같다.

$$P_{AVG} = V_{CC} \times (\frac{I_{CCL} + I_{CCH}}{2})$$

4.11.3. 잡음 여유도

잡음 여유도(noise-margin)는 게이트가 논리 0과 논리 1의 신호를 식별할 때에 잡음의 영향을 무시할 수 있을 정도의 범위를 의미한다. 모든 전기회로에는 잡음이 있기 마련인데 이러한 잡음의 원인으로는 공급 전원의 변화, 그라운드 잡음, 에너지 발생, 열잡음, 다른 회로로부터의 유도 잡음 등이 있다.

예를 들어 어느 논리 게이트가 논리 1을 나타낼 때에 최소한 2.5V 이상의 신호를 출력시킨다고 하자. 한편 이와 연결되는 다른 논리 게이트가 논리 1로 인식하기 위해서는 최소한 2.0V 이상 되어야 하는 경우에 High 레벨의 잡음 여유도는 2.5V−2.0V = 0.5V가 된다. 잡음 여유도를 수식으로 표시하면 아래와 같다.

- High 레벨의 잡음 여유도 $V_{NH} = V_{OH}(\min) - V_{IH}(\min)$
- Low 레벨의 잡음 여유도 $V_{NL} = V_{IL}(\max) - V_{OL}(\max)$

[그림 4-49]는 잡음 여유도 개념을 나타낸다.

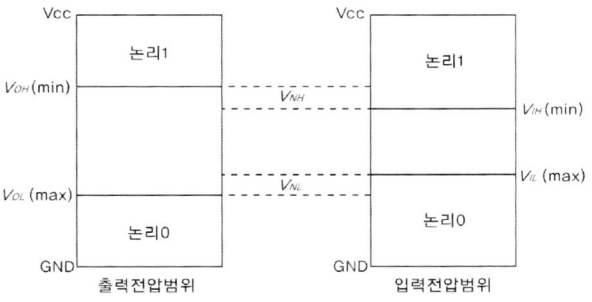

[**그림 4-49**] 잡음 여유도 개념

4.11.4. 팬-인과 팬-아웃

팬-인(fan-in)은 어떤 논리 회로에서 그 입력에 접속할 수 있는 입력 용량을 말한다. 두 개의 입력 단자를 가지는 논리 게이트는 2개의 팬-인을 가지고, 3개의 입력 게이트는 3개의 팬-인을 가진다.

팬-아웃(fan-out)은 정상적인 동작에 영향을 주지 않고, 하나의 논리 게이트에서 다른 게이트의 입력으로 연결될 수 있는 최대 용량을 의미한다. 어느 게이트의 출력 단자에서 동시에 최대로 연결될 수 있는 게이트 입력 수가 8이라고 하면 출력 게이트의 팬-아웃은 8이 되는 것이다.

어느 게이트에서 출력이 'High' 상태일 때에는 출력 단자로부터 그 다음의 입력 단자로 전류가 흘러들어 간다. 'High' 상태일 경우의 최대 출력 전류, 즉 $I_{OH}(\max)$가 0.4mA(max)이고, 이 출력과 연결되는 게이트의 최대 입력 전류, 즉 $I_{IH}(\max)$가 0.02mA(max)일 경우에 팬-아웃은 아래와 같다.

High 상태일 경우의 팬-아웃: $\dfrac{I_{OH}(\max)}{I_{IH}(\max)} = \dfrac{0.4mA}{0.02mA} = 20(개)$

어느 게이트에서 출력이 'Low' 상태일 때에 흐르는 전류의 방향은 그다음의 논리게이트의 입력 단자로부터 출력 단자로 흘러들어온다. 'Low' 상태일 경우의 최대 출력 전류, 즉 최대 받아들일 수 있는 전류인 $I_{OL}(\max)$가 8mA이고, 이 출력 단자와 연결된 게이트 입력 단자로부터 흘러들어오는 최대 입력전류, 즉 $I_{IL}(\max)$가 0.4mA일 경우에 팬-아웃은 아래와 같다.

Low 상태일 경우의 팬-아웃: $\dfrac{I_{OL}(\max)}{I_{IL}(\max)} = \dfrac{8mA}{0.4mA} = 20(개)$

4.11.5. 싱크전류와 소스전류

싱크전류(sink current)는 게이트 출력으로 들어오는 전류를 의미하고, 소스전류(source current)는 게이트 출력으로부터 나오는 전류를 말한다. 게이트 출력이 Low 상태일 경우에는 외부로부터 출력 단자로 전류가 들어오기 때문에 싱크전류라고 하고, 게이트 출력이 High 상태일 경우에는 출력 단자로부터 외부로 전류가 흘러나가기 때문에 소스 전류라고 한다.

게이트 출력에 LED를 연결하여 이를 점등하고자 할 경우 전원으로부터 풀-업(pull-up) 저항을 통해 LED를 연결하고 LED로부터 게이트 출력에 연결하는 방식이 있는데 이는 싱크 전류를 이용하여 LED를 ON 시키는 방식이다. 게이트 출력이 Low일 때에 싱크전류로 LED가 ON 되고 반대로 게이트 출력이 High이면 싱크전류가 약해서 LED가 OFF 된다.

소스전류를 이용하여 LED를 점등하는 경우에는 출력 단자에서 LED로 연결하고 LED에서 풀-다운(pull-down) 저항을 통해 GND로 연결하는데 출력 단자가 High일 경우에 소스 전류로 LED가 ON 되고 반대로 게이트 출력이 Low이면 소스전류가 약해서 LED가 OFF된다. 일반적으로 74계열 TTL에서는 싱크전류 용량이 소스전류 용량보다 크므로 싱크전류 방식으로 LED 점등 회로를 구성한다.

5 _부울 대수

5.1. 부울 논리식의 표현

부울 대수(Boolean algebra)는 논리학자이며 수학자인 영국인 George Boole이 개발한 논리적 대수계로서 디지털 논리회로의 분석과 설계에서 가장 기본이 되는 수학이다.

부울 대수에서는 0과 1을 나타내는 변수들을 사용하여 AND, OR, NOT 논리 기능을 표현한다. AND 논리 기능은 변수들의 곱셈 형식, OR 논리 기능은 변수들의 덧셈 형식, 그리고 NOT 기능은 변수들의 인버터, 즉 변수 위에 bar를 붙여서 표현한다.

부울 함수(Boolean function)는 부울 대수로 표현되는 함수로서 2진 변수를 사용한다. 각 변수는 0(Low 상태)과 1(High 상태)의 값을 가지기 때문에 부울 함수도 최종적으로 이들 두 값들 중의 하나를 가지게 된다.

아래와 같은 부울 함수가 있다고 하자.

$Y = A + \overline{B}C$

상기 식은 A, B, C 등을 입력 변수로, Y를 출력 변수로 하고 있다. 모든 변수들은 0 혹은 1의 값을 가진다. $\overline{B}C$ 항은 입력 변수 B를 인버팅 시켜서 입력 변수 C와 AND 기능을 수행하는 것을 의미한다. 출력 변수 Y 값은 A와 $\overline{B}C$의 OR 기능으로 결정된다. 위 함수에서 출력 Y가 1이 되기 위해서는 입력 변수 A가 1이든지, 혹은 $\overline{B}C$의 출력값이 1이 되어야 한다. $\overline{B}C$가 1이 되기 위해서는 B가 0이고 C가 1이 되어야 하므로 출력 Y가 1이 되기 위해서는 A=1, 혹은 B=0 and C=1이 되어야 한다. 부울 함수 $Y = A + \overline{B}C$의 논리회로를 구성하면 [그림 5-1]과 같다.

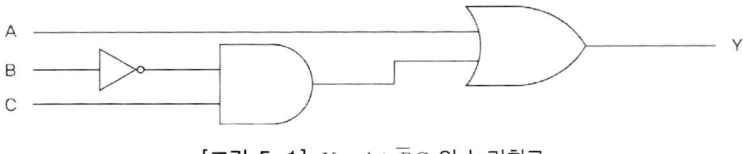

[그림 5-1] $Y = A + \overline{B}C$ 의 논리회로

5.1.1. 부울 NOT

부울 NOT은 2진 변수의 값을 반전시키기 위한 표현으로서 변수 뒤에 '(프라임, prime)을 붙이거나 혹은 변수 위에 −(바, bar)를 붙여서 나타낸다. 변수 A가 0일 때에 $\overline{A}$는 0을 반전시킨 1이 되고, 반대로 A가 1일 때에는 $\overline{A}$의 값이 0이 된다. 부울 NOT은 논리 게이트들 중에서 인버터(inverter)를 이용하여 구현된다. 입력 변수 A가 인버터를 통과하면 [그림 5-2]에서와 같이 부울 NOT인 $\overline{A}$를 얻게 된다.

[그림 5-2] 부울 NOT의 논리회로

5.1.2. 부울 OR

부울 OR은 부울 덧셈(Boolean addition)으로서 산술적 덧셈 기호와 동일한 '+'를 사용한다. 부울 OR은 논리 회로의 OR 게이트를 통해 구현될 수 있으며 기본 규칙은 아래와 같다.
- $0+0=0$
- $0+1=1$
- $1+0=1$
- $1+1=1$

2진 덧셈(binary addition)에서는 $1+1=10$이 되지만 불 덧셈에서는 논리회로의 OR 의미를 가지므로 논리값 1이 되는 것이 다르다. 변수가 2개일 경우에는 A+B로 표현하고 변수가 3개일 경우에도 비슷한 방식으로 A+B+C로 나타낸다.

부울 OR는 논리회로의 OR 게이트로 구현되기 때문에 입력변수가 2개, 3개, 4개일 경우

[그림 5-3]에서와 같이 OR 게이트로 나타낸다.

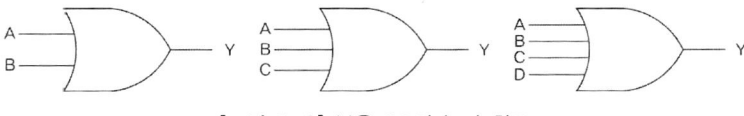

[그림 5-3] 부울 OR의 논리 회로

5.1.3. 부울 AND

부울 AND는 부울 곱셈(Boolean multiplication)으로서 산술적 곱셈 기호 대신에 논리곱 기호인 '·'을 사용한다. 논리 숫자가 아닌 논리 변수의 부울 AND 표현에서는 '·'기호를 생략하여 논리곱을 나타낸다. 부울 곱셈의 규칙은 아래와 같다.

- $0 \cdot 0 = 0$
- $0 \cdot 1 = 0$
- $1 \cdot 0 = 0$
- $1 \cdot 1 = 1$

부울 AND에서는 두 값들 중에서 어느 하나라도 0이 되면 결과 값은 0이 되고 두 값 모두 1이 되어야만 결과 값이 1이 된다.

두 변수가 A, B라고 할 때에 부울 AND는 A · B, 혹은 AB로 표현한다. 입력 변수가 2개일 경우에는 AB, 3개일 경우에는 ABC, 4개일 경우에는 ABCD로 나타내고 이들을 논리회로로 구현하면 [그림 5-4]와 같다.

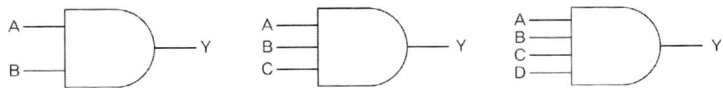

[그림 5-4] 부울 AND의 논리 회로

부울 함수는 부울 NOT, 부울 OR, 부울 AND 등을 조합하여 여러 가지 함수를 표현할 수 있다. 예를 들어서 부울 NOR 함수를 표현하고자 하면 부울 OR에 인버터를 붙여서 $\overline{A+B}$와 같이 나타낼 수 있다. 또한 부울 NAND도 부울 AND로부터 나타낼 수 있는데 논리 곱 AB의 부울 NAND 함수는 $\overline{AB}$가 된다.

5.2. 부울 대수의 규칙과 법칙

부울 대수는 논리 회로를 수학적으로 표현하는 데에 활용되며 또한 수학적 표현의 부울 대수는 새로운 논리적 기능을 추가하여 또 다른 논리회로 설계에 활용될 수 있다.

어느 기능을 구현하기 위해 논리회로를 설계하기 위해서는 우선적으로 어떠한 사건들을 입력변수로 설정해야 하는지를 결정해야 하고 또한 이들 사건들을 통해 일어나는 최종 사건을 출력변수로 결정해야 하며 입력변수와 출력변수의 관계식을 부울 함수로 나타내야 한다. 부울 함수를 그대로 논리회로에 활용하는 것은 논리게이트의 수가 증가될 우려가 있으므로 부울 함수를 간략화함으로써 최소 논리게이트 개수로 논리회로를 설계해야 한다. 이와 같이 부울 함수를 논리회로에 활용하기 위해 부울 함수를 간략화하는 과정에서 부울 대수의 법칙과 규칙이 필요로 하게 된다.

5.2.1. 부울 대수의 규칙

부울 대수에서는 부울 함수를 변형하거나 간략화시킬 때에 유용하게 사용되는 여러 가지 규칙(rule)들이 있다. 이러한 규칙들은 논리 게이트를 통해 증명될 수 있고 또한 입력변수에 0과 1을 대입한 진리표를 이용하여도 증명할 수 있다.

(1) $A \cdot 0 = 0$

부울 대수에서도 상용대수에서와 마찬가지로 어떤 변수에 0을 논리 곱하면 결과 값은 0이 된다. AND 논리 게이트에서 입력 단자들 중의 어느 하나라도 0의 입력 값을 가지게 되면 다른 입력 단자의 입력 값에 상관없이 출력은 항상 0이 된다.

(2) $A \cdot 1 = A$

부울 AND 연산에서 입력이 1인 경우에는 결과 값에 전혀 영향을 주지 못한다. 이것은 상용대수에서 어떤 변수에 1을 곱해도 결과 값은 그 변수 자체 값이 되는 것과 동일하다. AND 게이트에서 하나의 입력이 1이면 나머지 입력 값이 그대로 출력으로 나타남을 의미한다.

(3) $A \cdot A = A$

모든 부울 함수는 진리표를 통해 증명할 수 있다. A=0의 경우 $A \cdot A = 0 \cdot 0 = 0$이고, A=1의 경우 $A \cdot A = 1 \cdot 1 = 1$이다. 따라서 $A \cdot A = A$가 성립된다.

(4) $A \cdot \overline{A} = 0$

어떤 변수와 그 변수의 보수를 AND시키면 결과 값은 0이 된다. A가 0인 경우에는 $0 \cdot \overline{A} = 0$이 되고, A=1인 경우에는 $A \cdot 0 = 0$이 된다. 즉 A와 $\overline{A}$에서 A가 어떠한 값이라도 둘 중의 하나는 반드시 0이 되므로 $A \cdot \overline{A} = 0$의 관계가 성립된다.

(5) $A + 0 = A$

부울 OR 연산에서 입력 값이 0인 경우에는 결과 값에 영향을 주지 못한다. A=0인 경우 $A + 0 = 0 + 0 = 0$이고, A=1인 경우 $A + 0 = 1 + 0 = 1$로서 변수 A에 0을 논리합해도 결과 값은 입력 A와 동일한 값을 갖게 된다.

(6) $A + 1 = 1$

어떤 변수와 1을 부울 OR시키면 결과 값은 항상 1이 된다. 부울 OR에서 입력 값 1은 부울 AND에서 입력 값 0과 마찬가지로 다른 변수가 어떠한 값을 가지더라도 결과 값이 항상 일정하게 고정되어버린다.

(7) $A + A = A$

동일한 변수들을 서로 부울 OR시키면 결과 값은 변수와 동일하다. 하나의 입력 신호가 동시에 OR 게이트 입력 단자에 연결되면 게이트 출력은 입력 신호와 동일하게 된다. OR 게이트 IC에서 게이트의 여유분이 있는 경우 버퍼(buffer) 대용으로 이러한 논리회로를 구성할 수 있다.

(8) $A + \overline{A} = 1$

어떤 변수와 그 변수의 보수를 부울 OR시키면 결과 값은 항상 1이 된다. 어떤 변수라도 부울 대수에서는 0이나 혹은 1의 값만을 가진다. 따라서 A가 0이라도 $\overline{A}$가 1이 되기 때문에 $A + \overline{A} = 1$이 성립된다.

(9) 쌍대성 원리

쌍대성 원리는 부울 AND와 부울 OR 사이에는 서로 쌍대(dual) 관계가 있음을 설명한다. 부울 AND 항등식에서 AND 연산자를 OR 연산자로 바꾸고, 0을 1로, 그리고 1을 0으로 바꾸면 부울 OR 항등식이 성립되는데 이러한 관계를 쌍대 관계라고 한다. [표 5-1]은 부울 대수의 쌍대 관계를 나타낸다.

[표 5-1] 부울 대수의 쌍대 관계

AND 연산	OR 연산
$A \cdot 0 = 0$	$A + 1 = 1$
$A \cdot 1 = A$	$A + 0 = A$
$A \cdot A = A$	$A + A = A$
$A \cdot \overline{A} = 0$	$A + \overline{A} = 1$

[표 5-1] 외에도 아래와 같은 쌍대 관계를 정립할 수 있다.

$$X + (Y \cdot Z) = (X + Y) \cdot (X + Z)$$
$$X \cdot (Y + Z) = (X \cdot Y) + (X \cdot Z)$$

쌍대 관계

(10) $\overline{\overline{A}} = A$

부울 대수에서 어떤 변수의 보수를 다시 보수 취하면 원래 값으로 되돌아온다. 논리적으로 부정의 부정은 긍정이라는 의미와 비슷하다고 말할 수 있다. 논리회로에서 어떤 신호를 인버터시켜서 다시 인버터를 통과시키면 원래의 신호가 출력되는데 이는 신호를 지연(delay)시키고자 할 때에 사용된다.

(11) $A + A \cdot B = A$

아래와 같이 증명된다.

$$
\begin{aligned}
A + AB &= A(1 + B) \\
&= A \cdot 1 \\
&= A
\end{aligned}
$$

상기 식의 첫 번째 항은 부분적 인수분해한 것이며 두 번째 항은 1+B=1에 근거한 것이다. 세 번째 항은 어느 변수에 1과 논리곱하면 결과 값은 변수와 동일하다는 규칙에 따른 것이다.

(12) $A + \overline{A} \cdot B = A + B$

아래와 같이 증명될 수 있다.

$$
\begin{aligned}
A + \overline{A}B &= (A + AB) + \overline{A}B \\
&= (AA + AB) + \overline{A}B \\
&= AA + AB + A\overline{A} + \overline{A}B \\
&= (A + \overline{A})(A + B) \\
&= 1 \cdot (A + B) \\
&= A + B
\end{aligned}
$$

상기 식의 두 번째 항은 A=AA이므로 성립하고, 세 번째 항은 $A\overline{A}=0$이기 때문에 성립한다. 네 번째 항은 세 번째 항을 인수분해한 것이며 다섯 번째 항은 $A + \overline{A} = 1$이기 때문에 성립된다.

(13) $(A + B)(A + C) = A + B \cdot C$

아래와 같이 증명할 수 있다.

$$
\begin{aligned}
(A + B)(A + C) &= AA + AC + AB + BC \\
&= A + AC + AB + BC \\
&= A(1 + C) + AB + BC \\
&= A + AB + BC \\
&= A(1 + B) + BC \\
&= A + BC
\end{aligned}
$$

상기 식의 첫 번째 항은 부울 대수의 분배법칙에 따른 것이며 두 번째 항은 AA=A의 규칙에 따른 것이다. 세 번째 항은 부분적 인수분해이고 네 번째 항은 1+C=1이라는 규칙에 따른 것이다.

5.2.2. 부울 대수의 법칙

부울 대수는 두 개의 연산자, 즉 '+'와 '·'과 함께 집합 B_o로 정의된 대수 체계이다. 여기에서 집합 $B_o = 0, 1$이다.

(1) 닫힘(closure) 법칙

A와 B가 집합 B_o의 원소이면, 즉 $A \in B_o, B \in B_o$에 대해 아래 식을 만족한다.

- $(A + B) \in B_o$
- $(A \cdot B) \in B_o$

부울 대수의 모든 변수들은 0 혹은 1의 값을 가지며 이들 변수들을 입력으로 하는 모든 부울 함수의 결과 값도 0 혹은 1의 값만을 가지게 된다.

(2) 교환 법칙(Commutative law)

부울 OR과 부울 AND에서 변수들의 위치가 서로 바뀌어도 아래의 식과 같이 결과 값은 동일하다.

- $A + B = B + A$
- $A \cdot B = B \cdot A$

상기 두 식은 아래의 진리표를 통해 증명될 수 있다. 부울 함수는 진리표를 통해 증명될 수 있는데 이는 모든 입력변수가 가질 수 있는 모든 경우의 수를 포함하기 때문에 가능한 것이다.

A	B	A+B	B+A	A·B	B·A
0	0	0	0	0	0
0	1	1	1	0	0
1	0	1	1	0	0
1	1	1	1	1	1

(3) 결합 법칙(Associative law)

부울 대수에서는 상용 대수에서와 마찬가지로 괄호( )를 묶어 줌으로써 연산 순서를 정하는데 이와 같이 괄호( )로 묶는 것을 결합이라고 부른다. 부울 대수의 연산 순서는 괄호( )가 제일 큰 우선순위이고 그다음으로 부울 AND이며 최종적으로 부울 OR의 순서를 가진다. 부울 대수에서는 아래와 같은 결합 법칙이 성립된다.

- $(A + B) + C = A + (B + C)$
- $A \cdot (B \cdot C) = (A \cdot B) \cdot C$

부울 대수의 결합 법칙은 부울 OR와 부울 AND의 연산에 있어서 어느 변수 연산을 먼저 수행하여도 결과 값은 일치함을 나타낸다. 부울 대수의 첫 번째 결합 법칙을 논리 회로 설계에 적용해 보면 입력 단자 A와 입력 단자 B의 OR 게이트 출력을 입력 단자 C와 OR시키는 출력 값과, 입력 단자 B와 입력 단자 C의 OR 게이트 출력을 입력 단자 A와 OR시키는 출력 값이 서로 일치함을 의미한다.

(4) 분배 법칙(Distributive law)

(가) $A \cdot (B+C) = (A \cdot B) + (A \cdot C)$

상용대수에서 어느 변수에 괄호 속의 더하기 항을 곱할 때에 그 변수와 각각의 항을 곱하여 더하는 법칙을 분배 법칙으로 규정한다. 상기 부울 함수의 분배 법칙에서도 A가 괄호 내의 각 변수와 부울 AND 한 후에 그 두 결과들 간에 부울 OR를 수행하면 항등식이 성립된다.

(나) $A + (B \cdot C) = (A+B) \cdot (A+C)$

상기 식은 상용대수에서는 성립되지 않는 법칙으로서 진리표를 통해 증명할 수 있다. 변수가 3개이므로 $2^3 = 8$개의 경우의 수가 존재한다. [표 5-2]에서와 같이 A, B, C의 각각 논리 값에 대해 BC를 계산한 후 A+BC를 계산하여 좌측 식 값을 얻는다. 우측식의 (A+B)의 값과 (A+C)의 값을 결정 한 후에 이들 값을 부울 AND시킴으로써 우측 식 값을 구한다. 좌측 식 값과 우측 식 값이 일치함을 보임으로써 상기식의 증명이 완료된다.

[표 5-2] $X + Y \cdot Z = (X+Y) \cdot (X+Z)$ 증명을 위한 진리표

A	B	C	좌측식		우측식		
			BC	A+BC	A+B	A+C	(A+B)(A+C)
0	0	0	0	0	0	0	0
0	0	1	0	0	0	1	0
0	1	0	0	0	1	0	0
0	1	1	1	1	1	1	1
1	0	0	0	1	1	1	1
1	0	1	0	1	1	1	1
1	1	0	0	1	1	1	1
1	1	1	1	1	1	1	1

5.2.3. 드모르간의 정리

드모르간의 정리는 수학자 드모르간(DeMorgan)에 의해 개발되었는데 이 정리는 부울 함수의 간략화에 많이 활용되고 있다. 드모르간의 정리는 부울 함수에서 변수들의 합의 보수와 곱의 보수 사이의 관계를 아래와 같이 정립한다.

- $\overline{A+B} = \overline{A} \cdot \overline{B}$
- $\overline{A \cdot B} = \overline{A} + \overline{B}$

(가) $\overline{A+B} = \overline{A} \cdot \overline{B}$

상기의 식은 '두 변수 합의 보수는 각 변수의 보수 사이의 곱과 같다.'라는 것을 의미한다. 이 식에 대해 보다 일반적으로 정의해 보면 여러 개의 변수들이 부울 OR된 결과 값에 보수를 취하면 이는 아래 식과 같이 각각 변수의 보수들을 부울 AND한 결과 값과 일치한다는 것이다.

$$\overline{A+B+C+\cdots} = \overline{A} \cdot \overline{B} \cdot \overline{C} \cdot \cdots$$

$\overline{A+B} = \overline{A} \cdot \overline{B}$ 대한 증명은 [표 5-3]에서와 같이 좌우측에 대한 진리표를 통해 수행될 수 있다.

[표 5-3] $\overline{A+B} = \overline{A} \cdot \overline{B}$의 증명을 위한 진리표

입 력		출 력	
A	B	$\overline{A+B}$	$\overline{A} \cdot \overline{B}$
0	0	1	1
0	1	0	0
1	0	0	0
1	1	0	0

부울 함수 $\overline{A+B} = \overline{A} \cdot \overline{B}$를 논리 게이트로 표현하면 아래와 같다.

상기 논리 게이트는 두 입력 변수의 부울 OR의 인버터 출력은 입력 변수의 인버터를 입력으로 하는 AND 게이트 출력과 동일하다는 것을 의미한다.

(나) $\overline{A \cdot B} = \overline{A} + \overline{B}$

상기 식은 '두 변수 사이의 논리곱에 대한 보수는 각 변수의 보수들 사이의 합과 같다.'라는 의미이다. 이 식에 대해 보다 일반적으로 정의해 보면 여러 개의 변수들을 부울 AND한 결과의 보수는 아래 식과 같이 각 변수의 보수들을 부울 OR시킨 결과 값과 일치한다는 것이다.

$$\overline{A \cdot B \cdot C \cdot \cdots} = \overline{A} + \overline{B} + \overline{C} + \cdots$$

$\overline{A \cdot B} = \overline{A} + \overline{B}$에 대한 증명은 [표 5-4]에서와 같이 좌우측의 진리표를 통해 실현될 수 있다.

입력		출력	
A	B	$(A \cdot B)'$	$A' + B'$
0	0	1	1
0	1	1	1
1	0	1	1
1	1	0	0

부울 함수 $\overline{A \cdot B} = \overline{A} + \overline{B}$를 논리 게이트로 표현하면 아래와 같다.

상기 논리 게이트는 두 입력 변수의 부울 AND의 인버터의 출력은 각 변수를 인버터 시켜서 입력한 OR 게이트의 출력과 동일하다는 것을 의미한다.

(다) 드모르간의 정리 응용

드모르간의 정리를 이용하면 아래와 같이 부울 함수를 변형시킬 수 있다.

$$\overline{\overline{A+B}+\overline{C}} = \overline{\overline{A+B}}\ \overline{\overline{C}} = (A+B)\overline{C} = A\overline{C} + B\overline{C}$$

$$\overline{\overline{A+B}+\overline{CD}} = \overline{\overline{A+B}}\ \overline{\overline{CD}} = (\overline{A}+B)CD = \overline{A}CD + BCD$$

$$\overline{\overline{AB}(CD+E\overline{F})(AB+\overline{CD})} = \overline{\overline{AB}} + \overline{(CD+E\overline{F})} + \overline{(AB+\overline{CD})}$$
$$= AB + \overline{CD}\,\overline{E\overline{F}} + \overline{AB}\,\overline{\overline{CD}}$$
$$= AB + (\overline{C}+\overline{D})(\overline{E}+F) + (\overline{A}+\overline{B})(C+\overline{D})$$
$$= AB + \overline{C}\overline{E} + \overline{C}F + \overline{D}\overline{E} + \overline{D}F + \overline{A}C + \overline{A}\overline{D}$$
$$\quad + \overline{B}C + \overline{B}\overline{D}$$

5.3. 논리회로의 부울 함수 변환

논리회로를 설계할 때에 설계 회로를 간략화시키기 위해 부울 함수로 변환할 필요가 있다. 논리회로의 출력을 예측하기 위해서 진리표를 작성하고자 할 때에도 논리회로를 부울 함수로 변환하면 편리하다.

논리회로를 부울 함수로 변환하는 과정은 아래와 같다.

① 논리회로의 입력 변수를 찾는다.

② 입력 변수와 연결된 게이트의 출력을 구하고 이를 다음 게이트의 입력변수로 설정한다.

③ 최종 게이트의 출력을 구할 때까지 ②를 반복한다.

[그림 5-5]는 논리회로의 부울 함수 변환 예(1)를 나타낸다.

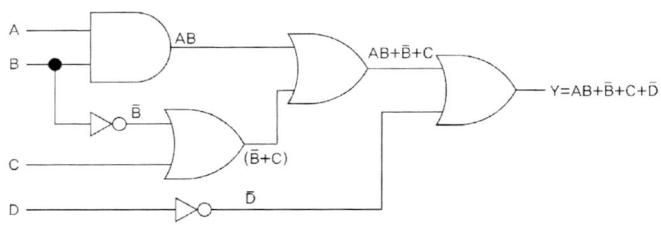

[그림 5-5] 논리회로의 부울 함수 변환 예(1)

[그림 5-5]에서 A와 B를 입력으로 하는 AND 게이트의 출력은 AB이고 이 출력은 OR 게이트의 입력 단자에 연결되어 있다. B 입력의 인버터는 $\overline{B}$인데 이 출력이 OR 게이트의 입력으로 연결된다. $\overline{B}$입력과 C입력의 OR 게이트 출력은 $\overline{B}+C$이다. AND 게이트 출력은 OR 게이트의 입력 단자로 연결되는데 이 OR 게이트의 입력은 AB와 $(\overline{B}+C)$이므로 이 OR 게이트의 출력은 $AB+\overline{B}+C$이며 이 출력은 최종 OR 게이트의 입력 단자로 연결된다. D의 인버터는 $\overline{D}$이므로 최종 출력은 $Y=AB+\overline{B}+C+\overline{D}$가 되는 것이다.

[그림 5-6]은 논리회로의 부울 함수 변환 예(2)를 보여준다.

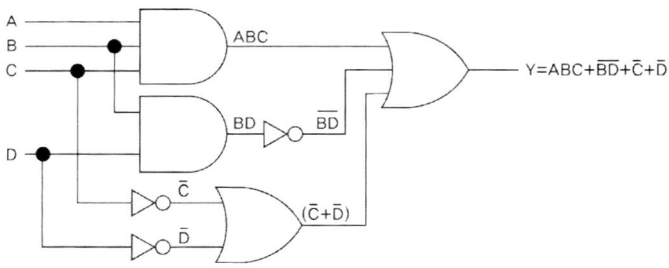

[그림 5-6] 논리회로의 부울 함수 변환 예(2)

[그림 5-6]에서 입력 A, 입력 B, 입력 C는 AND 게이트에 연결되고 이 AND 게이트의 출력은 ABC이며 이 출력은 최종 OR 게이트의 입력 단자로 연결된다. 입력 B와 입력 D를 입력 단자로 하는 AND 게이트의 출력은 BD이며 이 출력의 인버터는 $\overline{BD}$이고 이 출력은 최종 OR 게이트의 입력 단자에 연결되어 있다. C의 인버터는 $\overline{C}$이고 D의 인버터는 $\overline{D}$인데 이들 두 출력을 입력으로 하는 OR 게이트의 출력은 $\overline{C}+\overline{D}$로서 이 출력은 최종 OR 게

이트의 입력 단자에 연결되어 있다. 따라서 최종 출력은 $Y=ABC+\overline{BD}+\overline{C}+\overline{D}$가 된다.

부울 함수를 작성한 후 이 부울 함수를 논리회로로 변환함으로써 논리회로 설계가 완성된다.

부울 함수로부터 논리회로를 구성하기 위해 참조해야할 사항은 아래와 같다.

- 부울 함수로부터 입력 변수를 찾아낸다.
- 입력 변수의 보수는 인버터를 통해 논리회로로 변환한다.
- 부울 함수의 계산 순서대로 논리회로를 구성한다.

[그림 5-7]은 $Y=\overline{A}B+AC+\overline{C}D$의 논리회로 구성을 나타낸다.

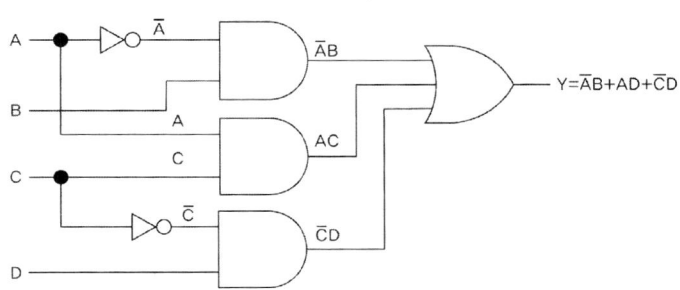

[그림 5-7] $Y=\overline{A}B+AC+\overline{C}D$의 논리회로 구성

부울 함수 $Y=\overline{A}B+AC+\overline{C}D$를 논리회로로 구성하기 위해서는 우선적으로 입력 변수를 찾아내야 하는데 이 식에서는 입력 변수가 A, B, C, D이다. 부울 함수의 계산 순서에 맞게 우선적으로 입력 A와 입력 C의 보수를 논리회로로 구현하기 위해 NOT 게이트를 사용한다. 이어서 $\overline{A}B$, AC, $\overline{C}D$ 등을 논리회로로 구현하기 위해 각각 AND 게이트를 사용하고 이들 각각의 출력을 입력으로 하는 OR 게이트를 구성함으로써 부울 함수 $Y=\overline{A}B+AC+\overline{C}D$의 논리회로 구성이 완성된다.

[그림 5-8]은 $Y=\overline{A}B+\overline{C}D+D(AC+\overline{B})$의 논리회로 구성을 보여준다.

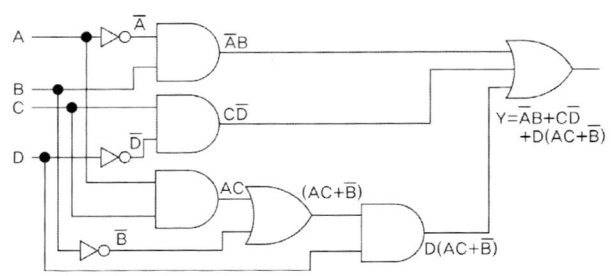

[그림 5-8] $Y = \overline{A}B + C\overline{D} + D(AC + \overline{B})$의 논리회로 구성

[그림 5-8]에서 논리회로의 입력 변수는 A, B, C, D이다. 부울 함수의 계산 순서에 따라 우선 A, B, C 등의 인버터를 구하기 위해 각각 NOT 게이트를 사용한다. 그다음으로 $\overline{A}B$ 의 AND 게이트, $C\overline{D}$의 AND 게이트, AC의 AND 게이트를 각각 구성한다. 이어서 괄호 안의 OR 게이트를 AC와 $\overline{B}$의 입력으로 구성하고 이의 출력을 D와 AND 게이팅(gating) 시 킨다. 최종적으로 이들 3 출력을 각각 OR 게이트의 입력 단자에 연결함으로써 $Y = \overline{A}B + C\overline{D} + D(AC + \overline{B})$의 논리회로 구성이 완료된다.

5.4. 부울 대수의 표현 기법

부울 대수를 이용하여 논리회로를 구성하는 과정은 아래와 같다.
① 입력변수를 정하고 이들의 조합으로 나타나는 출력들을 표현하는 진리표를 작성한다.
② 진리표로부터 부울 함수를 유도한다.
③ 유도된 부울 함수를 간략화 시킨다.
④ 논리 게이트 수를 줄이기 위해 간략화 시킨 부울 함수로부터 논리회로를 구성한다.
진리표로부터 부울 함수를 유도할 때에 불 대수를 표현하는 방식으로 2가지, 즉 최소항 방식과 최대항 방식이 있다.

5.4.1. 최소항

최소항은 진리표의 입력변수를 나타낼 때에 0은 보수형(complement form)으로, 1은 정상 형(normal form)으로 표현하여 이들 변수의 곱으로 구성하는 방식을 말한다. 예를 들어 입 력변수 A와 B가 각각 0과 1의 값을 가지는 경우에 그들에 대한 최소항은 $\overline{A}B$로서 두 입력 변수의 값에 대한 AND 연산 결과가 1이 되도록 항을 표현하는 방식이다.

최소항을 나타내는 기호로 소문자 m을 사용하고 입력변수의 순서를 기호 m의 아래 첨자로 표기한다. 진리표의 변수가 2개이면 $2^2 = 4$로서 m_0, m_1, m_2, m_3의 순서를 가진다. 즉 진리표의 입력변수를 순서에 맞추어 2진수 표기로 간주하고 이를 10진수로 변환한 숫자가 바로 m의 첨자가 된다. 예를 들어 입력 변수 A와 B가 각각 0과 1인 경우에 이는 진리표의 순서에 따라 0 다음의 1이므로 m_1이 되는 것이다. [표 5-5]는 입력 변수가 A와 B의 2개인 경우에 모든 입력 조합들에 대하여 최소항을 보여준다.

[표 5-5] 2-변수에 대한 최소항 표현

A	B	최소항	기호
0	0	$\overline{A}\,\overline{B}$	m_0
0	1	$\overline{A}\,B$	m_1
1	0	$A\,\overline{B}$	m_2
1	1	$A\,B$	m_3

진리표로부터 최소항을 이용하여 부울 함수를 유도하는 방법은 출력이 1이 되는 입력 변수의 조합을 최소항으로 표현하고 이들을 부울 OR 형식으로 구성하면 된다. 예를 들어서 [표 5-5]의 진리표에서 A=0, B=0항과 A=1, B=0항의 출력이 각각 1을 나타내는 경우에 각각의 최소항인 $\overline{A}\overline{B}$과 $A\overline{B}$를 부울 OR한 식, 즉 $Y = \overline{A}\overline{B} + A\overline{B}$가 진리표로부터 유도한 부울 함수가 되는 것이다. $Y = \overline{A}\overline{B} + A\overline{B}$는 기호 m과 수학기호 $\sum$를 사용하여 아래와 같이 나타낸다.

$$Y = \overline{A}\overline{B} + A\overline{B} = m_0 + m_2 = \sum m(0, 2)$$

입력변수가 3개일 경우에도 비슷한 방법으로서 [표 5-6]과 같이 나타낸다.

[표 5-6] 3-변수에 대한 최소항 표현

A	B	C	최소항	기호
0	0	0	$\overline{A}\,\overline{B}\,\overline{C}$	m_0
0	0	1	$\overline{A}\,\overline{B}\,C$	m_1
0	1	0	$\overline{A}\,B\,\overline{C}$	m_2
0	1	1	$\overline{A}\,B\,C$	m_3

			최소항	기호
1	0	0	$A\overline{B}\overline{C}$	m_4
1	0	1	$A\overline{B}C$	m_5
1	1	0	$AB\overline{C}$	m_6
1	1	1	ABC	m_7

세 변수 A, B, C를 가지는 부울 함수 $F(A, B, C) = \sum m(0, 2, 4, 5, 7)$에 대한 최소항 진리표는 [표 5-7]과 같다.

[**표 5-7**] $F(A, B, C) = \sum m(0, 2, 4, 5, 7)$의 진리표

A	B	C	F	최소항	기호
0	0	0	1	$\overline{A}\,\overline{B}\,\overline{C}$	m_0
0	0	1	0	$\overline{A}\,\overline{B}C$	m_1
0	1	0	1	$\overline{A}B\overline{C}$	m_2
0	1	1	0	$\overline{A}BC$	m_3
1	0	0	1	$A\overline{B}\,\overline{C}$	m_4
1	0	1	1	$A\overline{B}C$	m_5
1	1	0	0	$AB\overline{C}$	m_6
1	1	1	1	ABC	m_7

[표 5-7]에 대한 최소항 논리식은 아래와 같다.

$$F(A, B, C) = \sum m(0, 2, 4, 5, 7)$$
$$= \overline{A}\,\overline{B}\,\overline{C} + \overline{A}B\overline{C} + A\overline{B}\,\overline{C} + A\overline{B}C + ABC$$

$F(A, B, C) = \sum m(0, 2, 4, 5, 7)$을 논리회로로 구성하면 [그림 5-9]와 같다. 최소항이 5개이므로 AND 게이트 5개의 출력을 각각 입력으로 하는 OR 게이트로 구성된다. 이 회로에서 각 입력 변수의 NOT회로는 앞 단계에서 미리 준비되어 있는 것으로 가정하였다.

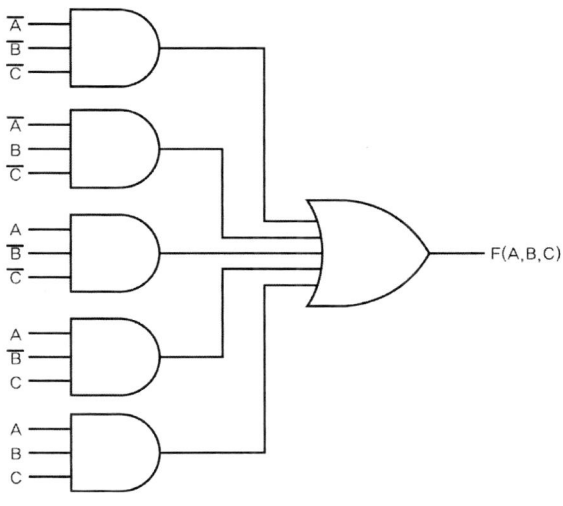

[그림 5-9] $F(A, B, C) = \sum m(0, 2, 4, 5, 7)$의 논리회로 구성

[예제 5-1] 아래 진리표에 대한 최소항의 논리식을 구하고 그 논리회로를 구성하라.

A	B	C	F
0	0	0	1
0	0	1	0
0	1	0	1
0	1	1	1
1	0	0	0
1	0	1	1
1	1	0	1
1	1	1	0

(풀이)

최소항을 구하기 위해 진리표에서 1이 되는 항의 m값을 구해보면 m_0, m_2, m_3, m_5, m_6 등이다. 따라서 부울 함수 $F(A, B, C)$는 이들을 최소항으로 하는 아래의 식으로 이루어진다.

$$F(A, B, C) = \sum m(0, 2, 3, 5, 6)$$
$$= \overline{A}\overline{B}\overline{C} + \overline{A}B\overline{C} + \overline{A}BC + A\overline{B}C + AB\overline{C}$$

이 부울 함수를 논리회로로 구성하면 [그림 5-10]과 같다.

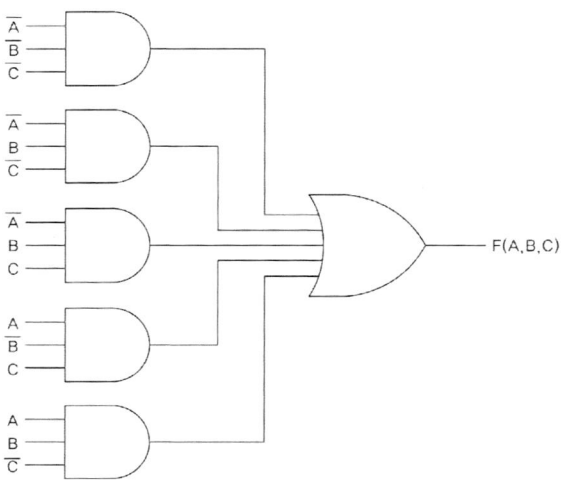

[그림 5-10] $F(A, B, C) = \overline{A}\,\overline{B}\overline{C} + \overline{A}\,B\overline{C} + \overline{A}BC + A\overline{B}C + AB\overline{C}$의 논리회로 구성

5.4.2. 최대항

최대항은 입력 변수의 값이 0일 때 정상형으로, 1일 때 보수형으로 변수들을 표현한 다음에, 그들을 부울 합의 형태로 나타낸 것을 말한다. 예를 들어서 입력 변수 A와 B가 각각 0과 1의 값을 가진다면 그들에 대한 최대항은 $A + \overline{B}$이다. 다시 말하면 최대항이란 두 입력 값을 부울 OR 연산한 결과 값이 0이 되도록 각 항을 표현한 것을 의미한다.

[표 5-8]은 2-변수에 대한 최대항 표현을 나타낸다.

[표 5-8] 2-변수에 대한 최대항 표현

A	B	최소항	기호
0	0	$A + B$	M_0
0	1	$A + \overline{B}$	M_1
1	0	$\overline{A} + B$	M_2
1	1	$\overline{A} + \overline{B}$	M_3

[표 5-8]의 진리표에서 A=0, B=0항과 A=1, B=0항의 출력이 각각 0을 나타내는 경우에 각각의 최대항인 $(A + B)$와 $(\overline{A} + B)$를 부울 AND한 식, 즉 $Y = (A + B)(\overline{A} + B)$가 진리표로부터 유도한 부울 함수가 되는 것이다. $Y = (A + B)(\overline{A} + B)$는 기호 M과 수학기호 $\prod$ (파이)를 사용하여 아래와 같이 나타낸다.

$Y = (A+B)(\overline{A}+B) = M_0 \cdot M_2$

입력변수가 3개일 경우에도 비슷한 방법으로서 [표 5-9]와 같이 나타낸다.

[표 5-9] 3-변수에 대한 최대항 표현

A	B	C	최소항	기호
0	0	0	$A + B + C$	M_0
0	0	1	$A + B + \overline{C}$	M_1
0	1	0	$A + \overline{B} + C$	M_2
0	1	1	$A + \overline{B} + \overline{C}$	M_3
1	0	0	$\overline{A} + B + C$	M_4
1	0	1	$\overline{A} + B + \overline{C}$	M_5
1	1	0	$\overline{A} + \overline{B} + C$	M_6
1	1	1	$\overline{A} + \overline{B} + \overline{C}$	M_7

세 변수 A, B, C를 가지는 부울 함수 $F(A, B, C) = \prod M(0, 2, 4, 5, 7)$에 대한 최대항 진리표는 [표 5-10]과 같다.

[표 5-10] $F(A, B, C) = \prod M(0, 2, 4, 5, 7)$에 대한 최대항 진리표

A	B	C	F	최소항	기호
0	0	0	0	$A + B + C$	M_0
0	0	1	1	$A + B + \overline{C}$	M_1
0	1	0	0	$A + \overline{B} + C$	M_2
0	1	1	1	$A + \overline{B} + \overline{C}$	M_3
1	0	0	0	$\overline{A} + B + C$	M_4
1	0	1	0	$\overline{A} + B + \overline{C}$	M_5
1	1	0	1	$\overline{A} + \overline{B} + C$	M_6
1	1	1	0	$\overline{A} + \overline{B} + \overline{C}$	M_7

[표 5-10]에 대한 최대항 논리식은 아래와 같다.

$$F(A, B, C) = \prod M(0, 2, 4, 5, 7)$$
$$= (A+B+C)(A+\overline{B}+C)(\overline{A}+B+C)(\overline{A}+B+\overline{C})$$
$$(\overline{A}+\overline{B}+\overline{C})$$

$F(A, B, C) = \prod M(0, 2, 4, 5, 7)$을 논리회로로 구성하면 [그림 5-11]과 같다. 최대항이 5개

이므로 OR 게이트 5개의 출력을 각각 입력으로 하는 AND 게이트로 구성된다. 이 회로에서 각 입력 변수의 NOT회로는 앞 단계에서 미리 준비되어 있는 것으로 가정하였다.

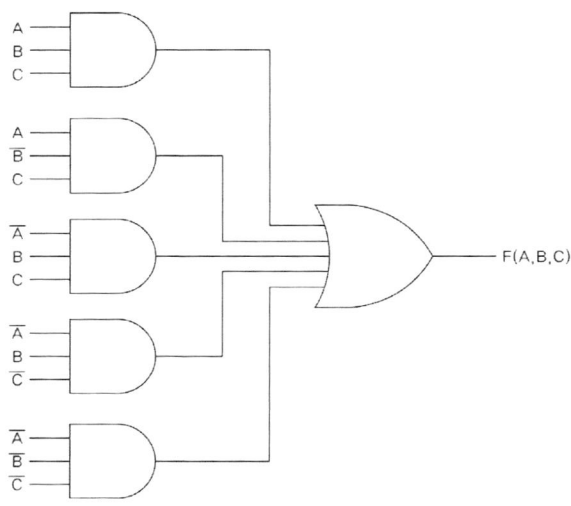

[그림 5-11] $F(A, B, C) = \prod M(0, 2, 4, 5, 7)$의 논리회로 구성

[예제 5-2] 아래 진리표에 대한 최대항의 논리식을 구하고 그 논리회로를 구성하라.

A	B	C	F
0	0	0	0
0	0	1	1
0	1	0	0
0	1	1	0
1	0	0	1
1	0	1	0
1	1	0	0
1	1	1	1

(풀이)

최대항을 구하기 위해 진리표에서 0이 되는 항의 M값을 구해보면 M_0, M_2, M_3, M_5, M_6 등이다. 따라서 부울 함수 $F(A, B, C)$는 이들을 최대항으로 하는 아래의 식으로 이루어진다.

$$F(A, B, C) = \prod M(0, 2, 3, 5, 6)$$
$$= (A + B + C) + (A + \overline{B} + C) + (A + \overline{B} + \overline{C}) + (\overline{A} + B + \overline{C})$$
$$+ (\overline{A} + \overline{B} + C)$$

이 부울 함수를 논리회로로 구성하면 [그림 5-12]와 같다.

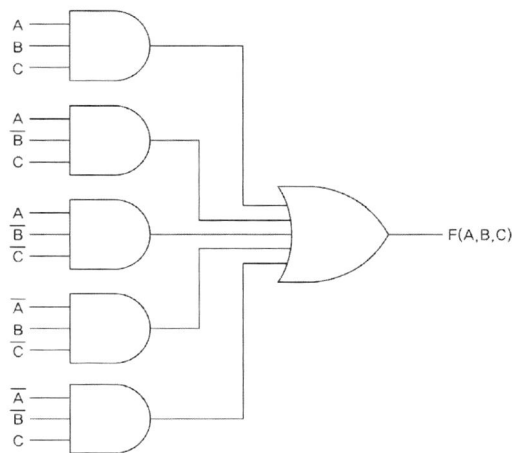

[그림 5-12] $F(A, B, C) = (A + B + C) + (A + \overline{B} + C) + (A + \overline{B} + \overline{C}) + (\overline{A} + B + \overline{C}) + (\overline{A} + \overline{B} + C)$ 의 논리
회로 구성

5.4.3. 최소항과 최대항의 관계

최소항은 출력 값이 1인 항들에 대하여 곱의 합 형태로 표현하는데 이때에 변수 값이 1이면 정상형을, 0이면 보수형을 취한다. 이와는 반대로 최대항은 출력 값이 0인 항들에 대하여 합의 곱 형태로 표현하며 변수 값이 1이면 보수형을, 0이면 정상형을 취한다. 이와 같이 최소항과 최대항은 상호 보수의 관계를 가진다고 말할 수 있다.

[표 5-11]은 최소항과 최대항의 관계를 보여준다.

[표 5-11] 최소항과 최대항의 관계

ABC	F	$\overline{F}$	최소항	기호	최대항	기호	관계
000	1	0	$\overline{A}\,\overline{B}\overline{C}$	m_0	$A + B + C$	M_0	$M_0 = \overline{m_0}$
001	0	1	$\overline{A}\,\overline{B}C$	m_1	$A + B + \overline{C}$	M_1	$M_1 = \overline{m_1}$
010	0	1	$\overline{A}\,B\overline{C}$	m_2	$A + \overline{B} + C$	M_2	$M_2 = \overline{m_2}$
011	1	0	$\overline{A}\,BC$	m_3	$A + \overline{B} + \overline{C}$	M_3	$M_3 = \overline{m_3}$

100	1	0	$A\overline{B}\overline{C}$	m_4	$\overline{A}+B+C$	M_4	$M_4=\overline{m_4}$
101	1	0	$A\overline{B}C$	m_5	$\overline{A}+B+\overline{C}$	M_5	$M_5=\overline{m_5}$
110	1	0	$AB\overline{C}$	m_6	$\overline{A}+\overline{B}+C$	M_6	$M_6=\overline{m_6}$
111	0	0	ABC	m_7	$\overline{A}+\overline{B}+\overline{C}$	M_7	$M_7=\overline{m_7}$

최소항과 최대항 사이의 관계를 살펴보기 위해 [표 5-11]의 F를 최소항으로 표현하고 이를 이중 부정하여 최대항으로 바꾸어보자.

$$
\begin{aligned}
F(A,B,C) &= \sum m(0,3,4,5,6) \\
&= \overline{\overline{A}\,\overline{B}\,\overline{C}+\overline{A}BC+A\overline{B}\,\overline{C}+A\overline{B}C+AB\overline{C}} \\
&= \overline{\overline{\overline{A}\,\overline{B}\,\overline{C}}+\overline{\overline{A}BC}+\overline{A\overline{B}\,\overline{C}}+\overline{A\overline{B}C}+\overline{AB\overline{C}}} \\
&= \overline{\overline{A}\,\overline{B}\,\overline{C}} \cdot \overline{\overline{A}BC} \cdot \overline{A\overline{B}\,\overline{C}} \cdot \overline{A\overline{B}C} \cdot \overline{AB\overline{C}} \\
&= (A+B+C)(A+\overline{B}+\overline{C})(\overline{A}+B+C)(\overline{A}+B+\overline{C}) \\
&\quad (\overline{A}+\overline{B}+C) \\
&= \prod(0,3,4,5,6)
\end{aligned}
$$

동일한 진리표를 최소항과 최대항으로 표현하면 상기의 식과 같이 서로 보수의 형태를 가진다. 즉, 아래의 식과 같은 의미를 가지게 된다.

$$
\begin{aligned}
F(A,B,C) &= \sum m(0,3,4,5,6) = \overline{\prod M(0,3,4,5,6)} \\
&= \prod M(1,2,7) = \overline{\sum(1,2,7)}
\end{aligned}
$$

$$
\begin{aligned}
\overline{F}(A,B,C) &= \sum m(1,2,7) \\
&= \overline{A}\,\overline{B}C+\overline{A}B\overline{C}+ABC \\
&= \overline{\overline{\overline{A}\,\overline{B}C}+\overline{\overline{A}B\overline{C}}+\overline{ABC}} \\
&= \overline{\overline{A}\,\overline{B}C} \cdot \overline{\overline{A}B\overline{C}} \cdot \overline{ABC} \\
&= (A+B+\overline{C})(A+\overline{B}+C)(\overline{A}+\overline{B}+\overline{C}) \\
&= \prod(1,2,7) \\
&= \overline{\prod(0,3,4,5,6)} \\
&= \overline{\sum m(0,3,4,5,6,)}
\end{aligned}
$$

최소항 형식에 대해 보수를 취하면 최대항 형식이 되고, 최대항에 대해 보수를 취하면 최소항 형식이 된다. 진리표를 바탕으로 논리회로를 구성할 때에 최소항 형식과 최대항 형식의 둘 중에서 어느 형식을 사용해도 동일한 회로가 구성되지만 일반적으로 최소항을 선호한다.

5.4.4. 부울 함수의 간략화

    진리표의 입력변수와 출력변수의 조합을 통해 최소항 또는 최대항으로 표현한 부울 함수를 그대로 논리회로로 구성하는 것은 논리 게이트 개수가 필요 이상으로 늘어날 뿐만 아니라 회로 단계가 증가하여 지연시간이 길게 되는 단점을 초래하게 된다. 따라서 논리회로 구성의 경제성과 효율성을 증진시키기 위해 부울 함수를 간략화시킬 필요가 있는데 이때에 부울 대수의 규칙과 법칙들이 활용된다.

    예를 들어서 아래의 식은 결합 법칙을 이용하여 공통 변수를 묶은 다음에 $(A+\overline{A})=1$ 이라는 규칙을 이용하여 간략화시킬 수 있다.

$$AB+A\overline{B} = A(B+\overline{B}) = A \cdot 1 = A$$

또 다른 예로서 아래의 부울 함수를 살펴보기로 하자.

$$
\begin{aligned}
(A+B)(A+\overline{B}) &= AA + A\overline{B} + AB + B\overline{B} \\
&= A + A(\overline{B}+B) + B\overline{B} \\
&= A + A \cdot 1 + 0 \\
&= A + A \\
&= A
\end{aligned}
$$

상기의 부울 함수 간략화에서는 $(B+\overline{B})=1$과 함께 $B\overline{B}=0$이라고 하는 부울 대수의 규칙을 적용하였다. 원래의 부울 함수에서는 NOT 게이트, OR 게이트, AND 게이트의 3개 게이트가 필요로 하였으나 아무런 게이트가 필요 없이 그냥 변수 A만 남게 되었다.

[예제 5-3] 아래의 부울 함수를 간략화하여라.

$$F(A, B, C) = \overline{A}\,\overline{B}\,\overline{C} + \overline{A}B\overline{C} + \overline{A}BC + \overline{A}\overline{B}C + AB\overline{C}$$

(풀이)

    결합법칙을 이용하여 항을 간략화시킬 수 있는 방안을 고려한다. 즉 $(A+\overline{A})=1$법칙을 이용할 수 있도록 항을 묶는다. 또한 항을 두 개씩 묶을 수 있도록 새로운 항을 추가하는 방안을 고려한다. 이는 부울 함수에서 동일한 항이 더해져도 출력에는 차이가 없다는 법칙, 즉 $A+A=A$에 따른 것이다.

$$
\begin{aligned}
F(A, B, C) &= \overline{A}\,\overline{B}\,\overline{C} + \overline{A}B\overline{C} + \overline{A}BC + \overline{A}\overline{B}C + AB\overline{C} \\
&= \overline{A}\,\overline{C}(\overline{B}+B) + \overline{A}C(B+\overline{B}) + AB\overline{C} \\
&= \overline{A}\,\overline{C} + \overline{A}C + AB\overline{C} + \overline{A}B\overline{C}\,(\text{추가된 항}) \\
&= \overline{A}\,\overline{C} + \overline{A}C + B\overline{C}(A+\overline{A}) \\
&= \overline{A}(\overline{C}+C) + B\overline{C} \\
&= \overline{A} + B\overline{C}
\end{aligned}
$$

[예제 5-4] 아래의 부울 함수를 간략화하여라.

$$F(A, B, C) = \overline{A}\,\overline{B}\,\overline{C} + \overline{A}\,\overline{B}C + \overline{A}B\overline{C} + ABC + AB\overline{C}$$

(풀이)

$$F(A, B, C) = \overline{A}\,\overline{B}\,\overline{C} + A\overline{B}\,\overline{C} + A\overline{B}C + ABC + AB\overline{C}$$
$$= \overline{A}\,\overline{B}\,\overline{C} + A\overline{B}\,\overline{C} + A\overline{B}C + ABC + AB\overline{C} + ABC(\text{추가된 항})$$
$$= \overline{B}\,\overline{C}(\overline{A} + A) + AC(\overline{B} + B) + AB(\overline{C} + C)$$
$$= \overline{B}\,\overline{C} + AC + AB$$

부울 함수를 간략화시키기 위해 항을 묶거나 또는 새로운 항을 추가하는 일이 쉬운 일은 아니다. 일반적으로 논리회로를 설계할 때에 보다 쉽게 간략화시키기 위해 제6장에서 소개되는 카르노 맵(Karnaugh map)이 널리 사용되고 있다.

5.5. 부울 함수의 표현

진리표로부터 논리회로를 설계하고자 할 때에 부울 함수의 표현 방법에 따라 논리회로의 구성이 달라진다. 예를 들어서 아래의 두 식은 동일한 내용의 부울 함수이지만 논리회로 구성은 크게 다르다.

(1) $F(A, B, C) = A(B + C) + BC$

(2) $F(A, B, C) = AB + AC + BC$

상기 (1) 식은 논리회로로 구성할 때에 입력 B와 입력 C를 논리 합시키는 OR 게이트, 이 OR 게이트의 출력과 입력 A 사이의 AND 게이트, 그리고 입력 B와 입력 C의 AND 게이트, 최종적으로 (1)식의 우변 두 항 사이의 OR 게이트로 구성된다.

상기 (2) 식은 3개의 AND 게이트와 이들의 출력들을 입력으로 하는 OR 게이트 하나로 구성된다. 식 (1)의 논리회로는 입력 B와 입력 C의 신호가 출력 F에 나타나기 위해서는 OR 게이트, AND 게이트, OR 게이트 등의 3단계가 필요하지만 식 (2)의 경우에는 AND 게이트와 OR 게이트의 2단계만 거치게 된다. 따라서 식 (2)가 식 (1)보다 지연시간이 보다 더 짧게 됨에 따라 회로 동작 성능이 향상된다. 결국은 논리회로를 간략화할 때에는 아래와 같은 두 가지 형태들 중에서 어느 하나로 정리하는 것이 바람직하다는 것이다.

• 입력 변수들 간의 부울 곱으로 이루어진 항들을 부울 합 시킨 형태
• 입력 변수들 간의 부울 합으로 이루어진 항들을 부울 곱 시킨 형태

이와 같이 일관성 있게 정리된 형태의 부울 함수를 표준형(standard form)이라고 한다. 표준형 부울 함수는 최종적으로 간략화된 형태이므로 모든 입력 변수들이 포함되어 있지 않은 항들이 존재하지만 최소형 혹은 최대형으로 표현되어 모든 입력 변수들이 각 항에 포함되는 형태를 정규형 부울 함수라고 부른다.

5.5.1. SOP(sum-of-products) 표현

SOP 표현은 말 그대로 입력 변수들의 곱으로 이루어진 항들이 부울 합으로 구성되는 형태이다. 즉 AND-OR 게이트들로 구성되는 형태를 의미한다. 예를 들어서 아래와 같은 부울 함수들이 SOP 표현들이다.

$$F(A, B, C) = AB + BC + \overline{ABC}$$
$$F(A, B, C, D) = \overline{A}BC + \overline{B}CD + AB\overline{C} + ABCD$$

SOP 형태의 부울 함수는 함수 내의 항들 중에서 어느 하나 항이라도 값이 1이 되면 출력 F는 1이 된다.

표준형으로 정리되지 않은 부울 함수를 SOP표현으로 바꾸기 위해서는 분배 법칙을 이용하면 된다. 아래의 예제를 통해 SOP 표현 방법에 대해 알아보자.

[예제 5-5] 아래의 부울 함수들을 SOP 표현으로 바꾸어라.

(a) $AB + \overline{B}(CD + AD)$ (b) $\overline{(\overline{A} + \overline{B})}(\overline{C} + D + \overline{E})$

(풀이)

(a) 부울 함수의 분배 법칙을 이용하여 아래와 같이 괄호를 푼다.

$$AB + \overline{B}(CD + AD) = AB + \overline{B}CD + A\overline{B}D$$

(b) 드모르간의 정리를 이용하여 NOT 함수를 푼 후에 분배 법칙을 적용한다.

$$\overline{(\overline{A} + \overline{B})}(\overline{C} + D + \overline{E}) = (\overline{\overline{A}} \, \overline{\overline{B}})(\overline{C} + D + \overline{E})$$
$$= \overline{A}B(\overline{C} + D + \overline{E})$$
$$= \overline{A}B\overline{C} + \overline{A}BD + \overline{A}B\overline{E}$$

표준형 부울 함수에서는 각 항에 모든 입력 변수들이 포함되는 것은 아니다. 예를 들어서 $F(A, B, C, D) = AB + \overline{B}CD + A\overline{B}D$의 경우에 첫 번째 항은 변수 C와 변수 D가 포함되어 있지 않고 두 번째 항에서는 변수 A가 없으며 세 번째 항은 변수 C가 포함되어 있지 않다. 부울 함수가 이와 같이 최소항으로 표기되어 있지 않으면 그에 대한 진리표를 작성하거나 논리회로를 간략화시키기 위해 카르노 맵을 활용할 때에도 어려움이 생긴다. 부울 함수에서 각 항들이 모든 입력변수를 포함하는 형태를 정규형 SOP(canonical SOP) 표현이라고 부른다.

표준형 SOP 표현을 정규형 SOP 표현으로 변환하기 위해서는 부울 대수의 규칙인 $A + \overline{A} = 1$을 이용한다. 즉 그 항에 없는 변수들을 추가하기 위해 그 항에 $A + \overline{A} = 1$의 형태를 곱해주면 된다. 예를 들어서 어느 항에 변수 C와 변수 D가 포함되어 있지 않을 경우 $(C + \overline{C})(D + \overline{D})$를 곱하면 정규형으로 변환시킬 수 있다. $F(A, B, C) = AB + \overline{B}CD + A\overline{B}D$를 정규형 SOP로 변환하면 아래와 같다. 첫 번째 항에는 변수 C와 변수 D가 없고, 두 번째 항은 변수 A가 없으며 세 번째 항에는 변수 C가 없으므로 이들 변수를 아래와 같이 추가해 준다.

$$
\begin{aligned}
F(A, B, C) &= AB + \overline{B}CD + A\overline{B}D \\
&= AB(C + \overline{C})(D + \overline{D}) + \overline{B}CD(A + \overline{A}) + A\overline{B}D(C \\
&\quad + \overline{C}) \\
&= AB(CD + C\overline{D} + \overline{C}D + \overline{C}\,\overline{D}) + \overline{B}CD(A + \overline{A}) \\
&\quad + A\overline{B}D(C + \overline{C}) \\
&= ABCD + ABC\overline{D} + AB\overline{C}D + AB\overline{C}\,\overline{D} + A\overline{B}CD \\
&\quad + \overline{A}\,\overline{B}CD + A\overline{B}\overline{C}D + A\overline{B}CD \\
&= ABCD + ABC\overline{D} + AB\overline{C}D + AB\overline{C}\,\overline{D} + A\overline{B}CD \\
&\quad + \overline{A}\,\overline{B}CD + A\overline{B}\overline{C}D
\end{aligned}
$$

위의 식으로부터 진리표를 구성하기 위해서는 각 항들의 값이 1이 되게 하는 변수 입력 값에 해당하는 출력 F의 값을 1로 세트한다. 예를 들어서 $ABC\overline{D}$의 항은 1이 되기 위해서 A=1, B=1, C=1, D=0이어야 하므로 진리표 상에서 1110 항의 F 값을 1로 세트하는 것이다.

[예제 5-6] 부울 함수 $F(A, B, C) = A + BC$를 정규형 SOP로 표현하고 그에 대한 진리표를 작성하라.

(풀이)

$$
\begin{aligned}
F(A, B, C) &= A + BC \\
&= A(B + \overline{B})(C + \overline{C}) + BC(A + \overline{A}) \\
&= A(BC + B\overline{C} + \overline{B}C + \overline{B}\,\overline{C}) + BC(A + \overline{A}) \\
&= ABC + AB\overline{C} + A\overline{B}C + A\overline{B}\,\overline{C} + ABC + \overline{A}BC \\
&= ABC + AB\overline{C} + A\overline{B}C + A\overline{B}\,\overline{C} + \overline{A}BC
\end{aligned}
$$

상기 과정에서 ABC 항이 두 개 존재하기 때문에 그들 중 하나를 제거하였다. 진리표는 각 항의 값이 1이 되기 위한 변수들의 조합을 구해야 한다. 첫 번째 항 ABC는 A=1, B=1, C=1이면 항의 값이 1이 된다. 두 번째 항 $AB\overline{C}$는 110이고 세 번째 항 $A\overline{B}C$는 101이면 항의 값이 1이 된다. 이를 토대로 진리표를 작성하면 [표 5-12]와 같다.

[표 5-12] $F(A, B, C) = A + BC$에 대한 진리표

A	B	C	F	해당 항
0	0	0	0	
0	0	1	0	
0	1	0	0	
0	1	1	1	$\overline{A}BC$
1	0	0	1	$A\overline{B}\,\overline{C}$
1	0	1	1	$A\overline{B}C$
1	1	0	1	$AB\overline{C}$
1	1	1	1	ABC

5.5.2. POS(product-of-sums) 표현

POS 표현은 말 그대로 변수들 간의 부울 합으로 이루어진 두 개 이상의 항들이 부울 곱 형태로 표현된 부울 함수를 말한다. 예를 들면 아래와 같이 OR-AND 게이트로 구성되는 부울 함수들이 POS 표현 형태들이다.

$$F(A, B, C) = A(B+C)(A+\overline{B}+\overline{C})$$
$$F(A, B, C, D) = (A+B)(\overline{C}+D)(B+C+\overline{D})$$

POS 표현에서는 부울 함수 내의 항들 중에서 어느 하나의 항이라도 0이면 출력 F=0이 된다.

SOP 표현 부울 함수를 POS 표현 부울 함수로 변형하는 데에는 아래의 예에서와 같이 분배 법칙 $A+BC = (A+B)(A+C)$를 이용한다.

$$\begin{aligned}
F(A, B, C) &= AB + \overline{A}C \\
&= (AB + \overline{A})(AB + C) \\
&= (\overline{A} + A)(\overline{A} + B)(A + C)(B + C) \\
&= (\overline{A} + B)(A + C)(B + C)
\end{aligned}$$

상기 POS 표현의 각 항에는 모든 변수들이 포함되어 있지는 않다. 즉, 첫 번째 항에는 C항이 없고 두 번째 항에는 B항이 없으며 세 번째 항에는 A항이 포함되어 있지 않다. 이와 같은 부울 함수를 정규형 POS 표현(canonical POS representation)으로 변환하는 방법은 부울 대수 규칙 $A \cdot \overline{A} = 0$을 이용하면 된다.

예를 들어 위의 $F(A, B, C) = (\overline{A}+B)(A+C)(B+C)$를 정규형 POS 표현으로 변환시키기 위해서는 각 항에 포함되어 있지 않은 변수를 아래와 같은 방법으로 추가한다.

$$(\overline{A}+B) = \overline{A}+B+C\overline{C} = (\overline{A}+B+C)(\overline{A}+B+\overline{C})$$
$$(A+C) = A+C+B\overline{B} = (A+B+C)(A+\overline{B}+C)$$
$$(B+C) = B+C+A\overline{A} = (A+B+C)(\overline{A}+B+C)$$

상기 식에서 $(\overline{A}+B+C)$항과 $(A+B+C)$은 각각 두 개씩 있으므로 이들 중 하나씩을 제거하면 아래와 같은 정규형 POS 표현을 구할 수 있다.

$$F(A, B, C) = (\overline{A}+B+C)(\overline{A}+B+\overline{C})(A+B+C)(A+\overline{B}+C)$$

정규 POS 표현의 부울 함수로부터 진리표를 구성하기 위해서는 그 입력변수 조합들 중에서 각 항의 값이 0이 되게 하는 것들에 대한 F의 값을 0으로 세트하면 된다. 예를 들어서 $(\overline{A}+B+C)$의 경우 이 항이 0이 되기 위해서는 A=1, B=0, C=0이어야 하므로 이에 해당하는 F 값을 0으로 세트 시킨다. 모든 항들에 대해 이와 같은 방법을 적용하면 입력 조합이 100, 101, 000, 010일 때에 F=0이 된다. 따라서 진리표는 [표 5-13]과 같이 구성된다.

[표 5-13] $F(A, B, C) = (\overline{A} + B + C)(\overline{A} + B + \overline{C})(A + B + C)(A + \overline{B} + C)$ 에 대한 진리표

A	B	C	F	해당 항
0	0	0	0	
0	0	1	0	
0	1	0	0	
0	1	1	1	$\overline{A}BC$
1	0	0	1	$A\overline{B}\,\overline{C}$
1	0	1	1	$A\overline{B}C$
1	1	0	1	$AB\overline{C}$
1	1	1	1	ABC

[예제 5-7] 부울 함수 $F(A, B, C) = A(B + C)$를 정규형 POS로 표현하고 그에 대한 진리표를 작성하라.

(풀이)

첫 번째 항에는 변수 B와 C가 존재하지 않으므로 $B \cdot \overline{B}$항과 $C \cdot \overline{C}$을 더해준다. 두 번째 항은 변수 A가 포함되어 있지 않으므로 $A \cdot \overline{A}$를 더해준다.

$$
\begin{aligned}
F(A, B, C) &= A(B + C) \\
&= (A + B\overline{B} + C\overline{C})(B + C + A\overline{A}) \\
&= (A + B\overline{B} + C)(A + B\overline{B} + \overline{C})(A\overline{A} + B + C) \\
&= (A + B + C)(A + \overline{B} + C)(A + B + \overline{C})(A + \overline{B} + \overline{C}) \\
&\quad (A + B + C)(\overline{A} + B + C) \\
&= (A + B + C)(A + \overline{B} + C)(A + B + \overline{C})(A + \overline{B} + \overline{C}) \\
&\quad (\overline{A} + B + C)
\end{aligned}
$$

상기 식에서 각 항의 값이 0이 되기 위한 조합들은 000, 010, 001, 011, 100 등이므로 아래와 같이 진리표가 얻어진다.

[표 5-14] $F(A, B, C) = A(B + C)$의 정규형 POS 표현 진리표

A	B	C	F	해당 항
0	0	0	0	$(A + B + C)$
0	0	1	0	$(A + B + \overline{C})$
0	1	0	0	$(A + \overline{B} + C)$
0	1	1	0	$(A + \overline{B} + \overline{C})$
1	0	0	0	$(\overline{A} + B + C)$
1	0	1	1	
1	1	0	1	
1	1	1	1	

6_카르노 맵을 이용한 부울 함수의 간략화

6.1. 카르노 맵 개요

논리회로의 복잡도를 줄이고 처리 시간을 단축하기 위해서는 부울 함수의 항과 변수의 개수를 최소화시킬 필요가 있다. 부울 함수를 간략화시키는 방법에는 아래와 같은 것들이 있다.

- 부울 대수 법칙을 이용하여 부울 함수를 간략화시키는 방법
- 카르노 맵(Karnaugh map)을 이용하여 간단히 하는 방법

부울 대수 법칙을 이용하는 방법은 많은 경험이 필요할 뿐만 아니라 최소 형태로 간략화하지 못하는 경우가 발생할 수 있다. 카르노 맵은 논리회로의 구성을 알 수 있고 시각적으로 간략화시킬 수 있기 때문에 편리하다.

카르노 맵은 입력 변수들에 대한 2진수 조합 개수만큼, 즉 입력변수가 2개이면 $2^2 = 4$, 입력변수가 3개이면 $2^3 = 8$, 입력변수가 4개이면 $2^4 = 16$개만큼의 셀(cell)들이 2차원 평면 상에 배열된 구조를 가진다. 각 셀에는 대응되는 입력변수 조합에 대한 출력 값이 표기된다. 간략화하는 방법은 카르노 맵 상에서 서로 인접해 있는 1(혹은 0)들을 묶은 다음에 정해진 규칙에 따라 변수를 제거하는 과정으로 이루어진다.

카르노 맵은 1953년 모리스 카르노(Maurice Karnaugh)에 의해 발표되었다. 카르노 맵은 여러 개의 셀들로 구성되고 각 셀은 최소항(minterm)을 나타낸다. 어떠한 부울 함수도 최소항의 합(SOP: Sum Of Minterm)의 형태로 표현할 수 있으므로 함수 내의 최소항들이 차지하

고 있는 네모 형태로 부울 함수를 직관적으로 간략화시킬 수 있다.

6.2. 2변수 카르노 맵

2변수 카르노 맵에서는 결합 가능한 조합수가 $2^2 = 4$개이므로 가로와 세로에 각 변수를 할당하고 [그림 6-1]과 같이 4개의 셀로 구성한다. 카르노 맵을 작성하는 방법은 함수의 출력이 1이 되는 최소항의 셀에 1을 적어 넣는다. 나머지 빈 곳은 0으로 채우거나 비워도 된다. 돈 케어(don't care) 항인 경우에는 x나 d로 표기한다. 돈 케어 항이란 입력 값이 0 혹은 1이 되어도 상관없다는 의미이다. 다시 말하면 출력 결과에 영향을 미치지 않는 최소항을 말한다.

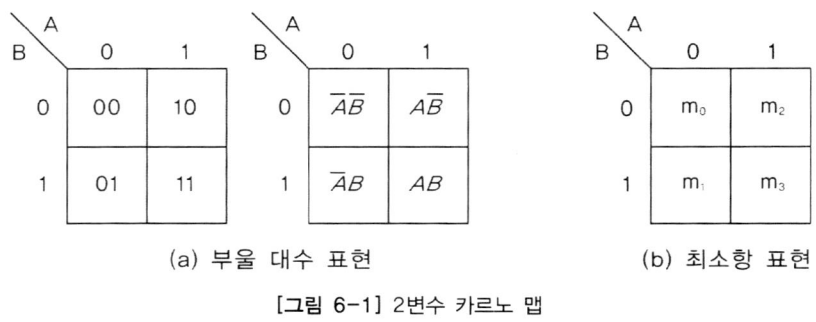

(a) 부울 대수 표현 　　　　　　(b) 최소항 표현

[그림 6-1] 2변수 카르노 맵

2변수 카르노 맵을 작성하는 방법은 우선 셀을 $2^2 = 4$개 만들고 입력 변수를 각각 가로와 세로에 적는다. 가로 입력변수의 경우에는 왼쪽부터 0, 1 순서로 표기하고 세로 변수의 경우에는 위쪽부터 0, 1 순서로 기입한다. 각 셀은 가로 변수와 세로 변수의 조합에 해당하는 출력 값을 기록한다. 예를 들어서 진리표 상에 A=0, B=0인 경우 출력 값이 0이라고 하면 [그림 6-1]에서 00셀, $\overline{AB}$셀, m_0셀에 0을 기입하면 된다. 다른 셀들도 진리표 상의 입력 변수 조합에 해당하는 출력 값들을 기입함으로써 카르노 맵을 완성하게 된다.

[표 6-1]의 2변수 진리표에 대한 카르노 맵을 작성해 보자.

[표 6-1] 2변수 진리표

A	B	F
0	0	0
0	1	0
1	0	1
1	1	1

[표 6-1]의 진리표는 4개의 조합으로 구성되어 있으므로 카르노 맵에서도 셀의 개수가 4개가 된다. 진리표 상의 각 조합의 출력 F값을 해당 셀에 기입함으로써 카르노 맵을 [그림 6-2]와 같이 완성할 수 있다.

이제는 카르노 맵을 이용하여 부울 함수를 간략화시키는 방법을 살펴보자. 부울 함수 $F(A, B) = AB + A\overline{B}$를 간략화시키기 위해 카르노 맵을 [그림 6-3]과 같이 작성한다.

카르노 맵을 작성할 때에 최소항으로 표현하고 각 항 값이 1이 되기 위한 변수 A와 B의 조합에 해당하는 셀에 1을 기입하고, 다른 셀들도 입력 변수의 조합에 따른 항의 결과 값을 기입한다.

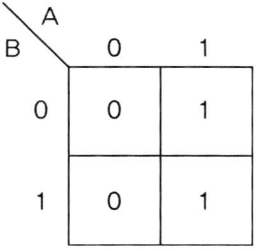

[그림 6-2] 2변수 카르노 맵(예)

부울 함수를 간략화시키기 위해서는 [그림 6-3]에서와 같이 바로 이웃한 항끼리 묶는데 이때에 직사각형이나 혹은 정사각형 형태로 묶어야만 한다. [그림 6-3]에서는 직사각형으로 묶은 것이다. 이렇게 묶은 직사각형 형태를 살피면 결과 값이 1이 되기 위한 조건으로 입력 변수 B는 0이나 1에 관계없이 오직 입력 변수 A만 1이면 결과 값이 1이 됨을 알 수 있다. 즉, 세로 변수 B는 위 셀이나 아래 셀이나 1을 가지며, 가로 변수 A는 왼쪽 셀은 0이고 오른쪽 셀이 B에 관계없이 1임을 보여주고 있다. 따라

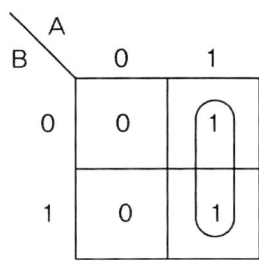

[그림 6-3] $F(A, B) = AB + A\overline{B}$의 카르노 맵

서 출력이 1이 되기 위해 변수 B는 없어지고 변수 A가 1이면 되므로 $F(A, B) = A$로 간략화된다.

상기의 간략화는 부울 함수의 법칙 $A + \overline{A} = 1$을 사용한 것과 동일하다. 부울 함수의 법칙을 사용하면 아래와 같이 간략화시킬 수 있다.

$$F(A, B) = AB + A\overline{B} = A(B + \overline{B}) = A \cdot 1 = A$$

카르노 맵 상에서 직사각형 혹은 정사각형으로 묶은 묶음 개수가 2개 이상일 경우에는

각각의 묶음 결과를 서로 논리 OR시키면 된다.

[예제 6-1] 아래 진리표에 해당하는 카르노 맵을 작성하고 이에 해당하는 부울 함수를 간략화시켜라.

A	B	F
0	0	1
0	1	1
1	0	0
1	1	0

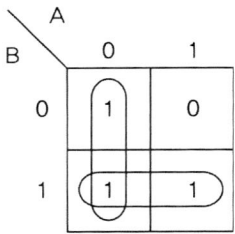

[그림 6-4] 2변수 진리표와 카르노 맵

(풀이)

진리표에 해당하는 카르노 맵을 작성하면 [그림 6-4]의 오른쪽과 같이 구성된다. 직사각형이 2개이므로 각각의 직사각형에 해당하는 부울 함수를 구하고 각각을 부울 OR시키면 진리표에 해당하는 간략화된 부울 함수를 얻을 수 있다. 세로 형태의 직사각형에서는 변수 B가 0이든 1이든 출력 값이 1이므로 B항이 없어지고 A변수는 0일 때에 1이므로 $\overline{A}$가 된다. 가로 직사각형에서는 변수 A에 상관없이 1값을 가지며 이때에 B는 1이므로 부울 함수는 B가 된다.

따라서 이 두 부울 함수를 OR시키면 진리표에 대한 간략화된 부울 함수를 얻게 된다.

$F(A, B) = \overline{A} + B$

6.3. 3변수 카르노 맵

3변수 카르노 맵은 $2^3 = 8$개의 셀들로 이루어진 2차원 배열로 구성된다. 가로와 세로에 어떤 변수를 할당하든 결과 값은 일치한다. 변수 A와 변수 B를 AB항으로 하여 가로에 배치하든 혹은 세로에 배치하든 상관없다. 변수 B와 변수 C를 묶어서 BC항으로 하여 가로나 혹은 세로에 배치할 수 있다.

[그림 6-5]는 3변수 카르노 맵을 보여준다. 가로 변수 AB의 항 배치에서 00, 01, 10, 11대신에 00, 01, 11, 10으로 구성됨에 주의해야 한다. 인접한 항이라는 것은 2비트 중에서 어느 한 비트씩만 차이가 있어야 하는 것이다. 01과 11은 첫 번째 비트만이 차이가 있지만 01과

10은 두 비트 모두 서로 다르기 때문에 01의 인접 항은 11이 되는 것이다.

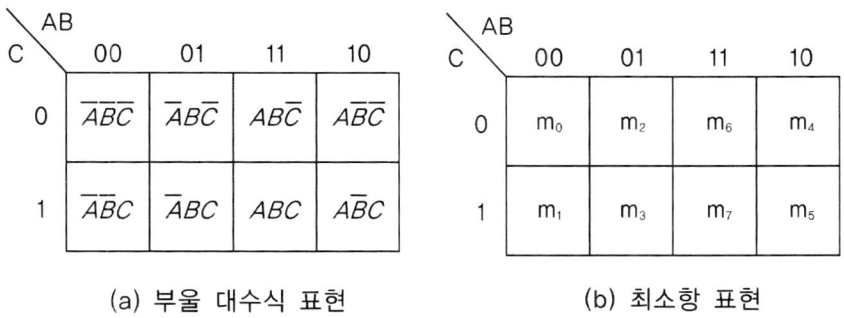

(a) 부울 대수식 표현   (b) 최소항 표현

[그림 6-5] 3변수 카르노 맵

진리표가 [표 6-2]와 같을 때에 3변수 카르노 맵을 작성해 보자.

[표 6-2] 3변수 진리표

A	B	C	F
0	0	0	0
0	0	1	1
0	1	0	0
0	1	1	1
1	0	0	1
1	0	1	0
1	1	0	1
1	1	1	1

　　3변수 진리표를 바탕으로 카르노 맵을 작성하기 위해서는 우선 변수 A, B, C로 구성된 $2^3 = 8$개의 셀을 구성하고 각 변수 항을 표기하는데 이때에 AB 변수 항의 순서는 00, 01, 11, 10 순으로 작성해야 인접한 셀 구성이 됨을 명심하자. 그리고 진리표의 각 조합에 해당하는 각각의 셀에 진리표의 출력 F값을 기입한다. [그림 6-6]은 3변수 진리표에 대한 카르노 맵을 보여준다.

C \ AB	00	01	11	10
0	0	0	1	1
1	1	1	1	0

[그림 6-6] 3변수 진리표에 대한 카르노 맵

어떤 부울 함수에 대한 카르노 맵을 작성하기 위해서는 우선 그 함수를 정규형으로 표현한 후에 각 항에 해당하는 셀을 찾아서 1을 기입하면 된다. 예를 들어서 3변수 부울 함수 $F(A, B, C) = ABC + \overline{A}B$에 대한 카르노 맵을 작성하고자 할 때에 두 번째 항에 변수 C가 포함되어 있지 않으므로 정규형이 아니다. 정규형으로 변형하기 위해 두 번째 항에 $(C + \overline{C})$를 곱해주어 전개하면 된다.

$$F(A, B, C) = ABC + \overline{A}B$$
$$= ABC + \overline{A}B(C + \overline{C})$$
$$= ABC + \overline{A}BC + \overline{A}B\overline{C}$$

정규형 부울 함수에 포함된 세 개의 최소항들에 해당하는 세 개의 셀들에 1을 기입한다. 그리고 나머지 셀들은 0을 써넣거나 그대로 비워두면 되며 카르노 맵은 [그림 6-7]과 같이 작성된다.

C \ AB	00	01	11	10
0	0	1	0	0
1	0	1	1	0

[그림 6-7] $F(A, B, C) = ABC + \overline{A}B$에 대한 카르노 맵

부울 함수를 카르노 맵으로 변환할 때에 정규형으로 바꾸지 않고 직접 카르노 맵을 작성할 수도 있다. $F(A, B, C) = ABC + \overline{A}B$에서 두 번째 항은 변수 C에 상관없이 즉, 변수 C가 0이든 혹은 1이든 A=0이고 B=1이기만 하면 출력 F가 1임을 나타내므로 A=0, B=1, C=0과 A=0, B=1, C=1 셀에 1을 기입하면 된다.

[예제 6-2] 아래의 부울 함수에 대한 카르노 맵을 작성하여라.

$$F(x, y, z) = x + yz + \overline{x}\,\overline{y}\,\overline{z}$$

(풀이) 카르노 맵을 작성하기 위해 $F(x, y, z)$를 정규형으로 변환해야 한다. 상기 식에서 첫 번째 항에는 y와 z가 없고 두 번째 항에는 x가 없으므로 $(A + \overline{A})$의 부울 대수 법칙에 따라 이들 항들을 추가해야 한다.

$$
\begin{aligned}
F(x, y, z) &= x + yz + \overline{x}\,\overline{y}\,\overline{z} \\
&= x(y + \overline{y})(z + \overline{z}) + yz(x + \overline{x}) + \overline{x}\,\overline{y}\,\overline{z} \\
&= x(yz + y\overline{z} + \overline{y}z + \overline{y}\,\overline{z}) + yz(x + \overline{x}) + \overline{x}\,\overline{y}\,\overline{z} \\
&= xyz + xy\overline{z} + x\overline{y}z + x\overline{y}\,\overline{z} + xyz + \overline{x}yz + \overline{x}\,\overline{y}\,\overline{z} \\
&= xyz + xy\overline{z} + x\overline{y}z + x\overline{y}\,\overline{z} + \overline{x}yz + \overline{x}\,\overline{y}\,\overline{z} \\
&= \sum(2, 3, 4, 5, 6, 7)
\end{aligned}
$$

z \ xy	00	01	11	10
0	0	1	1	1
1	0	1	1	1

$F(x, y, z) = x + yz + \overline{x}\,\overline{y}\,\overline{z}$에 대한 카르노 맵을 작성할 때에 정규형으로 변환하지 않고 직접적으로 수식에서 1값을 가지는 셀을 찾아낼 수 있다. 첫 번째 항에는 y와 z의 변수가 없으므로 이들 변수 값에 상관없이 $x = 1$이기만 하면 출력 F가 1이 된다. 따라서 100, 101, 110, 111에 해당하는 셀들에 1을 기입한다. 두 번째 항에는 x가 없음으로 x값에 상관없이 $y = 1$, $z = 1$이기만 하면 출력 F가 1을 가지게 된다. 따라서 011과 111에 해당하는 셀들에 1을 기입한다. 마지막 항에는 x, y, z변수들이 모두 포함되어 있으므로 이에 해당하는 셀, 즉 010에 1을 기입함으로써 카르노 맵이 완성된다.

3변수 카르노 맵을 간략화시키는 방법에 대해 살펴보자.

[그림 6-8]은 $F(A, B, C) = \sum m(0, 2, 5, 7)$의 카르노 맵을 나타낸다.

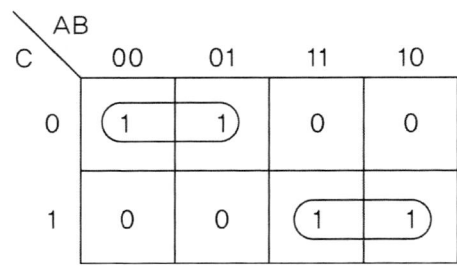

[그림 6-8] $F(A, B, C) = \sum m\,(0, 2, 5, 7)$의 카르노 맵

[그림 6-8]의 왼쪽 묶음에서는 변수 B가 바뀌어도 $A = 0$, $C = 0$이면 F가 1이므로 $\overline{A}\,\overline{C}$가 된다. 오른쪽 묶음에서는 변수 B가 바뀌어도 $A = 1$, $C = 1$이면 F가 1이므로 AC가 된다. 이 두 묶음을 OR로 연결하여 나타내면 $F = AC + \overline{A}\,\overline{C}$가 된다.

[그림 6-9]의 카르노 맵은 왼쪽 끝과 오른쪽 끝이 1이다. 이들 두 셀은 서로 멀리 떨어져 있는 것처럼 보이지만 실제로는 서로 인접한 셀들이다. 즉 A의 값에 상관없이 $B = 0$, $C = 0$ 상태에서 1 값을 가진다. 따라서 [그림 6-9]의 카르노 맵에 대한 부울 함수는 $F = \overline{B}\,\overline{C}$가 된다.

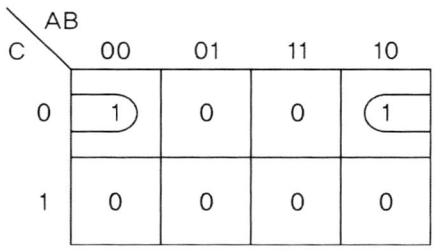

[그림 6-9] $F = \overline{B}\,\overline{C}$의 카르노 맵

카르노 맵에서 출력 1을 가지는 셀들끼리 묶을 때에는 2개씩(페어: pair), 4개씩(쿼드: quad), 8개씩(옥텟: octet)의 단위로 묶는다. 6개의 셀들이 서로 인접하는 경우에는 가운데 2개의 셀이 겹치도록 4개씩의 묶음 2개로 묶어서 OR로 구성한다.

[그림 6-10]은 4개 항을 묶은 예이다. 이 카르노 맵에서 변수 A는 0에서 1로 바뀌어도 상관없고 또한 변수 C도 0에서 1로 바뀌어도 상관없으며, 다만 변수 B가 1을 유지하기만 하면 되므로 $F = B$가 된다.

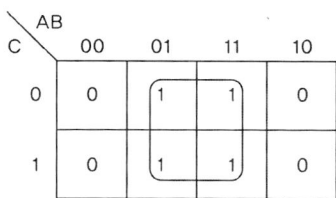

[**그림 6-10**] 4개 항 묶음 예($F = B$)

[그림 6-11]도 4개 항을 묶은 예이다. 이 예에서는 변수 A와 B가 동시에 0에서 1로 바뀌어도 변수 C가 0이면 출력이 1이 되므로 변수 A와 B는 없어지고 변수 C의 보수만 남게 되어 $F = \overline{C}$가 된다.

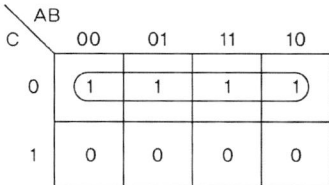

[**그림 6-11**] 4개항 묶음 예($F = \overline{C}$)

[그림 6-12]의 카르노 맵에서는 왼쪽 2개 항과 오른쪽 2개 항이 서로 인접 관계이므로 전체 4개 항으로 묶을 수 있다. 이 카르노 맵에서 변수 A와 변수 C는 모두 0에서 1로 바뀌어도 상관없지만 변수 B는 0이어야만 하므로 $F = \overline{B}$를 얻는다.

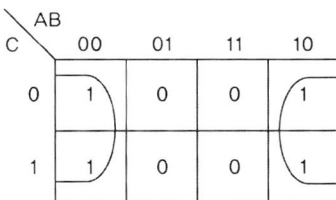

[**그림 6-12**] 4개항 묶음 예($F = \overline{B}$)

[그림 6-13]은 동일한 카르노 맵을 어떻게 묶느냐에 따라 논리식의 복잡도가 달라짐을 보여준다. 왼쪽의 카르노 맵에서는 4묶음씩 묶었는데 오른쪽 카르노 맵에서는 4묶음과 2묶음으로 나누어서 묶었다. 카르노 맵에서 항을 묶을 때에는 큰 묶음으로 묶는 편이 논리식을 더욱 간단하게 만들어준다. 동일한 항들이 서로 다른 묶음에 동시에 속해도 괜찮으므로 가능하면 큰 묶음으로 묶어서 항의 개수와 항의 복잡도를 단순화시켜야 한다.

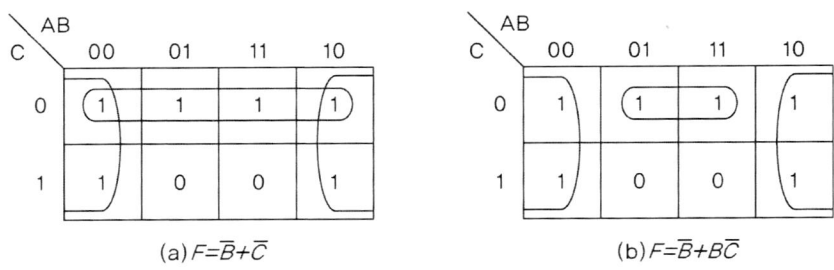

(a) $F=\overline{B}+\overline{C}$ (b) $F=\overline{B}+B\overline{C}$

[그림 6-13] 묶는 크기에 따른 논리식 간략화 비교

[예제 6-3] 아래 진리표에 대한 카르노 맵을 작성하고 부울 함수를 간략화시켜라.

A	B	C	F
0	0	0	0
0	0	1	1
0	1	0	1
0	1	1	1
1	0	0	0
1	0	1	0
1	1	0	0
1	1	0	1

(풀이) 진리표에 의한 카르노 맵은 출력 F가 1이 되는 항이 4개 이므로 상기 왼쪽과 같이 구성된다. 카르노 맵을 통해 부울 함수를 간략화시키기 위해 2개씩 묶어서 3개의 직사각형을 만든다. 011셀은 3개의 직사각형 모두에게 공유되고 있다. 카르노 맵 상의 왼쪽 가로 직사각형에서는 변수 B가 변하므로 이를 없애고 $A=0, C=1$에 해당하는 부울 함수 $\overline{A}C$를 얻는다. 오른쪽 가로 직사각형에서는 변수 A가 변하므로 이를 없애고 $B=1, C=1$에 해당하는 부울 함수 BC를 얻는다. 세로 직사각형에서는 변수 C가 변하므로 이를 없애고 $A=0, B=1$에 해당하는 $\overline{A}B$을 얻는다. 이 세 항을 OR시키면 아래 결과를 얻게 된다.

$$F=\overline{A}C+BC+\overline{A}B$$

6.4. 4변수 카르노 맵

4변수 카르노 맵은 변수가 4개이므로 $2^4 = 16$개의 셀들이 4×4형태의 2차원 배열 형태로 구성된다. 입력변수가 A, B, C, D 등으로 이루어진 부울 함수에 대한 카르노 맵을 [그림 6-14]에 나타낸다.

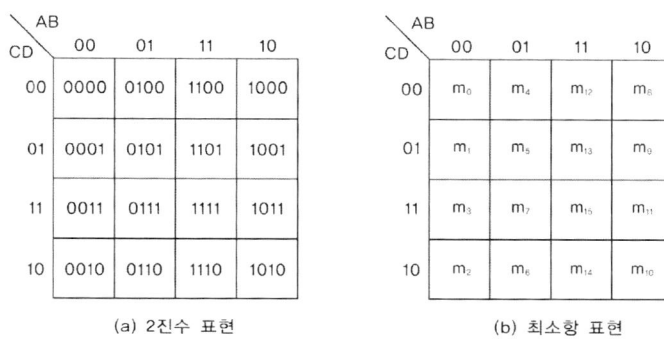

(a) 2진수 표현　　　　　　　(b) 최소항 표현

[그림 6-14] 4변수 카르노 맵

4변수 카르노 맵에서도 3변수 카르노 맵에서와 마찬가지로 각 변수에 대한 2진 값들을 나열할 때에 00, 01, 11, 10 순서로 나열한다. 이와 같이 배열한 이유는 인접한 셀들 간에는 하나의 비트 값만 서로 달라지도록 구성해야 하기 때문이다.

4변수 카르노 맵의 각 셀에 대한 2진수 값은 가로 변수 AB와 세로 변수 CD를 차례로 구성하면 된다. $A=0, B=0, C=0, D=0$인 경우에는 ABCD값이 0000이며 부울 대수로는 $\overline{A}\,\overline{B}\,\overline{C}\,\overline{D}$가 된다.

4변수 부울 함수에 대한 카르노 맵을 작성하는 과정은 부울 함수의 각 항에 해당하는 셀에 1을 기입하고 나머지 셀들은 0으로 채우거나 그대로 비워두면 된다. 부울 함수가 정규형 SOP 표현이 아닌 경우에는 3변수에서와 마찬가지로 $A + \overline{A} = 1$의 부울함수 법칙을 이용하여 정규형으로 변형하거나 각 항에 대응되는 2진 값들을 찾아서 해당 셀에 1을 기입하면 된다.

예를 들어 부울 함수 $F(A, B, C, D) = \overline{A}\,\overline{B}CD + A\overline{B}\,\overline{C}D + AB C \overline{D}$에 대한 카르노 맵을 작성하기 위해서는 세 개 항들에 대한 2진 값들을 구해야 한다. 첫 번째 항의 2진 값은 0011이고 두 번째 항은 1001이며 세 번째 항은 1110이므로 이들 2진 값에 해당하는 카르노 맵 상의 셀들에 1을 기입함으로써 [그림 6-15]와 같은 카르노 맵이 완성된다.

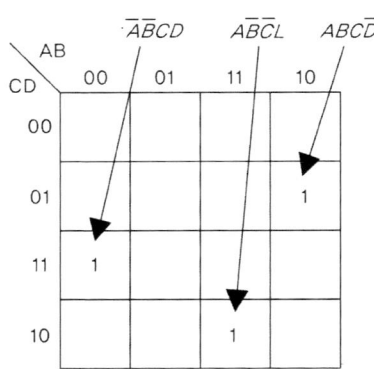

[그림 6-15] $F(A, B, C, D) = \overline{A}\,\overline{B}\,CD + A\overline{B}CD + AB\overline{C}\overline{D}$의 카르노 맵

정규형 SOP 표현이 아닌 아래의 부울 함수에 대한 카르노 맵을 작성해보자.

$$F(A, B, C, D) = AB + C\overline{D} + \overline{A}\,CD + BCD + \overline{A}\,\overline{B}\,CD$$

부울 함수의 각 항에 포함되어 있지 않은 변수의 값은 모든 경우의 값을 포함시킨다. 첫 번째 항인 AB에는 C와 D가 포함되어 있지 않으므로 CD 값에 00, 01, 10, 11값들을 포함시킨다. 따라서 첫 번째 항으로는 ABCD의 2진 값들에 해당하는 1100, 1101, 1110, 1111의 셀들에 1을 기입하면 된다. 두 번째 항에는 AB가 없음으로 AB의 4가지 경우의 수, 즉 00, 01, 10, 11 등과 함께 $C\overline{D}$에 해당하는 10을 붙임으로써 0010, 0110, 1010, 1110 등의 2진수를 얻게 되고 이에 해당하는 셀들에 1을 기입한다. 나머지 항들도 이와 동일한 방법으로 각 항을 나타내는 2진수 값을 찾아내어 그에 해당하는 셀들에 1을 기입함으로써 [그림 6-16]과 같이 카르노 맵을 완성한다.

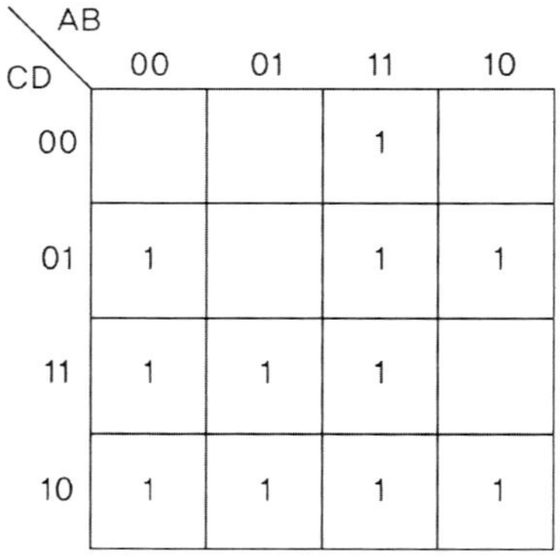

CD＼AB	00	01	11	10
00			1	
01	1		1	1
11	1	1	1	
10	1	1	1	1

[그림 6-16] 비정규형 부울 함수에 대한 카르노 맵

[예제 6-4] $F(A, B, C, D) = AC + \overline{C}D + AB\overline{C} + \overline{B}CD$에 대한 카르노 맵을 작성하여라.

(풀이) 첫 번째 항은 $A = 1, C = 1$에 대해 B와 D의 4가지 조합을 합치면 ABCD의 2진 값은 1010, 1011, 1110, 1111 등이 구해지며 이에 해당하는 셀들에 1을 기입한다. 두 번째 항에 해당하는 ABCD의 2진 값들은 0001, 0101, 1001, 1101이고, 세 번째 항에 해당하는 ABCD의 2진 값들은 1100, 1101이다. 마지막 항에 해당하는 ABCD의 2진 값들은 0011, 1011이다. 이렇게 얻은 2진 값들 중에서 중복되는 2진 값들을 제외시키고 각 2진 값에 해당하는 셀들에 1을 기입함으로써 [그림 6-17]과 같은 카르노 맵을 구성한다.

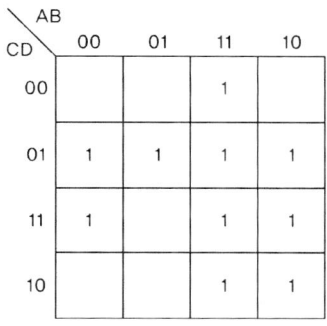

[그림 6-17] 예제의 카르노 맵

4변수 카르노 맵에서도 수평 혹은 수직 방향으로 인접해 있는 셀들을 2^n, 즉 2, 4, 8개 단위로 묶어서 간략화시킨다. 4변수 카르노 맵에서도 3변수 카르노 맵에서와 마찬가지로 맨 좌측 열과 맨 우측 열의 셀들을 돌려 감기 형으로 묶을 수 있으며, 최상층 행과 최하층 행의 셀들도 한 비트씩만 차이가 나므로 서로 인접한 셀들이기에 서로 묶을 수 있다. 그러나 대각선 방향으로 위치한 셀들은 서로 2비트의 차이가 나므로 묶을 수 없다.

[그림 6-18]의 (a)에서는 변수 B가 1에서 0으로 바뀌어도 출력 F가 1을 유지하므로 변수 B가 없어지고, 변수 A의 상태는 1, CD의 상태가 11이므로 이를 부울 함수로 나타내면 $F(A, B, C, D) = ACD$가 된다. [그림 6-18]의 (b)에서는 변수 A가 0과 1로 바뀌어도 $B = 0, C = 0, D = 1$상태이면 F 값이 1을 가지므로 이 상태를 부울 함수로 나타내면 $F(A, B, C, D) = \overline{B}\,\overline{C}D$가 된다.

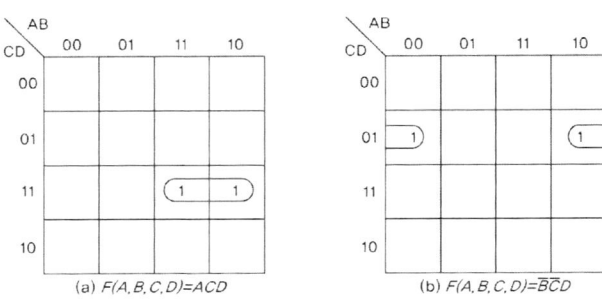

(a) F(A,B,C,D)=ACD

(b) F(A,B,C,D)=$\overline{B}CD$

[그림 6-18] 4변수 카르노 맵 예(1)

[그림 6-19]의 (a)에서는 변수 A와 C가 각각 0과 1에 상관없이 출력 F가 1을 가지므로 이들 변수가 없어지고 $B=0, D=1$ 상태만 남으므로 $F(A, B, C, D) = \overline{B}D$가 된다. [그림 6-19]의 (b)의 가운데 사각형에서는 A와 C가 없어지고 $B=1, D=1$의 상태가 남으므로 부울 함수 BD가 되고 귀퉁이 사각형에서는 A와 C가 없어지고 $B=0, D=0$ 상태만 남으므로 부울 함수 $\overline{B}\overline{D}$된다. 따라서 전체 부울 함수는 $F(A, B, C, D) = BD + \overline{B}\overline{D}$가 된다.

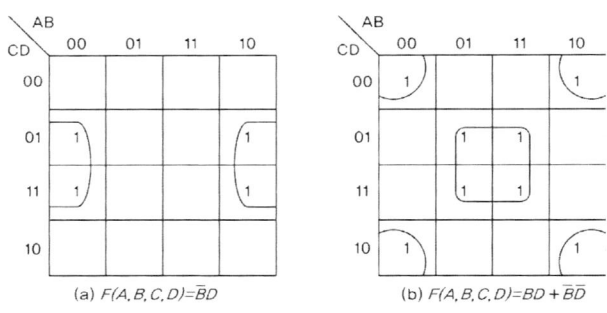

(a) F(A,B,C,D)=$\overline{B}D$

(b) F(A,B,C,D)=$BD + \overline{B}\overline{D}$

[그림 6-19] 4변수 카르노 맵 예(2)

[그림 6-20]의 (a)에서 좌측과 우측의 직사각형은 서로 인접한 셀들로서 변수 A, C, D가 동시에 0과 1로 바뀌어도 출력은 항상 1이므로 이들 변수가 없어지며 $B=0$ 상태이므로 $\overline{B}$항에 해당한다. 상측과 하측의 직사각형도 서로 인접한 셀들로서 변수 A, B, C가 동시에 0과 1로 바뀌어도 출력이 1을 유지하므로 이들 변수들이 없어지며 $D=0$ 상태이므로 $\overline{D}$항에 해당한다. 따라서 부울 함수는 $F = \overline{B} + \overline{D}$ 이다.

[그림 6-20]의 (b)에서는 출력 1의 셀들을 묶을 때에 2, 4, 8개 단위로 묶어야 하고 가능하면 큰 단위로 묶어야 하므로 그림과 같이 묶는다. 위쪽의 오른쪽 사각형에서는 변수 B와 D가 없어지고 $A=1, C=0$ 상태이므로 $A\overline{C}$항이 된다. 가운데 사각형에서는 변수 A와

변수 C, 변수 D가 없어지고 $B=1$상태이므로 B항이 된다. 아래쪽의 왼쪽 사각형에서는 변수 B와 D가 없어지고 $A=0, C=1$상태이므로 $\overline{A}C$항이 된다. 따라서 부울 함수는 $F=A\overline{C}+B+\overline{A}C$이다.

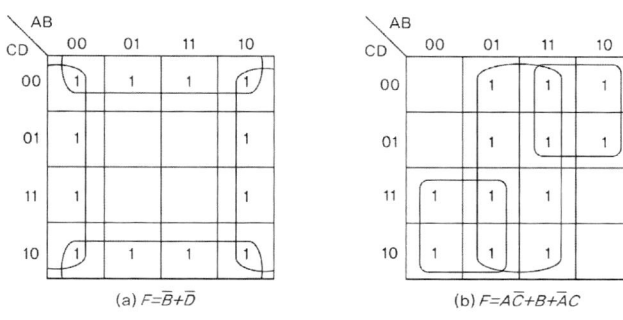

[그림 6-20] 4변수 카르노 맵 예(3)

[예제 6-5] 아래의 부울 함수에 대한 카르노 맵을 작성하고 이를 간략화시켜라.

$$F(w,x,y,z) = \sum(0,1,2,3,4,5,6,7,8,9,11)$$

(풀이)

카르노 맵을 작성하기 위해 1로 표기할 셀들을 찾아야 하는데 이는 상기 식의 최소항 표시로 알 수 있다. 각 변수들을 카르노 맵의 가로에 혹은 세로에 배치하여 작성해도 부울 함수의 결과는 동일하다. w와 x를 가로에, 그리고 y, z를 세로에 배치하여 작성하면 [그림 6-21]과 같다. [그림 6-21]에서 3개의 묶음으로부터 간략화시킨 부울 함수는 $F(w,x,y,z) = \overline{w}+\overline{x}\,\overline{y}+\overline{x}z$이 된다.

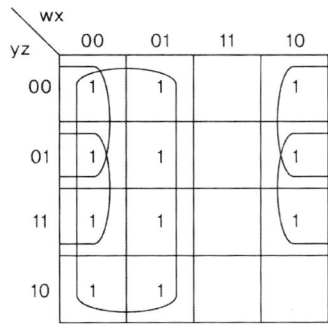

[그림 6-21] [예제 6-5]의 카르노 맵

[예제 6-6] 아래의 부울 함수에 대한 카르노 맵을 작성하고 이를 간략화 하여라.

$$F(w, x, y, z) = wxy + w\overline{x}y + \overline{w}yz + xyz + \overline{w}xyz$$

(풀이)

카르노 맵을 작성하기 위해 1로 표기할 셀들을 구해야하는데 이는 각 항의 변수들을 참조한다. 상기 식의 맨 처음 항에는 $w = 1, x = 1, y = 1$상태에서 변수 z가 없으므로 $wxyz$상태는 1110와 1111의 셀에 1을 기입한다. 두 번째 항에는 $w = 1, x = 0, y = 1$상태에서 변수 z가 없으므로 1010, 1011의 셀에 1을 기입한다. 세 번째 항에서는 $w = 0, y = 1, z = 1$상태에서 x가 없으므로 0011과 0111의 셀에 1을 기입한다. 네 번째 항에는 w가 없으므로 0111과 1111의 셀에 1을 기입한다. 마지막 항에는 0111의 셀에 1을 기입한다. 중복되는 셀들을 고려하여 카르노 맵을 작성하면 [그림 6-22]와 같다. 두 묶음으로 구성된 카르노 맵으로부터 부울 함수를 유도하면 아래와 같다.

$$F(w, x, y, z) = wy + yz$$

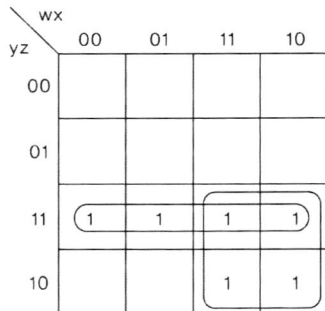

[그림 6-22] [예제 6-6]의 카르노 맵

6.5. 선택적 카르노 맵

카르노 맵으로부터 1의 셀들을 묶을 때에 가능하면 크게 묶고 묶음의 개수도 최소화 시켜야 부울 함수를 최대한 간략화시킬 수 있다. 동일한 카르노 맵이라고 해도 묶는 방법에 따라 여러 가지 부울 함수로 간략화 된다. 다시 말하면 선택적으로 묶는 방법에 따라 부울 함수 형태가 달라지는데 이는 중복적으로 묶여진 셀들이 존재하기 때문이다.

[그림 6-23]은 선택적 카르노 맵을 보여준다. 카르노 맵으로부터 부울 함수를 간략화시키기 위해 가능한 한 많은 수의 셀들이 포함되도록 묶은 묶음으로부터 얻어진 항을 prime implicant라고 한다. [그림 6-23]에서 prime implicant 개수는 4개가 된다. 그런데 0101셀과 1111 셀은 중복되지 않는데 이 셀들을 포함하는 묶음을 essential prime implicant라고 부른다. essential prime implicant라고 부르는 것은 그렇게 묶지 않으면 0101셀과 1111셀은 묶일 방법이 없기 때문에 선택적이 아니라 필수적 사항이라는 의미이다.

[그림 6-23]에서 essential prime implicant항은 $\overline{A}B\overline{C}$와 ABC이다. 그 외의 prime implicant 들은 $BC\overline{D}$와 $\overline{A}B\overline{D}$이다. essential prime implicant항들은 반드시 포함되어야 하고 그 외의 prime implicant들 중에서는 어느 하나만 포함되어야 하므로 간략화된 부울 함수는 아래와 같이 두 가지가 존재한다.

$F = \overline{A}B\overline{C} + ABC + BC\overline{D}$ 혹은

$F = \overline{A}B\overline{C} + ABC + \overline{A}B\overline{D}$

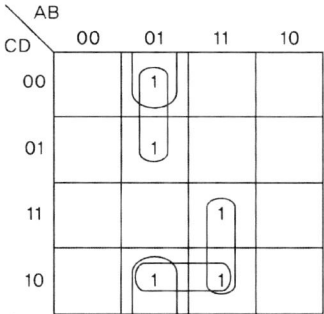

[그림 6-23] 선택적 카르노 맵

[예제 6-7] 아래의 부울 함수에 대한 카르노 맵을 작성하고 essential prime implicant들과 prime implicant들을 구하고 간략화된 부울 함수를 구하여라.

$F(A, B, C, D) = \sum(0, 2, 4, 5, 6, 7, 8, 10, 12, 13, 15)$

(풀이) 상기 부울 함수에 대한 카르노 맵은 [그림 6-24]와 같이 작성된다. prime implicant 들은 묶음의 크기가 가장 큰 사각형들을 말하므로 4셀 묶음들이 해당하며 (0000, 0010, 1000, 1010), (0000, 0100, 1100, 1000), (0100, 1100, 0101, 1101), (0101, 1101, 0111, 1111), (0100, 0101, 0111, 0110), (0000, 0100, 0010, 0110) 등과 같이 6개의 묶음들이 존재한다. 이 묶음들 중에서 중복되지 않은 셀들은 1111과 1010이고 이들 셀이 속해있는 묶음들은 각각 (0101, 1101, 0111, 1111)과 (0000, 0010, 1000, 1010)이며 이들이 essential prime implicant들로서 각각 $\overline{B}D$와 $B\overline{D}$이다.

essential prime implicant들을 제외한 나머지 묶음들 즉, (0000, 0100, 1100, 1000), (0100,

1100, 0101, 1101), (0100, 0101, 0111, 0110), (0000, 0100, 0010, 0110)에 해당하는 $\overline{CD}$, $B\overline{C}$, $\overline{A}B$, $\overline{A}\overline{D}$ 등이 prime implicant들이다. 지금까지의 결과를 정리하면 아래와 같다.

    Essential prime implicants: BD, $\overline{B}\overline{D}$

    Prime implicants: $\overline{CD}$, $B\overline{C}$, $\overline{A}B$, $\overline{A}\overline{D}$

간략화된 부울 함수를 작성함에 있어 상기 항들 중에서 essential prime implicant들은 반드시 포함되어야 하지만 prime implicant 항들 중에는 $\overline{CD}$와 $B\overline{C}$ 둘 중의 하나와, $\overline{A}B$와 $\overline{A}\overline{D}$ 둘 중의 하나를 포함시키면 된다.

최종적으로 부울 함수는 아래와 같이 네 가지 형태로 표현될 수 있다.

$$
\begin{aligned}
F &= BD + \overline{B}\overline{D} + \overline{CD} + \overline{A}B \\
  &= BD + \overline{B}\overline{D} + \overline{CD} + \overline{A}\overline{D} \\
  &= BD + \overline{B}\overline{D} + B\overline{C} + \overline{A}B \\
  &= BD + \overline{B}\overline{D} + B\overline{C} + \overline{A}\overline{D}
\end{aligned}
$$

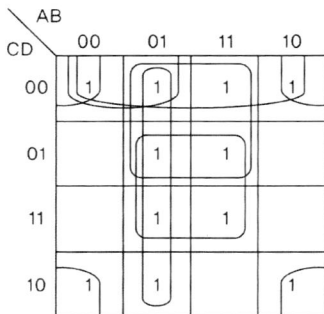

[그림 6-24] [예제 6-7]의 카르노 맵

6.6. Don't care 조건의 간략화

카르노 맵을 작성할 때에 입력 변수의 조합이 정의되어 있지 않은 경우가 존재한다. 예를 들어서 4변수 시스템은 16가지의 입력 조합들이 존재하는데 BCD코드는 4비트로 이루어진 진리표에서 6가지, 즉 1010, 1011, 1100, 1101, 1110, 1111의 조합에 해당하는 출력은 정의되어 있지 않다. 따라서 이 6개의 입력 조합에 대한 출력 결과는 0이든 1이든지 BCD 코드에는 영향을 주지 않으며 카르노 맵을 이용하여 간략화시키는 경우에 묶는 데에 사용할 수 있다. 이렇게 묶을 때에 사용되는 조합들을 don't care(무정의 상태)라고 부르며 기호로는 d 또는 x로 표시한다.

카르노 맵을 작성할 때에 don't care셀은 필요에 따라 0또는 1의 값을 기입할 수 있으므로 보다 크게 묶고자 할 때에는 1 값을 기입하고 인접 셀과 묶을 수 없는 경우에는 0으로 기입함으로써 훨씬 간략화된 결과를 얻을 수 있게 된다.

예를 들어서 [그림 6-25]와 같은 카르노 맵을 간략화시키는 경우에 묶음을 크게 하고 항의 개수를 줄이기 위한 방안으로 1100, 1111, 1011 셀들은 1로 할당하고 나머지 don't care 셀, 즉 1101, 1110, 1010 셀들은 0으로 할당함으로써 $F = CD + \overline{CD}$로 간략화시킬 수 있다.

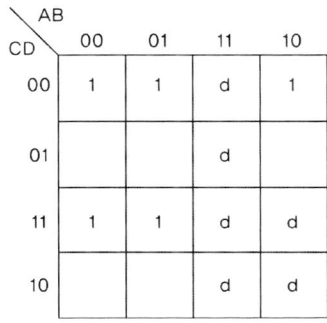

[그림 6-25] don't care 카르노 맵

[예제 6-8] 아래와 같은 부울 함수를 간략화시켜라. 단, $d(\ )$는 don't care 입력 조합을 나타낸다.

$$F(w, x, y, z) = \sum m(0, 4, 11) + d(1, 5, 7, 9, 13, 15)$$

(풀이) 상기 식을 카르노 맵으로 작성하면 [그림 6-26]과 같이 구성된다. 1의 셀들을 묶기 위해서 사각형 내의 don't care 셀들에게는 1을 할당하고 사각형 밖에 있는 don't care 셀은 0을 할당함으로써 항의 개수를 줄일 수 있다. 카르노 맵을 간략화시키면 아래의 부울 함수가 도출된다.

$$F = \overline{A}\,\overline{C} + AD$$

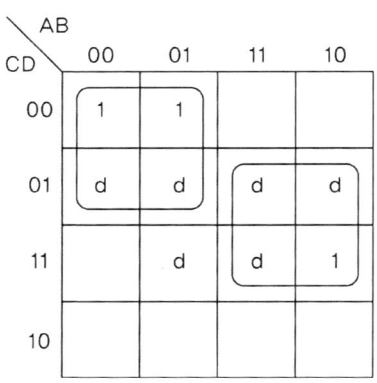

[그림 6-26] [예제 6-8]의 카르노 맵

A, B, C, D를 입력변수로 하는 BCD 코드를 W, X, Y, Z의 출력을 가지는 3 초과 코드로 변환하는 회로를 설계해 보자. 이 회로를 설계하려면 우선 진리표를 작성해야 한다. BCD 코드로부터 3 초과 코드 변환에 관한 진리표는 [표 6-3]과 같다.

[표 6-3] BCD 코드로부터 3 초과 코드 변환 진리표

10진수	BCD	3초과코드
	A(8)B(4)C(2)D(1)	WXYZ
0	0 0 0 0	0011
1	0 0 0 1	0100
2	0 0 1 0	0101
3	0 0 1 1	0110
4	0 1 0 0	0111
5	0 1 0 1	1000
6	0 1 1 0	1001
7	0 1 1 1	1010
8	1 0 0 0	1011
9	1 0 0 1	1100
10	1 0 1 0	
11	1 0 1 1	
12	1 1 0 0	Don't care
13	1 1 0 1	
14	1 1 1 0	
15	1 1 1 1	

상기의 진리표는 입력 변수가 4개이고 출력변수가 4개이므로 각각의 출력에 대한 카르노 맵을 작성해야 한다. 출력 W에 대한 부울 함수를 작성하기 위해 출력이 1이 되는 A,

B, C, D의 조합을 최소항으로 하면 0101, 0110, 0111, 1000, 1001 등이 있고 여기에 don't care 조합들인 1010, 1011, 1100, 1101, 1110, 1111 등을 포함시켜서 부울 함수를 얻을 수 있다. 이와 같은 방법으로 W, X, Y, Z에 대한 부울 함수를 don't care 조건까지 포함시키면 아래와 같다.

$$W = \sum m(5, 6, 7, 8, 9) + d(10, 11, 12, 13, 14, 15)$$
$$X = \sum m(1, 2, 3, 4, 9) + d(10, 11, 12, 13, 14, 15)$$
$$Y = \sum m(0, 3, 4, 7, 8) + d(10, 11, 12, 13, 14, 15)$$
$$Z = \sum m(0, 2, 4, 6, 8) + d(10, 11, 12, 13, 14, 15)$$

상기 식을 카르노 맵으로 작성하면 [그림 6-27]과 같이 구성된다.

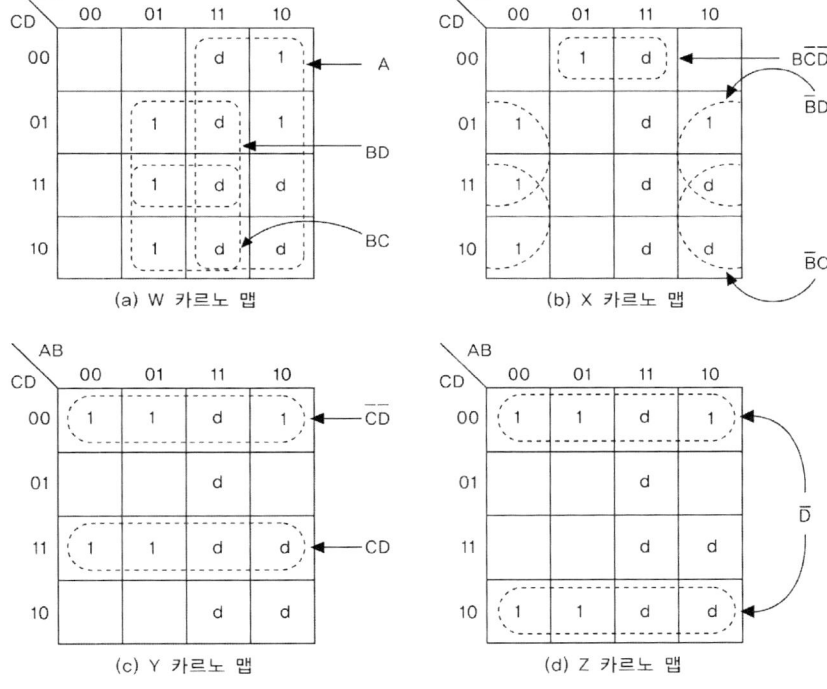

[그림 6-27] BCD에서 3 초과 코드 변환 카르노 맵

[그림 6-27]의 카르노 맵을 간략화시키면 아래와 같은 부울 함수를 얻을 수 있다.

$$W = A + BC + BD = A + B(C + D)$$
$$X = \overline{B}D + \overline{B}C + B\overline{C}\overline{D} = B\overline{C}\overline{D} + \overline{B}(C + D)$$
$$Y = \overline{C}\overline{D} + CD$$
$$Z = \overline{D}$$

상기 부울 함수를 논리회로로 구성하면 [그림 6-28]과 같다.

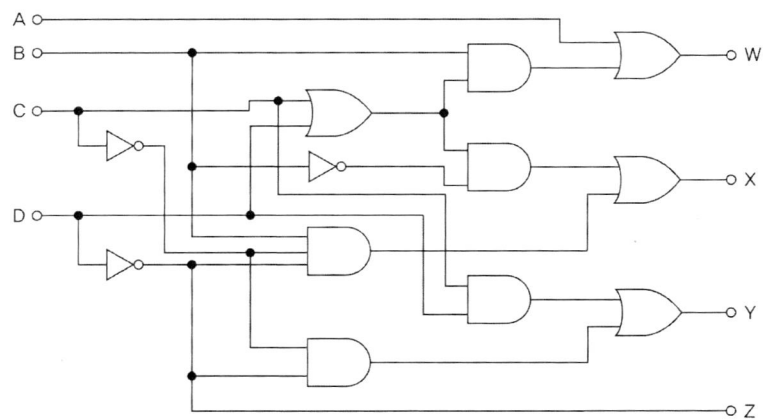

[그림 6-28] BCD에서 3 초과 코드 변환 논리회로(참고문헌: 디지털 논리회로,
이승환, 박영철, 하기종, 전지용, 이우춘 저, 한올출판사)

6.7. 5변수 카르노 맵

일반적으로 디지털 시스템의 부울 함수는 4변수 이하로 표현되지만 특수한 경우에는
다섯 개 이상의 변수들로 표현되기도 한다. 5변수 카르노 맵을 작성하기 위해서는 $2^5 = 32$
개의 셀 구성이 요구된다.

5변수 카르노 맵을 작성하는 방법에는 2차원 구조 방법과 3차원 구조 방법 등이 있다.
2차원 구조 방법에서는 2차원 상에서 32개의 셀들을 배치하고, 3차원 구조에서는 2차원의
16개 셀들을 상하로 포개어 3차원적으로 구성한다.

[그림 6-29]는 2차원 5변수 카르노 맵을 나타낸다.

CD \ ABC	000	001	011	010	110	111	101	100
00	m_0	m_4	m_8	m_{12}	m_{16}	m_{20}	m_{24}	m_{28}
01	m_1	m_5	m_9	m_{13}	m_{17}	m_{21}	m_{25}	m_{29}
11	m_3	m_7	m_{11}	m_{15}	m_{19}	m_{23}	m_{27}	m_{31}
10	m_2	m_6	m_{10}	m_{14}	m_{18}	m_{22}	m_{26}	m_{30}

[그림 6-29] 2차원 5변수 카르노 맵

5변수 카르노 맵에서 변수들을 가로와 세로에 나누어 배치한 후에 그레이 코드 순으로 나열한다. 즉 인접한 셀과의 2진수 차이가 한 비트만 달라지게 구성함으로써 $A+\overline{A}=1$의 부울 대수 규칙을 활용하려는 것이다.

2차원 5변수 카르노 맵은 ABC 가로 열의 010과 110사이를 기준으로 하여 서로 대칭형 인데 맨 앞 비트만 다른 형태이다.

예를 들어 [그림 6-30]의 2차원 5변수 카르노 맵을 간략화시키기 위해서는 8개의 셀 묶음과 4개의 셀 묶음 등의 2묶음으로 구성한다. 8개의 셀 묶음 사각형에서 가로축을 살펴보면 변수 A와 C는 0에서 1로 바뀌어도 셀 값들은 1을 유지하고, 세로축에서는 변수 E가 0에서 1로 바뀌어도 셀 값들이 1이므로 이들 3변수들이 없어진다. 이때의 상태는 $B=1, D=0$이므로 $B\overline{D}$가 된다.

4개의 셀 묶음에서는 변수 A와 D가 없어지고 $B\overline{C}\overline{E}$가 된다.

최종적으로 아래와 같이 간략화된 부울 함수를 얻을 수 있다.

$$F(A, B, C, D, E) = B\overline{D} + B\overline{C}\overline{E}$$

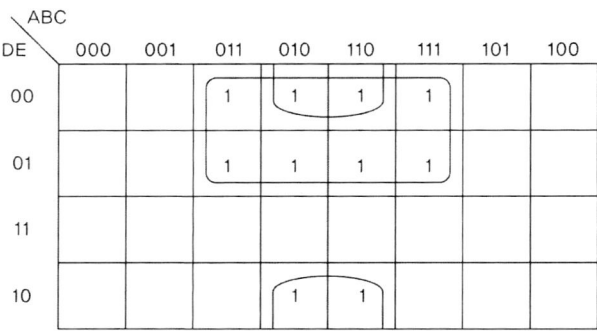

[그림 6-30] 2차원 5변수 카르노 맵 예(1)

그런데 [그림 6-31]의 5변수 카르노 맵을 살펴보면 이들 셀들이 멀리 떨어져 있는 것처럼 보이지만 실제로는 인접한 셀들이다. 즉 변수 A와 변수 D가 동시에 변해도 $B=1$, $C=1$, $E=1$ 상태만 유지하면 출력 값은 1을 가진다. 따라서 간략화된 부울 함수는 $F=BCE$가 된다. 2차원 5변수 카르노 맵은 이와 같이 혼동을 유발시킬 우려가 있으므로 3차원 5변수 카르노 맵을 활용한다.

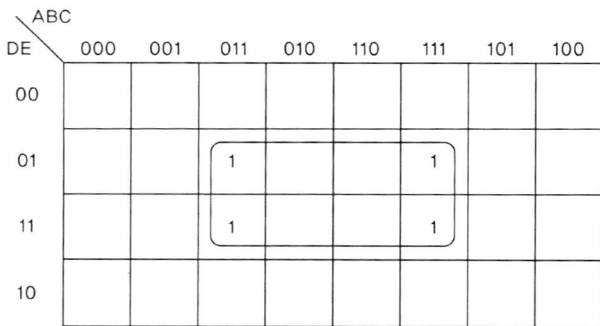

[그림 6-31] 2차원 5변수 카르노 맵 예(2)

3차원 5변수 카르노 맵은 4변수 카르노 맵을 상하로 겹쳐서 구성한다. [그림 6-32]에서와 같이 4변수 카르노 맵을 두 가지로 작성하여 하나에는 최상위 변수 값을 0으로 할당하고 다른 하나에는 최상위 변수 값을 1로 할당한다. [그림 6-32]에서는 변수 A를 최상위로 간주하였다.

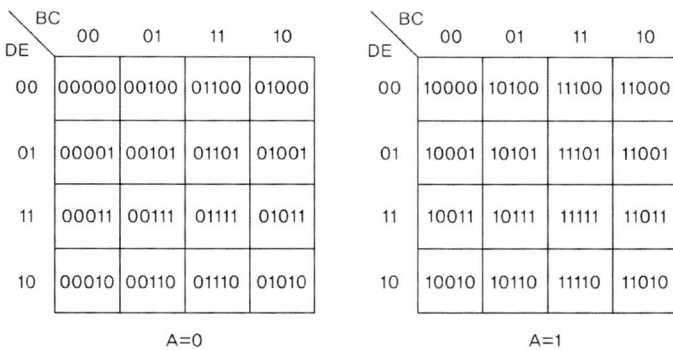

[그림 6-32] 3차원 5변수 카르노 맵

[그림 6-32]에서 서로 동일한 위치의 각 셀들은 최상위 비트의 값만 서로 다르고 뒤 비트들은 모두 동일하다는 것을 알 수 있다. 양측 카르노 맵을 위 아래로 배치한다면 양측 셀들은 한 비트 값만 다르므로 서로 인접해 있다고 말할 수 있다.

예를 들어서 [그림 6-33]과 같은 카르노 맵이 있다고 할 때에 왼쪽 맵의 상단에는 '1'의 셀들이 있지만 오른쪽 맵의 그 위치에는 '1'이 없으므로 왼쪽 맵의 사각형만 묶여질 수 있다. 또한 오른쪽 맵의 상단에 있는 사각형도 왼쪽 맵의 그 위치에는 서로 겹쳐지는 사각형이 존재하지 않으므로 단독으로 묶여질 수밖에 없다. 그러나 왼쪽 맵의 하단에 있는 사각형 묶음은 오른쪽 맵의 그 위치에도 존재하므로 이들은 서로 묶여져서 변수 A가 없어짐에 따라 BCD항이 되는 것이다.

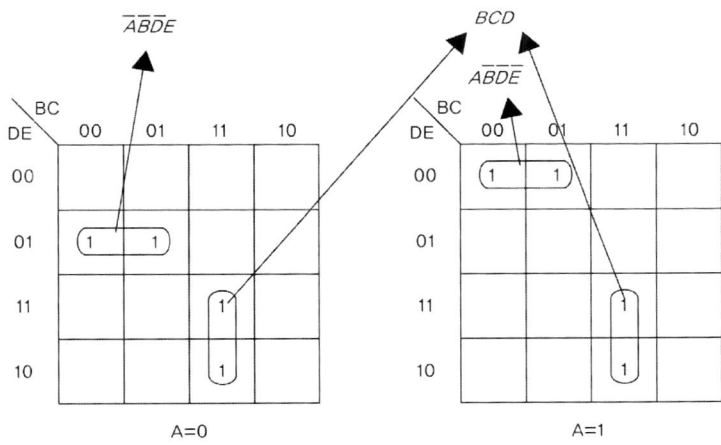

[그림 6-33] 3차원 5변수 카르노 맵 예

[예제 6-9] 아래의 부울 함수에 대한 카르노 맵을 작성하고 이를 간략화시켜라.

$$F(A, B, C, D, E) = \sum m(0, 1, 3, 4, 5, 14, 15, 16, 17, 19, 20, 21, 26, 30, 31)$$

(풀이)

상기 식에 대한 카르노 맵을 [그림 6-34]와 같이 A=0과 A=1의 두 맵으로 나누어 3차원 구조로 작성한다. 그리고 인접한 셀들끼리 묶으면 4개의 묶음으로 구성할 수 있다. 왼쪽 맵의 상단에 있는 사각형은 오른쪽 맵의 그 위치에도 존재하므로 일단 변수 A는 없어지고 다음으로 변수 C와 변수 E가 없어진다. 이 사각형을 부울 함수로 표현하면 $\overline{B}\overline{D}$가 된다.

왼쪽 맵의 왼편 사각형 묶음과 가운데 사각형 묶음도 각각 오른쪽 맵의 그 위치에 '1'의 셀들이 존재하므로 이를 서로 묶을 수 있다. 이들 사각형을 부울 함수로 표현하면 각각 $\overline{B}\overline{C}E$와 BCD가 된다. 그러나 오른쪽 맵의 하단 사각형은 왼쪽 맵의 그 위치에 '1'의 셀들이 존재하지 않으므로 서로 묶을 수 없기에 변수 $A=1$을 유지하게 된다. 따라서 이에 해당하는 부울 함수는 $ABD\overline{E}$가 된다. 최종적으로 아래와 같은 부울 함수로 간략화시킬 수 있다.

$$F(A, B, C, D, E) = \overline{B}\overline{D} + \overline{B}\overline{C}E + BCD + ABD\overline{E}$$

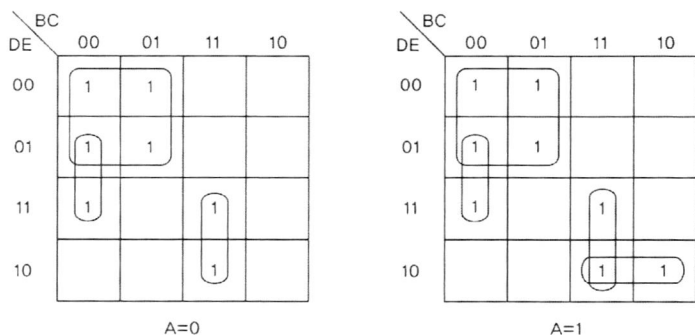

[그림 6-34] [예제 6-9]에 대한 카르노 맵

6.8. XOR 함수에 대한 카르노 맵

XOR 함수에 대한 카르노 맵을 작성하여 이 함수에 대한 특성을 살펴보기로 하자. 2개의 변수로 이루어진 XOR 함수는 아래와 같다.

$$F = A \oplus B = A\overline{B} + \overline{A}B$$

상기 식을 바탕으로 3변수의 XOR 부울 함수를 구성해 보면 다음과 같다.

$$
\begin{aligned}
F = A \oplus B \oplus C &= (A \oplus B)\,\overline{C} + \overline{(A \oplus B)}\,C \\
&= (A\overline{B} + \overline{A}B)\,\overline{C} + (AB + \overline{A}\,\overline{B})\,C \\
&= A\overline{B}\,\overline{C} + \overline{A}B\overline{C} + ABC + \overline{A}\,\overline{B}C \\
&= \sum m(1, 2, 4, 7)
\end{aligned}
$$

상기 식에서 아래의 식이 대입되었다.

$$
\begin{aligned}
\overline{(A \oplus B)} = \overline{(A\overline{B} + \overline{A}B)} &= \overline{A\overline{B}} \cdot \overline{\overline{A}B} = (\overline{A} + B)(A + \overline{B}) \\
&= A\overline{A} + A\overline{B} + B\overline{B} + \overline{A}\,\overline{B} = 0 + A\overline{B} + 0 + \overline{A}\,\overline{B} \\
&= A\overline{B} + \overline{A}\,\overline{B}
\end{aligned}
$$

3변수 XOR 부울 함수에 대한 카르노 맵을 작성해 보면 [그림 6-35]와 같다.

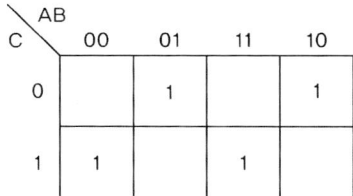

[**그림 6-35**] 3변수 XOR 함수에
대한 카르노 맵

[그림 6-35]에서와 같이 XOR 함수는 입력 변수 값들 중에서 1의 개수가 홀수 개이면 출력으로 1을 가진다. 또한 XOR 함수의 카르노 맵에는 '1'의 셀들이 서로 인접해 있지 않아서 더 이상 간략화될 수 없는 특징을 가진다.

XNOR 함수는 XOR 함수의 보수로서 부울 함수는 아래와 같으며 이에 대한 카르노 맵은 [그림 6-36]과 같다. XNOR 함수에서도 서로 인접한 셀이 존재하지 않음을 알 수 있다.

$$\overline{(A \oplus B \oplus C)} = \sum m(0, 3, 5, 6)$$

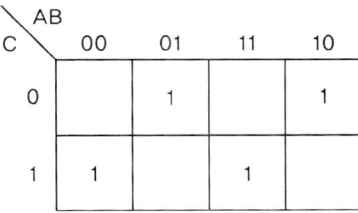

[**그림 6-36**] 3변수 XNOR함수에 대한
카르노 맵

4변수 XOR함수와 XNOR 함수에서도 3변수에서와 마찬가지의 특징이 나타난다. 4변수 XOR함수를 SOP로 표현하면 아래와 같다.

$$
\begin{aligned}
A \oplus B \oplus C \oplus D &= (A\overline{B} + \overline{A}B) \oplus (C\overline{D} + \overline{C}D) \\
&= (A\overline{B} + \overline{A}B)(\overline{C\overline{D} + \overline{C}D}) + (\overline{A\overline{B} + \overline{A}B})(C\overline{D} + \overline{C}D) \\
&= (A\overline{B} + \overline{A}B)(CD + \overline{C}\,\overline{D}) + (AB + \overline{A}\,\overline{B})(C\overline{D} + \overline{C}D) \\
&= A\overline{B}CD + \overline{A}B\overline{C}\,\overline{D} + \overline{A}BCD + \overline{A}B\overline{C}\,\overline{D} \\
&\quad + ABC\overline{D} + AB\overline{C}D + \overline{A}\,\overline{B}C\overline{D} + \overline{A}\,\overline{B}\,\overline{C}D \\
&= \sum m(1, 2, 4, 7, 8, 11, 13, 14)
\end{aligned}
$$

상기의 부울 함수를 4변수 카르노 맵으로 작성하면 [그림 6-37](a)와 같다. 이 카르노 맵에서도 '1'의 셀이 서로 인접하지 않는 특징을 보이고 있다. 4변수 XNOR 함수에 대한 카르노 맵은 [그림 6-37](b)와 같은데 여기에서도 '1'의 셀이 서로 인접하지 않음을 확인할 수 있다.

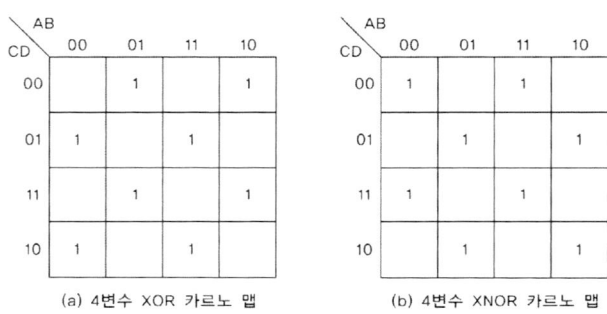

(a) 4변수 XOR 카르노 맵   (b) 4변수 XNOR 카르노 맵

[그림 6-37] 4변수 XOR 및 XNOR 카르노 맵

7_조합 논리회로

7.1. 조합 논리회로 개요

디지털 논리회로는 크게 조합 논리회로(combinational logic circuit)와 순차 논리회로(sequential logic circuit)로 구분된다. 조합 논리회로와 순차 논리회로의 가장 큰 차이점은 시간적 개념의 유무이다. 조합 논리회로에서는 현재 이전의 상태에 관계없이 동일한 입력 조건하에서는 동일한 결과 값이 출력되지만, 순차 논리회로에서는 동일한 입력 조건이라고 해도 회로 내의 상태에 따라 출력 결과 값이 달라진다. 즉 순차 조합회로에서는 회로 자체에 메모리 기능을 가지고 있는 것이다.

조합 논리회로는 과거의 입력변수 조합에 상관없이 오로지 현재의 입력변수 조합에 의해서만 출력이 결정되는 논리 게이트들로 구성된다. 조합 논리회로에서는 NOT, AND, OR, NAND, NOR, XOR, XNOR 등의 논리 게이트들을 사용하여 입력변수의 조합으로 결정된 출력이 다시 피드백(feedback)되어 기존의 입력변수로 유입되는 경우가 없는 회로로서 순차 논리회로와 비교하여 비교적 단순하다고 말할 수 있다.

조합 논리회로의 논리 게이트들은 입력으로 2진 신호를 받아 처리하여 출력으로 2진 신호를 생성한다. 조합 논리회로의 블록도를 [그림 7-1]에 나타낸다.

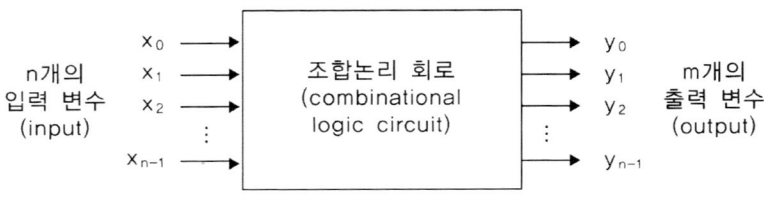

[그림 7-1] 조합 논리회로의 블록도

[그림 7-1]에서 n개의 입력 변수들에 대해 2^n개의 입력 신호의 조합이 존재하며, 하나의 입력 신호 조합마다 단 1개의 출력 조합이 출력된다. 조합 논리회로에서는 각 출력 변수에 대해 1개의 부울 함수가 표현되므로 출력 변수가 m개일 경우 m개의 부울 함수가 기술된다. 이러한 처리 절차를 수식으로 표현하면 아래와 같다.

$Y = f(X)$

여기에서 Y는 $y_0, y_1, y_2 \cdots, y_{m-1}$, X는 $x_0, x_1, x_2, \cdots x_{n-1}$을 나타내고 f는 2진 처리 함수를 뜻한다. 입력 변수들의 조합은 동일하지만 각 출력의 함수는 서로 다르므로 실제 f는 $f_0, f_1, f_2, \cdots f_{m-1}$로 구성된다. 예를 들어 아래와 같은 함수식이 성립된다.

$y_0 = f_0(x_0, x_1, x_2, \cdots x_{n-1})$

$y_1 = f_1(x_0, x_1, x_2, \cdots x_{n-1})$

7.2. 조합 논리회로 해석

디지털 시스템에서 논리회로의 기능을 분석하기 위해 회로를 해석할 필요가 있다. 조합 논리회로를 해석(analysis)하기 위해서는 논리회로로부터 부울 함수와 진리표 혹은 입출력 신호 파형을 구해야 한다.

논리회로로부터 논리회로 기능을 해석하는 과정은 아래와 같다.

① 논리회로의 입력 단자와 출력 단자에 대해 변수 명을 결정한다.

② n개의 입력 변수에 대해 2^n개의 2진 조합을 진리표 상에 만든다.

③ 입력 변수들에 의한 각 게이트의 출력 부울 함수를 참조하여 최종 출력 함수를 구한다.

④ 출력 부울 함수에 대한 진리표를 작성한다.

⑤ 진리표로부터 카르노 맵을 작성하여 부울 함수를 간소화시킨다.

⑥ 진리표 분석과 함께 입출력 신호 분석을 통해 논리회로의 동작을 해석한다.

예를 들어서 [그림 7-2]의 조합 논리회로를 해석해 보자.

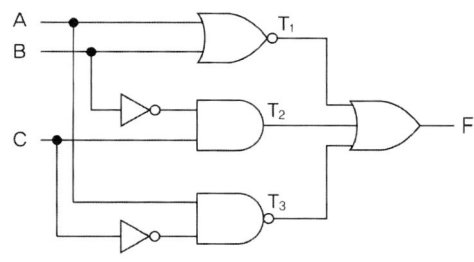

[그림 7-2] 조합 논리회로 해석

① 입력변수: A, B, C   출력변수: F를 결정한다.

② 입력변수가 3개이므로 $2^3 = 8$가지의 입력 조합이 주어진다.

③ 각 게이트의 출력 함수 및 최종 출력 부울 함수를 구한다.

$$T_1 = \overline{A+B}$$
$$T_2 = \overline{B}C$$
$$T_3 = \overline{A\overline{C}}$$
$$F = T_1 + T_2 + T_3 = \overline{A+B} + \overline{B}C + \overline{A\overline{C}}$$

④ 출력 함수에 대한 진리표를 구한다.

A	B	C	T_1	T_2	T_3	F
0	0	0	1	0	1	1
0	0	1	1	1	1	1
0	1	0	0	0	1	1
0	1	1	0	0	1	1
1	0	0	0	0	0	0
1	0	1	0	1	1	1
1	1	0	0	0	0	0
1	1	1	0	0	1	1

⑤ 진리표로부터 카르노 맵을 작성한다.

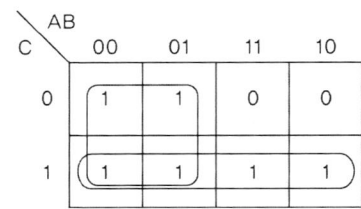

상기 카르노 맵으로부터 부울 함수를 간략화시키면 아래와 같다.

$F = \overline{A} + C$

⑥ 부울 함수 $F = \overline{A} + C$를 통하여 입력변수 A가 0이면 출력 F는 1값을 가지며, 입력변수 A가 1이면 입력변수 C가 1일 때에 출력 F는 1을 가진다.

　조합 논리회로를 해석할 때에 don't care 조건의 입력이 있을 수 있다. 해석 절차에서는 설계 절차에서 할당한 don't care 조건이 보이지 않는다. 이는 설계 절차에서 부울 함수를 간략화시킬 때에 don't care 조건에 0이나 혹은 1을 할당했기 때문이다. 이러한 점을 유의하여 논리 시스템을 해석해야 한다.

7.3. 조합 논리회로 설계

　조합 논리회로 설계(design)는 시스템 동작을 하드웨어 게이트로 꾸미는 과정을 의미한다. 디지털 시스템을 설계하는 방법에는 하드웨어, 소프트웨어, 하드웨어+소프트웨어 방법 등이 있다. 하드웨어 구성의 디지털 시스템은 동작 속도가 빠르다는 장점이 있지만 회로 수정 및 확장성에 제약을 받는 단점을 내포하고 있다. 소프트웨어 기술이 발달된다고 해도 조합 논리회로 설계는 디지털 시스템에서 없어서는 안 될 필수적인 과정이 될 수밖에 없을 것이다.

　조합 논리회로의 설계 과정은 아래와 같다.

① 주어진 문제를 분석하여 논리화시킨다.

② 입력변수와 출력변수를 정하고 각 변수에 사용될 문자를 할당한다.

③ 얻고자 하는 출력 값에 대한 입력변수 조합을 구하고 이를 통해 진리표(truth table)를 작성한다.

④ 진리표를 통해 카르노 맵을 작성하여 간소화된 부울 함수를 구한다.

⑤ 부울 함수에 대한 논리회로를 구성한다.

조합 논리회로에 대한 진리표는 입력변수 부분과 출력변수 부분으로 구성된다. n개의 입력에 대한 입력변수 부분에는 0과 1로 구성되는 2^n개의 2진 조합이 있다. 출력에 대한 2진 값은 목표 회로의 동작을 논리적으로 분석해 봄으로써 결정된다. 각각의 출력은 모든 타당한 입력변수 조합에 따라서 0 혹은 1이 된다.

조합 논리회로 설계에 있어서 가장 중요하고도 어려운 부분이 바로 입력변수와 출력변수의 설정 단계이다. 입력변수와 출력변수를 설정한 후에는 이들의 동작 관계를 따져보아 매 경우마다 목표로 하는 출력변수의 값을 결정해야 하는데 이를 토대로 진리표를 작성하면 된다. 진리표를 작성할 때에 출력이 결코 발생할 수 없는 입력변수 조합은 don't care 조건으로 취급한다. 진리표가 올바르게 작성된 후에는 카르노 맵을 이용하여 간략화시킨 부울 함수를 얻을 수 있고 이 부울 함수를 논리 회로로 변환함으로써 회로 설계가 완료된다.

논리회로를 설계할 때에 고려해야 할 사항은 아래와 같다.

- 논리 게이트의 입력 개수를 최소화한다.
- 논리 게이트의 개수를 최소화한다.
- 논리회로의 전파 지연 시간을 최소화한다.
- 논리 게이트 간의 상호 연결되는 회선 수를 최소화한다.

7.4. 반 가산기와 전 가산기

7.4.1. 반 가산기

반 가산기(HA: Half Adder)는 1비트짜리 2개의 2진수를 더하는 논리회로로서 2개의 입력과 2개의 출력으로 이루어진다. 2개의 입력은 피 연산수(x)와 연산수(y)이고 2개의 출력은 두 수를 합한 결과인 합(S: Sum)과 올림 수(C: Carry)이다. 반 가산기는 아래 자리로부터 올라오는 자리 올림 수를 고려하지 않는 가산기이기 때문에 반이라는 이름이 붙여진다.

반 가산기를 조합 논리회로 설계 과정에 따라 설계하면 아래와 같다.

① 반가산기를 논리화시키기 위해 [그림 7-3]과 같이 개념화시킨다.

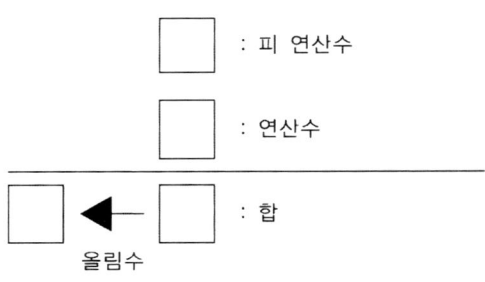

: 피 연산수

: 연산수

: 합

올림수

[그림 7-3] 반 가산기의 동작 개념

② 피 연산수 입력변수를 x, 연산수 입력변수를 y, 합 출력변수를 S, 올림 수 출력변수를 C로 할당한다.

③ [표 7-1]과 같이 진리표를 구성한다.

[표 7-1] 반 감산기 진리표

x	y	C	S
0	0	0	0
0	1	0	1
1	0	0	1
1	1	1	0

④ 진리표로부터 출력변수 S와 C에 대한 부울 함수를 구하면 아래와 같다.

$S = \overline{x}y + x\overline{y} = x \oplus y$
$C = xy$

⑤ 부울 함수에 대한 논리회로를 구성하면 [그림 7-4]와 같다.

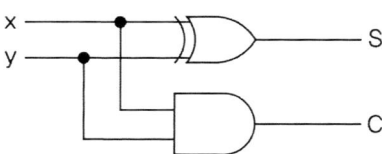

[그림 7-4] 반 가산기의 논리회로

7.4.2. 전 가산기

전 가산기(FA: Full Adder)는 하위 비트에서 올라오는 자리 올림 수를 포함하여 3개의 입력 비트들의 합을 구하는 조합 논리회로로서 3개의 입력과 2개의 출력으로 구성된다. 전 가산기의 설계 과정은 아래와 같다.

① 전 가산기는 아래와 같이 개념화 시킬 수 있다.

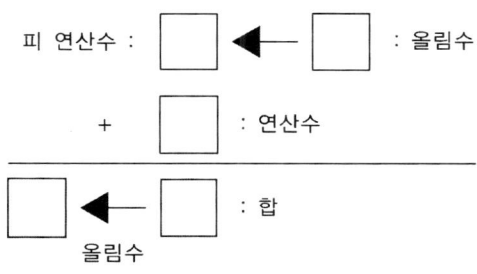

[그림 7-5] 전 가산기의 동작 개념

② 입력변수들인 피 연산수를 x, 연산수를 y, 하위 비트로부터 올라오는 자리 올림 수를 C_i로 할당한다. 출력변수에는 합 출력을 S, 올림 수를 C_o로 할당한다.

③ 입력 3개의 조합에 따른 출력을 나타내는 진리표를 [표 7-2]와 같이 작성한다.

[표 7-2] 전 가산기의 진리표

x	y	C_i	C_o	S
0	0	0	0	0
0	0	1	0	1
0	1	0	0	1
0	1	1	1	0
1	0	0	0	1
1	0	1	1	0
1	1	0	1	0
1	1	1	1	1

④ 진리표를 통해 카르노 맵을 작성하여 부울 함수를 구하면 아래와 같다.

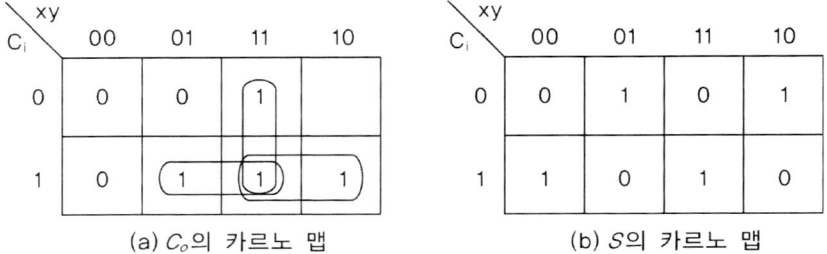

[그림 7-6] 전 가산기 카르노 맵

$$C_o = xC_i + yC_i + xy$$
$$S = \overline{x}\,\overline{y}C_i + \overline{x}y\overline{C_i} + xyC_i + x\overline{y}\,\overline{C_i}$$

카르노 맵으로부터 얻은 상기 식을 XOR 함수로 변환하기 위해 아래의 과정을 거친다.

$$\begin{aligned}C_o &= xy\overline{C_i} + \overline{x}yC_i + x\overline{y}C_i + xyC_i \\ &= (\overline{x}y + x\overline{y})C_i + xy(C_i + \overline{C_i}) \\ &= (x\oplus y)C_i + xy\end{aligned}$$

$$\begin{aligned}S &= \overline{x}\,\overline{y}C_i + \overline{x}y\overline{C_i} + x\overline{y}\,\overline{C_i} + xyC_i \\ &= (\overline{x}\,\overline{y} + xy)C_i + (\overline{x}y + x\overline{y})\overline{C_i} \\ &= \overline{(x\oplus y)}C_i + (x\oplus y)\overline{C_i} \\ &= x\oplus y\oplus C_i\end{aligned}$$

⑤ 부울 함수로부터 논리회로를 구성하면 [그림 7-7]과 같다.

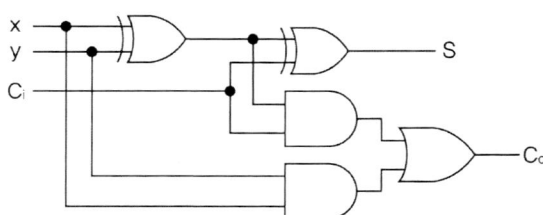

[그림 7-7] 전 가산기의 논리회로

7.5. 반 감산기와 전 감산기

감산기를 구현하는 방법은 보수 더하기 방법과 직접 빼기 방법 등의 2가지가 있다. 첫 번째로 보수 더하기 방법은 연산수의 보수를 구해서 그것을 피 연산수와 더하여 구하는 방법인데 이 방법은 전 가산기와 보수를 사용하여 더하는 방법이다. 두 번째로 직접 빼기 방법은 피 연산수에서 연산수를 빼서 구하는 방법으로서 각 감수의 비트에 대응되는 피 연산수의 비트에서 빼는 방법을 말한다.

7.5.1. 반 감산기

반 감산기(half subtracter)는 두 개의 2진수를 감산하는 논리회로로서 2개의 입력과 2개의 출력을 가진다. 입력변수는 피 연산수 x와 연산수 y로 표현하고 출력변수는 차 D(difference)와 빌림 B(borrow)로 나타낸다.

피 연산수 x에서 연산수 y를 감산할 때에 $x \geq y$인 경우에는 1에서 0을 뺄 수 있으나 $x < y$인 경우에는 피 연산수에서 연산수를 뺄 수 없으므로 바로 앞 비트에서 1을 빌려와 연산하는데 이때에 빌림이 발생한다.

반 감산기에 대한 진리표는 [표 7-3]과 같다.

[표 7-3] 반 감산기 진리표

x	y	B_0	D
0	0	0	0
0	1	1	1
1	0	0	1
1	1	0	0

상기의 진리표로부터 부울 함수를 구하면 아래와 같다.

$$D = \bar{x}y + x\bar{y} = x \oplus y$$

$$B_o = \bar{x}y$$

반 감산기의 부울 함수를 논리회로로 구성하면 [그림 7-8]과 같다.

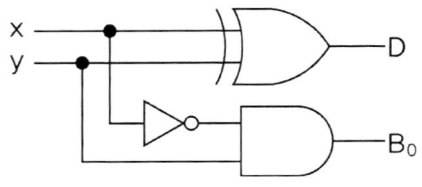

[그림 7-8] 반 감산기의 논리회로

7.5.2. 전 감산기

전 감산기(full subtracter)는 피 연산수와 연산수 등의 입력변수에 하위 비트로 빌려준 빌림(borrow)을 입력변수로 추가하여 3개의 입력비트들의 뺄셈을 구하며 출력은 2개, 즉 차와 빌림 등이다.

3개의 입력변수는 피 연산수 x, 연산수 y, 빌려준 빌림 B_i 등이고, 2개의 출력변수는 차 D와 빌림 B_o 등이다.

전 감산기의 진리표는 [표 7-4]와 같다. 입력변수 $B_i = 0$인 경우에는 반 감산기와 동일하다. 입력변수 $x = 0, y = 0, B_i = 1$인 경우에는 전단에 1을 빌려준 상태이므로 바로 앞의 비트로부터 1을 빌려 와서 B_o는 1이 되고 x는 2가 된다. 따라서 $D = 2 - 0 - 1 = 1$이 되어 $D = 1, B_o = 1$ 출력상태가 된다. $x = 0, y = 1, B_i = 1$ 상태의 경우에는 앞의 비트로부터 1을 빌려야 하므로 $B_o = 1$이 되어야 하고 x는 2가 더해져서 $D = 2 - 1 - 1 = 0$에 의해 0상태가 되는 것이다. $x = 1, y = 1, B_i = 1$상태에서는 앞의 비트로부터 1을 빌려야 하므로 $B_o = 1$이 되고 x는 2가 더해져서 3이 되므로 $D = 3 - 1 - 1 = 1$이 된다.

[표 7-4] 전 감산기 진리표

x	y	B_i	D	B_o
0	0	0	0	0
0	0	1	1	1
0	1	0	1	1
0	1	1	0	1
1	0	0	1	0
1	0	1	0	0
1	1	0	0	
1	1	1	1	

전 감산기 진리표를 바탕으로 카르노 맵을 작성하면 아래와 같다.

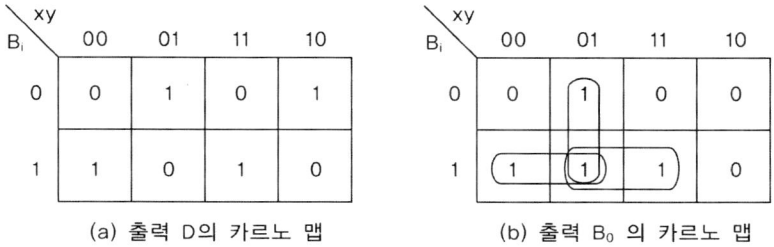

[그림 7-9] 전 감산기의 카르노 맵

카르노 맵을 통해 부울 함수는 아래와 같이 간략화시킬 수 있다.

$$D = \overline{x}\,\overline{y}B_i + \overline{x}y\overline{B_i} + xyB_i + x\overline{y}\,\overline{B_i}$$
$$= (\overline{x}\,\overline{y} + xy)B_i + (\overline{x}y + x\overline{y})\overline{B_i}$$
$$= \overline{(x \oplus y)}B_i + (x \oplus y)\overline{B_i}$$
$$= x \oplus y \oplus B_i$$

$$B_o = \overline{x}\,\overline{y}B_i + \overline{x}y\overline{B_i} + \overline{x}yB_i + xyB_i$$
$$= (\overline{x}\,\overline{y} + xy)B_i + \overline{x}y(\overline{B_i} + B_i)$$
$$= \overline{(x \oplus y)}B_i + \overline{x}y$$

B_o의 카르노 맵으로부터 $B_o = \overline{x}y + \overline{x}B_i + yB_i$로 간략화시킬 수 있지만 XOR 게이트를 사용하기 위해 상기 식과 같이 변환하였다.

부울 함수를 통하여 전 감산기의 논리회로를 구성하면 [그림 7-10]과 같다.

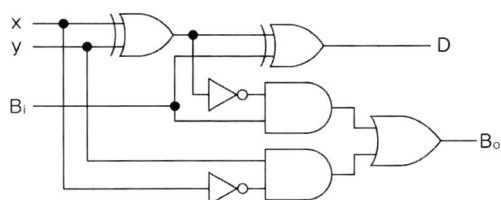

[그림 7-10] 전 감산기의 논리회로

7.6. NAND와 NOR 논리회로

조합 논리회로를 구성할 때에 기본 게이트인 NOT, AND, OR 게이트보다 NAND와 NOR 게이트를 더 많이 사용한다. NAND 게이트와 NOR 게이트는 내부 트랜지스터 회로 구성에서 다른 논리 게이트들보다 간단하다. 실제로 AND 게이트는 NAND 게이트의 출력 단자에 인버터를 접속한 회로로 구현하며, OR 게이트는 NOR 게이트 출력 단자에 인버터를 접속하여 출력을 반전시킨 회로로 구현한다. 따라서 NAND 게이트와 NOR 게이트는 내부에 연결된 트랜지스터의 개수가 가장 적기 때문에 동작 속도가 가장 빠른 장점이 있다.

7.6.1. NAND회로

NAND 게이트를 이용하면 NOT 게이트, AND 게이트, OR 게이트 등을 구성할 수 있다. [그림 7-11]은 NAND 게이트를 이용한 NOT, AND, OR 게이트의 구성방법을 나타낸다. [그림 7-11]의 (a)에서와 같이 NAND 게이트의 2개 입력을 하나로 묶으면 NOT 게이트가 된다. 이는 $\overline{A \cdot A} = \overline{A}$의 부울 함수를 통해서도 확인할 수 있다. NAND 게이트는 AND 게이트의 출력 단자에 인버터를 붙인 형태이므로 [그림 7-11]의 (b)에서와 같이 NAND 게이트의 출력을 NAND 게이트의 두 입력에 묶어서 연결하면 AND 게이트로 변환할 수 있다. 이는 $\overline{\overline{AB}} = AB$라고 하는 부울대수의 법칙과 일치한다. NAND 게이트를 이용하여 OR 게이트를 구성하는 방법은 [그림 7-11]의 (c)와 같다. 두 입력 A와 B에 대해 NAND 게이트로 NOT 회로를 구성한 다음에 이들의 출력을 NAND 게이트에 연결함으로써 OR 게이트를 구성할 수 있게 된다. 이는 $\overline{\overline{A}\,\overline{B}} = \overline{\overline{A}} + \overline{\overline{B}} = A + B$라고 하는 드모르간의 정리와 일치한다.

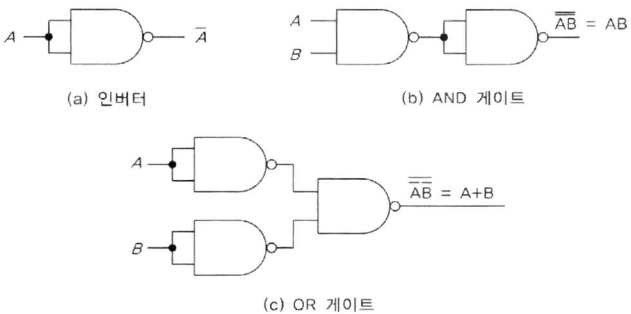

(a) 인버터　　　　　　(b) AND 게이트

(c) OR 게이트

[그림 7-11] NAND 게이트를 이용한 NOT, AND, OR 게이트의 구성 방법

NAND 게이트를 이용하여 NOT, AND, OR 게이트 등을 구성할 수 있기 때문에 모든 부울 함수를 NAND 게이트만을 이용하여 구현할 수도 있다. 부울 함수를 NAND 게이트만을 이용하여 구현하려면 부울 함수를 곱의 합(SOP)형태로 만들어야 한다.

예를 들어 부울 함수 $F = A(B+C)$를 NAND 게이트만으로 구성하는 방법을 살펴보자. 부울 함수 $F = A(B+C)$를 AND-OR 게이트로 구성하기 위해 아래와 같이 분배법칙을 이용하여 곱의 합 형태로 변형한다.

$$F = A(B+C) = AB + AC$$

상기 식을 논리 게이트로 구현하면 [그림 7-12]의 (a)와 같다. [그림 7-12]의 (b)에서와 같이 (a) 회로의 AND 게이트의 출력 단자와 OR 게이트의 입력 단자에 각각 버블(o)을 한 개씩 삽입한다. 이는 $\overline{\overline{A}} = A$에서와 같이 NOT의 NOT은 원래 신호로 돌아오기 때문에 가능한 회로 구성이다. (b)의 회로를 부울 함수로 표현하면 아래와 같다.

$$F = AB + AC = \overline{\overline{AB}} + \overline{\overline{AC}}$$

그런데 OR 게이트의 입력이 인버터 형태로 들어오면 이는 NAND 게이트로 대체할 수 있다. 즉, [그림 7-12]의 (b)회로는 (c)회로로 변형될 수 있다. 이는 아래와 같이 드모르간의 정리를 통해서 확인할 수 있다. 다시 말하면 $\overline{A} + \overline{B} = \overline{AB}$의 드모르간 식을 통해 NOR-OR 회로는 NAND회로와 일치함을 알 수 있다. 최종적으로 (c)회로와 (a)회로가 서로 일치함은 아래의 부울 함수 관계식을 통해 확인할 수 있다.

$$F = \overline{\overline{AB} \cdot \overline{AC}} = \overline{\overline{AB}} + \overline{\overline{AC}} = AB + AC$$

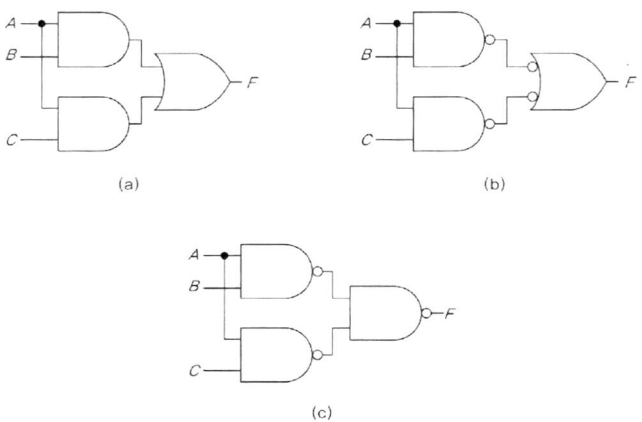

[그림 7-12] $F = AB + AC$에 대한 세 가지 구현 방법

입력변수가 3개인 NAND 게이트에서도 드모르간의 정리를 이용하면 [그림 7-13]에서와 같이 NOT-OR 게이트로 구성할 수 있다. 이는 $\overline{ABC} = \overline{A} + \overline{B} + \overline{C}$의 관계가 성립되기 때문이다. 따라서 NAND 게이트에 대한 기호로서 [그림 7-13]의 (a)와 (b) 모두를 사용할 수 있다.

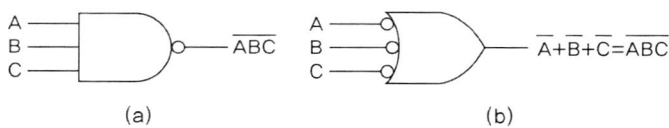

[그림 7-13] NAND 게이트에 대한 두 가지 표현

[예제 7-1] 아래의 부울 함수를 NAND 게이트를 이용하여 구현하라.

$F(A, B, C) = \overline{A} + \overline{B}C + B\overline{C}$

(풀이) 상기의 부울 함수는 AND 게이트 2개와 3입력 OR 게이트 하나로 [그림 7-14]의 (a)와 같이 구성된다. NAND 게이트 회로로 변형시키기 위해 AND 게이트의 출력 단에 NOT회로를 위한 버블을 붙이고 동시에 AND 게이트의 출력 단과 연결된 OR 게이트 입력 단에도 버블을 붙임으로써 (b)회로와 같이 구성할 수 있다. OR 게이트 입력 단에 버블이 붙어 있는 형태는 NAND 게이트의 또 다른 표현이기 때문에 이로서 두 개의 NAND 게이트와 3입력의 NAND 게이트로 구성이 가능하다. 여기에서 (a)회로의 $\overline{A}$는 (b)회로에서 A로 바뀌었다.

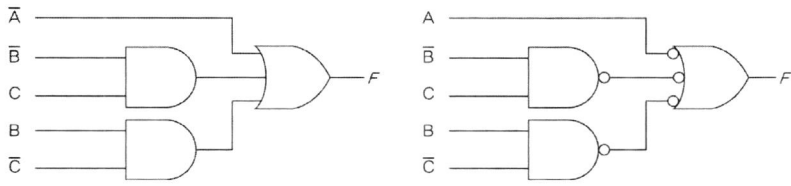

[그림 7-14] $F(A, B, C) = \overline{A} + \overline{B}C + B\overline{C}$에 대한 NAND 게이트 구현

다단계로 구성된 AND, OR, NOT 게이트들의 회로를 NAND회로로 변형하는 방법은 아래와 같이 두 가지 방법이 있다.

- 등가의 범용 게이트 사용
- 드모르간의 정리 사용

등가의 범용 게이트 사용에서는 앞에서 설명한 바와 같이 AND, OR, NOT 게이트의 각각을 NAND 게이트로 변형시킨 후에 NOT-NOT 게이트의 연결을 없애면 된다.

AND 게이트는 NAND 게이트 출력을 NAND 게이트로 이루어진 인버터에 연결함으로써, 즉 AND 게이트를 NAND-NOT 회로를 구성하여 NAND 회로로 대치할 수 있다. OR 게이트는 NOT-NAND 게이트로 변형이 가능하고 NOT 회로는 출력 단자를 동시에 NAND의 두 입력 단자에 연결함으로써 NAND 회로로 변형이 가능하다.

[예제 7-2] AND, OR, NOT 게이트로 구성된 아래 회로를 NAND 게이트로 구현하여라.

$$F = A(B + CD) + B\overline{C}$$

(풀이) AND 게이트는 NAND-NOT 게이트로 바꾸고 OR 게이트는 NOT-NAND 게이트로 바꾸어서 모든 회로를 NOT 게이트와 NAND 게이트로 변형한다. 그 다음에 NOT-NOT 연결은 양쪽 NOT을 동시에 없앰으로써 [그림 7-15]에서와 같이 NAND 회로로 변형할 수 있다.

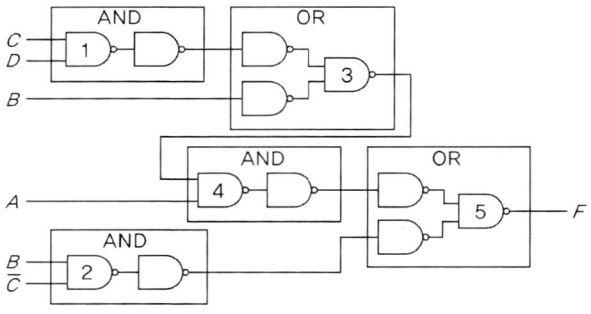

(a) 등가 NAND 게이트로 대체

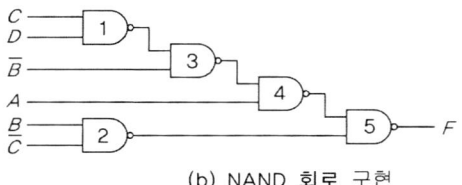

(b) NAND 회로 구현

[그림 7-15] NAND회로로 $F = A(B + CD) + B\overline{C}$의 구현

드모르간의 정리를 이용하여 다단계의 AND, OR, NOT 게이트 회로를 NAND 게이트 회로로 변형하는 방법을 살펴보자. 다단계의 회로에서 OR 게이트 부분을 OR 게이트 출력 단자에 NOT-NOT의 버블을 추가한 후에 드모르간의 정리를 활용한다. 즉, OR-NOT회로를 드모르간의 정리에 따라 NOT-AND로 변형한 후에 NOT회로를 정리함으로써 다단계 NAND회로 구성이 가능해진다.

[예제 7-3] [예제 7-2]와 동일한 아래 회로를 드모르간의 정리를 활용하여 NAND 회로로 변형하여라.

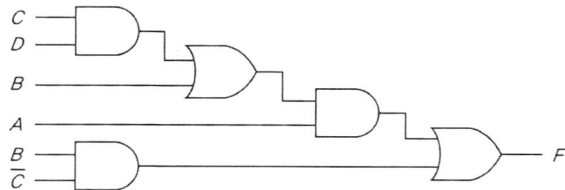

(풀이)

드모르간의 정리를 사용하기 위해 OR 게이트의 출력 단자에 [그림 7-16]의 (a)에서와 같이 두 개의 NOT 버블을 삽입한다. $\overline{A + B} = \overline{A}\,\overline{B}$의 드모르간 정리를 통해 NOR 게이트를

(b)에서와 같이 NOT-AND 게이트로 변형시킨다. 입력 단자의 버블을 왼편의 출력 단자로 옮김으로써 (c)와 같이 NAND 회로를 구성한다.

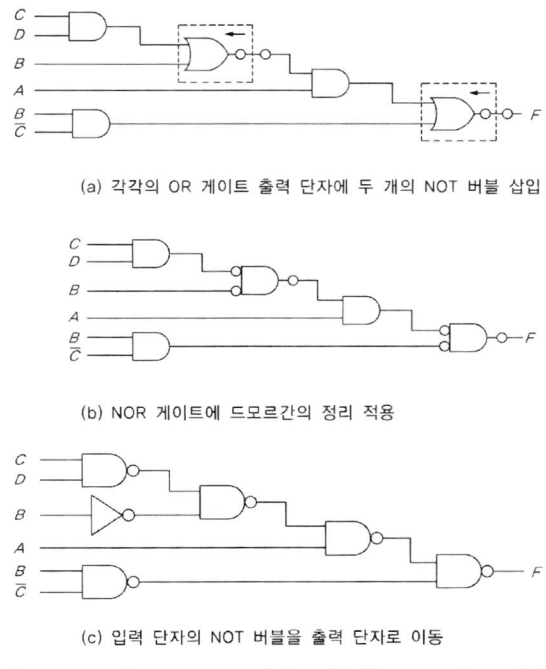

(a) 각각의 OR 게이트 출력 단자에 두 개의 NOT 버블 삽입

(b) NOR 게이트에 드모르간의 정리 적용

(c) 입력 단자의 NOT 버블을 출력 단자로 이동

[그림 7-16] 드모르간의 정리를 이용한 NAND 회로 변형

7.6.2. NOR회로

NOR 연산은 NAND 연산과 쌍대(dual) 관계를 가진다. 따라서 NAND 게이트에 대한 것들과 쌍대 관계를 적용함으로써 NOR 게이트 회로를 구현할 수 있게 된다. [그림 7-17]은 NOR 게이트를 이용하여 인버터, OR 게이트, AND 게이트 등을 구성하는 방법을 나타낸다. NAND 게이트에서와 마찬가지로 2입력 NOR 게이트의 두 입력을 묶으면 그림 (a)에서와 같이 인버터가 된다. 그림 (b)에서와 같이 NOR 게이트의 출력에 NOR 게이트로 구성된 인버터를 연결함으로써 OR 게이트의 구성이 가능하다. 이는 $\overline{\overline{A+B}} = A+B$의 부울 대수 법칙과 일치한다. 그림 (c)에서와 같이 NOR 게이트의 입력 단자 각각에 NOT 인버터를 연결하면 AND 게이트를 구현할 수 있다. 이는 $\overline{\overline{A}+\overline{B}} = AB$의 드모르간 정리와 일치함으로서 알 수 있다.

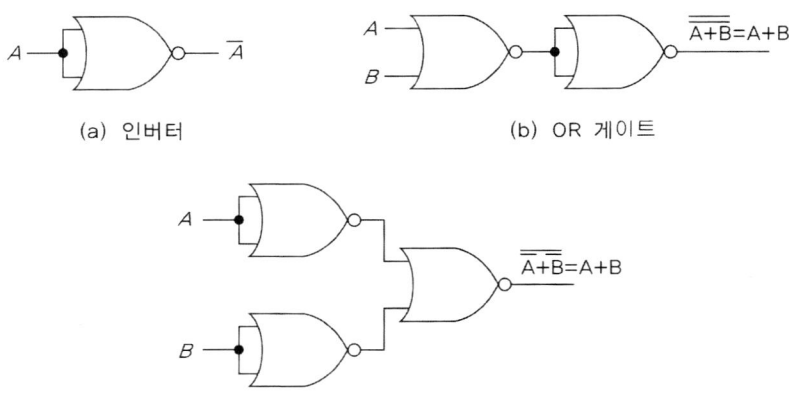

(a) 인버터   (b) OR 게이트

(c) AND 게이트

[그림 7-17] NOR 게이트를 이용한 NOT, OR, AND 게이트의 구성 방법

부울 함수를 NOR 게이트만으로 구성하기 위해서는 우선 주어진 부울 함수를 합의 곱 (POS)의 형태로 만들어야 한다. 예를 들어서 부울 함수 $F = (A+B)(C+D)$를 OR 게이트와 AND 게이트로 구성하면 [그림 7-18]의 (a)와 같다. 이 회로의 OR 게이트의 출력 단자와 AND 게이트의 입력 단자 사이에 직렬로 두 개의 NOT 버블을 삽입하면 그림 (b)와 같이 구성된다. 그리고 $\overline{AB} = \overline{A} + \overline{B}$의 드모르간 정리를 이용하면 그림 (c)와 같이 NOR 게이트만으로 회로를 대체할 수 있다. [그림 7-17]의 세 회로들은 아래의 식에서와 같이 모두 등가임을 확인할 수 있다.

$$
\begin{aligned}
F &= (A+B)(C+D) & (a) \\
&= \overline{\overline{(A+B)}\ \overline{(C+D)}} & (b) \\
&= \overline{\overline{(A+B)} + \overline{(C+D)}} & (c)
\end{aligned}
$$

NOR 게이트의 입력 개수에 상관없이 드모르간의 정리는 항상 적용된다. 예를 들어서 입력 개수가 세 개인 NOR 게이트의 출력 함수에 대해서는 $\overline{A+B+C} = \overline{A}\,\overline{B}\,\overline{C}$의 드모르간 정리를 이용하면 NOT 입력이 3개인 AND 게이트와 동일함을 알 수 있다.

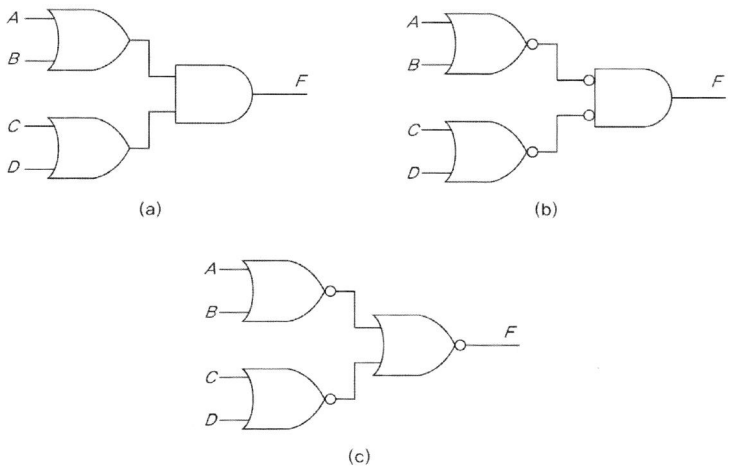

[그림 7-18] $F = (A + B)(C + D)$에 대한 세 가지 논리회로 구성

AND, OR, NOT으로 이루어진 다단계 논리회로를 NOR 게이트로 변형하는 방법은 아래와 같이 두 가지 방법이 있다.

- 등가의 범용 게이트 사용
- 드모르간의 정리 사용

등가의 범용 게이트 사용 방법이란 AND, OR, NOT 게이트 등을 NOR 게이트로 대체하고 인버터 회로를 처리하는 방법을 말한다. AND 게이트는 NOT-NOR 게이트로, OR 게이트는 OR-NOT 게이트로, 인버터는 NOR의 입력을 묶어서 하나의 입력으로 바꿈으로써 AND, OR, NOT 게이트를 NOR 게이트로 대체할 수 있다.

[예제 7-4] 아래의 회로를 등가의 범용 게이트 방식을 사용하여 NOR 게이트 회로로 변환하여라.

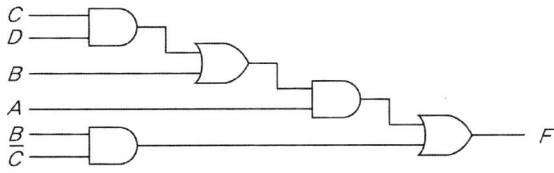

(풀이)

AND 게이트를 NOT-NOR 게이트로 대체시키고 OR 게이트는 NOR-NOT 게이트로 변형시킴으로써 [그림 7-19]의 (a)를 얻는다. 그림 (a)로부터 NOT-NOT회로를 제거함으로써 그

림 (b)의 NOR 게이트 회로를 최종적으로 구성한다.

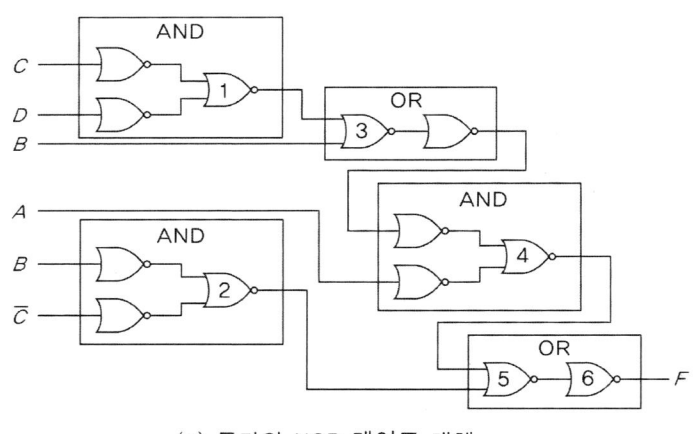

(a) 등가의 NOR 게이트 대체

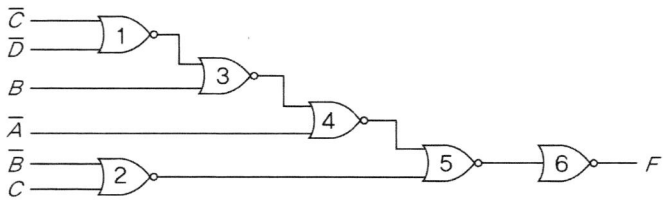

(b) NOR회로로 변형

[그림 7-19] NOR 게이트로 $F = A(B+CD)+B\overline{C}$의 구현

AND, OR, NOT 게이트 회로를 드모르간의 정리를 이용하여 NOR 게이트 회로로 변환하기 위해서는 AND 게이트를 AND-NOT-NOT 회로로 변환한 후에 드모르간 정리를 적용한다. 즉 AND-NOT 회로를 NOT-OR 회로로 대체한 후에 인버터를 정리함으로써 다단계 NOR 회로로 구성할 수 있다.

[예제 7-5] [예제 7-4]의 아래 회로를 드모르간의 정리를 이용하여 NOR 게이트만으로 대체하여라.

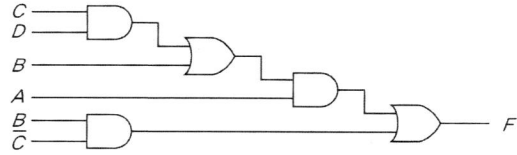

(풀이)

상기 회로의 AND 게이트의 출력 단자에 [그림 7-20]의 (a)와 같이 NOT-NOT의 버블을 삽입한다. 그림 (b)에서와 같이 드모르간의 정리를 적용하여 NAND 게이트 부분을 NOT-OR 게이트로 변환한다. 이후 그림 (c)에서와 같이 NOT 게이트들을 왼편으로 이동하여 정리함으로써 NOR 게이트로 대체할 수 있다.

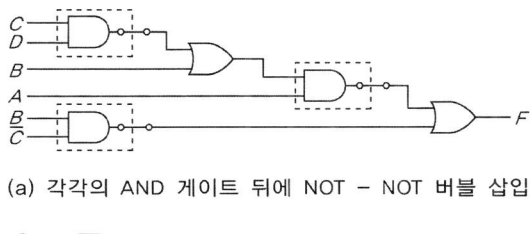

(a) 각각의 AND 게이트 뒤에 NOT – NOT 버블 삽입

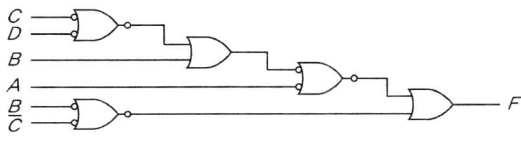

(b) NAND 게이트에 드모르간의 정리 적용

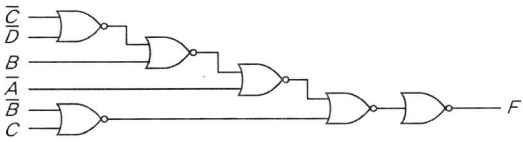

(c) NOT 게이트를 왼편으로 이동하여 정리

[그림 7-20] 드모르간의 정리를 이용하여 NOR 게이트로 구현

7.7. 코드 변환 논리회로

코드(code)는 컴퓨터 시스템에서 데이터의 표현 방식이다. 만일 컴퓨터 시스템들 사이에 동일한 데이터를 서로 다른 코드로 표현한다면 이들 시스템 사이의 코드를 서로 일치시켜주는 코드 변환 회로가 필요로 하게 된다. 코드 변환기(code converter)는 서로 다른 코드를 사용하는 컴퓨터 시스템들 사이에 코드를 변환시켜서 이들 컴퓨터 시스템들이 원활하게 동작할 수 있도록 해준다.

7.7.1. 2421 코드에서 BCD 코드로의 변환

2421 코드는 weighted code로서 각 자릿값이 순서대로 2, 4, 2, 1 등의 값을 가진다. 예를 들어서 2421 코드의 1011은 $1 \times 2 + 0 \times 4 + 1 \times 2 + 1 \times 1 = 5$를 나타내며 이는 BCD 코드로 0101에 해당한다. 즉 2421 코드의 1011은 BCD코드로 0101임을 의미하는 것이다. 2421 코드의 각 자리 입력을 변수 A, B, C, D라 하고 BCD코드의 4자리 출력을 각각 W, X, Y, Z라고 할 때에 입력이 A=2, B=0, C=1, D=1이면 출력은 W=0, X=1, Y=0, Z=1이 된다. [표 7-5]는 2421 코드와 8421 코드의 진리표를 나타낸다.

[표 7-5] 2421 코드와 8421 코드의 진리표

셀(cell)번호	10진법	2	4	2	1	8	4	2	1
		A	B	C	D	W	X	Y	Z
0	0	0	0	0	0	0	0	0	0
1	1	0	0	0	1	0	0	0	1
2	2	0	0	1	0	0	0	1	0
3	3	0	0	1	1	0	0	1	1
4	4	0	1	0	0	0	1	0	0
11	5	1	0	1	1	0	1	0	1
12	6	1	1	0	0	0	1	1	0
13	7	1	1	0	1	0	1	1	1
14	8	1	1	1	0	1	0	0	0
15	9	1	1	1	1	1	0	0	1

[표 7-5]의 진리표로부터 카르노 맵을 작성하기 위해서는 입력변수 A, B, C, D들의 조합에 대해 각각의 출력 W, X, Y, Z가 1의 값을 갖는 조합을 찾아야 한다. 이 진리표에 대해 최소항의 형식으로 아래와 같은 식들이 얻어진다.

$$W = \sum m(14, 15) + d(5, 6, 7, 8, 9, 10)$$
$$X = \sum m(4, 11, 12, 13) + d(5, 6, 7, 8, 9, 10)$$
$$Y = \sum m(2, 3, 12, 13) + d(5, 6, 7, 8, 9, 10)$$
$$Z = \sum m(1, 3, 11, 13, 15) + d(5, 6, 7, 8, 9, 10)$$

상기 식들에 대해 카르노 맵을 작성하면 [그림 7-21]과 같다.

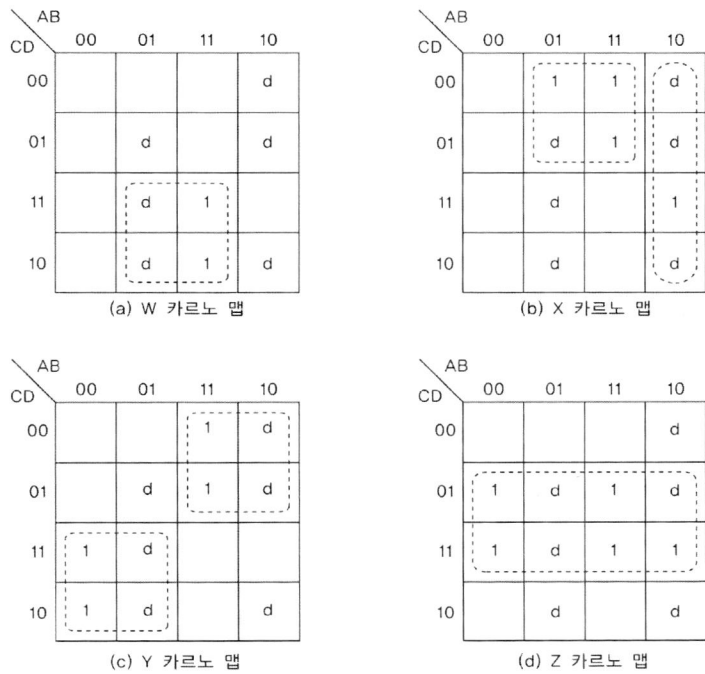

[그림 7-21] [표 7-5]의 진리표에 대한 카르노 맵

W, X, Y, Z에 대한 카르노 맵을 통해 이들 출력 함수를 간략화시키면 아래와 같다.

$W = BC$
$X = A\overline{B} + B\overline{C}$
$Y = \overline{A}C + A\overline{C}$
$Z = D$

상기 식을 이용하여 2421 코드에서 8421 코드로의 변환 논리회로를 구성하면 [그림 7-22]와 같다.

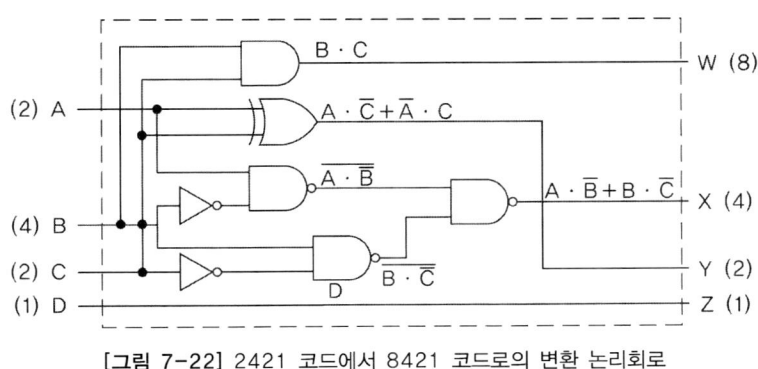

[그림 7-22] 2421 코드에서 8421 코드로의 변환 논리회로

7.7.2. 2진수 코드에서 그레이 코드로의 변환

2진수 코드(binary code)에서 그레이 코드(Gray code)로 변환시키는 코드 변환기를 구현해 보자. 입력 변수로는 2진수 코드의 b_3, b_2, b_1, b_0로 설정하고 출력변수로는 그레이 코드에 해당하는 G_3, G_2, G_1, G_0로 표기한다. [표 7-6]에 2진수와 그레이 코드의 관계 진리표를 보여준다.

[표 7-6] 2진수와 그레이 코드의 관계 진리표

10진수	2진수 코드				그레이 코드			
	b_3	b_2	b_1	b_0	G_3	G_2	G_1	G_0
0	0	0	0	0	0	0	0	0
1	0	0	0	1	0	0	0	1
2	0	0	1	0	0	0	1	1
3	0	0	1	1	0	0	1	0
4	0	1	0	0	0	1	1	0
5	0	1	0	1	0	1	1	1
6	0	1	1	0	0	1	0	1
7	0	1	1	1	0	1	0	0
8	1	0	0	0	1	1	0	0
9	1	0	0	1	1	1	0	1
10	1	0	1	0	1	1	1	1
11	1	0	1	1	1	1	1	0
12	1	1	0	0	1	0	1	0
13	1	1	0	1	1	0	1	1
14	1	1	1	0	1	0	0	1
15	1	1	1	1	1	0	0	0

상기의 진리표에서는 네 개의 입력변수에 대해 16개의 조합이 모두 필요하므로 don't care 입력조건은 나타나지 않는다. 그레이 코드의 출력변수에 해당하는 G_3, G_2, G_1, G_0의 각각에 대한 카르노 맵을 작성하면 [그림 7-23]과 같다.

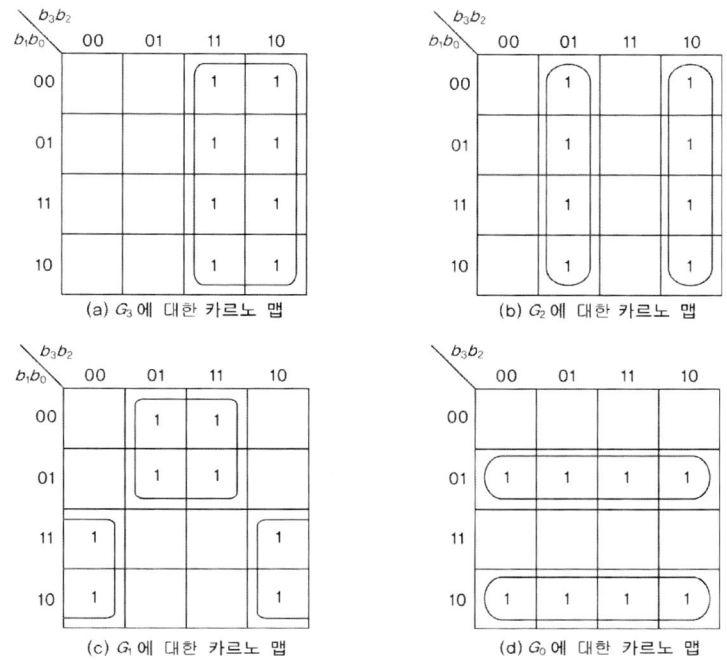

[그림 7-23] 2진수에서 그레이 코드로 변환에 대한 카르노 맵

상기의 카르노 맵을 통해 출력함수 G_3, G_2, G_1, G_0에 관한 부울 대수식을 표현하면 아래와 같다.

$$G_3 = b_3$$
$$G_2 = \overline{b_2}b_3 + b_2\overline{b_3}$$
$$\quad = b_2 \oplus b_3$$
$$G_1 = \overline{b_1}b_2 + b_1\overline{b_2}$$
$$\quad = b_1 \oplus b_2$$
$$G_0 = \overline{b_0}b_1 + b_0\overline{b_1}$$
$$\quad = b_0 \oplus b_1$$

상기 부울 함수를 논리회로로 작성하면 [그림 7-24]와 같다.

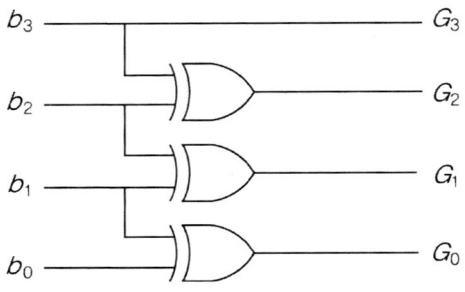

[그림 7-24] 2진수에서 그레이 코드로 변환에
대한 논리회로

[표 7-6] 2진수와 그레이 코드의 관계 진리표를 바탕으로 하여 이번에는 그레이 코드에서 2진수 코드로의 코드 변환기를 구현해 보자. 그레이 코드에서 2진수 코드로 변환하는 논리회로에서는 입력변수가 G_3, G_2, G_1, G_0이고 출력변수로는 2진수의 각 자릿수를 나타내는 b_3, b_2, b_1, b_0가 된다.

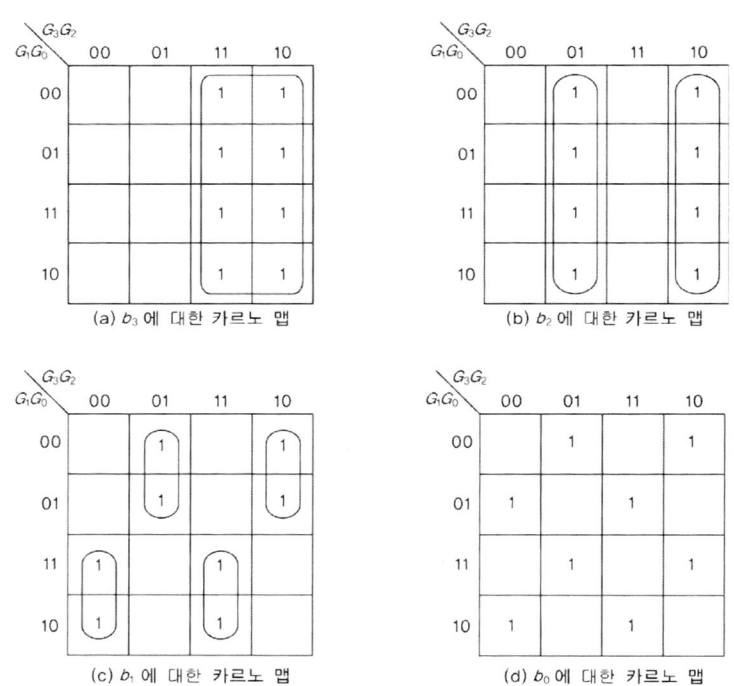

[그림 7-25] 그레이 코드에서 2진수로 변환에 대한 카르노 맵

상기의 카르노 맵을 통해 출력함수 b_3, b_2, b_1, b_0에 관한 부울 대수식을 표현하면 아래와 같다.

$$b_3 = G_3$$
$$b_2 = \overline{G_3}\,G_2 + G_3\,\overline{G_2}$$
$$= G_3 \oplus G_2$$
$$= b_3 \oplus G_2$$

$$b_1 = \overline{G_3}\,G_2\,\overline{G_1} + G_3\,\overline{G_2}\,\overline{G_1} + \overline{G_3}\,\overline{G_2}\,G_1 + G_3\,G_2\,G_1$$
$$= (\overline{G_3}\,\overline{G_1} + G_3\,G_1)\,G_2 + (G_3\,\overline{G_1} + \overline{G_3}\,G_1)\,\overline{G_2}$$
$$= G_3 \oplus G_1 \oplus G_2$$
$$= b_2 \oplus G_1$$
$$b_0 = b_1 \oplus G_0$$

상기 부울 함수를 논리회로로 작성하면 [그림 7-26]과 같다.

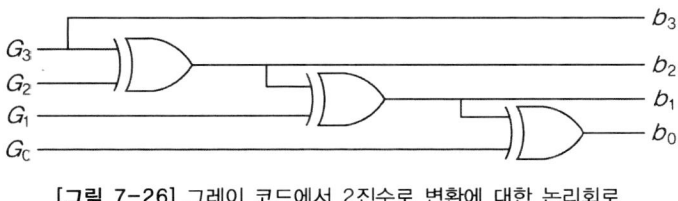

[그림 7-26] 그레이 코드에서 2진수로 변환에 대한 논리회로

7.8. 패리티 발생 및 검사 회로

패리티(parity)는 데이터 통신의 에러 발생 유무를 체크하는 데에 활용된다. 패리티 발생 및 검출 회로(parity generator and check circuit)에 대해 살펴보자. 패리티 발생은 원래의 송신 데이터에 1비트 패리티를 추가하여 1의 개수가 짝수 혹은 홀수로 맞추는 것을 말한다. 1의 개수를 짝수로 맞추면 짝수 패리티라 하고 홀수로 맞추면 홀수 패리티라고 부른다. 패리티 검출은 패리티가 추가된 데이터에서 1의 개수가 짝수 개인지 홀수 개인지를 검사하는 기능을 말한다. 데이터 전송에서 전송측은 전송 데이터에 패리티 비트를 추가하여 전송하고, 수신측에서는 수신한 데이터의 패리티 비트를 보고 에러의 유무를 판별하게 된다. 전송 측에서 패리티를 생성하는 회로를 패리티 발생 회로(parity generator circuit)라 하고 수신 측에서 패리티 비트를 검사하는 회로를 패리티 검사 회로(parity check circuit)라고 한다.

[표 7-7]에 3티트의 데이터를 홀수 패리티로 전송하는 진리표를 나타낸다.

[표 7-7] 3비트 데이터의 홀수 패리티 진리표

3비트 데이터			패리티 비트
A	B	C	P
0	0	0	1
0	0	1	0
0	1	0	0
0	1	1	1
1	0	0	0
1	0	1	1
1	1	0	1
1	1	1	0

[표 7-7]의 진리표를 카르노 맵으로 작성하면 [그림 7-27]과 같다.

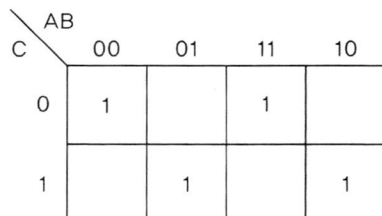

[그림 7-27] [표 7-7]에 대한 카르노 맵

[그림 7-27]의 카르노 맵에 대한 부울 함수를 구해보면 아래와 같다.

$P = A \oplus B \odot C$

상기의 부울 함수는 [그림 7-28]과 같이 한 개의 XOR 게이트와 한 개의 XNOR 게이트로 구성된다.

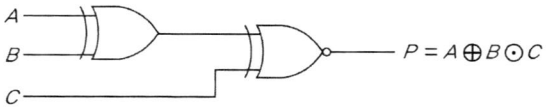

[그림 7-28] 3비트 데이터의 홀수 패리티 생성 회로

수신 측(receiver)에서는 네 개의 비트, 즉 세 개의 데이터 비트와 한 개의 패리티 비트가 입력된다. 또한 출력으로는 C(패리티 검사 비트)가 된다. 따라서 패리티 검사 회로의 입력변수는 3비트(A, B, C)의 데이터와 1비트의 패리티(P)가 되고, 출력변수로는 C가 된다.

[표 7-8]은 홀수 패리티 검사의 진리표를 나타낸다.

[표 7-8] 홀수 패리티 검사의 진리표

전송된 데이터				패리티 오류 검사
A	B	C	P	C
0	0	0	0	1
0	0	0	1	0
0	0	1	0	0
0	0	1	1	1
0	1	0	0	0
0	1	0	1	1
0	1	1	0	1
0	1	1	1	0
1	0	0	0	0
1	0	0	1	1
1	0	1	0	1
1	0	1	1	0
1	1	0	0	1
1	1	0	1	0
1	1	1	0	0
1	1	1	1	1

[표 7-8]의 진리표를 살펴보자. 예를 들어서 수신된 데이터가 ABCP＝0000일 때에 1의 개수가 홀수가 되려면 P값이 1이 되어야 하는데 P값이 0이므로 수신된 데이터에 에러 발생을 알리기 위해 C값은 1이 되는 것이다. ABCP＝0001인 경우에는 P값이 홀수 패리티를 올바르게 나타내고 있으므로 패리티 에러가 발생하지 않아서 C값은 0이 된다.

[그림 7-29]는 [표 7-8]에 대한 카르노 맵을 보여준다.

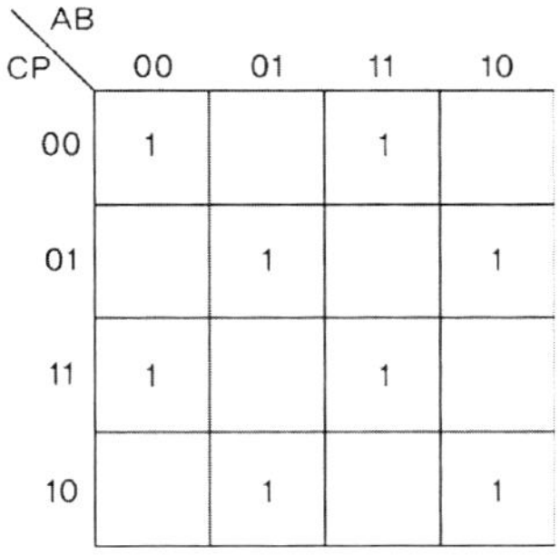

[그림 7-29] [표 7-8]에 대한 카르노 맵

[그림 7-29]의 카르노 맵에 대한 부울 함수는 아래와 같다.

$$C = A \odot B \odot C \odot P$$

상기 부울 식을 논리회로로 작성하면 [그림 7-30]과 같다.

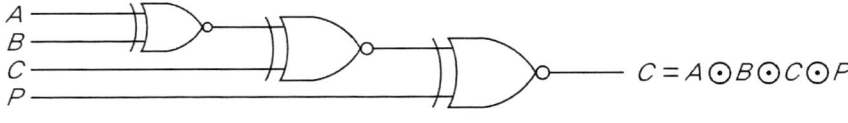

[그림 7-30] 4비트 홀수 패리티 검사 회로

7.9. 크기 비교기

크기 비교기(magnitude comparator)는 한 수가 다른 수와 비교하여 더 큰지, 작은지, 혹은 같은지를 결정하는 회로이다. 이 회로는 두 수를 A와 B라고 할 때에 이들 두 수를 비교하여 그들의 상대적인 크기를 결정하는 조합회로로서 수행한 결과는 $A > B$인지, $A < B$인지, 혹은 $A = B$인지를 표시하게 된다. n비트의 두 수를 서로 비교하는 회로는 진리표 상에서 2^{2n}개의 행을 갖게 되므로 $n = 3$의 경우만 해도 상당히 복잡해진다. 그러나 비교기 회로는 어느 정도 규칙성을 내포하므로 이러한 규칙성을 바탕으로 알고리즘 절차에 의해 설계하면 쉽게 크기 비교 회로를 구성할 수 있다.

우선 1비트로 구성된 다음과 같은 두 개의 2진수를 생각해 보자.

$$A = A_0$$
$$B = B_0$$

한 비트의 숫자인 경우에는 $A_0 = B_0$이면 $A = B$라 할 수 있고, $A_0 > B_0$이면 $A > B$, 그리고 $A_0 < B_0$이면 $A < B$의 관계가 된다. $A = B$인 경우에 대한 진리표를 작성하면 [표 7-9]와 같다.

[표 7-9] $A = B$에 대한 진리표

A	B	Y
0	0	1
0	1	0
1	0	0
1	1	1

[표 7-9]의 진리표에서 A와 B가 둘 다 0이거나 A와 B가 둘 다 1일 때에만 A=B의 출력이 1이 됨을 알 수 있다. 이 진리표에 대한 부울 함수를 작성하면 아래와 같다.

$$Y_{A=B} = \overline{A}\overline{B} + AB$$

$A > B$와 $A < B$에 대해 각각 진리표를 작성하고 부울 함수를 구해보면 아래와 같다.

$$Y_{A>B} = A\overline{B}$$
$$Y_{A<B} = \overline{A}B$$

이제 한 비트만을 가진 두 개의 2진수의 비교기 개념을 확장하여 4개의 비트로 구성된 두 개의 2진수 A와 B를 생각해 보자.

$$A = A_3 A_2 A_1 A_0$$
$$B = B_3 B_2 B_1 B_0$$

10진수에서도 그러하듯이 2진수의 크기 비교도 윗자리부터 차례로 비교해 맨 끝자리까지 수행되어야 한다. 각 자리의 비교 결과를 Y_i라고 할 때에 A=B인 경우에는 아래의 관계식이 성립된다.

$$Y_i = A_i B_i + \overline{A_i}\overline{B_i}, \quad i = 0, 1, 2, 3$$

만약에 두 수가 서로 같으면 2진 변수 Y_i는 출력으로 1을 낼 것이고 다르면 $Y_i = 0$이 된다. 그러므로 A와 B의 크기가 같기 위한 조건은 아래와 같다.

$$(A = B) = Y_3 Y_2 Y_1 Y_0$$

두 숫자 A와 B가 서로 같기 위해서는 $Y_3 = 1$, $Y_2 = 1$, $Y_1 = 1$., $Y_0 = 1$즉 모든 자릿수 비교에서 서로 같아야 함을 의미한다.

A와 B의 크기를 서로 비교할 때에 최상위 비트(MSB: Most Significant Bit)부터 차례로 각 숫자 쌍의 상대적인 크기를 비교하게 되는데 어느 단계까지 두 숫자가 서로 같다면 그다음 낮은 자릿수의 숫자 쌍을 비교한다. 만일 대응되는 각 숫자가 $A_i = 0$과 $B_i = 1$일 경우에는 $A_i < B_i$이고, $A_i = 1, B_i = 0$일 경우에는 $A_i > B_i$이다. 이러한 순차적인 비교 과정을 부울 함수로 표기하면 아래와 같다.

$$(A > B) = A_3\overline{B_3} + Y_3 A_2\overline{B_2} + Y_3 Y_2 A_1\overline{B_1} + Y_3 Y_2 Y_1 A_0\overline{B_0}$$

$$(A < B) = \overline{A_3}B_3 + Y_3\overline{A_2}B_2 + Y_3 Y_2\overline{A_1}B_1 + Y_3 Y_2 Y_1\overline{A_0}B_0$$

상기의 식에서 맨 처음 항은 최상위 비트의 크기를 비교하는 부울 함수이다. 즉 $A_3 = 0, B_3 = 1$이면 상기의 부울 함수에 따라 $A < B$의 출력이 1의 값을 갖게 된다. 이와 반대로 $A_3 = 1, B_3 = 0$이면 $A > B$의 출력이 1의 값을 가진다. $A_3 = B_3$의 경우에는 두 번째 항에서 $Y_3 = 1$이므로 A_2와 B_2의 값에 따라 결정된다. 이러한 과정을 최하위 비트까지 점

검함으로써 A와 B의 크기를 비교할 수 있게 된다. [그림 7-31]은 4비트의 두 2진수 비교 논리회로 구성을 보여준다.

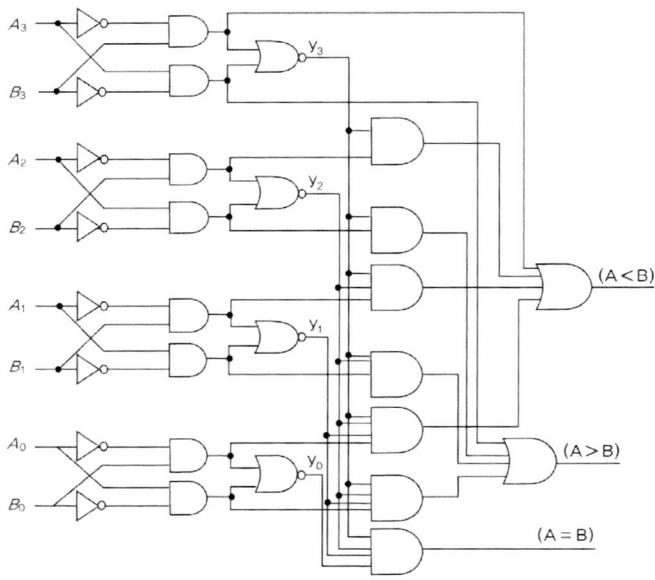

[그림 7-31] 4비트의 두 2진수 비교 논리회로 구성

8_조합 논리회로 응용

8.1. 조합 논리회로 응용 개요

조합 논리회로 설계는 7장에서 설명한 바와 같이 설계하고자 하는 동작 기능을 논리적으로 분석하고 이를 진리표에 옮겨서 카르노 맵을 통해 부울 함수를 간략화시킨 다음에 이를 논리회로로 작성하는 과정으로 진행하게 된다.

그런데 실제적으로 조합 논리회로를 설계할 때에는 AND, OR, NOT, NAND, NOR 게이트 등을 사용하여 회로를 구성하기보다는 상품화되어 있는 집적된 상용 IC를 활용함으로써 보다 간단하게 회로를 구성할 수 있다. 보통 여러 개의 논리 게이트들이 한 개의 집적회로 내에 포함되어 있기 때문에 집적회로의 개수를 줄이기 위해서는 집적회로 내의 게이트를 효율적으로 사용해야 한다.

조합 논리회로를 설계할 때에는 설계 절차에 앞서서 주어진 부울 함수에 대해 이미 상용화된 집적회로를 이용할 수 있는지를 검토할 필요가 있다. 만일 주어진 부울 함수를 구현하려고 할 때에 적합한 집적회로가 없다면 집적회로 내의 게이트를 효과적으로 조합하여 목표하는 회로를 설계하여야 한다. 이렇게 함으로써 집적회로의 개수와 외부 배선을 간소화시킬 수 있고, 시스템의 신뢰도를 높일 수 있게 된다. 또한 상용화된 집적회로를 사용하는 대신에 ROM(Read Only Memory), PLA(Programmable Logic Array), PAL(Programmable Array Logic), PLD(Programmable

Logic Device) 등을 사용하는 방법 등도 고려해야 한다.

8.2. 2진 가산기

8.2.1. 직렬 가산기

직렬 가산기(serial adder)는 한 개의 전가산기에 두 개의 입력인 피가수 A_i와 가수 B_i의 각 비트가 메모리에 저장되어 있다가 최하위 비트(LSB: Least Significant Bit)부터 순차적으로 입력된다. 각 비트 연산 후에 발생하는 자리 올림 수 출력 C_{i+1}은 1비트의 시프트 레지스터에 저장된 후에 1비트 시간 동안 늦추어져서 다음의 입력 A_{i+1}, B_{i+1}등과 함께 전가산기에 순서대로 입력된다. [그림 8-1]은 직렬 가산기의 구조를 보여준다.

직렬 가산기는 회로의 구성이 간단하지만 비트의 길이만큼 연산 시간이 소요되는 단점이 있다. 이와 반면에 병렬 가산기는 각 비트마다 전가산기를 설치하여 모든 비트를 병렬로 계산함으로써 연산 시간을 단축시킬 수 있다.

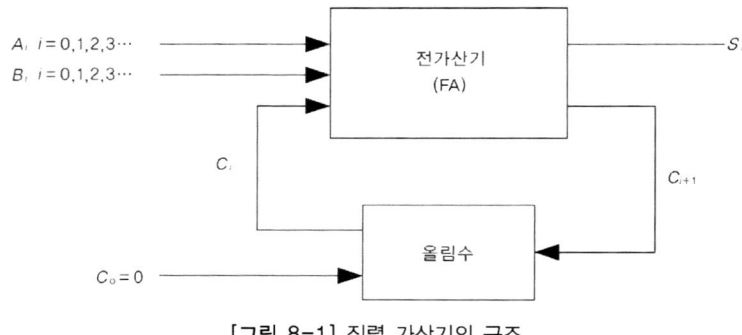

[그림 8-1] 직렬 가산기의 구조

8.2.2. 병렬 가산기

병렬 가산기(parallel adder)는 피가수와 가수의 모든 비트들이 동시에 입력되며 전가산기의 출력 올림 수는 바로 왼편 전가산기의 입력인 자리 올림 수로 사용된다. [그림 8-2]는 4비트 2진 병렬 가산기를 보여준다. 병렬 가산기에는 리플 캐리 가산기와 올림 수 미리보기 가산기 등이 있다.

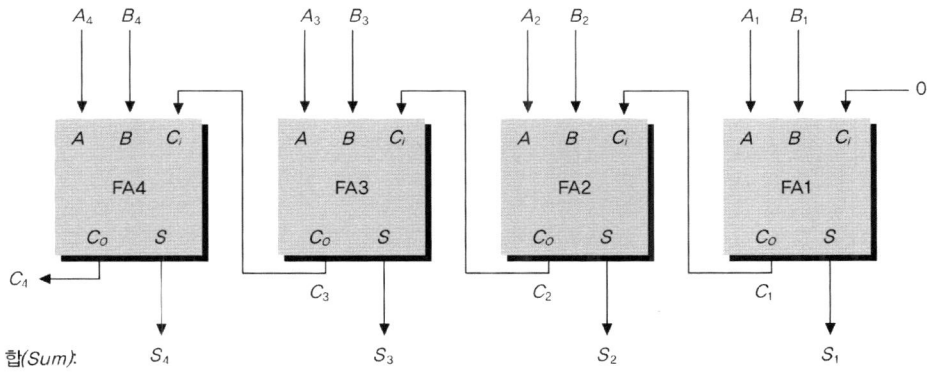

[그림 8-2] 4비트 2진 병렬 가산기

(1) 리플 캐리 가산기(ripple carry adder)

리플 캐리 가산기는 가장 간단하게 구성된 가산기로서 전가산기를 단순히 직렬로 연결한 것이다. 각 단계의 전가산기(FA_i)는 오른편에 있는 전가산기로부터 자리 올림 수를 받고 왼편에 있는 전가산기로 자리 올림 수를 보낸다. 그러므로 자리 올림 수는 오른편에서 왼편으로 전가산기를 통해 전파되기 때문에 리플 캐리 가산기라고 불린다. 이러한 리플 효과 때문에 전체 회로의 전파 지연 시간(propagation delay)은 단계가 많을수록, 즉 연산할 비트수가 많을수록 그만큼 연산의 지연시간이 길어지게 된다.

[그림 8-2]에서 각각의 전가산기의 계산 지연 시간이 $5ns$라고 할 때에 4비트 덧셈의 경우 네 개의 FA를 거쳐야 하기 때문에 전체 덧셈에 걸리는 시간은 $5ns \times 4 = 20ns$가 된다. 데이터의 길이가 길면 길수록 전체 덧셈 계산은 데이터 길이의 배수만큼 긴 시간이 걸리게 된다. 이와 같이 긴 연산 시간을 단축시키는 방법으로 올림 수 미리 보기 가산기가 등장하였다.

(2) 올림 수 미리보기 가산기(carry look-ahead adder)

올림 수 미리보기 가산기에서는 입력 비트들을 이용하여 올림 수를 예측함으로써 각각의 FA가 하위 비트 덧셈들이 끝날 때까지 기다리지 않고 즉시 덧셈을 수행할 수 있다.

올림 수 미리보기 회로를 설계하기 위해 각각의 FA 내부 회로를 살펴보면 [그림 8-3]과 같다.

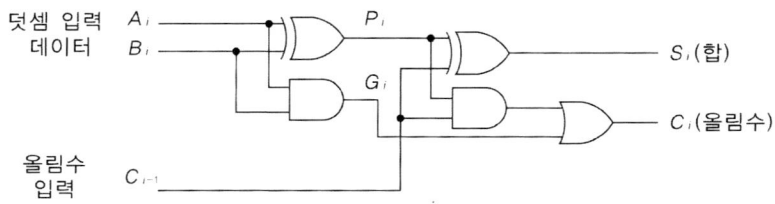

[그림 8-3] 전가산기의 내부 회로

[그림 8-3]에서 전가산기의 입력은 덧셈 입력 데이터와 올림 수 등으로 이루어진다. 올림 수 입력은 바로 전 단계의 전가산기로부터 발생한 자리 올림 수를 말한다.

[그림 8-3]에서 올림 수 C_i는 OR 게이트의 출력인데 이 OR 게이트의 입력은 두 AND 게이트의 출력으로 이루어진다. 이를 통해 올림 수는 아래의 두 경우에 발생함을 알 수 있다.

① 바로 전 가산기로부터 올라온 올림 수 입력이 1이고, 현 단계의 두 덧셈 입력 데이터가 서로 다른 경우

② 현 단계의 두 덧셈 입력 데이터가 모두 1인 경우

상기 ①의 경우에서 현 단계의 두 입력 값들의 XOR 게이트 출력 $P_i = A_i \oplus B_i$가 1이면 바로 전 단계의 올림 수 C_{i-1}이 앞 단계의 자리 올림 수 C_i로 전달될 수 있음을 나타내므로 P_i를 올림 수 전달(carry propagation)이라고 부른다.

상기 ②의 경우에서는 두 입력 값 A_i와 B_i가 모두 1이면 AND 게이트의 출력인 G_i가 1이 되므로 다른 입력 값에 상관없이 C_i가 1이 된다. 따라서 변수 $G_i = A_i B_i$를 올림 수 발생(carry generation)이라고 부른다.

앞에서 설명한 올림 수 전달 변수 P_i와 올림 수 발생 변수 G_i를 [그림 8-2]의 전가산기 (FA)들에 대하여 각각 표현하면 아래와 같다.

FA1: $P_1 = A_1 \oplus B_1$, $G_1 = A_1 B_1$

FA2: $P_2 = A_2 \oplus B_2$, $G_2 = A_2 B_2$

FA3: $P_3 = A_3 \oplus B_3$, $G_3 = A_3 B_3$

FA4: $P_4 = A_4 \oplus B_4$, $G_4 = A_4 B_4$

[그림 8-3]에서 합 S_i와 올림 수 C_i에 대한 부울 함수를 구하면 아래와 같다.

$S_i = P_i \oplus C_{i-1}$
$C = G_i + P_i C_{i-1}$

상기 식을 이용하여 각 단계의 전가산기(FA)에서 발생하는 올림 수 출력에 대한 부울

함수들을 유도하면 아래와 같다.

$$C_1 = G_1 + P_1 C_0$$
$$C_2 = G_2 + P_2 C_1 = G_2 + P_2(G_1 + P_1 C_0) = G_2 + P_2 G_1 + P_2 P_1 C_0$$
$$C_3 = G_3 + P_3 C_2 = G_3 + P_3(G_2 + P_2 G_1 + P_2 P_1 C_0)$$
$$= G_3 + P_3 G_2 + P_3 P_2 G_1 + P_3 P_2 P_1 C_0$$

C_1은 원래 FA1에서 생성된 것이지만 FA1의 동작과 상관없이 상기의 함수에서와 같이 G_1, P_1, C_0들 사이에 AND 연산과 OR 연산을 통해서도 구할 수 있다. 또한 C_2와 C_3도 조금 복잡한 부울 연산을 수행하면 FA2와 FA3의 동작과 상관없이 구할 수 있다. 위의 세 함수들을 논리 게이트로 구현하면 [그림 8-4]와 같은데 이를 올림 수 미리보기 발생기(carry look-ahead generator)라고 부른다. [그림 8-4]에서 보면 각각의 올림 수 C_1, C_2, C_3 등은 AND 게이트와 OR 게이트의 두 단계만을 거치므로 리플 지연 시간을 없앨 수 있게 된다. 그러나 상위 단계의 올림 수로 갈수록 하위 단계의 모든 P와 G를 사용해야 하기 때문에 게이트들의 입력 개수가 그만큼 증가하는 단점이 생긴다.

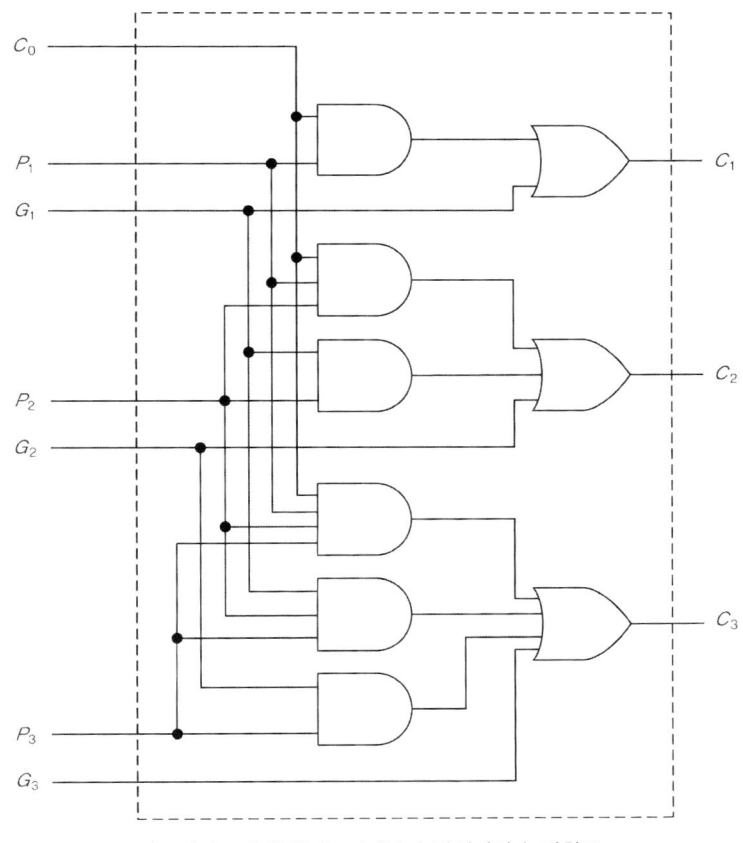

[그림 8-4] 올림 수 미리보기 발생기의 논리회로

병렬 가산기에 올림 수 미리보기 발생기를 추가하여 올림 수 미리보기 가산기를 구성해 보면 [그림 8-5]와 같다. 올림 수 미리보기 가산기는 크게 덧셈기와 올림 수 미리보기 발생기로 구성된다. 덧셈기는 올림 수 미리보기 발생기와 입력변수를 통해 덧셈 결과의 각 비트를 구하고 올림 수 미리보기 발생기는 상위 단계로 올라갈 자리 올림 수를 출력으로 얻는다.

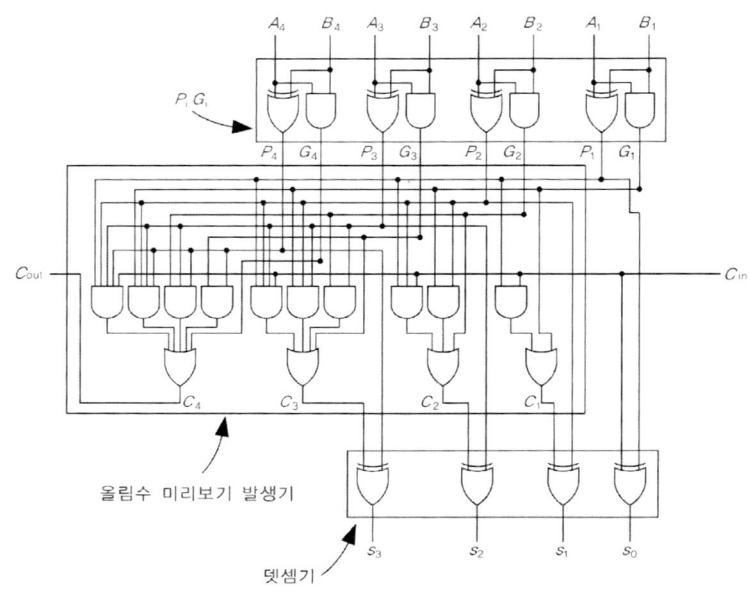

[그림 8-5] 올림 수 미리보기 가산기

8.2.3. 가감산기

일반적으로 디지털 컴퓨터에서는 2진수 뺄셈을 위해 별도의 회로가 구비되어있지 않고, 덧셈과 뺄셈을 모두 수행할 수 있는 공통 회로인 가감산기(adder-subtracter)가 포함되어 있다. 디지털 컴퓨터에서는 뺄셈도 아래와 같이 덧셈을 이용하여 수행할 수 있다.

$A - B = A + (-B)$

피감수 A에서 감수 B를 빼는 계산은 감수 B를 2의 보수로 바꾼 다음에 두 수를 더하면 된다. 이와 같은 원리를 이용하여 덧셈과 뺄셈을 모두 수행할 수 있는 4비트 병렬 가감산기(4 bit parallel adder-subtracter)는 [그림 8-6]에서와 같이 구성할 수 있다.

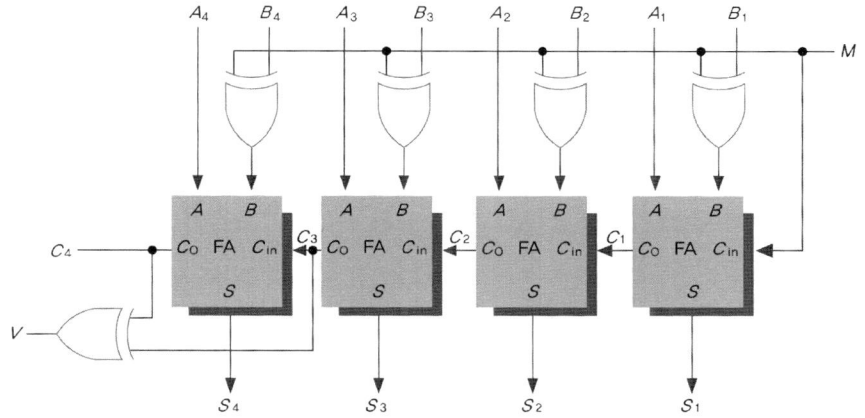

[그림 8-6] 4비트 병렬 가감산기 구조도

[그림 8-6]에서 입력 데이터 A_i와 B_i는 해당 FA로 들어가는데 이들 중에서 B_i는 해당 비트의 FA 입력으로 직접 들어가지 않고 M 비트와 XOR 게이트를 통과하여 들어가게 되어 있다. M 값이 0으로 세트 되어 있으면 가감산기가 덧셈으로 동작되고, 1로 세트되어 있으면 뺄셈으로 동작된다.

[그림 8-6]에서 덧셈($M=0$)의 경우에는 XOR 게이트의 출력이 B_i와 일치하므로 입력 비트들이 각각의 FA에 그대로 들어간다. 그러나 뺄셈($M=1$)의 경우에는 입력 B_i 비트들이 반전되어 XOR 게이트의 출력에 나타나므로 입력 B의 보수 값이 FA에 입력된다. 단순히 반전만 되면 이는 1의 보수 값이 되므로 2의 보수 값을 갖게 하기 위해서 비트 반전된 결과 값에 1을 더해주어야 하는데 이를 위해 M 비트(뺄셈에서는 $M=1$)를 C_{in} 입력에 연결시킨다. 즉 뺄셈의 경우에는 최하위 비트들을 더하는 과정에서 추가적으로 1을 더하도록 한 것이다.

덧셈의 경우에는 최상위 비트들 간의 덧셈($A_4+B_4+C_3$)의 결과로 발생하는 올림 수 C_4가 다음 자리의 올림 수로 동작되지만, 뺄셈의 경우에는 올림 수 C_4를 버리기 때문에 출력 C_4가 필요하지 않게 된다. 출력 C_4는 출력 C_3와 함께 XOR 게이트의 입력으로 사용되고 있는데 이 XOR 게이트 회로는 오버플로우를 검출하기 위한 것이다. 오버플로우를 나타내는 플래그(flag) V는 $V=C_4 \oplus C_3$의 관계식으로 표현될 수 있는데 이는 최상위 올림 수(C_4)와 그 아래의 올림 수(C_3)가 서로 다른 값을 가지면 오버플로우가 발생함을 의미하기 때문이다.

8.3. 디코더

디지털 시스템에서 n비트로 된 2진 코드는 서로 다른 정보 2^n개를 나타낼 수 있다. 디코더(decoder)는 n비트로 된 2진 코드를 입력으로 하여 2^n개의 출력들 중에서 하나를 선택하는 회로이다. 1비트로 구별할 수 있는 개수는 $2^1 = 2$로서 2가지이다. 예를 들어서 하나의 입력으로 둘 중의 하나를 선택하는 디코더를 1×2디코더라고 부른다. 이 디코더에서 입력 변수를 A라고 할 때에 $A = 0$이면 두 개의 출력 단 중에서 위쪽을, 그리고 $A = 1$이면 아래쪽의 출력단을 선택하는 동작을 구현할 수 있다.

상용 IC로서 가장 기본적인 디코더는 2비트의 입력을 받아서 네 개의 출력단들 중의 하나를 선택해주는 2×4디코더가 있다. [그림 8-7]은 2×4디코더의 블록도를 보여준다. 그리고 [표 8-1]은 2×4디코더의 진리표를 나타낸다.

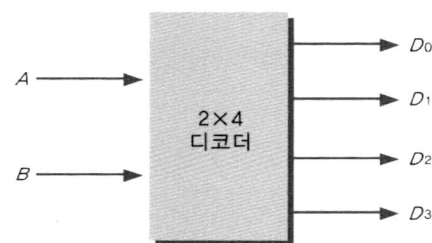

[그림 8-7] 2×4디코더의 블록도

[표 8-1] 2×4디코더의 진리표

A	B	D_0	D_1	D_2	D_3
0	0	1	0	0	0
0	1	0	1	0	0
1	0	0	0	1	0
1	1	0	0	0	1

2×4디코더는 입력변수가 두 개이므로 $2^2 = 4$개의 출력단을 서로 구별할 수 있다. 입력변수가 A와 B라고 할 때에 이들 변수의 비트 조합은 [표 8-1]에서와 같이 네 가지로 이루어지며 각각의 입력변수 조합에 따라 서로 다른 4개의 출력단을 선택하게 됨으로써 디코더 동작이 구현된다.

진리표를 바탕으로 각각의 출력 D_0, D_1, D_2, D_3에 대한 부울 함수를 구해보면 아래와 같다.

$D_0 = \overline{A}\,\overline{B}$

$D_1 = \overline{A}B$

$D_2 = A\overline{B}$

$D_3 = AB$

상기 부울 함수에 따라 2×4 디코더의 논리회로를 구성하면 [그림 8-8]과 같다.

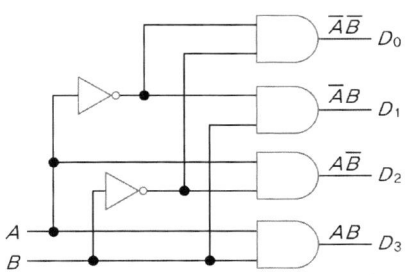

[그림 8-8] 2×4 디코더의 논리회로

입력이 3개인 디코더는 출력이 $2^3 = 8$개로서 3×8 디코더라고 부른다. 2×4에서와 유사한 방법으로 입력변수 A, B, C의 조합에 따라 8개의 출력들 중에 하나가 선택되며 3×8 디코더의 진리표는 [표 8-2]와 같다.

[표 8-2] 3×8 디코더의 진리표

A	B	C	D_0	D_1	D_2	D_3	D_4	D_5	D_6	D_7
0	0	0	1	0	0	0	0	0	0	0
0	0	1	0	1	0	0	0	0	0	0
0	1	0	0	0	1	0	0	0	0	0
0	1	1	0	0	0	1	0	0	0	0
1	0	0	0	0	0	0	0	0	0	0
1	0	1	0	0	0	0	1	1	0	0
1	1	0	0	0	0	0	0	0	1	0
1	1	1	0	0	0	0	0	0	0	1

상기의 진리표를 통해 각각의 출력 $D_0, D_1, D_2, D_3, D_4, D_5, D_6, D_7$ 등에 대한 부울 함수를 표현하면 아래와 같다.

$$D_0 = \overline{A}\overline{B}\overline{C}$$
$$D_1 = \overline{A}\overline{B}C$$
$$D_2 = \overline{A}B\overline{C}$$
$$D_3 = \overline{A}BC$$
$$D_4 = A\overline{B}\overline{C}$$
$$D_5 = A\overline{B}C$$
$$D_6 = AB\overline{C}$$
$$D_7 = ABC$$

상기 부울 함수에서와 같이 각각의 디코더 출력은 최소항을 나타내므로 예를 들어서 $\overline{A}\overline{B}\overline{C}+\overline{A}\overline{B}C$의 부울 함수는 디코더 출력 D_0와 D_1의 OR함수로도 구성할 수 있다. 부울 표현 $F(A,B,C) = \sum m(2,3,4,5)$에 대한 회로를 디코더를 사용하여 구성하면 [그림 8-9]와 같다. [그림 8-9]에서와 같이 디코더의 출력 2, 3, 4, 5를 OR 게이트로 묶음으로써 상기의 부울 표현을 보다 편리하게 구현할 수 있다.

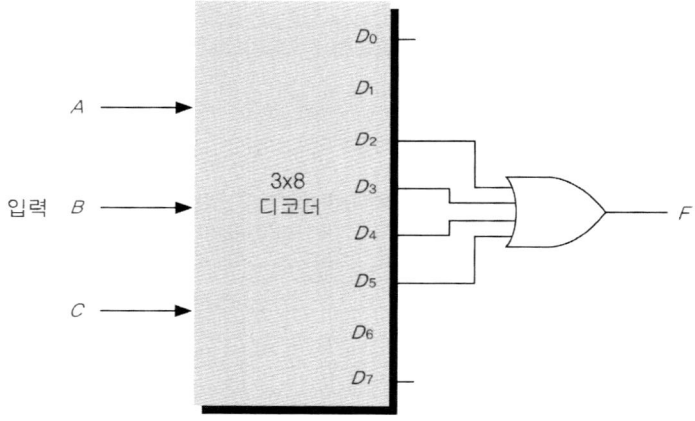

[그림 8-9] 디코더를 이용한 조합회로의 구현 예

디코더는 컴퓨터 시스템에서 기억장치의 주소를 지정하는 데에 활용되고 있다. 컴퓨터 시스템의 기억장치는 일정한 크기의 메모리를 여러 개 사용함으로써 메모리를 확장시킨다. 예를 들어서 1K비트의 메모리를 2개 사용하면 2K비트 크기의 메모리로 확장된다. 1K비트의 메모리는 어드레스 라인이 10개($2^{10} = 1,024$) 필요한데 어드레스 0~어드레스 9까지는 두 메모리에 동시에 입력된다.

1K메모리라 함은 내부에 $10 \times 1,024$디코더가 설정되어 있는 것이다. 동일한 크기의 1K비트 메모리 두 개를 서로 구분하기 위해서는 또 하나의 어드레스 라인, 즉 어드레스 10

이 필요한데 이 라인을 이용하면 두 메모리를 선택할 수 있다. 하나의 메모리 CE(Chip Enable)에는 어드레스 10을 인버팅하여 연결하고 또 다른 메모리의 CE에는 어드레스 10을 직접 연결함으로써 두 메모리를 구분 선택할 수 있게 된다. 즉 1×2 디코더를 외부에 붙임으로써 두 메모리를 선택할 수 있는 회로를 구성하는 것이다. 이와 동일한 방식으로 메모리의 외부에 3×8 디코더를 부착하여 각각의 출력을 각각의 1K비트 메모리 CE에 연결하면 8K 비트 메모리로 확장시킬 수 있게 된다.

입력변수가 적은 디코더를 사용하여 보다 많은 입력변수를 가지는 디코더를 구성할 수 있다. 디코더에 $\overline{E_n}$ 단자가 있는데 이는 이 단자의 입력이 0일 때에만 디코더가 Enable(인에이블), 즉 동작함을 의미한다. 이와 같이 입력 단자에 ‾(바)가 붙으면 이를 active low 입력 단자라고 부르는데 이는 이 단자의 입력이 low일 때에만 활성화됨을 나타낸다. [표 8-3]은 인에이블($\overline{E_n}$) 입력 단자를 가진 디코더의 진리표를 보여준다.

[표 8-3] 인에이블($\overline{E_n}$) 입력 단자를 가진 디코더의 진리표(김종현217)

$\overline{En}$	A	B	D_0	D_1	D_2	D_3
0	0	0	0	1	1	1
0	0	0	1	0	1	1
0	1	0	1	1	0	1
0	1	1	1	1	1	0
1	X	X	1	1	1	1

상기의 진리표에서는 디코더의 출력이 선택되면 그 출력 값이 0을 가진다. 진리표 상에서 $\overline{E_n}$ 입력 단자가 1이면 이는 디코더가 활성화되지 않으므로 어느 출력 단자도 선택되지 못함을 나타낸다.

이러한 $\overline{E_n}$ 입력 단자를 가진 디코더를 함께 구성하면 더 많은 수의 입력변수를 가지는 디코더를 구성할 수 있게 된다. 예를 들어서 4×16 디코더는 $\overline{E_n}$ 단자가 있는 3×8 디코더를 [그림 8-10]과 같이 연결하여 구현할 수 있다.

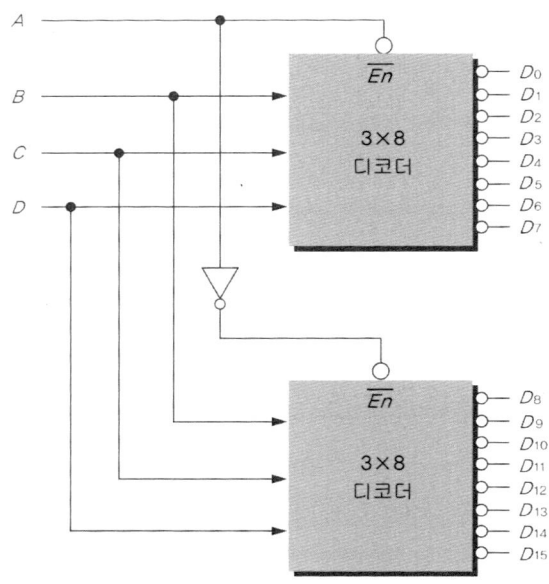

[그림 8-10] 3×8 디코더를 이용한 4×16 디코더 구성

[그림 8-10]에서 입력변수 B, C, D는 두 개의 3×8 디코더의 입력변수로 동시에 들어간다. 그런데 입력변수 A는 인버팅된 신호와 직접 신호로 나누어서 각각의 3×8 디코더의 $\overline{E_n}$ 입력 단자에 연결되어 있다. 여기에서 입력변수 A는 최상위 비트이며 이 값이 0이면 위 디코더가 액티브되고 1이면 아래 디코더가 액티브 된다. 즉 $A = 0$이면 0000부터 0111까지의 출력이 선택되고 $A = 1$이면 1000부터 1111까지의 출력이 선택된다. 각 디코더에서 어느 출력이 선택되느냐는 입력변수 B, C, D에 의해 결정된다.

8.4. BCD-7세그먼트(segment) 디코더

7세그먼트(segment)는 10진수 숫자를 표시하기 위해 내부에 LED 7개로 구성되며 탁상용 전자계산기나 디지털 시계 등에서 간단한 정보를 확인하기 위한 출력장치로 사용된다.
7세그먼트 10진수 표시기를 [그림 8-11]에 나타낸다.

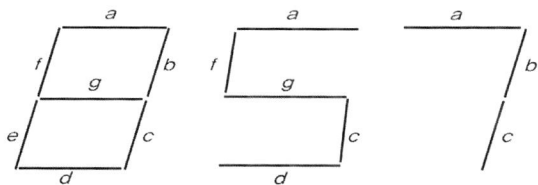

(a) 7개의 표시용　　(b) 10진수 5의 표시　(c) 10진수 7의 표시
세그먼트

[그림 8-11] 7세그먼트 10진수 표시기

[그림 8-11]에서 7세그먼트의 LED는 a에서 g까지 7개로 구성되며 10진수의 5를 표시하기 위해서는 LED a, c, d, f, g가 ON 되어야 하고 10진수 7을 표시하기 위해서는 LED a, b, c가 ON 되어야 한다.

10진수 숫자를 표시하기 위해서는 입력변수가 4개 필요하며 입력변수 값이 1010에서 1111까지는 don't care 조건으로 설정된다. [표 8-4]는 7세그먼트 디코더 진리표를 나타낸다.

[표 8-4] 7세그먼트 디코더 진리표

10진수	A	B	C	D	a	b	c	d	e	f	g
0	0	0	0	0	1	1	1	1	1	1	0
1	0	0	0	1	0	1	1	0	0	0	0
2	0	0	1	0	1	1	0	1	1	0	1
3	0	0	1	1	1	1	1	1	1	0	1
4	0	1	0	0	0	1	1	0	0	1	1
5	0	1	0	1	1	0	1	1	0	1	1
6	0	1	1	0	0	0	1	1	1	1	1
7	0	1	1	1	1	1	1	0	0	0	0
8	1	0	0	0	1	1	1	1	1	1	1
9	1	0	0	1	1	1	1	0	0	1	1

1＝해당 시그먼트 ON　　　　　　　　　　0＝해당 시크먼트 OFF

[표 8-4]에서 출력 a에 대해 부울 대수로 표현하면 아래와 같다.

$a = \sum m(0, 2, 3, 5, 7, 8, 9)$

상기 부울 표현을 카르노 맵으로 작성하면 [그림 8-12]의 (a)와 같으며 부울 함수는 아래와 같으며 이 식의 회로도는 그림 (b)와 같다.

$$a = A + \overline{B}\,\overline{D} + CD + BD$$

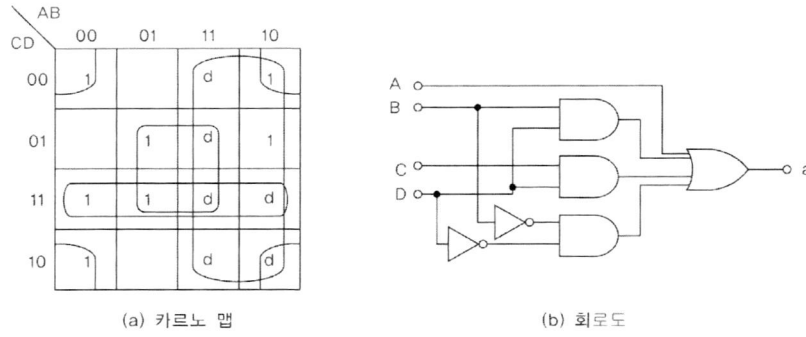

(a) 카르노 맵　　　　　　(b) 회로도

[그림 8-12] 7세그먼트 출력 a에 대한 카르노 맵과 논리회로

출력변수 b, c, d, e, f, g 등도 상기와 동일한 방법으로 진리표로부터 카르노 맵을 작성하여 간략화시킨 부울 함수를 통해 논리회로를 작성할 수 있다. 이러한 방법으로 구성된 논리회로를 직접 직접화시켜서 한 개의 소자로 만든 것이 7447이다.

8.5. 인코더

사람은 일상생활에서 10진수를 사용하지만 디지털 시스템에서는 0과 1로만 구성되는 2진수를 사용한다. 따라서 인간이 사용하는 정보를 디지털 시스템에서 처리하는 경우 10진수의 데이터를 2진수의 데이터로 변환해야 한다. 이와 같은 기능을 구현하는 조합회로가 인코더(encoder)이다. 역으로 디지털 시스템에서 처리된 2진수의 데이터를 인간이 이해할 수 있는 10진수의 데이터로 바꾸어 주는 조합회로가 디코더(decoder)이다.

인코더는 디코더와 반대되는 기능을 수행하는 조합회로이다. 인코더는 2^n개 이하의 입력과 n개의 출력을 가진다. 예를 들어서 8진-2진 인코더는 8개의 입력의 디지트 각각에 대해 2진수를 출력하기 위해 3개의 출력이 있어야 한다. 디코더에서는 3개의 입력으로 8개의 출력을 갖는 것과 반대되는 개념인 것이다. [그림 8-13]은 인코더의 블록도를 나타낸다.

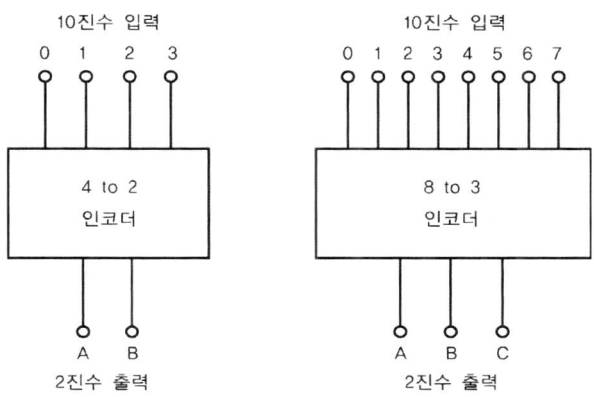

10진수 입력

0 1 2 3

4 to 2
인코더

A B

2진수 출력

10진수 입력

0 1 2 3 4 5 6 7

8 to 3
인코더

A B C

2진수 출력

[그림 8-13] 인코더의 블록도

인코더는 OR 게이트들로 구성되며 이 OR 게이트의 입력은 진리표로부터 결정된다. [표 8-5]는 8진-2진 인코더 진리표를 보여준다.

[표 8-5] 8진-2진 인코더 진리표

입력								출력			
D_0	D_1	D_2	D_3	D_4	D_5	D_6	D_7	10진수	A	B	C
1	0	0	0	0	0	0	0	0	0	0	0
0	1	0	0	0	0	0	0	1	0	0	1
0	0	1	0	0	0	0	0	2	0	1	0
0	0	0	1	0	0	0	0	3	0	1	1
0	0	0	0	1	0	0	0	4	1	0	0
0	0	0	0	0	1	0	0	5	1	0	1
0	0	0	0	0	0	1	0	6	1	1	0
0	0	0	0	0	0	0	1	7	1	1	1

[표 8-5]의 진리표에서 입력변수 D_0가 1 값을 가지는 것은 2진수로 000을 의미하는 것이고 입력변수 D_1의 값이 1이면 이는 2진수 001을 나타내는 것이다. 출력 ABC는 3비트의 2진 숫자 자리 순서로 배치되어 있다. 입력변수 D_7이 1이면 2진수 출력 ABC는 111이 된다.

[표 8-5]의 진리표를 바탕으로 출력 A, B C에 대한 부울 함수를 작성하면 아래와 같다.

$$A = D_4 + D_5 + D_6 + D_7$$
$$B = D_2 + D_3 + D_6 + D_7$$
$$C = D_1 + D_3 + D_5 + D_7$$

상기 식을 바탕으로 8진－2진 인코더 논리회로를 구성하면 [그림 8-14]와 같다.

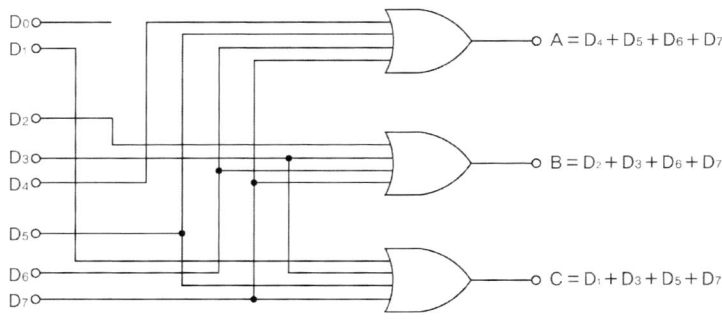

[그림 8-14] 8진-2진 인코더 논리회로

[그림 8-14]에서 D_0는 어떤 OR 게이트의 입력에도 연결되어 있지 않은데 이는 $D_0 = 1$의 경우에 2진 출력은 모두 0으로 되어야 하기 때문이다. 그러나 모든 입력이 0일 때에도 출력은 모두 0이 된다. 이 모순은 모든 입력이 0이 아니라는 사실을 나타내기 위해 추가의 출력을 하나 제공함으로써 해결된다.

인코더에서 두 개 혹은 그 이상의 입력들이 동시에 1로 세트된 경우에 그들 중에서 우선 순위가 더 높은 입력에 대응되는 출력 값을 발생하는 회로가 필요한데 이러한 인코더를 우선 순위 인코더(priority encoder)라고 한다.

4진-2진 우선순위 인코더의 입출력 관계를 [표 8-6]에 나타낸다.

[표 8-6] 4진-2진 우선순위 인코더의 입출력 관계

입력				출력		
P_3	P_2	P_1	P_0	V	A	B
1	d	d	d	1	1	1
0	1	d	d	1	1	0
0	0	1	d	1	0	1
0	0	0	1	1	0	0
0	0	0	0	0	d	d

[표 8-6]에서 디코더 입력의 우선순위는 P_3, P_2, P_1, P_0의 순이다. $P_3 = 1$이면 P_2, P_1, P_0의 입력 값에 상관없이 출력은 11이 된다. 즉 $P_3 = 1$이면 P_2, P_1, P_0는 don't care 입력조건이 되는데 이는 P_3의 입력 우선순위가 가장 높기 때문이다.

출력 A와 B 외에도 V가 있는데 이는 유효 출력(valid output)이라는 것을 나타내기 위함이다. 만약 어느 입력도 선택되지 않은 상태, 즉 모든 입력 값이 0이면 V값은 0으로 세트

된다. 이 출력이 필요한 이유는 모든 입력들이 0인 경우에도 출력이 '00'으로 나타난다면 입력 $P_0 = 1$인 경우에 대한 출력인 '00'과 구분할 수 없기 때문이다. 결과적으로 $V = 0$은 출력 A와 출력 B의 값들이 유효하지 않다는 것을 나타내며 표상에서는 d(don't care)로 표기하였다.

8.6. 멀티플렉서(MUX: multiplexer)

멀티플렉서는 다중화기로서 여러 개의 입력신호들 중에 어느 하나만을 선택하여 출력시켜주는 조합회로이다. 멀티플렉서는 일반적인 조합회로와는 달리 제어신호로서 선택기가 장착되어 있어서 이들 선택기의 신호 조합에 따라 입력신호들 중에 하나를 선택하게 되어 있으므로 데이터 선택기(data selector)라고도 불린다.

[그림 8-15]는 1 of 4 MUX 블록도를 나타낸다.

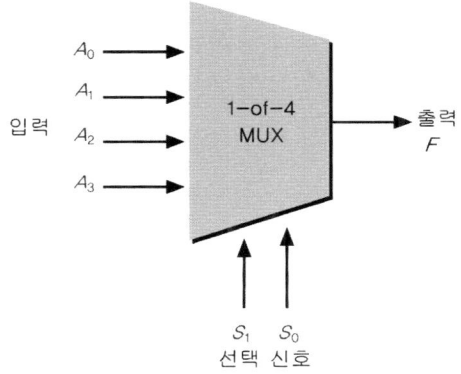

[그림 8-15] 1 of 4 MUX 블록도

이 MUX는 두 개의 선택신호를 사용하여 4개의 입력신호들 중에 하나를 선택하는 조합회로이다. 입력신호의 개수가 n개라면 선택신호의 비트 수는 $\log_2^n$만큼 필요하다. 입력신호의 개수가 4개인 경우에는 선택신호의 개수가 $\log_2^4 = 2$ 개, 입력신호의 개수가 8개인 경우에는 $\log_2^8 = 3$개의 선택신호가 요구된다.

[표 8-7]은 선택신호와 출력신호의 관계에 대해 보여준다.

[표 8-7] 선택신호와 출력신호의 관계

선택 신호		출력(F)으로 나가는 입력 신호
S_1	S_0	
0	0	A_0
0	1	A_1
1	0	A_2
1	1	A_3

[표 8-7]에서 선택신호 $S_0 = 0$, $S_1 = 0$인 경우에는 입력신호 A_0가 출력 단자로 출력된다. 이와 같이 선택신호 S_0와 S_1의 조합에 따라 입력신호 A_0, A_1, A_2, A_3 중의 하나가 출력신호로 선택된다. MUX는 내부에 마치 각각의 입력신호들과 출력신호 중간에 스위치가 설치되어 있어서 선택신호 값에 따라 이들 스위치 중에서 어느 하나의 스위치가 on 되고 나머지 스위치는 off 되는 원리에 해당한다.

[표 8-7]의 MUX를 구현하는 방법으로는 두 가지, 즉 게이트를 이용하는 방법과 3-상태 버퍼(three-state buffer)를 이용하는 방법 등이 있다. [그림 8-16]은 NOT, AND, OR 게이트들을 이용하여 구성한 1 of 4 MUX의 논리회로를 나타낸다.

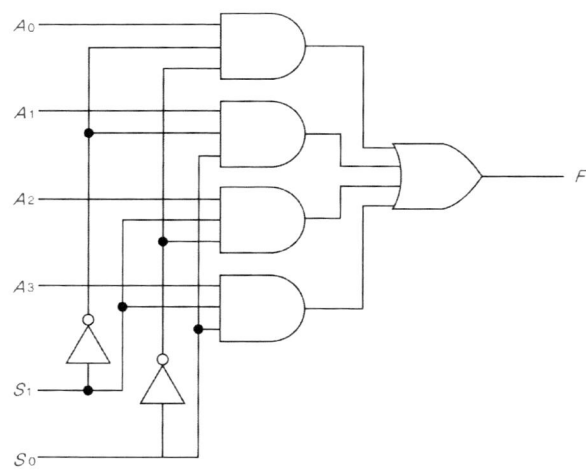

[그림 8-16] NOT, AND, OR 게이트들을 이용한 1 of 4 MUX의
논리회로

[그림 8-16]에서는 입력신호 A_0, A_1, A_2, A_3 중에서 하나의 신호가 반드시 출력된다. 그러나 디지털 시스템에서는 어떤 입력신호도 출력되지 못하게 해야 할 경우도 있다. 예를 들어서 MUX 회로를 두 개 사용하여 입력변수의 개수를 확장하고자 할 때에 두 그룹 중에서 어느 한 그룹의 입력신호는 출력에 절대 나타나지 못하도록 막아야 한다.

이와 같은 기능을 수행하는 논리 소자가 바로 3-상태 버퍼(three-state buffer)이다. 보통의 버퍼는 버퍼 출력 신호가 보다 많은 게이트에 연결이 가능하도록 fan-out을 늘려주는 기능을 수행하지만 3-상태 버퍼는 fan-out 증강과 함께 three-state 출력을 제공한다.

three state는 0레벨도 아니고 1레벨도 아닌 상태로서 출력 단자가 마치 끊어진 상태와 같은 상태를 말한다. 3-상태 버퍼에는 인에이블(En)단자가 있는데 이 신호가 액티브(active)될 때에만 입력신호가 출력 단자에 나타나고 인에이블(En) 신호가 인 액티브(in active)되면 입력신호는 출력 단자에 나타나지 않고 선이 끊어진 상태, 즉 three state 출력을 가진다. 이와 같이 출력 단자가 끊어진 상태를 '높은 임피던스 상태(high-impedance state)라고 한다.

[그림 8-17]은 3-상태 버퍼를 이용한 1 of 4 MUX의 구성도를 나타낸다.

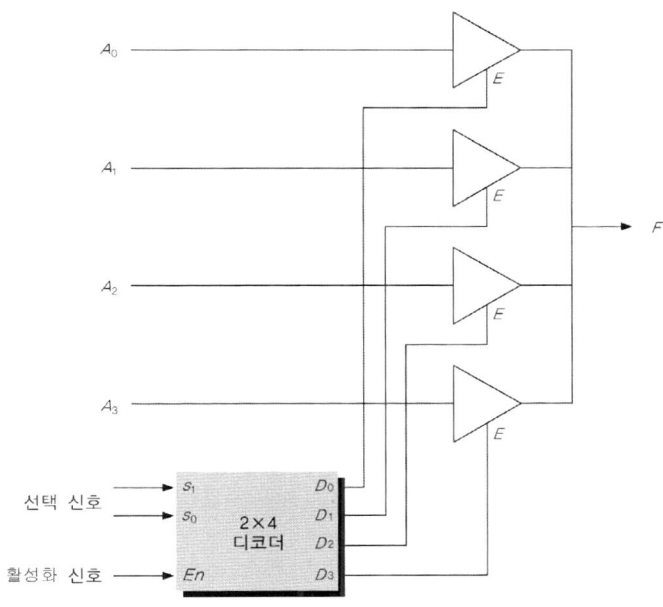

[그림 8-17] 3-상태 버퍼를 이용한 1 of 4 MUX의 구성도

[그림 8-17]에서 4개의 3-상태 버퍼가 사용되며 각각의 En단자는 2×4디코더의 출력을 이용하고 있다. 예를 들어서 $S_0 = 0, S_1 = 0$이고 디코더의 En단자가 활성화되면 4개의 버

퍼들 중에서 맨 위의 버퍼만이 액티브(active)되어 A_0신호가 출력 F에 나타나고 나머지 3개의 버퍼들은 모두 three-state 상태가 되어 각각의 입력신호를 출력에 내보내지 못한다. 이와 같이 선택신호 S_0와 S_1의 조합에 따라 입력신호 A_0, A_1, A_2, A_3 중에서 하나의 신호가 출력 F에 나타나는 것이다.

8.7. 디멀티플렉서(DEMUX: demultiplexer)

디멀티플렉서는 멀티플렉서와 반대되는 기능을 수행하는 조합회로이다. 디멀티플렉서는 하나의 입력 신호가 여러 개의 출력 단자들 중에서 어느 출력 단자로 나가는가를 결정해 주는 논리회로이다. 선택신호의 개수에 따라 출력 단자의 개수가 정해진다. 즉 선택신호의 개수가 2개이면 입력신호가 $2^2 = 4$개의 출력 단자들 중에서 하나의 출력 단자로 전달되고 선택신호의 개수가 3이면 $2^3 = 8$개의 출력 단자들 중에서 하나의 출력 단자로 입력신호가 전달된다.

디멀티플렉서는 멀티플렉서와 조합을 이루어서 통신장치의 스위칭 기능에 많이 사용되고 있다. [그림 8-18]은 멀티플렉서와 디멀티플렉서의 연동을 보여준다.

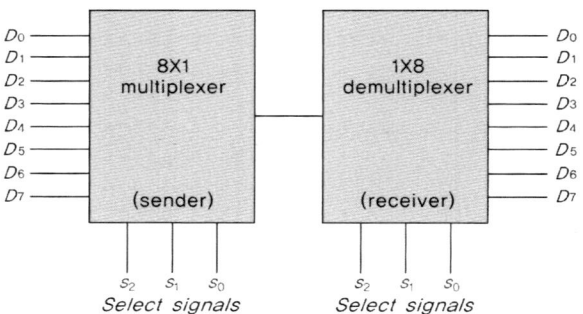

[그림 8-18] 멀티플렉서와 디멀티플렉서의 연동

[그림 8-18]에서 멀티플렉서의 선택신호를 $S_0 = 0, S_1 = 0, S_2 = 0$으로 하고 디멀티플렉서의 선택신호를 $S_0 = 1, S_1 = 0, S_2 = 0$으로 설정한다면 입력신호 D_0는 출력신호 D_1에 전달됨으로써 D_0라인과 D_1라인 사이에 스위칭 동작이 일어나게 된다. [그림 8-18]에서 멀티플렉서와 디멀티플렉서 사이에 메모리를 두어서 입력신호와 출력신호 사이에 동기를 맞춘다면 타임스위치(time switch) 회로장치 기능을 구현할 수 있게 된다.

8.8. 프로그램 논리장치

8.8.1. 프로그램 논리장치의 개요

프로그램 논리장치(PLD: Programmable Logic Device)는 여러 개의 소규모 혹은 중규모 집적회로 칩 대신에 대규모 집적회로 칩을 사용하여 동일한 기능을 수행하도록 해주는 장치이다.

프로그램 논리장치는 내부에 규칙적인 회로를 구비하여 사용자로 하여금 자신의 응용 분야에 적합하도록 프로그램을 통해 회로기능을 개발할 수 있도록 해준다. 즉, 여러 종류의 설계 자동화 소프트웨어 도구를 이용하여 프로그래밍 언어로 프로그램을 작성하여 하드웨어 기능을 구현할 수 있고 또한 소프트웨어 도구를 통해 설계상의 결함을 찾아서 쉽게 변경도 할 수 있다.

프로그램 논리장치에는 AND 게이트들로 이루어진 AND 배열(AND array)과 OR 게이트들로 구성되는 OR 배열(OR array)이 있다.

[그림 8-19]는 게이트 배열의 내부 회로 예를 보여준다.

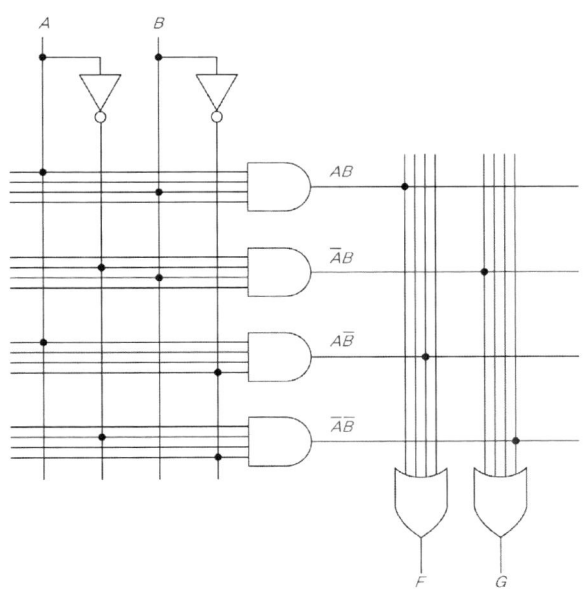

[그림 8-19] 게이트 배열의 내부 회로 예

[그림 8-19]는 NOT 게이트, AND 게이트, OR 게이트 등으로 구성되어 있다. AND 게이트의 입력은 4개로 구성되는데 여기에는 입력 A와 B의 모든 조합들을 다 수용할 수 있게 되어 있다. 입력선 A, 입력선 $\overline{A}$, 입력선 B, 입력선 $\overline{B}$ 등을 AND 게이트 입력으로 선택하려면 이들 입력선과 AND 게이트 입력선들의 교차점(intersection)을 서로 연결시켜주면 된다.

[그림 8-19]에서는 입력선 A와 B가 맨 위의 AND 게이트로 입력되는 입력선 상의 교차점에 까만 동그라미로 표시되어 있으므로 이 AND 게이트의 출력은 AB가 된다. AND 게이트들의 출력선들도 OR 게이트 입력선들과 교차점으로 만나므로 이들 교차점의 연결 여부에 따라 OR 게이트의 입력이 선택된다. [그림 8-19]에서와 같이 프로그램된 게이트 배열의 출력함수 F와 G는 아래와 같이 표현할 수 있다.

$$F = AB + A\overline{B}$$
$$G = \overline{A}B + \overline{A}\,\overline{B}$$

그런데 게이트 배열에서 게이트의 수와 입력선의 수가 많아지게 되면 신호선들이 많아지고 이에 따라 회로가 복잡해진다. 회로도를 보다 단순화하기 위해 입출력 선을 한 개씩만 표시하는 방법이 주로 사용된다. [그림 8-20]은 [그림 8-19]의 회로를 간략화시킨 것이다.

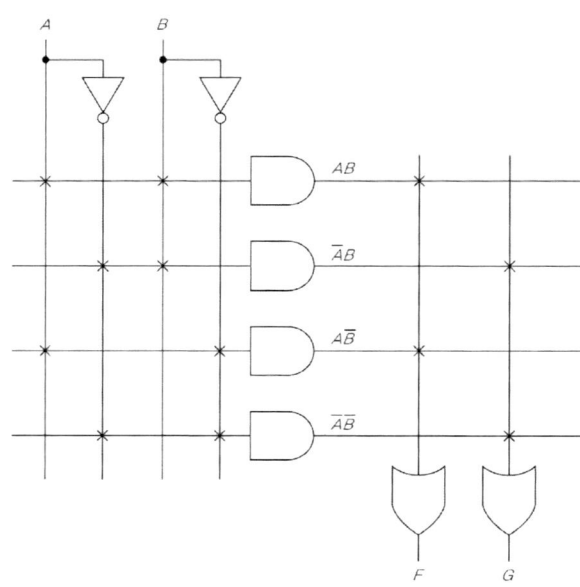

[그림 8-20] 게이트 배열 회로의 간략화 표기

8.8.2. ROM(Read Only Memory)

ROM은 n개의 입력변수에 2^n개의 출력 단자를 가지는 디코더와 OR 게이트로 구성된다. ROM 내부 디코더 출력의 최소항(Minterm)들 중에서 필요한 입력들을 선택하여 OR 게이트에 연결하는 과정을 ROM의 프로그램이라고 한다. 디코더의 입력은 ROM의 어드레스(address)가 된다. 어드레스는 ROM의 저장 셀들의 주소를 나타내는 입력신호로서 예를 들어서 어드레스가 A_0, A_1, A_2와 같이 3개의 입력을 가진다면 $2^3 = 8$개의 서로 다른 저장 셀들이 구비되어 있고 이 어드레스 라인을 통해 8개 셀들 중에서 하나의 셀 데이터를 액세스(access)할 수 있는 것이다.

ROM을 이용하여 전가산기를 설계해 보기로 하자.

전가산기의 S(합)와 C(올림 수)에 대한 부울 표현은 아래와 같다.

$S(A, B, C) = \sum m(1, 2, 4, 7)$
$C(A, B, C) = \sum m(3, 5, 6, 7)$

상기의 부울 표현을 ROM으로 구현하기 위해서는 입력의 개수가 3개이고 출력의 개수가 2개이므로 $2^3 \times 2 = 16$비트 사이즈의 ROM이 필요하다.

[그림 8-21]은 ROM을 이용한 전가산기의 설계를 보여준다.

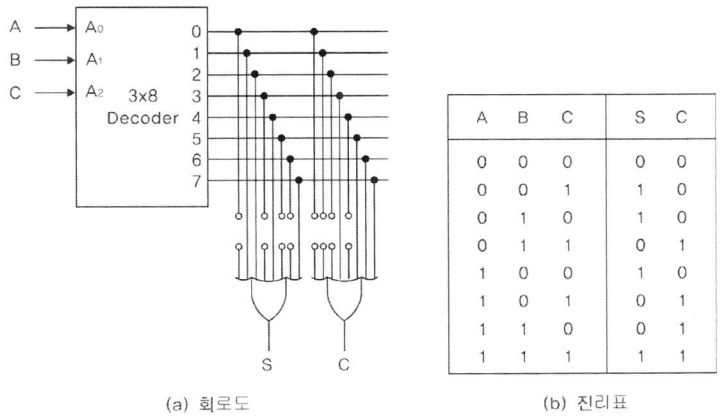

| (a) 회로도 | | | (b) 진리표 | |

A	B	C	S	C
0	0	0	0	0
0	0	1	1	0
0	1	0	1	0
0	1	1	0	1
1	0	0	1	0
1	0	1	0	1
1	1	0	0	1
1	1	1	1	1

[그림 8-21] ROM을 이용한 전가산기의 설계

[그림 8-21]에서도 알 수 있듯이 ROM을 이용하여 조합회로를 구현하는 것은 회로 구성을 위한 진리표를 그대로 ROM 내부에 저장하는 형태와 같다. ROM의 디코더 출력선과 OR 게이트 입력선 사이의 교차점은 퓨즈(fuse)에 의해 접속되어 있다. ROM은 제조 단계에

서 퓨즈를 이용하여 모든 교차점을 접속해 둔다. 그 이후에 사용자가 그 칩을 이용하여 원하는 회로를 구현할 때에는 접속되어야 하는 교차점 외의 모든 퓨즈들을 녹여서 단절 (open)시키면 된다.

[그림 8-21]에서 $A = 0, B = 0, C = 0$이면 디코더의 출력 0단자가 1값을 가지는데 진리표 상에서 이 조합 상태에서는 출력 S와 C가 모두 0값을 가지므로 퓨즈를 절단시켜서 이 조합으로부터 출력되는 1값이 OR 게이트에 들어가지 못하도록 막고 있다. 이와 같이 ROM 의 내부 연결은 진리표를 그대로 옮겨 놓은 것과 같다. 따라서 설계하고자 하는 함수의 진리표만 명확하다면 ROM을 이용한 설계과정은 단순한 작업에 해당한다.

ROM에 필요한 자료를 저장하려면 사용자는 함수의 진리표를 만들어서 제작자에게 넘겨주고 제작자는 사용자의 요구에 맞는 마스크(Mask)를 만들어서 진리표에 맞게 동작하도록 연결 형태를 결정한다. ROM은 사용자가 원하는 진리표대로 제작공장에서 제작이 완료되면 더 이상 수정이 불가능해진다. 모든 ROM이 논리회로 설계를 위한 진리표 데이터만을 저장하기 위해 사용되는 것은 아니다. PC에서 동작하는 프로그램도 ROM화 되어 있다.

공장에서 제작되는 ROM은 대량생산의 이점이 있으나 수정이 불가하다는 단점이 있기 때문에 이러한 단점을 극복하기 위해 부품 개수가 많이 필요로 하지 않을 경우 PROM(Programmable ROM)을 사용하게 된다. PROM은 링크가 퓨즈로 되어 있어서 과전류를 흘림으로써 연결을 차단시킬 수 있도록 되어 있다. PROM은 사용자가 한 번은 자료를 저장할 수 있지만 내용을 변경하려면 그 칩을 버리고 새로운 PROM으로 수정 데이터를 저장시켜야 한다. EPROM(Erasable PROM)은 사용자가 자외선을 비추는 장비를 통해 끊어진 링크를 복원할 수 있기 때문에 재사용이 가능하다.

8.8.3. PLA(Programmable Logic Array)

ROM은 논리회로에 대한 진리표 데이터가 저장되어 있는 형태이므로 간략화된 부울함수가 아님에 따라 불필요한 AND 게이트들이 포함되어 있는 셈이다. 만일 ROM에서 사용되는 디코더 대신에 사용자가 임으로 AND 게이트를 연결하여 사용할 수 있다면 실제로 필요한 AND 게이트의 수는 적어지게 된다. ROM 내의 디코더는 출력의 사용 형태가 아니고 입력의 개수에 따라 그 복잡도가 정의된다. 더군다나 don't care 조건이 있으면 AND 게이트를 더 줄일 수 있는데 ROM에서는 이러한 사항을 반영할 수 없다.

PLA(Program Logic Array)는 사용자가 프로그래밍 과정을 통해 AND 배열 부분을 임의로 연결하도록 하여 하드웨어 요구량을 ROM보다 작게 할 수 있도록 해주는 장치이다. [그림 8-22]는 PLA의 블록도를 나타낸다. PLA는 n개의 입력, m개의 출력, AND 게이트로 이루어진 k개의 곱항, OR 게이트로 이루어진 m개의 합항 등으로 구성된다.

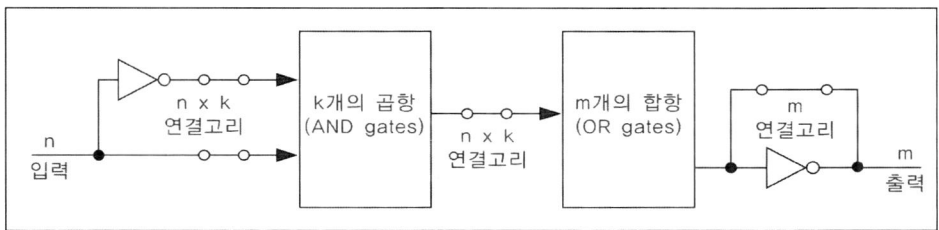

[그림 8-22] PLA의 블록도

PLA를 이용하여 아래와 같은 부울 함수들을 구현해 보자.

$w = \overline{A}\overline{B} + AC$
$x = ABC + A\overline{B}$
$y = \overline{A}\overline{B}\overline{C} + BC + AC$
$z = ABC + AC + BC$

상기 부울 함수는 3개의 입력과 4개의 출력으로 이루어져 있다. 입력선은 각각 인버터를 구비하고 있으므로 AND 게이트에 연결할 때에 원래의 신호를 연결할 것인지 아니면 인버터 출력을 연결할 것인지를 결정할 수 있다. AND 배열에는 $\overline{A}\overline{B}, AC, ABC, A\overline{B}, \overline{A}\overline{B}\overline{C}, BC$ 등의 총 6개의 AND 게이트가 필요하다. OR 배열에서는 각각의 출력 w, x, y, z에 필요한 AND 게이트 출력을 선택하면 된다. 끝으로 OR 게이트 출력에 NOT 회로가 부착되어 있는데 상기 부울 함수의 출력은 NOT 게이트가 필요 없으므로 NOT 회로를 건너뛰는 형식으로 구성한다. [그림 8-23]은 상기의 부울 함수를 구현한 PLA 구성을 보여준다.

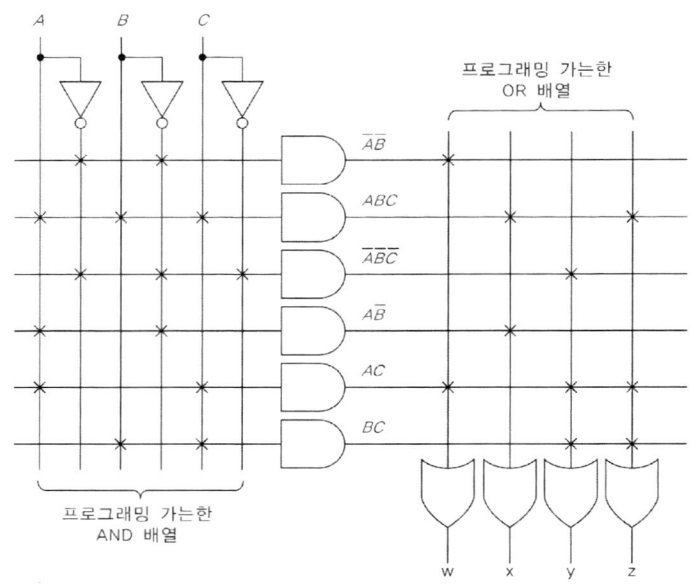

[그림 8-23] PLA를 이용한 회로 구성 예

8.8.4. PAL(Programmable Array Logic)

PAL은 1970년도 후반에 처음 소개된 칩으로서 AND 배열은 프로그램이 가능하지만 OR 배열은 고정되어 있다. PAL은 제조 당시에 AND 배열의 모든 교차점들이 퓨즈에 의해 서로 접속되어 있다. 고정된 OR 배열에서는 각 게이트의 입력과 AND 게이트의 출력들이 일정한 패턴으로 서로 접속되어 있다. 예를 들어서 OR 게이트의 개수가 고정되어 있어서 출력의 개수는 이미 정해진다. 또한 각 OR 게이트의 입력 개수가 정해질 뿐만 아니라 각 입력은 어느 AND 게이트와 연결되는지도 정해져 있다.

따라서 PAL을 사용하여 논리회로를 설계할 경우에는 우선 입력선 개수가 충분한지뿐만 아니라 출력의 개수가 충분한지도 검토해야 한다. 또한 각 OR 게이트의 입력선 개수가 몇 개 인지도 조사해야 한다. 출력 부울 함수에서 합의 항수가 OR 게이트의 입력선 개수보다 적으면 남는 입력선들은 사용하지 않은 채 그대로 두어도 상관없지만 만일 항의 항수가 OR 게이트의 입력선 개수보다 많을 경우에는 설계가 불가능해진다.

그러나 부울 함수의 항의 개수가 OR 게이트의 입력선 개수보다 많은데 PAL의 입력선 개수가 부울 함수의 입력보다 많을 경우, 즉 PAL의 입력선 개수에 여유가 있을 경우에는 OR 게이트의 출력을 feed back 시켜서 다른 출력함수의 입력으로 활용할 수 있다. 물론 이

때에는 feed back시킨 부울 함수가 OR 게이트의 입력선 개수가 모자라는 부울 함수 내에 포함되어 있어야 한다.

입력이 네 개이고 출력이 세 개인 PAL을 이용하여 아래와 같은 부울 함수를 구현해보자.

$$F_3 = \overline{A}\overline{B}\overline{C}\overline{D} + A\overline{B}CD + AB\overline{C}D + ABC\overline{D}$$
$$F_2 = \overline{A}BCD + A\overline{B}\overline{C} + ABC$$
$$F_1 = \overline{A} + \overline{B}\overline{C} + D$$

[그림 8-24]는 AND 배열을 적절하게 프로그래밍함으로써 상기의 부울 함수들을 구현한 결과를 보여주고 있다. [그림 8-24]에서 AND 게이트의 출력들은 OR 게이트의 입력에 각각 고정되어 있다. 출력 F_3의 경우에는 항의 수가 네 개이므로 이미 고정되어 있는 네 개의 OR 입력선을 고려하여 부울 함수의 각 항에 맞도록 AND 배열의 교차점을 표기한다. 출력 F_2는 항의 개수가 세 개 이므로 AND 게이트가 하나 남게 된다. 출력 F_1에서도 부울 함수 항의 수가 세 개 이므로 AND 게이트가 하나 남게 되고, 출력 F_2에서와 마찬가지로 AND 배열의 교차점도 제외되는 입력이 생기게 된다.

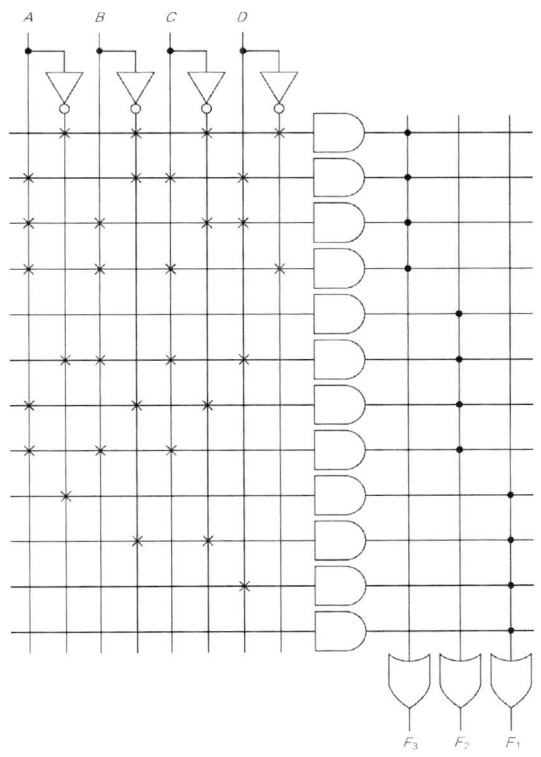

[그림 8-24] PAL을 이용한 논리회로 구현 예

또 다른 예로서 상기에서 사용한 PAL을 이용하여 아래와 같은 부울 함수를 구현해보자.

$$F_3 = \overline{A}\,\overline{B} + C$$
$$F_2 = ABC + \overline{A}\,\overline{B}\,\overline{C} + BC + \overline{C}$$
$$F_1 = \overline{A}\,\overline{B} + C + AB\overline{C} + \overline{A}BC + \overline{B}\,\overline{C}$$

상기 부울 함수를 구현할 PAL은 OR 게이트의 입력선 수가 네 개인데 F_1의 입력선 개수는 5개이므로 구현이 불가능하다. 그런데 F_1의 부울 함수를 살펴보니 F_3의 모든 항들을 포함하고 있다. 따라서 F_1을 아래와 같이 표현할 수 있다.

$$F_1 = F_3 + AB\overline{C} + \overline{A}BC + \overline{B}\,\overline{C}$$

PAL의 입력선 수는 네 개인데 상기의 부울 함수는 세 개씩으로 이루어져 있으므로 한 개의 입력선이 남아 있다. 남아 있는 이 입력선을 feed back시킨 F_3에 접속시킴으로써 F_1을 구현할 수 있게 된다. [그림 8-25]는 feed back을 이용하여 상기 부울 함수를 PAL로 구현한 예를 보여준다.

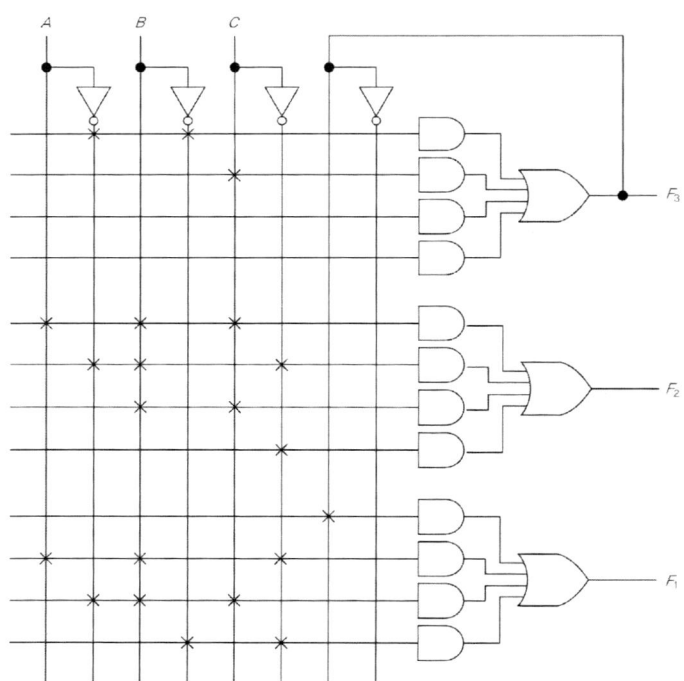

[그림 8-25] feed back을 이용한 PAL 구현의 예

9 _순차 논리회로

9.1. 개요

순차 논리회로(Sequential Logic Circuit)는 입력 값에 따라 출력 값이 결정되는 조합 논리회로(Combinational Logic Circuit)와는 달리 현재의 입력 값뿐만 아니라 기억소자인 플립플롭(flip-flop)에 저장되어 있는 정보에 의해 결정되는 논리회로이다.

[그림 9-1]에서 보는 바와 같이 순차 논리회로는 조합 논리회로와 기억 회로로 구성된다. 조합 논리회로에서는 기억 회로의 정보와 함께 입력의 조합으로 출력이 결정되며 이 출력 값은 다시 기억회로에 저장된다. 기억 회로에 저장되어 있는 2진 정보를 상태(state)라고 한다. 따라서 순차 논리회로는 입력이 들어오기 전에 이미 저장되어 있는 과거의 상태 값을 바탕으로 현재의 출력 값이 결정되는 회로인 것이다. 조합 논리회로의 현재 출력 값은 기억 회로에 저장되고 이 저장된 값은 다음 단계의 순차회로 동작을 위해 피드백(feedback) 경로를 통해 다시 조합 논리회로의 입력 단으로 들어가게 된다.

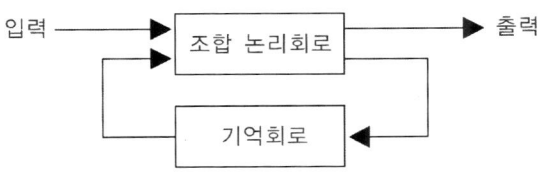

[그림 9-1] 순차 논리회로의 블록도

순차 논리회로에 포함되는 기억 회로는 2진 정보를 저장하는 장치로서 플립플롭(flip-flop)이라고 부르는데 이러한 플립플롭은 크게 비동기식 플립플롭과 동기식 플립플롭으로 구분된다. 비동기식 플립플롭은 동기 동작을 유발시키는 동기입력 단자를 가지고 있지 않으며 세트(set)와 리셋(reset)만으로 기억 회로의 값을 아무 때나 변경할 수 있는 플립플롭이다. 비동기식 플립플롭은 래치(latch)라고도 부른다.

동기식 플립플롭은 동기입력 단자에 입력되는 클럭펄스의 타이밍에 동기를 맞추어서 동작되는 플립플롭이다. 동기식 플립플롭에서는 클럭펄스가 입력되지 않으면 어떠한 동작도 수행되지 않는다. 동기식 플립플롭을 비동기식 플립플롭으로 사용할 수 있도록 클럭에 관계없이 출력을 '1'로 하는 프리셋(PR) 입력 단자와 출력을 '0'으로 하는 클리어(CLR) 입력 단자가 일반적으로 설치되어 있다.

9.2. 비동기식 플립플롭

9.2.1. 비동기식 RS 플립플롭

비동기식 플립플롭은 래치(latch)라고도 불리는 순차 논리회로로서 한 비트의 2진 정보, 즉 0 혹은 1의 정보를 저장한다. 비동기식 RS 플립플롭은 [그림 9-2]에서와 같이 입력으로 S와 R이 있고 출력으로는 Q와 $\overline{Q}$가 있다.

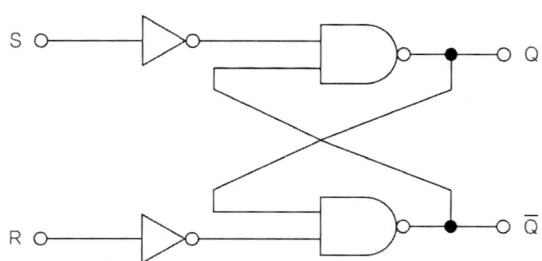

[그림 9-2] 비동기식 RS 플립플롭의 논리회로

S는 셋(set) 입력 단자로서 말 그대로 출력 Q 값을 '1'로 만들고 R은 리셋(reset) 입력 단자로서 출력 Q값을 '0'으로 만든다. Q와 $\overline{Q}$는 서로 보수 관계이므로 플립플롭의 두 개 출력 값은 하나가 정해지면 나머지는 자동적으로 결정되게 된다.

[그림 9-2]에서 입력 S가 1이면 인버터를 통과한 NAND 게이트 입력은 '0'이므로 $\overline{Q}$가 피드백 되어 들어오는 입력 값과 상관없이 Q는 '1'을 가진다. Q가 '1'이면 아래쪽의 AND 게이트 출력은 입력 R 값에 따라 결정되는데 이때에 R이 '0'이면 인버터를 통과하여 '1'이 NAND 게이트에 입력되므로 결국 $\overline{Q}$가 '0'이 된다. 만일 입력 S가 '1'이고 입력 R도 '1'이 된다면 Q와 $\overline{Q}$는 둘 모두 '1'이 되어야 하는데 이들 사이는 서로 보수 관계라는 정의에 위배된다. 따라서 $S=1, R=1$의 입력조건은 금지되어 있다.

입력 R이 '1'이면 이 값은 인버터를 통과하여 '0' 값이 NAND 게이트에 입력되므로 $\overline{Q}$는 1이 되고, 이때에 S가 '0'이면 Q가 '0'이 된다. 입력 값이 $S=0, R=0$이면 이들 값이 인버터를 통과하여 NAND 게이트의 입력으로 둘 다 '1'이 들어가게 되므로 이전의 Q와 $\overline{Q}$값이 바뀌지 않는다.

[그림 9-3]은 비동기식 RS 플립플롭의 그래픽 기호를 나타낸다.

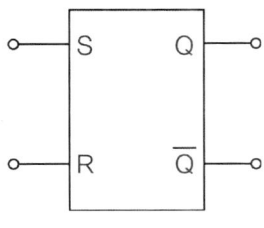

[그림 9-3] 비동기식 RS
플립플롭의 그래픽 기호

[표 9-1]은 비동기식 RS 플립플롭의 진리표를 보여준다.

[표 9-1] 비동기식 RS 플립플롭의 진리표

입력		출력		비고
S	R	Q	$\overline{Q}$	
0	0	Qn	$\overline{Q}$n	불변
0	1	0	1	리셋
1	0	1	0	셋
1	1	X	X	금지

비동기식 RS 플립플롭의 동작을 진리표에 따라 요약하면 아래와 같다.

① 셋(set) 입력 단자 S와 리셋(reset) 입력 단자 R이 모두 '0'이면 출력 Q와 $\overline{Q}$값은 변하

지 않고 이전 상태 값 그대로이다.

② 셋 입력 단자 S가 '0'이고 리셋 입력 단자 R이 '1'이면 출력 Q는 '0'이 되고 $\overline{Q}$는 '1'이 된다.

③ 셋 입력 단자 S가 '1'이고 리셋 입력 단자 R이 '0'이면 출력 Q는 '1'이 되고 $\overline{Q}$는 '0'이 된다.

④ 셋 입력 단자 S와 리셋 입력 단자 R이 둘 다 '1'이면 불안정 상태가 되므로 금지 입력조건에 해당한다.

[예제 9-1] 비동기식 RS 플립플롭에서 입력 S와 입력 R이 아래와 같이 들어올 때에 출력 Q와 $\overline{Q}$의 파형을 표시하여라.

(풀이)

[그림 9-4]에서와 같이 입력 S가 '0'에서 '1'로 올라가는 순간 출력 Q는 '1'로 세트되고 $\overline{Q}$는 반대로 '0'으로 떨어진다. 이 상태는 입력 R이 '0'에서 '1'로 올라갈 때까지 계속 유지된다. 입력 R이 '0'에서 '1'로 올라가는 순간 플립플롭은 리셋 되어 Q가 '0'값으로 떨어지고 $\overline{Q}$는 '1'로 올라간다. 그리고 입력 S와 R이 둘 다 '0'상태일 경우에는 출력 Q와 $\overline{Q}$가 변하지 않는다. 또한 입력 S와 R이 동시에 '1'의 상태에 놓여 있는 경우는 발생하지 않는다.

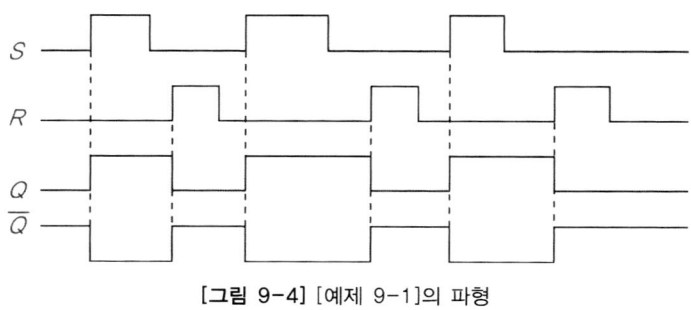

[그림 9-4] [예제 9-1]의 파형

비동기식 RS 플립플롭에 인에이블(En) 신호를 제어 신호(control signal)로 사용하는 회로가 있다. [그림 9-5]는 인에이블 신호를 가지는 비동기식 RS 플립플롭을 나타낸다.

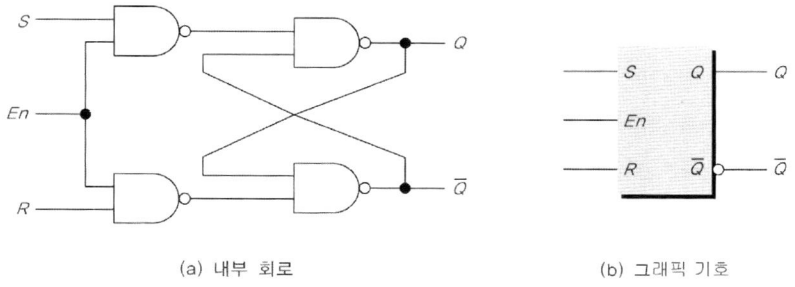

(a) 내부 회로   (b) 그래픽 기호

[그림 9-5] 인에이블(En) 신호를 가지는 비동기식 RS 플립플롭

[그림 9-5]에서 En신호가 '0'이면 입력 S와 R의 신호가 플립플롭 내부의 NAND 게이트로 들어가지 못하게 됨에 따라 플립플롭의 상태는 외부 입력 신호에 대하여 아무런 영향을 받지 않게 된다. 만약 En신호가 '1'의 상태를 유지하는 동안에는 입력 S와 R이 내부 플립플롭으로 전달될 수 있기 때문에 기존의 비동기식 RS 플립플롭으로 동작할 수 있게 된다.

예를 들어서 [그림 9-6]에서와 같이 입력신호 S와 R이 들어올 때에 En신호가 그림과 같이 입력되는 경우에 출력 Q의 파형을 구해보자. En 제어신호 단자가 있는 플립플롭에서는 이 신호가 액티브(active)되지 않으면 플립플롭의 상태는 변화하지 않는다. 입력 S가 비록 '0'에서 '1'로 바뀌는 시점에서도 En신호가 '0'상태이기 때문에 출력이 세트되지 못하고 En신호가 '1'이 되는 시점부터 출력 Q가 '1'로 올라가게 된다. 이와 같이 En 제어신호가 있는 플립플롭에 대한 출력 파형을 구할 때에는 En신호를 기준점으로 두어야 한다. 즉 En신호가 '1'이 되는 시점에서 입력 S와 R의 상태를 조사하여 그에 대한 출력 파형을 구해야 하고, En신호가 '1'을 유지하고 있는 구간에서는 기존의 비동기식 RS 플립플롭 동작과 동일하기 때문에 이를 참고하여 출력 파형을 구하면 되는 것이다.

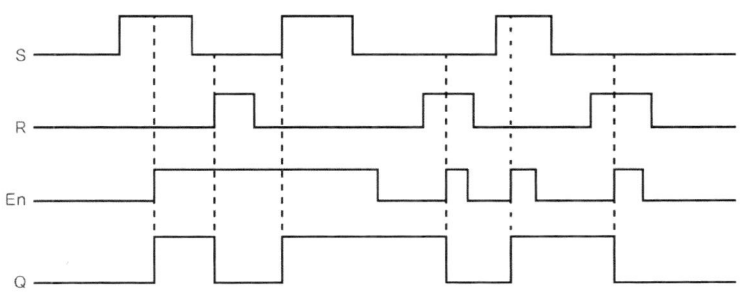

[그림 9-6] En신호를 가지는 비동기식 RS 플립플롭의 파형 특성

9.2.2. 비동기식 D 플립플롭

비동기식 RS 플립플롭에서 입력 S와 R이 둘 다 '1'일 경우에는 비정상 상태로 빠져버려 금지된 입력 조건이 된다. 인에이블 신호를 가지는 RS 플립플롭에서 입력 S와 입력 R을 서로 분리하는 대신에 어느 한 입력은 다른 입력의 인버터 값으로 대체한다면 동시에 '1'이 될 수 없기 때문에 금지된 입력 조건으로부터 벗어날 수 있게 된다. 이러한 점을 고려하여 설계된 플립플롭이 비동기식 D 플립플롭이다.

[그림 9-7]은 비동기식 D 플립플롭을 나타낸다. 인에이블(En) 신호가 '1'인 동안에만 입력 D가 들어가게 되어 있는데 이 기간 동안에 입력 D가 '1'이면 이는 세트(set)에 해당하게 되어 출력 Q가 '1'이 된다. 인에이블 상태에서 입력 D가 '0'이면 리셋(reset)에 해당되어 출력 Q가 '0'이 된다. En 신호가 '0'인 상태에서는 어떠한 입력이 들어오더라도 회로의 상태에 영향을 주지 못한다. 인에이블(En) 신호가 '0'에서 '1'로 바뀌는 순간에 입력 D의 값이 플립플롭 내부로 이동되어 저장되기 때문에 이 회로를 D 래치(D latch)라고 부른다.

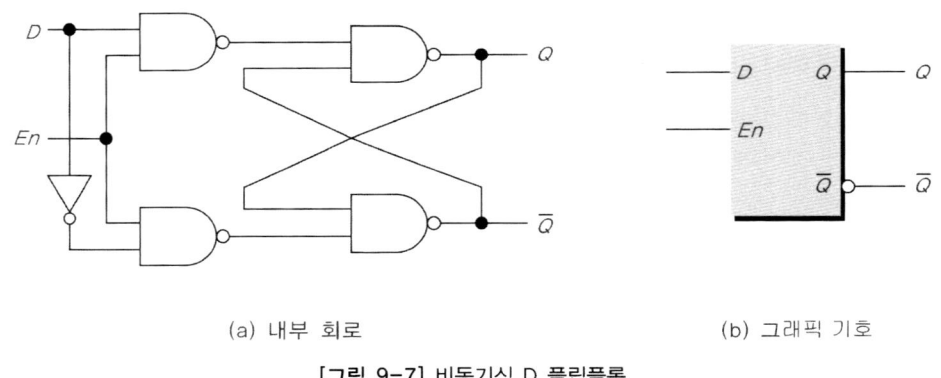

(a) 내부 회로   (b) 그래픽 기호

[그림 9-7] 비동기식 D 플립플롭

비동기식 D 플립플롭의 동작 상태를 살펴보기 위해 [그림 9-8]과 같은 파형이 들어올 때에 출력 파형을 구해보자. 입력 D 파형의 왼쪽 부분에서 입력 D가 '0'에서 '1'로 올라가는 순간에는 아직 En 신호가 '0'상태이므로 출력 Q는 '1'로 올라가지 못하다가 En 신호가 '1'로 올라가는 시점에서 입력 D가 '1'이므로 출력 Q가 '1'이 된다. En 신호가 '1'을 유지하는 동안에는 입력 D가 출력 Q에 그대로 나타나게 된다.

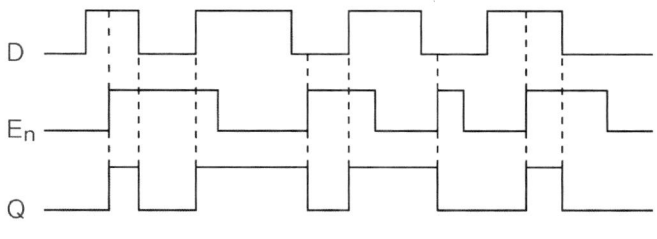

[그림 9-8] 비동기식 D 플립플롭의 파형 예

9.3. 동기식 플립플롭

9.3.1. 동기식 RS 플립플롭

비동기식 RS 플립플롭에서는 입력 S와 입력 R에 신호를 직접 가해서 플립플롭의 동작 상태를 변화시킨다. 인에이블(En) 신호를 가진 RS 플립플롭에서는 En 신호와 함께 입력 S와 입력 R에 따라 플립플롭의 동작상태가 결정된다.

동기식 RS 플립플롭에서는 인에이블 신호를 가진 RS 플립플롭과 유사하게 외부 신호인 CLK(Clock)에 동기를 맞추어 입력 S와 입력 R의 조건에 따라 동작상태가 결정된다. CLK 입력 단자는 상승 에지 트리거형(positive edge trigger type)과 하강 에지 트리거형(negative edge trigger type)이 있는데 하강 에지 트리거형의 입력 단자에는 버블이 표기된다. 상승 에지 트리거형은 CLK 신호가 '0'에서 '1'로 상승하는 시점에 동기가 맞추어져 플립플롭이 동작 됨을 의미하고, 반대로 하강 에지 트리거형은 CLK 신호가 '1'에서 '0'으로 하강하는 시점을 기준으로 하여 플립플롭이 동작된다.

[그림 9-9]와 [그림 9-10]은 각각 동기식 RS 플립플롭의 논리회로와 그래픽 기호를 나타 낸다.

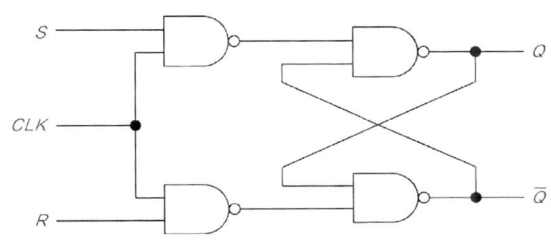

[그림 9-9] 동기식 RS 플립플롭의 논리회로

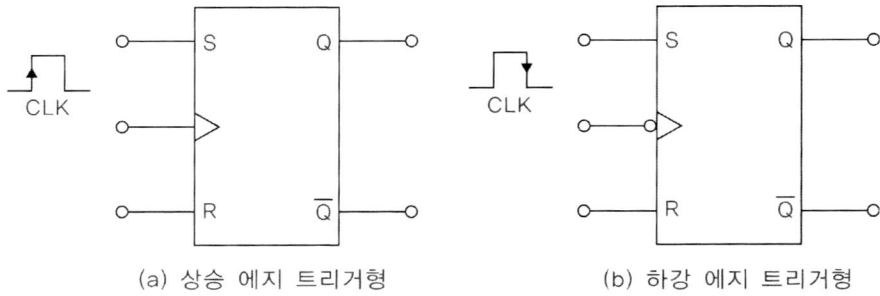

(a) 상승 에지 트리거형   (b) 하강 에지 트리거형

[그림 9-10] 동기식 RS 플립플롭의 그래픽 기호

[표 9-2]는 동기식 RS 플립플롭의 진리표를 보여준다.

[표 9-2] 동기식 RS 플립플롭의 진리표

클록	입력		출력		비고
CLK	S	R	Q	$\overline{Q}$	
⎍	0	0	Qn	$\overline{Q}$n	불변
⎍	0	1	0	1	리셋
⎍	1	0	1	0	셋
⎍	1	1	×	×	금지

[표 9-2]의 진리표에서 클럭펄스(clock pulse)가 상승 에지에서 출력 Q의 값이 아래와 같이 결정된다.

① 클럭펄스가 상승 에지인 시점에서 입력 S와 입력 R이 둘 다 0이면 Q는 변하지 않는다.

② 클럭펄스가 상승 에지인 시점에서 입력 S가 '0'이고 입력 R이 '1'이면 리셋(reset)되어 출력 Q는 '0'이 된다.

③ 클럭펄스가 상승 에지인 시점에서 입력 S가 '1'이고 입력 R이 '0'이면 셋(set)되어 출력 Q가 '1'이 된다.

④ 클럭펄스가 상승 에지인 시점에서 입력 S와 입력 R이 둘 다 '1'이면 불안정 상태로서 금지 입력조건에 해당한다.

[표 9-3]은 동기식 RS 플립플롭의 특성표를 나타낸다.

[표 9-3] 동기식 RS 플립플롭의 특성표

현재상태	입력		다음상태
Q(t)	S	R	Q(t+1)
0	0	0	0
0	0	1	0
0	1	0	1
0	1	1	금지(X)
1	0	0	1
1	0	1	0
1	1	0	1
1	1	1	금지(X)

동기식 플립플롭은 클럭펄스의 상승 혹은 하강 에지에서만 동작상태가 결정된다. [표 9-3]에서 $Q(t)$는 현재 상태의 Q값을 나타내며 클럭펄스의 에지 변화가 아직 발생하지 않은 시점에서의 Q값을 말한다. $Q(t+1)$은 클럭펄스의 에지 변화가 발생한 바로 다음 상태의 Q값을 말한다.

[표 9-3]에서 $Q(t)$, 즉 클럭펄스가 들어오기 전에 플립플롭의 상태가 '0'일 때에 입력 S와 입력 R이 둘 다 '0'이면 $Q(t+1)$ 값은 변하지 않고 그대로 '0'상태를 유지하게 된다. $Q(t)=0$ 상태에서 입력 값이 S=0, R=1이면 $Q(t+1)=0$이 된다. $Q(t)=0$ 상태에서 입력 값이 S=1, R=0이면 $Q(t+1)=1$이 된다. $Q(t)=1$ 상태에서도 진리표의 동작에 따라 특성표에서와 같이 $Q(t+1)$의 출력 값이 결정된다.

[표 9-3]의 특성표에 의한 카르노 맵을 작성하면 [그림 9-11]과 같다. 카르노 맵은 세 입력 조건, 즉 $Q(t), S, R$ 등에 대해 출력 부울 함수 $Q(t+1)$을 구하기 위함이다. 입력 S=1, R=1은 don't care 입력조건으로 놓고서 카르노 맵을 간략화시키면 출력 부울 함수 $Q(t+1)$은 아래와 같다.

$Q(t+1) = S + \overline{R}Q(t)$

상기 식에서 출력 $Q(t+1)$이 '1'이 되기 위해서는 S=1이든지, 혹은 $Q(t)$가 '1'이고 R=0이어야 함을 나타낸다.

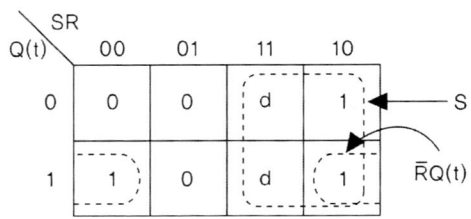

[그림 9-11] 동기식 RS 플립플롭에 대한 카르노 맵

[그림 9-12]는 동기식 RS 플립플롭의 타이밍 다이어그램(timing diagram) 예를 보여준다.

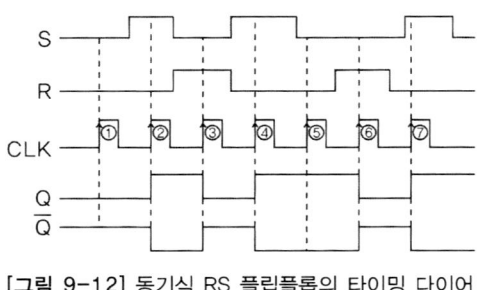

[그림 9-12] 동기식 RS 플립플롭의 타이밍 다이어
그램 예

[그림 9-12]는 클럭펄스의 상승 에지에 동기를 맞추어 입력 S와 입력 R의 값에 따라 플립플롭의 상태가 아래와 같이 결정된다.

① 첫 번째 클럭펄스의 상승 에지에서 입력 S와 입력 R이 둘 다 '0'이므로 Q의 값은 초기 상태 그대로 '0'을 유지한다.

② 두 번째 클럭펄스의 상승 에지에서 입력 S는 '1'이고 입력 R은 '0'이므로 셋(set)되어 Q는 '1'로 상승한다.

③ 세 번째 클럭펄스의 상승 에지에서 입력 S는 '0'이고 입력 R은 '1'이므로 리셋(reset)되어 Q는 '0'으로 하강한다.

④ 네 번째 클럭펄스의 상승 에지에서 입력 S는 '1'이고 입력 R은 '0'이므로 셋(set)되어 Q는 다시 '1'로 상승한다.

⑤ 다섯 번째 클럭펄스의 상승 에지에서 입력 S와 입력 R이 모두 '0'이므로 Q 값은 변화가 없고 그대로 '1'을 유지한다.

⑥ 여섯 번째 클럭펄스의 상승 에지에서 입력 S는 '0'이고 입력 R은 '1'이므로 리셋(reset)되어 Q는 다시 '0'으로 하강한다.

⑦ 일곱 번째 클럭펄스의 상승 에지에서 입력 S는 '1'이고 입력 R은 '0'이므로 셋(set)되어 Q는 다시 '1'로 상승한다.

그리고 보수 출력 $\overline{Q}$의 파형은 정상 출력 Q의 반전된 값을 가진다.

9.3.2. D 플립플롭

D 플립플롭은 비동기식 D 플립플롭과 논리회로 상으로는 다른 점이 없지만 단지 En 입력 단자 대신에 CLK 입력 단자가 사용되는 점이 다르다. En 입력 단자는 비동기적인 신호 파형이지만 CLK는 일정한 주기를 가지는 클럭펄스인 것이다.

RS 플립플롭에서는 입력 단자 S와 입력 단자 R이 둘 다 '1'의 값을 가지게 되면 Q와 $\overline{Q}$가 불안정 상태로 빠지게 되어 금지 입력조건이 된다. 그러나 D 플립플롭에서는 입력 D를 입력 S에 해당하는 입력 단자에 공급하고, 입력 D의 인버터를 입력 R에 해당하는 입력 단자에 연결되어 RS 플립플롭과는 달리 D 플립플롭에서는 항상 서로 다른 입력 신호가 유입되기 때문에 금지 입력조건이 없어지게 된다. [그림 9-13]은 D 플립플롭의 논리기호를 나타낸다.

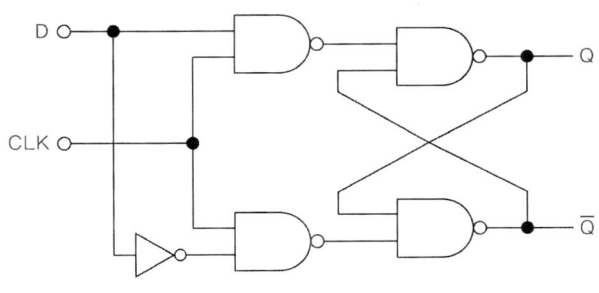

[그림 9-13] D 플립플롭의 논리기호

D 플립플롭은 Delay 플립플롭으로서 CLK 펄스가 입력되기 전의 D 입력상태를 CLK 펄스의 상승 혹은 하강 에지에서 플립플롭의 Q로 옮겨온다. 마치 D 입력상태 변화를 CLK 펄스의 에지 부분까지 delay시켜서 Q 값으로 옮겨놓은 것처럼 보인다. [그림 9-14]와 [표 9-4]는 각각 D 플립플롭의 그래픽 기호와 진리표를 나타낸다.

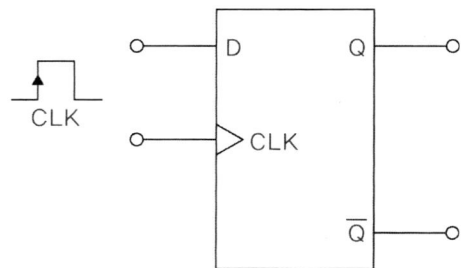

[**그림 9-14**] D 플립플롭의 그래픽 기호

[**표 9-4**] D 플립플롭의 진리표

클록	입력	출력	
CLK	D	Q	$\overline{Q}$
⎍	0	0	1
⎍	1	1	0

[표 9-4]에서 클럭펄스가 상승 에지인 순간에 입력 D가 '0'이면 출력 Q는 '0'을 갖게 되고, 입력 D가 '1'이면 출력 Q는 '1'의 값을 가진다. 다른 플립플롭에서와 마찬가지로 D 플립플롭에서도 입력상태가 클럭펄스의 변화 에지 순간보다 미리 들어와 있어야 안정된 Q 값을 가지게 된다. 또한 CLK 신호가 변하지 않고 0 또는 1의 전압 상태를 그대로 유지하고 있으면 입력 신호가 어떠한 값으로 바뀌든지 플립플롭 회로는 아무런 반응도 하지 않기 때문에 출력이 변하지 않는다. 따라서 CLK 주기 동안에는 데이터가 안정된 상태로 저장되어 있기 때문에 CLK를 동기로 하여 래치(latch) 설계가 가능해진다.

[표 9-5]는 D 플립플롭의 특성표를 나타낸다.

[**표 9-5**] D 플립플롭의 특성표

현재상태	입력	다음상태
$Q(t)$	D	$Q(t+1)$
0	0	0
0	1	1
1	0	0
1	1	1

[표 9-5]에서 현재상태 $Q(t)$라 함은 CLK 펄스의 상승 혹은 하강 에지가 발생하기 바로 직전의 Q상태를 의미한다. 다음 상태 $Q(t+1)$은 CLK 펄스의 상승 혹은 하강 에지가 발생

한 바로 직후의 Q 상태를 나타낸다. [그림 9-15]는 D 플립플롭 특성표에 대한 카르노 맵을 보여준다. 카르노 맵으로부터 출력 $Q(t+1)$을 간략화시키면 아래와 같다.

$$Q(t+1) = D$$

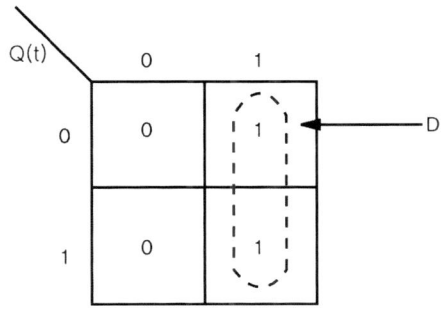

[그림 9-15] D 플립플롭 특성표에 대한 카르노 맵

상기 식은 $Q(t+1)$값이 $Q(t)$값에 상관하지 않고 오로지 입력 D의 값과 일치함을 보여준다. 즉 출력 Q는 플립플롭의 현재 상태와 전혀 관계없이 입력 D 값이 플립플롭 내부에 저장된 데이터임을 나타낸다.

[그림 9-16]은 D 플립플롭의 타이밍 다이어그램 예를 보여준다.

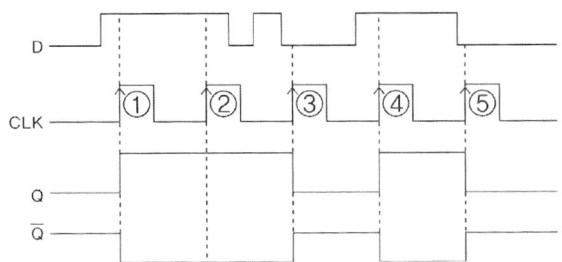

[그림 9-16] D 플립플롭의 타이밍 다이어그램 예

[그림 9-16]은 클럭펄스의 상승 에지에 동기를 맞추어 입력 D 값에 따라 플립플롭의 상태가 아래와 같이 결정된다.

① 첫 번째 클럭펄스의 상승 에지에서 입력 D가 '1'이므로 Q의 값은 '1'로 상승한다.

② 두 번째 클럭펄스의 상승 에지에서 입력 D가 여전히 '1'이므로 Q의 값은 그대로 '1'을 유지한다.

③ 세 번째 클럭펄스의 상승 에지에서 입력 D는 '0'이므로 Q는 '0'으로 하강한다. 두

번째 클럭펄스와 세 번째 클럭펄스 사이에서 입력 D의 변화는 Q의 값에 영향을 미치지 못하는데 이는 클럭펄스의 상승 에지 순간에만 Q 값이 변화하기 때문이다.

④ 네 번째 클럭펄스의 상승 에지에서 입력 D가 '1'이므로 Q의 값은 '1'로 상승한다.

⑤ 다섯 번째 클럭펄스의 상승 에지에서 입력 D는 '0'이므로 Q는 '0'으로 하강한다. 그리고 보수 출력 $\overline{Q}$의 파형은 정상 출력 Q의 반전된 값을 가진다.

9.3.3. T 플립플롭

T 플립플롭에서는 CLK 신호의 에지에 동기를 맞추어 한 개의 입력 T 신호에 따라 출력 Q와 $\overline{Q}$가 결정된다. [그림 9-17]에서와 같이 그래픽 기호는 D 플립플롭과 동일하며 단지 입력 단자가 D 대신에 T로 바뀌었다.

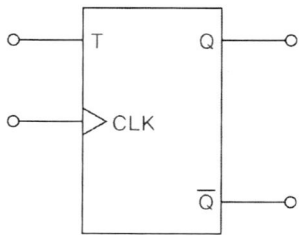

[그림 9-17] T 플립플롭의 그래픽 기호

토글(toggle)의 첫 문자인 T를 딴 명칭이 의미하듯이 T 플립플롭은 클럭펄스의 에지 순간에 T 입력 신호가 '1'이면 현재상태의 보수 값으로 플립플롭 상태가 바뀐다. 예를 들어서 CLK의 에지 순간에 T 플립플롭의 T 입력이 '1'인 상태에서 Q의 값이 '1'이었다고 하면 '0'으로 바뀌고, '0'이었다면 '1'로 바뀐다. [표 9-6]과 [표 9-7]은 각각 T 플립플롭의 진리표와 특성표를 나타낸다.

[표 9-6] T 플립플롭의 진리표

입력	출력
T	$Qn+1$
0	Qn
1	$\overline{Q}n$

[표 9-7] T 플립플롭의 특성표

현재상태	입력	다음상태
Q(t)	T	Q(t+1)
0	0	0
0	1	1
1	0	1
1	1	0

[표 9-7]의 특성표에 따라 카르노 맵을 그리면 [그림 9-18]과 같고 이에 근거하여 출력 $Q(t+1)$의 부울 함수를 구하면 아래와 같다.

$$Q(t+1) = \overline{Q(t)}\,T + Q(t)\,\overline{T}$$
$$= Q(t) \oplus T$$

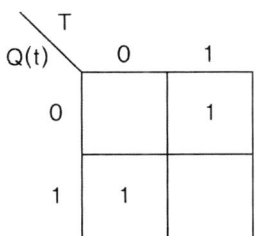

[그림 9-18] T 플립플롭의 카르노 맵

상기의 $Q(t+1)$ 부울 함수는 T 플립플롭이 입력 T와 출력 Q의 XOR 연산결과에 따라 상태가 바뀜을 나타낸다. 이와 같은 특성에 근거하여 D 플립플롭으로 T 플립플롭을 구성해 보면 [그림 9-19]와 같다.

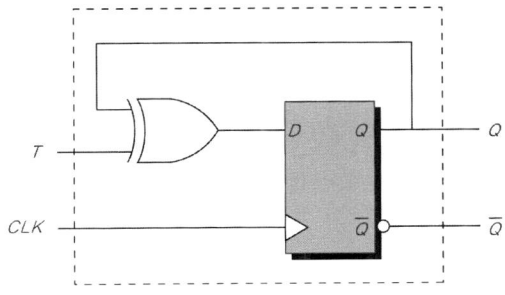

[그림 9-19] D 플립플롭을 이용한 T 플립플롭 구성

[그림 9-20]은 T 플립플롭의 타이밍 다이어그램 예를 보여준다.

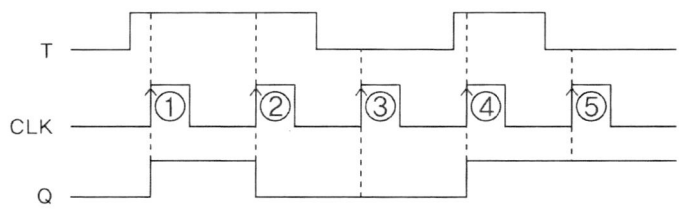

[그림 9-20] T 플립플롭의 타이밍 다이어그램 예

[그림 9-20]은 클럭펄스의 상승 에지에 동기를 맞추어 입력 T 값에 따라 플립플롭의 상태가 아래와 같이 결정된다.

① 첫 번째 클럭펄스의 상승 에지에서 입력 T가 '1'이므로 Q 값이 토글 되어 초기의 '0'에서 '1'로 상승한다.

② 두 번째 클럭펄스의 상승 에지에서 입력 T가 '1'이므로 Q의 값은 다시 토글 되어 '1'에서 '0'으로 바뀐다.

③ 세 번째 클럭펄스의 상승 에지에서 입력 T는 '0'이므로 Q 값은 변화하지 않는다.

④ 네 번째 클럭펄스의 상승 에지에서 입력 T가 '1'이므로 Q 값이 토글 되어 '0'에서 '1'로 상승한다.

⑤ 다섯 번째 클럭펄스의 상승 에지에서 입력 T는 '0'이므로 Q 값은 변화하지 않는다.

9.3.4. JK 플립플롭

JK 플립플롭은 RS 플립플롭에서 입력이 금지되어 있는 R=1, S=1의 조합이 허용되도록 수정한 플립플롭으로서 J=1, K=1인 경우에는 출력 Q의 상태가 반전하도록 구성되어 있다.

JK 플립플롭은 [그림 9-21]에서와 같이 RS 플립플롭의 S 입력으로 J 입력과 $\overline{Q}$ feed back의 AND 출력을 연결시키고, RS 플립플롭의 R 입력으로 K 입력과 Q feed back의 AND 출력을 연결시켜 구성한다.

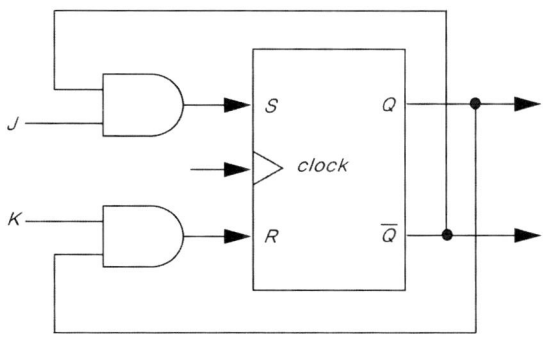

[그림 9-21] RS 플립플롭을 이용한 JK 플립플롭 구성도

JK 플립플롭은 가장 많이 사용되고 있는 플립플롭이다. [그림 9-22]는 JK 플립플롭의 그래픽 기호를 나타낸다. 또한 [표 9-8]은 JK 플립플롭의 진리표를 보여준다.

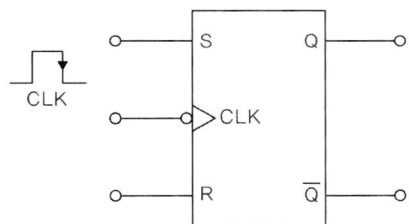

[그림 9-22] JK 플립플롭의 그래픽 기호

[표 9-8] JK 플립플롭의 진리표

입력		출력		비고
J	K	Q	$\overline{Q}$	
0	0	Q	$\overline{Q}$	불변
0	1	0	1	리셋
1	0	1	0	셋
1	1	$\overline{Q}$	Q	반전

[표 9-8]에서 입력 J와 입력 K가 둘 다 '0'이면 플립플롭 상태, 즉 출력 Q는 값이 변화하지 않는다. 입력 J가 '0'이고 입력 K가 '1'이면 리셋(reset)되어 출력 Q는 '0'을 가진다. 입력 J가 '1'이고 입력 K가 '0'이면 셋(set)되어 출력 Q는 '1'을 갖게 된다. 입력 J와 입력 K가 둘 다 '1'이면 플립플롭의 상태는 반전되어 출력 Q가 '0'이었으면 '1'로 바뀌고 '1'이었으면 '0'으로 바뀌게 된다.

[표 9-9]는 JK 플립플롭의 특성표를 나타낸다.

[표 9-9] JK 플립플롭의 특성표

현재상태	입 력		다음상태
Q(t)	J	K	Q(t+1)
0	0	0	0
0	0	1	0
0	1	0	1
0	1	1	1
1	0	0	1
1	0	1	0
1	1	0	1
1	1	1	0

[표 9-9]의 특성표에 대한 카르노 맵을 구성하면 [그림 9-23]과 같다. 카르노 맵을 통해 출력 함수 $Q(t+1)$을 구해보면 아래와 같다.

$$Q(t+1) = J\overline{Q(t)} + \overline{K}Q(t)$$

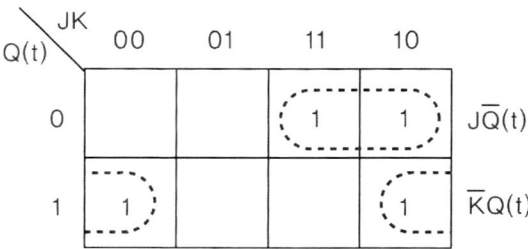

[그림 9-23] JK 플립플롭 특성에 대한 카르노 맵

JK 플립플롭은 [그림 9-24]에서와 같이 D 플립플롭 앞에 네 개의 게이트들로 이루어진 외부 회로를 추가함으로써도 구성할 수 있다.

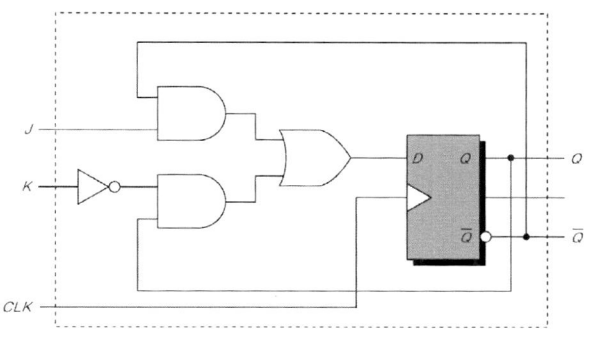

[그림 9-24] D 플립플롭을 이용한 JK 플립플롭 구성도

[그림 9-24]에서 D 플립플롭의 입력 D는 입력 J와 $\overline{Q}$의 AND 출력과 입력 K의 인버터와 Q의 AND 출력의 부울 덧셈으로 이루어지므로 입력 D에 대한 부울 함수는 아래와 같다.

$$D = J\overline{Q} + \overline{K}Q$$

상기 식에서 J=1, K=0이라면 $D = \overline{Q} + Q$가 되며 이는 반드시 '1'값을 가진다. D 입력이 '1'인 상태에서 클럭펄스의 상승 에지가 들어오면 그 시점에서 D 플립플롭의 상태, 즉 JK 플립플롭의 출력 Q가 '1'이 된다. J=0, K=1 상태인 경우에는 $D = 0 + 0 = 0$이 되어 클럭 펄스의 상승 에지에서 이 입력 D가 플립플롭 내부로 저장됨에 따라 출력 Q는 '0' 값을 갖게 된다. 또한 J=0, K=0인 경우에는 $D = Q$가 되어 클럭펄스의 상승 에지에서 Q 값이 다시 저장됨으로 출력이 바뀌지 않는다. J=1, K=1인 경우에는 $D = \overline{Q}$가 되어 클럭펄스의 상승 에지에서 Q의 보수 값이 저장되므로 출력 Q가 토글한다.

[그림 9-25]는 JK 플립플롭의 상태천이도를 보여준다.

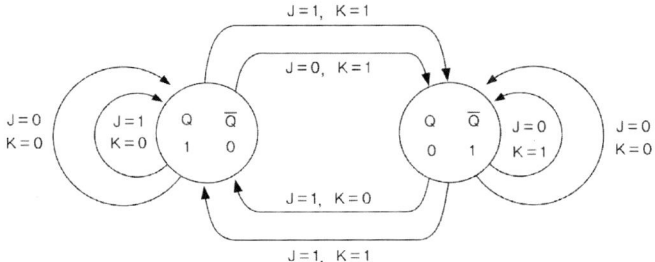

[그림 9-25] JK 플립플롭의 상태 천이도

[그림 9-25]에서 플립플롭이 $Q=1, \overline{Q}=0$ 상태에 놓여 있을 때에 J=0, K=0의 입력이 들어온다든지 혹은 J=1, K=0의 입력이 들어오면 여전히 그 상태에 머물게 되고, J=0,

K=1 혹은 J=1, K=1의 입력이 들어오면 플립플롭의 상태가 바뀌어져서 $Q=0$, $\overline{Q}=1$ 상태로 옮기게 된다.

[그림 9-26]은 JK플립플롭의 타이밍 다이어그램 예를 나타낸다.

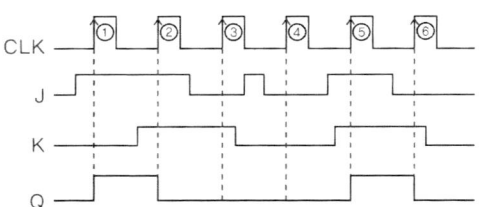

[그림 9-26] JK플립플롭의 타이밍 다이어그램 예

[그림 9-26]은 클럭펄스의 상승 에지에 동기를 맞추어 입력 J와 입력 K의 값에 따라 플립플롭의 상태가 아래와 같이 결정된다.
① 첫 번째 클럭펄스의 상승 에지에서 입력 T가 '1'이므로 Q 값이 토글 되어 초기의 '0'에서 '1'로 상승한다.
② 두 번째 클럭펄스의 상승 에지에서 입력 T가 '1'이므로 Q의 값은 다시 토글 되어 '1'에서 '0'으로 바뀐다.
③ 세 번째 클럭펄스의 상승 에지에서 입력 T는 '0'이므로 Q 값은 변화하지 않는다.
④ 네 번째 클럭펄스의 상승 에지에서 입력 T가 '1'이므로 Q 값이 토글 되어 '0'에서 '1'로 상승한다.
⑤ 다섯 번째 클럭펄스의 상승 에지에서 입력 T는 '0'이므로 Q 값은 변화하지 않는다.

9.4. 플립플롭의 주요 특성

9.4.1. 준비 시간(Set-up time)과 유지 시간(Hold time)

플립플롭이 정상적으로 동작하기 위해서는 클럭펄스가 인가되기 전에 입력 데이터가 '1'에서 '0'으로, 혹은 '0'에서 '1'로 변화가 완료되어 안정되어 있어야 한다. 플립플롭에서 출력 Q가 안정적 상태가 되기 위한 파라미터에는 준비 시간(set-up time)과 유지 시간(hold time)이 있다. set-up time과 hold time의 정의는 아래와 같다.

- set-up time(t_S): 입력 데이터의 상승 50% 시점에서부터 클럭의 트리거링(triggering) 에 지의 50% 시점까지의 시간
- hold time(t_H): 입력 데이터의 하강 50% 시점에서부터 클럭의 트리거링 에지의 50% 시 점까지의 시간

[그림 9-27]은 상승 에지의 경우 set-up time과 hold time을 나타낸다.

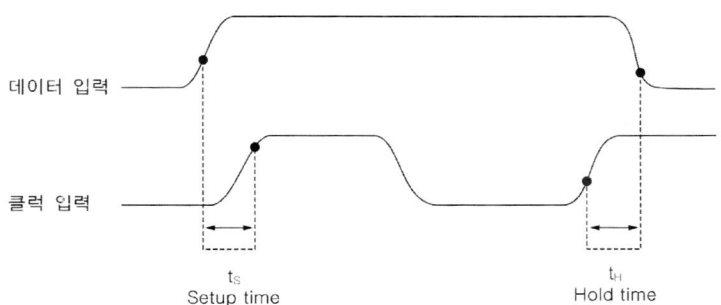

[**그림 9-27**] 상승 에지에서 set-time과 hold time

[그림 9-27]에서 보듯이 확실하게 트리거 될 수 있도록 트리거 구간(상승 구간)에 이르기 전에 입력 데이터가 안정된 상태를 유지해야 하는 시간을 set-up time이라고 부른다. 즉데이터 입력이 t_S 기간 이상 안정된 상태를 유지하지 못하면 플립플롭의 트리거는 불확실한 동작으로 빠질 수 있다.

유지 시간 t_H는 트리거 구간(상승 구간)에서 입력 데이터가 안정된 상태를 유지해야 할시간을 말하는데 이 시간이 지켜지지 않으면 정확한 플립플롭의 동작을 기대하기 어렵게된다. IC로 구성된 플립플롭의 경우에 준비 시간은 5~50(ns) 정도이고 유지 시간은 10(ns)이하에 해당한다.

9.4.2. 레이스 현상과 스큐 현상

플립플롭 회로에서는 하나의 플립플롭 출력이 직접 혹은 논리 게이트를 통해 다음 단의플립플롭의 입력으로 연결되는 경우가 흔히 있다. 이때에 하나의 클럭펄스가 두 플립플롭의클럭 입력 단자에 동시에 연결되면 두 번째 플립플롭의 출력 Q 상태가 불안정하게 되는데이와 같이 두 입력 데이터들 중에 어느 입력이 먼저 도착하느냐에 따라 출력 값이 달라지는

것을 레이스(race) 현상이라고 하고 이와 같은 조건을 레이스 조건이라고 부른다. [그림 9-28]
은 레이스 조건 예를 나타낸다.

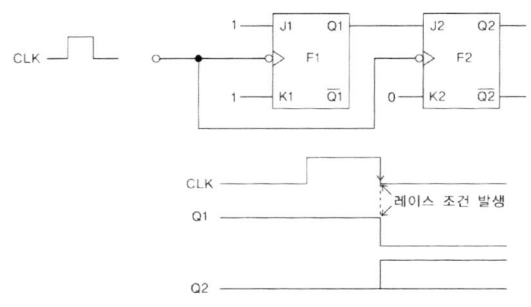

[그림 9-28] 레이스 조건 예

[그림 9-28]에서 플립플롭 F1의 입력 J1과 K1은 모두 '1'에 연결되어 있고 출력 Q1은
플립플롭 F2의 입력 J2에 직접 연결되어 있다. 또한 플립플롭 F2의 입력 K2는 '0'에 연결
되어 있고 클럭펄스는 동일하게 두 플립플롭에 공급되고 있다. 플립플롭 F1의 초기 상태
는 '1'이고 F2의 초기 상태는 '0'이라고 가정하자.

클럭펄스가 '1'에서 '0'으로 떨어지는 하강 에지에서 플립플롭 F1의 입력 J1과 K1은 '1'
이므로 토글 되어 출력 Q1은 초기 상태 '1'에서 '0'으로 떨어지게 된다. 그런데 출력 Q1은
플립플롭 F2의 입력 J2에 연결되어 있으므로 동일한 시점에서 Q1의 값에 따라 플립플롭
F2의 출력이 결정된다. 플립플롭에서는 클럭펄스의 에지 발생 이전에 미리 입력 데이터가
안정화되어 있어야 하는데 [그림 9-28]의 경우에는 이러한 안정화 시간이 부족할 수 있다.

만일 출력 Q1, 즉 입력 J2가 클럭 에지 시점에서 '1'이었다고 하면 이는 F2가 셋(set)되어
초기 상태 '0'에서 '1'로 올라가게 되지만, 클럭 에지 시점에서 '0'으로 받아들여졌다면 초
기 상태 그대로 되어 플립플롭 F2의 출력 Q2는 '0'이 된다. 이와 같이 클럭펄스 에지 시점
에서 데이터 안정화 미비로 출력이 불안정하게 되는 것을 레이스 현상이라고 한다. 레이
스 현상을 없애기 위해기 위한 방법들 중의 하나가 주/종 플립플롭(master-slave flip-flop)이다.

스큐(skew) 현상은 논리회로 상의 전파지연, 주변 온도, 부하 및 인가 전원의 변화에 의
해 플립플롭들의 타이밍 요소가 변화함에 따라 하나의 클럭이 여러 플립플롭으로 연결되
는 경우 클럭의 시간차가 발생하는 것을 말한다. [그림 9-29]는 스큐 발생 회로 예를 나타
낸다.

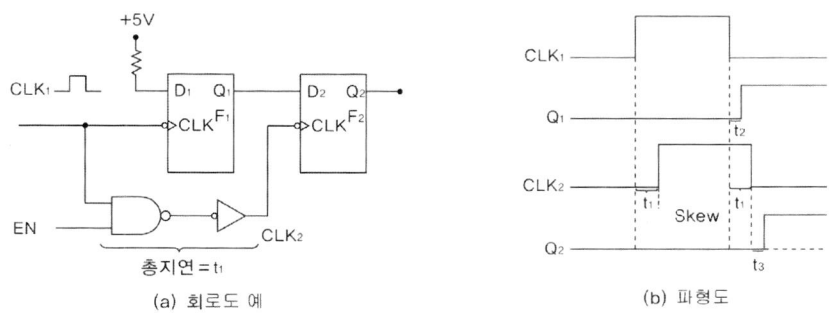

| (a) 회로도 예 | (b) 파형도 |

[그림 9-29] 스큐 발생 회로 예

[그림 9-29]에서 플립플롭 F1은 CLK1의 하강 에지에서 직접 트리거 되지만 플립플롭 F2는 NAND 게이트와 인버터를 통과하는 만큼의 전파지연을 갖는 CLK2의 하강 에지에서 트리거 된다. 그러므로 플립플롭 F1과 플립플롭 F2에 인가된 클럭에는 [그림] (b)에서와 같이 시간차 t_1이 존재하게 되는데 이를 스큐라고 부른다. 이를 해결하기 위해서는 모든 플립플롭에 인가되는 클럭펄스의 각종 통로를 가능하면 동일하게 해야만 한다.

9.4.3. 주/종 플립플롭

주/종 플립플롭(master/slave flip-flop)은 레이스 조건(race condition)을 제거하기 위해 두 개의 독립된 플립플롭으로 구성된다. [그림 9-30]은 주/종 플립플롭의 구성을 보여준다.

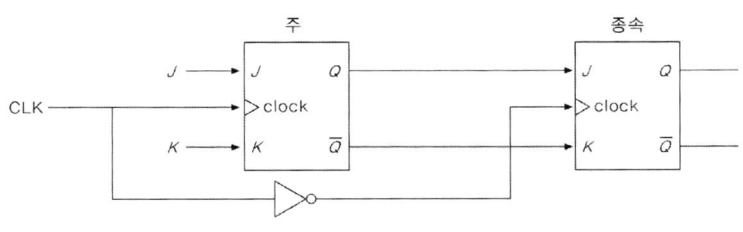

[그림 9-30] 주/종 플립플롭의 구성

주 플립플롭은 클럭의 상승 에지에서 동작하지만 종 플립플롭은 클럭 펄스가 인버터를 통해 입력되므로 클럭의 하강 에지에서 동작한다. 클럭이 0에서 1로 변하는 상승 에지에서는 주 플립플롭이 동작하게 되고 종 플립플롭은 아무런 동작을 하지 않게 되어 주 플립플롭이 종 플립플롭으로부터 분리되는 셈이 된다. 클럭의 상승 에지에서 주 플립플롭은 입력에 따라 그 상태가 변화된다.

클럭이 1에서 0으로 바뀌는 하강 에지에서는 주 플립플롭이 입력으로부터 분리되고 종 플립플롭은 주 플립플롭의 출력을 입력으로 하여 그 상태를 바꾼다. 클럭의 하강 에지에 서는 종 플립플롭이 주 플립플롭으로부터 분리되는 것이다. 따라서 주/종의 2개 플립플롭을 1개의 플립플롭으로 볼 때에 각 클럭 주기에서 많아야 한 번 상태를 변경하며, 클럭 펄스 폭으로 인한 레이스 조건(race condition)은 제거된다.

9.4.4. 에지 트리거드 플립플롭

플립플롭 회로의 타이밍 문제로 인한 출력상태의 불안정을 해소시키는 방법의 하나로 에지 트리거드 플립플롭(edge-triggered flip-flop)이 있다. 에지 트리거드 플립플롭은 클럭의 상승 또는 하강 에지에서 입력 조건에 따라 플립플롭의 상태를 변경하도록 설계되었다. 상승 에지 트리거드 플립플롭(rising edge-triggered flip-flop)은 상승 에지에서 트리거하고, 하 강 에지 트리거드 플립플롭(falling edge-triggered flip-flop)은 하강 에지에서 트리거한다.

[그림 9-31]은 하강 에지 트리거드 플립플롭의 논리회로 구성 예를 나타낸다. 이 논리회 로는 3개의 교차 결합 NOR 플립플롭들로 이루어져 있는데 플립플롭 F1과 플립플롭 F2는 클럭과 D 입력에 따라 적절한 값을 플립플롭 F3의 입력들인 R과 S 값으로 설정하고 있다.

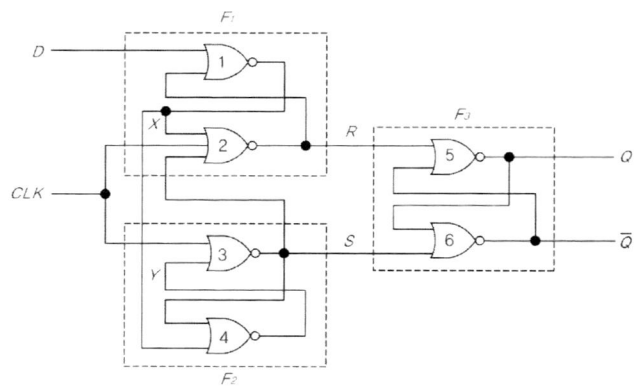

[그림 9-31] 하강 에지 트리거드 플립플롭의 논리회로 구성 예

[그림 9-32]는 이 논리회로 구성의 타이밍 다이어그램을 보여준다. 플립플롭 F3은 초기 상태로 S=1, R=0의 세트, 즉 Q=1상태이다. t_1시점에서 클럭이 1로 상승하면 클럭의 NOR 게이트 출력인 S는 0이 된다. 이 시점에서 NOR 게이트 출력인 R은 그대로 0을 유지하게 됨에 따라 S=0, R=0 입력이므로 플립플롭 F3의 상태는 변경되지 않는다.

클럭펄스가 1을 유지하는 기간에는 R과 S가 모두 0을 나타내므로 X와 Y 신호는 입력 D를 따른다. 즉 클럭펄스가 1인 구간에서는 $X=\overline{D}$, $Y=D$의 관계가 성립된다. 따라서 t_2시점에서 입력 D가 1로 상승하면 X는 0으로 하강하고, Y는 D와 함께 1로 상승한다. t_3시점에서는 클럭이 0으로 하강해도 Y가 1을 유지하므로 S는 여전히 0을 유지하게 된다. 또한 클럭이 0으로 하강한 시점에서 X=0, S=0이므로 R은 1로 상승하게 됨에 따라 플립플롭 F3의 상태가 1에서 0으로 리셋 된다.

t_4시점에서는 클럭이 1로 상승함에 따라 R은 다시 0으로 떨어지고 또한 S도 0을 그대로 유지함에 따라 S=0, R=0 입력상태가 되어 플립플롭 F3의 상태는 변화하지 않는다. t_5시점에서는 클럭이 1인 상태에서 입력 D가 1에서 0으로 떨어지므로 X는 1로 상승하고 Y는 0으로 하강한다. t_6시점에서는 Y=0인 상태에서 클럭이 하강하므로 S는 1로 상승하고 R은 0을 유지함에 따라 플립플롭 F3은 다시 세트 상태로 된다. 이상과 같이 D 입력에 대해 클럭의 1인 구간에서 X와 Y를 미리 안정화시켜놓은 후에 클럭의 하강 에지에서 플립플롭이 상태를 결정함으로써 타이밍에 따른 불안정성을 제거할 수 있게 되었다.

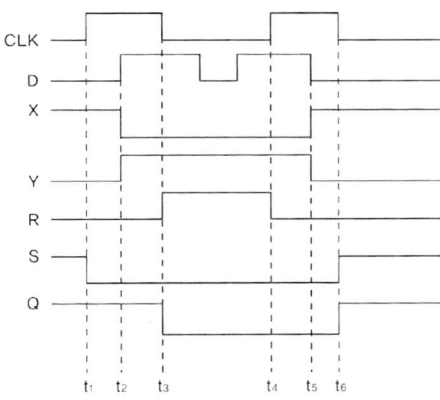

[그림 9-32] 에지 트리거드 플립플롭 타이밍 다이어그램 예

9.4.5. 클리어(Clear)와 프리셋(Preset) 기능

동기식 플립플롭은 입력 단자를 통해 신호가 들어와도 클럭 펄스의 트리거 에지에 맞추어 동작하게 된다. 클럭 펄스의 에지가 들어오지 않으면 플립플롭의 상태는 변화하지 못한다. 그러나 이와 같이 동기식 플립플롭은 사용하기에 불편한 점이 많이 발생하게 된다.

예를 들어서 동기식 플립플롭의 회로 동작에 이상이 발생할 경우 플립플롭의 출력을 빠르게 리셋(reset)하려고 하는데 클럭 펄스 에지에 동기 되어 동작되기 때문에 즉각적인 대처가 불가능해진다. 또한 디지털 시스템의 전원을 켰을 때에 플립플롭은 임의의 상태에 놓여있기 때문에 클럭 신호가 인가되어 동작되기 전에 플립플롭을 원하는 상태로 세트시킬 필요가 있다. 이와 같이 동기식 플립플롭에서도 비동기적으로 동작될 수 있는 비동기적 입력 단자들이 필요로 하게 된다. 비동기적 입력 단자들은 아래와 같다.

- 클리어(CLR: Clear): 이 입력 단자를 활성화시키는 신호가 입력되면 즉시 리셋 상태, 즉 $Q=0$이 된다.
- 프리셋(PRE: Preset): 이 입력 단자를 활성화시키는 신호가 입력되면 즉시 세트 상태, 즉 $Q=1$이 된다.

CLR 신호는 디지털 시스템에서 전원이 처음 켜질 때에 초기 상태로서 시스템 내의 모든 플립플롭을 0의 상태로 만드는 데 활용된다. CLR 신호는 대개 active-low신호로서 '0'의 레벨에서 플립플롭을 리셋시키므로 파우어 리셋(power reset) 신호를 사용하게 된다. 파우어 리셋은 디지털 시스템에서 전원이 켜지면 하나의 'low pulse'가 만들어지는 것을 말한다. PRE 신호는 클럭에 관계없이 강제로 플립플롭의 상태를 1로 만들 때에 사용된다.

[그림 9-33] 비동기식 입력 단자를 가진 D 플립플롭의 그래픽 기호를 보여준다.

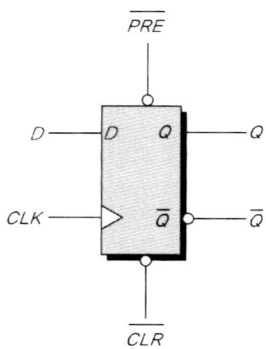

[그림 9-33] 비동기식 입력 단자를 가진 D 플립플롭의 그래픽 기호

[그림 9-34]는 비동기식 입력 단자를 가진 D 플립플롭의 동작 예를 나타낸다. 각 시점마다 동작 상태를 설명하면 아래와 같다.

- t_1: $\overline{PRE}$신호가 '1'에서 '0'으로 액티브(active)되는 순간에 출력 Q는 세트(set) 된다.
- t_2: 클럭 펄스의 상승 에지에서 입력 D가 '0'이지만 $\overline{PRE}$신호가 '1'을 유지하므로 출력 Q는 그대로 '1' 상태를 지속한다.
- t_3: $\overline{PRE}$신호가 액티브 이므로 입력 D에 관계없이 출력 Q는 '1'이 된다.
- t_4: $\overline{PRE}$신호가 인액티브(inactive) 상태이지만 입력 D가 '1'이므로 출력 Q는 '1' 값을 가진다.
- t_5: $\overline{PRE}$신호가 인액티브 상태에서 입력 D가 '0'이므로 출력 Q는 '0'이 된다.
- t_6: 입력 D가 '1'이므로 출력 Q는 '1'로 상승한다.
- t_7: $\overline{CLR}$ 신호가 '1'에서 '0'으로 액티브 되는 순간에 출력 Q는 리셋(reset)된다.
- t_8: 입력 D가 '1'이지만 $\overline{CLR}$신호가 여전히 액티브이므로 출력 Q는 '0' 값을 가진다.
- t_9: $\overline{CLR}$신호가 인액티브 상태에서 입력 D가 '1'이므로 출력 Q는 '1'이 된다.

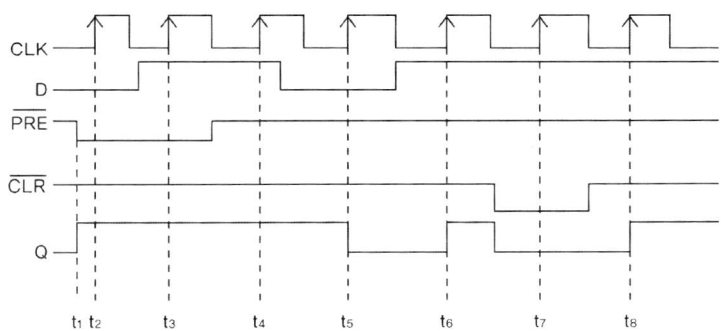

[그림 9-34] 비동기식 입력 단자를 가진 D 플립플롭의 동작 예

10 _순차 논리회로 해석 및 설계

10.1. 순차 논리회로 해석

10.1.1. 순차 논리회로 해석 개요

순차 논리회로는 조합 논리회로와 플립플롭으로 구성된다. 순차 논리회로의 동작은 입력, 출력, 플립플롭의 상태 등으로 결정된다. 순차 논리회로의 초기 상태에서 입력이 들어오면 그 입력과 그때의 내부 상태에 의해 결정되는 출력을 배출하고, 동시에 그 내부 상태가 다음 상태로 변화해 간다. 이러한 상태를 표현하기 위해 상태표(state table), 상태도(state diagram), 상태 방정식(state equation) 등이 이용되며, 순차 논리회로의 해석은 입력, 출력, 내부 상태 등에 대한 상기의 상태표와 상태도를 구하는 것이다.

순차 논리회로에 대한 상태표와 상태도를 구하는 순차 논리회로의 해석 과정은 아래와 같다.

① 각각의 입력과 출력에 대한 변수의 명칭을 부여한다.
② 조합 논리회로 부분은 이 논리회로에 대한 부울 함수를 구한다.
③ 현재 상태를 기준으로 하여 각 입력 상태에 따른 다음 상태 및 출력의 관계를 보여주는 기본 상태표를 작성한다.
④ 순차 논리회로에 대한 상태 방정식을 구한다.
⑤ 상태 방정식을 이용하든지 혹은 논리회로 분석을 통해 플립플롭의 현재 상태에서

천이되는 다음 상태를 구하여 상태표의 각 항에 기록한다.

⑥ 상태표로부터 상태도를 구한다.

⑦ 상태표와 상태도를 분석하여 순차 논리회로의 동작을 논리적으로 설명한다.

순차 논리회로를 해석할 때에 필요로 하는 상태표, 상태도, 상태 방정식에 대해 아래와 같이 설명하고자 한다.

(1) 상태표

상태표(state table)는 현재 상태를 기준으로 하여 각각의 입력 상태에 따른 다음 상태와 출력을 나타내는 표이다. 상태표는 [표 10-1]과 같이 현재 상태, 다음 상태, 출력의 세 부분으로 구성된다. 현재 상태는 클럭 펄스의 에지가 발생하기 직전까지의 상태를 말하고, 다음 상태는 클럭 펄스의 에지가 입력된 후의 플립플롭의 상태를 뜻한다. 또한 출력은 현재 상태의 출력 값을 나타낸다.

[표 10-1] 기본 상태표

현재상태		다음 상태		출력	
		$x=0$	$x=1$	$x=0$	$x=1$
A	B	A B	A B	F	F
0	0				
0	1				
1	0				
1	1				

[표 10-1]에서는 플립플롭이 A와 B의 2개로 구성된 경우이고 입력은 한 개로서 변수 이름이 x이며 출력은 F일 경우를 나타내고 있다. 플립플롭의 개수가 m개 인 경우에는 각 상태마다 하나의 행이 필요하므로 전체 2^m개의 행을 가지게 된다. 그리고 입력의 개수가 n개일 경우에는 각각의 조합마다 열이 필요하므로 2^n개의 열을 구성해야 한다.

(2) 상태도

상태도(state diagram)는 순차 논리회로에 클럭 펄스가 입력될 때마다 상태가 바뀌는 내용을 이해하기 쉽도록 그림 형태로 나타낸 것이다. 상태도는 원과 화살표로 구성되는데 원은 내부에 2진수 순차 논리회로의 상태를 표시하고 화살표는 각 상태의 변화를 표시한다. 한 원에서 출발한 화살표가 다시 그 원으로 되돌아가는 경우는 클럭 펄스가 발생해도 그 상태가 변하지 않음을 나타낸다.

화살표 선 위에 있는 빗금(/)의 왼쪽 2진수는 상태 변화를 일으키는 입력 값을 나타내고, 오른쪽의 2진수는 현재 상태에 대한 출력을 표시한다. 상태표와 상태도는 내용상 차이점이 없으며 그림 형태로 나타내기 위해 상태표로부터 상태도를 작성하는 것이다.

(3) 상태 방정식

상태 방정식(state equation)은 플립플롭의 상태 변화를 부울 함수 형태로 표시한 식으로서 응용 방정식(application equation)이라고도 불린다. 상태 방정식에서 왼쪽은 플립플롭의 다음 상태를 나타내고, 오른쪽은 다음 상태를 논리 '1'로 하는 현재 상태의 조건을 표현한다. 순차 논리회로는 클럭 펄스의 에지 발생에 의해 값이 변하기 때문에, 상태 방정식은 시간을 포함하는 부울 함수라고 말할 수 있다. 상태 방정식을 얻는 방법에는 두 가지 방법이 있는데 하나는 순차 논리회로에서부터 직접 유도하는 방법이고 또 다른 하나는 상태표에서 구하는 방법이다.

순차 논리회로에서 유도하는 방법은 플립플롭의 특성 방정식과 플립플롭의 입력 함수를 결합시켜서 구하는 방법이다. 플립플롭의 입력 함수는 플립플롭의 입력 변수를 부울 함수로 표시한 것이다. 플립플롭의 입력은 조합 논리회로의 출력에 해당하므로 이 출력에 대한 부울 함수 표현이 플립플롭의 입력함수가 되는 것이다. 그리고 특성 방정식은 플립플롭의 다음 상태를 현재 상태와 입력변수로 표기한 부울 함수를 말한다. 각 플립플롭의 특성 방정식은 아래와 같다.

- RS 플립플롭: $Q(t+1) = S + \overline{R}Q(t)$
- D 플립플롭: $Q(t+1) = D$
- T 플립플롭: $Q(t+1) = Q(t) \oplus T$
- JK 플립플롭: $Q(t+1) = J\overline{Q(t)} + \overline{K}Q(t)$

예를 들어서 RS 플립플롭으로 구성된 순차 논리회로에서 플립플롭의 상태를 A라 하자. 그리고 플립플롭의 입력 S가 입력 x, 입력 y의 인버터, A의 인버터 등을 입력으로 하는 AND 게이트의 출력이고, 플립플롭의 입력 R이 입력 x, 입력 y, A로 구성된 OR 게이트의 출력이라고 할 때에 상태 방정식은 아래와 같이 구할 수 있다.

$S = \overline{A}x\overline{y}$

$R = A + x + y$

$A(t+1) = \overline{A}x\overline{y} + \overline{(A+x+y)}A$

상기와 같이 플립플롭의 특성 방정식에 해당하는 각각의 항을 입력 함수로 대체하면 순차 논리회로로부터 상태방정식을 유도할 수 있다.

상태표를 근거로 하여 상태방정식을 유도해 보기로 하자. [표 10-2]는 상태방정식 유도를
위한 상태표 예이다.

[표 10-2] 상태표 예

현재 상태		다음 상태				출력	
		x=0		x=1		x=0	x=1
A	B	A	B	A	B	F	F
0	0	0	0	0	1	0	0
0	1	1	1	0	1	1	1
1	0	1	0	0	0	1	1
1	1	1	0	1	1	0	0

상태방정식은 다음 상태가 '1'이 되기 위한 부울 항들로 구성된다. [표 10-2]에서 RS 플
립플롭의 A와 B의 두 개로 구성되고 입력이 x이며 출력은 F이다. 플립플롭 A의 다음 상태
가 '1'이 되기 위한 조건들은 $x=0$, 현재 상태의 $A=0, B=0$이 포함되므로 이는 $\overline{A}\,\overline{B}\,\overline{x}$항
이 포함됨을 나타낸다. 상태표에 근거하여 플립플롭 A의 다음 상태에 대한 부울 함수는
아래와 같이 표현된다.

$A(t+1) = \overline{A}B\overline{x} + A\overline{B}\overline{x} + AB\overline{x} + ABx$

상기 식을 간략화시키기 위해 카르노 맵을 작성하면 [그림 10-1]과 같다.

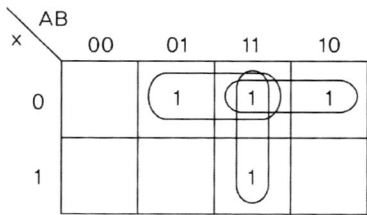

[그림 10-1] 플립플롭 A의 다음 상태에
대한 카르노 맵

상기 카르노 맵에 따라 간략화시켜면 부울 함수 $A(t+1)$은 아래와 같다.

$A(t+1) = A\overline{x} + B\overline{x} + AB$

이를 RS 플립플롭의 특성 방정식의 형태로 바꾸면 아래와 같다.

$A(t+1) = B\overline{x} + \overline{\overline{(B+\overline{x})}}A$

RS 플립플롭의 특성 방정식은 $A(t+1) = S + \overline{R}A$이므로 S와 R의 입력 함수를 구하면 아래와 같다.

$$S = B\overline{x}$$
$$R = \overline{(B + \overline{x})} = \overline{B}x$$

한편 상태표에 근거하여 플립플롭 B의 다음 상태에 대한 부울 함수는 아래와 같이 표현된다.

$$B(t+1) = \overline{A}B\overline{x} + \overline{A}\,\overline{B}x + \overline{A}Bx + ABx$$

상기 식을 간략화시키기 위해 카르노 맵을 작성하면 [그림 10-2]와 같다.

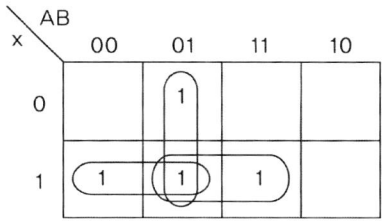

[그림 10-2] 플립플롭 B의 다음 상태에
대한 카르노 맵

상기 카르노 맵에 따라 간략화시키면 부울 함수 $B(t+1)$은 아래와 같다.

$$B(t+1) = \overline{A}x + Bx + \overline{A}B$$

이를 RS 플립플롭의 특성 방정식의 형태로 바꾸면 아래와 같다.

$$B(t+1) = \overline{A}x + \overline{\overline{(\overline{A}+x)}}B$$

RS 플립플롭의 특성 방정식은 $B(t+1) = S + \overline{R}B$이므로 S와 R의 입력 함수를 구하면 아래와 같다.

$$S = \overline{A}x$$
$$R = \overline{(\overline{A} + x)} = A\overline{x}$$

10.1.2. D 플립플롭으로 구성된 순차 논리회로 해석

D 플립플롭이 포함된 순차 논리회로를 해석해 보기로 한다. [그림 10-3]은 D 플립플롭 한 개를 사용한 순차 논리회로 예이다. 플립플롭의 입력 D는 입력 x와 플립플롭 출력 A의 OR 게이트 출력으로 구성되고, 출력 y는 플립플롭 출력 A와 입력 x의 인버터와의

AND 게이트의 출력으로 이루어진다.

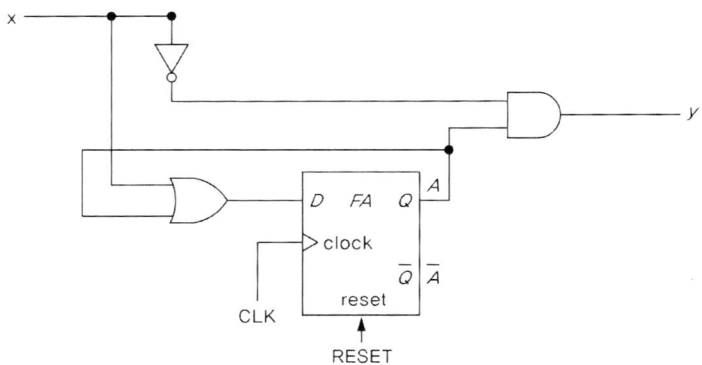

[그림 10-3] D 플립플롭으로 구성된 순차 논리회로 예(1)

순차 논리회로의 해석 과정에 따라 [그림 10-3]의 회로를 해석해 보자

① 단계: 입력과 출력에 대한 변수들에 명칭을 부여한다.

　　플립플롭: FA

　　입력변수: x

　　출력변수 : y

　　플립플롭의 출력: A

　　플립플롭의 입력: D

② 단계: 조합 논리회로 부분에 대한 부울 함수를 구한다.

　　플립플롭의 입력: $D = x + A$

　　출력: $y = \overline{x}A$

③ 단계: 플립플롭의 다음 상태 값과 출력을 구한다.

• $x = 0, A = 0$일 때에 플립플롭 입력 D가 0이므로 플립플롭의 다음 상태는 0이 되고, 출력 y는 0이다.

• $x = 0, A = 1$일 때에 플립플롭 입력 D가 1이므로 플립플롭의 다음 상태는 1이 되고, 출력 y는 1이다.

• $x = 1, A = 0$일 때에 플립플롭 입력 D가 1이므로 플립플롭의 다음 상태는 1이 되고, 출력 y는 0이다.

• $x = 1, A = 1$일 때에 플립플롭 입력 D가 1이므로 플립플롭의 다음 상태는 1이 되고, 출력 y는 0이다.

④ 회로도와 플립플롭의 특성 방정식을 이용하여 상태 방정식을 구한다.

D 플립플롭의 특성 방정식 $A(t+1)=D$에 입력 $D=x+A$를 대입하여 상태 방정식을 아래와 같이 구한다.

$A(t+1)=x+A$

⑤ 상태표를 작성한다.

논리 회로 분석을 통해 [표 10-3]과 같이 상태표를 작성한다.

[표 10-3] D 플립플롭으로 구성된 순차 논리회로 예(1)의 상태표

현재상태	다음상태		출력	
	x=0	x=1	x=0	x=1
A	A	A	y	y
0	0	1	0	0
1	1	1	1	0

[표 10-3]으로부터 상태 방정식을 구해보자. 플립플롭 A가 논리 '1'이 되는 상태 방정식은 아래와 같다.

$A(t+1)=\bar{x}A+x\bar{A}+xA$

상기 부울 함수에 대한 카르노 맵을 작성하면 [그림 10-4]와 같다.

상기의 카르노 맵을 통해 부울 함수를 간략화시키면 아래와 같다.

$A(t+1)=x+A$

D 플립플롭의 특성 방정식에 상기의 식을 대입하면 상태 방정식은 아래와 같다.

$A(t+1)=x+A$

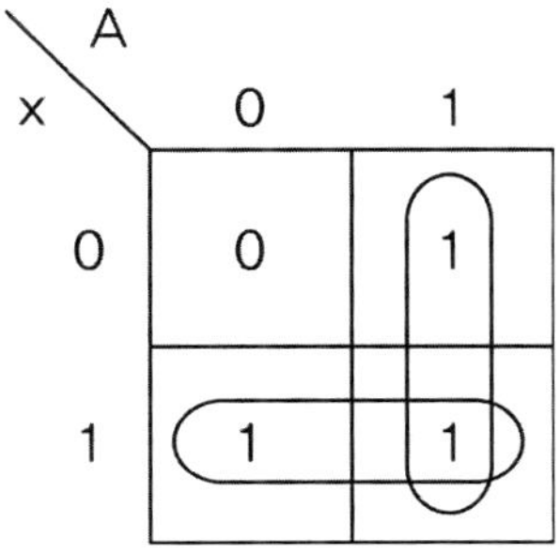

[그림 10-4] D 플립플롭으로 구성된 순차 논리회로 예(1)의 카르노 맵

⑥ 상태표로부터 상태도를 구한다.

[표 10-3]의 상태표에 대한 상태도는 [그림 10-5]와 같다. 상태도에는 플립플롭의 상태인 0과 1이 두 개의 원의 내부에 표시되어 있으며, 현재 상태에서 다음 상태로의 변화를 나타내는 1개의 직선 화살표가 있고, 상태 변화가 일어나지 않음을 나타내는 3개의 곡선 화살표가 있다. 직선 화살표와 곡선 화살표에는 빗금(/)에 의해 분리된 2진수가 붙어 있는데 왼쪽은 입력 x의 값을 표시하고, 오른쪽은 출력 y의 값을 나타낸다.

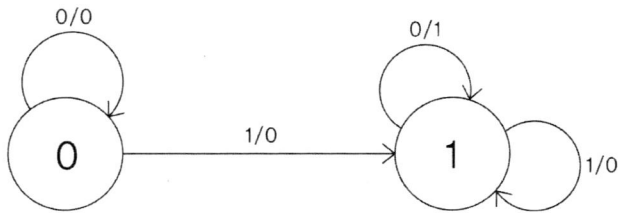

[그림 10-5] D 플립플롭으로 구성된 순차 논리회로 예(1)의 상태도

⑦ 상태표와 상태도를 통해 순차 논리회로의 동작에 관한 타이밍 다이어그램을 그린다. D 플립플롭은 상승 에지 트리거를 사용했으므로 상태 전이는 클럭의 상승 에지에서 발생한다. 플립플롭의 초기 상태는 리셋 되어 있다고 가정한다. [그림 10-6]은 D 플립플롭으로 구성된 순차 논리회로 예(1)의 타이밍 다이어그램을 보여준다.

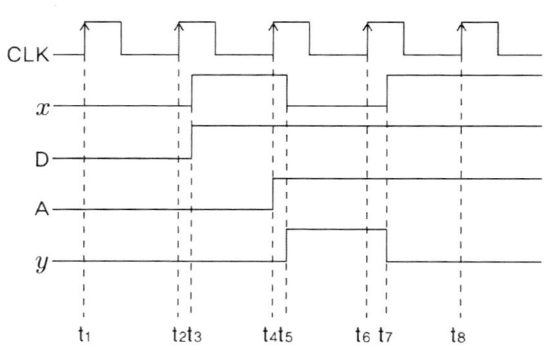

[그림 10-6] D 플립플롭으로 구성된 순차 논리회로 예(1)의
타이밍 다이어그램

- t_1: 플립플롭의 초기 상태가 0이고 입력 x가 0이므로 플립플롭 D의 값이 0이 된다. t_1의 바로 직전의 D 값이 0이므로 플립플롭 상태도 0이다. 출력 y는 0이다.
- t_2: t_1과 동일한 상태이다.
- t_3: 입력 x가 1로 상승하므로 D가 1이 되지만 클럭의 상승 에지가 아직 도착하지 않으므로 A는 여전히 0 상태를 유지한다. 입력 x가 0이고 플립플롭 출력 A가 1일 때에만 출력 y가 1이 되므로 아직 0 상태를 유지한다.
- t_4: 입력 x가 1이므로 입력 D는 1을 유지한다. 플립플롭의 입력 D가 1이므로 A는 1로 상승한다.
- t_5: 입력 x가 0으로 떨어지지만 A가 여전히 1이므로 플립플롭 입력 D는 1을 유지한

다. 출력 y는 입력 x가 0이고 A가 1이므로 1로 상승한다.

- t_6: 플립플롭 입력 D가 1이므로 A는 1을 유지한다. 출력 y는 1을 유지한다.
- t_7: 입력 x가 1로 상승하므로 출력 y는 0으로 하강한다.
- t_8: D는 1을 유지하고 이에 따라 A도 1을 유지한다. 출력 y는 0을 유지한다.

상태표에는 논리회로 내의 플립플롭의 개수가 m개이고 입력의 개수가 n개라면 2^{m+n} 개의 조합들이 존재하며, 그에 따라 다음 상태의 개수도 같은 수만큼 나열된다. [그림 10-7] 은 두 개의 D 플립플롭으로 구성된 순차 논리회로인데 이 회로를 해석해 보기로 하자.

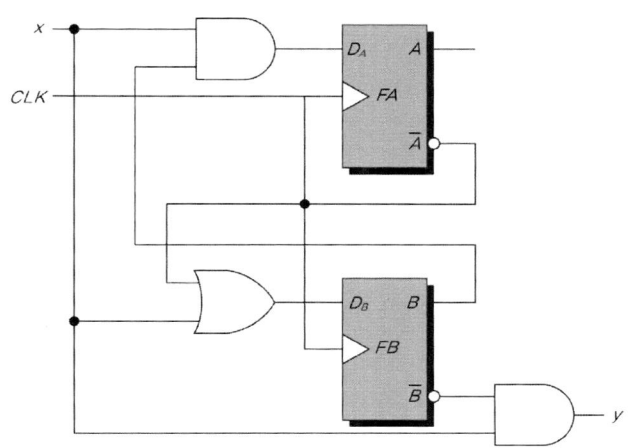

[그림 10-7] D 플립플롭으로 구성된 순차 논리회로 예(2)

① 단계: 입력과 출력에 대한 변수들에 명칭을 부여한다.

위쪽 플립플롭: FA   아래쪽 플립플롭: FB

입력변수: x 출력변수: y

FA 플립플롭의 출력: A

FB 플립플롭의 출력: B

FA 플립플롭의 입력: D_A

FB 플립플롭의 입력: D_B

② 단계: 조합 논리회로 부분에 대한 부울 함수를 구한다.

FA 플립플롭의 입력: $D_A = Bx$

FB 플립플롭의 입력: $D_B = \overline{A} + x$

출력: $y = \overline{B}x$

③ 단계: 플립플롭의 다음 상태 값과 출력을 구한다.

- $x=0, A=0, B=0$이면 FA=0, FB=1, $y=0$이 된다.
- $x=0, A=0, B=1$이면 FA=0, FB=1, $y=0$이 된다.
- $x=0, A=1, B=0$이면 FA=0, FB=0, $y=0$이 된다.
- $x=0, A=1, B=1$이면 FA=0, FB=0, $y=0$이 된다.
- $x=1, A=0, B=0$이면 FA=0, FB=1, $y=1$이 된다.
- $x=1, A=0, B=1$이면 FA=1, FB=1, $y=0$이 된다.
- $x=1, A=1, B=0$이면 FA=0, FB=1, $y=1$이 된다.
- $x=1, A=1, B=1$이면 FA=1, FB=1, $y=0$이 된다.

④ 회로도와 플립플롭의 특성 방정식을 이용하여 상태 방정식을 구한다.

D 플립플롭의 특성 방정식은 $A(t+1) = D$이므로 각 플립플롭의 입력함수를 이 식에 대입하면 아래와 같은 상태 방정식을 구할 수 있다.

$$A(t+1) = \overline{B}x$$
$$B(t+1) = \overline{A}+x$$

⑤ 상태표를 작성한다.

플립플롭의 다음 상태와 출력을 바탕으로 [표 10-4]와 같이 상태표를 작성한다.

[**표 10-4**] D 플립플롭으로 구성된 순차 논리회로 예(2)의 상태표

현재 상태		다음 상태				출력	
		$x=0$		$x=1$		$x=0$	$x=1$
A	B	A	B	A	B	y	y
0	0	0	1	0	1	0	1
0	1	0	1	1	1	0	0
1	0	0	0	0	1	0	1
1	1	0	0	1	1	0	0

⑥ 상태표로부터 상태도를 구한다.

[표 10-4]의 상태표에 대한 상태도는 [그림 10-8]과 같다. 플립플롭 개수가 2개이므로 순차 논리회로 전체가 가질 수 있는 상태의 조합은 네 가지(AB=00, 01, 10, 11)가 존재한다. 따라서 [그림 10-8]의 상태도에서는 네 개의 원이 존재한다. 각각의 원 내부에 표시된 두 비트는 각 상태 조합을 나타내며 그들을 서로 연결해주는 화살표 선은 상태전이 선(state transition line)이다. 각 화살표 선의 위에는 그 전이를 유발하는 입력 값과 그때 발생하는 출

력 값이 '입력/출력'의 형태로 표시된다.

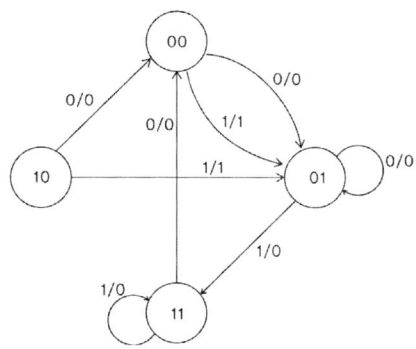

[그림 10-8] D 플립플롭으로 구성된 순차
논리회로 예(2)의 상태도

⑦ 상태표와 상태도를 통해 순차 논리회로의 동작에 관한 타이밍 다이어그램을 그린다.
D 플립플롭은 상승 에지 트리거를 사용했으므로 상태 전이는 클럭의 상승 에지에서 발
생한다. 플립플롭의 초기 상태는 리셋 되어 있다고 가정한다. [그림 10-9]는 D 플립플롭으
로 구성된 순차 논리회로 예(2)의 타이밍 다이어그램을 보여준다.

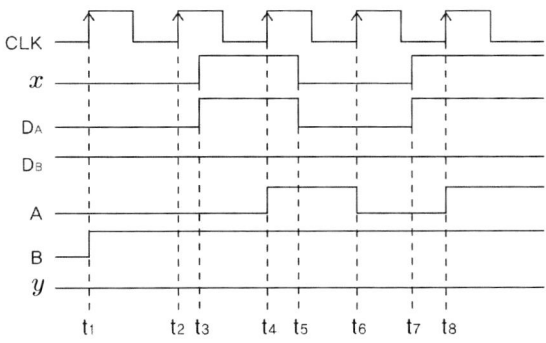

[그림 10-9] D 플립플롭으로 구성된 순차 논리회로 예(2)
의 타이밍 다이어그램

- t_1: 플립플롭의 초기 상태가 0이므로 $\overline{A}$는 1이다. 따라서 플립플롭 FB는 1로 상승한다.
  출력 y는 입력 x가 0이므로 0이다.
- t_2: t_1과 동일한 상태이다.
- t_3: 입력 x가 1로 상승하므로 D_A가 1로 상승하지만 클럭의 상승 에지가 아니므로 플
  립플롭 FA는 여전히 0을 유지한다. 출력 y는 0을 유지한다.

- t_4: D_A가 1이므로 플립플롭 FA는 1로 상승한다. 출력 y는 0을 유지한다.
- t_5: 입력 x가 0으로 떨어지므로 D_A도 함께 0으로 떨어진다. 출력 y는 0을 유지한다.
- t_6: 플립플롭 FA가 0으로 떨어지지만 OR 게이트를 통하여 D_B입력으로 들어오므로 플립플롭 FB는 0으로 떨어지지 않고 1을 유지하게 된다. 출력 y는 0을 유지한다.
- t_7: 입력 x가 1로 상승하므로 D_A가 1로 상승한다. 출력 y는 0을 유지한다.
- t_8: D_A가 1이므로 플립플롭 FA 상태가 1로 상승한다. 출력 y는 0을 유지한다.

10.1.3. JK 플립플롭으로 구성된 순차 논리회로 해석

JK 플립플롭은 RS 플립플롭의 입력 R과 입력 S 대신에 입력 J와 입력 K를 가진다. RS 플립플롭에서 입력 R과 입력 S가 모두 1이 되는 조건이 금지되어 있는 단점을 보완하기 위해 JK 플립플롭에서는 J와 K가 둘 다 1이 되어도 플립플롭의 상태가 반전되도록 구성함으로써 입력 J와 입력 K의 모든 입력 조합들을 수용할 수 있게 되었다.

JK 플립플롭으로 구성된 순차 논리회로를 해석해 보기 위해 [그림 10-10]의 회로를 고려해 보자. 이 회로는 두 개의 JK 플립플롭과 두 개의 OR 게이트 그리고 한 개의 인버터로 구성되어 있다. 이 순차 논리회로의 해석 절차는 아래와 같이 진행하기로 한다.

① 단계: 입력과 출력에 대한 변수들에 명칭을 부여한다.

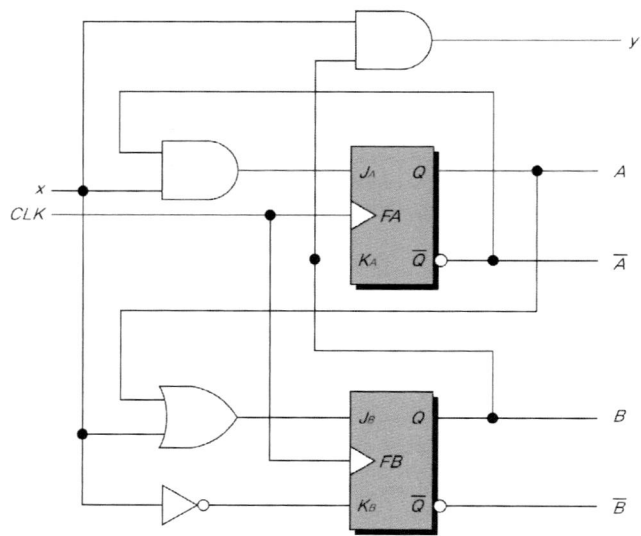

[그림 10-10] JK 플립플롭으로 구성된 순차 논리회로 예

위쪽 플립플롭: FA   아래쪽 플립플롭: FB

입력변수: x 출력변수: y

FA 플립플롭의 출력: A

FB 플립플롭의 출력: B

FA 플립플롭의 입력: J_A, K_A

FB 플립플롭의 입력: J_B, K_B

② 단계: 조합 논리회로 부분에 대한 부울 함수를 구한다.

FA 플립플롭의 입력: $J_A = \overline{A}x, \quad K_A = B$

FB 플립플롭의 입력: $J_B = A + x, \quad K_B = \overline{x}$

출력: $y = Bx$

③ 단계: 플립플롭의 다음 상태 값과 출력을 구한다.

- $x = 0, A = 0, B = 0$이면 FA=0, FB=0, $y = 0$이 된다.
- $x = 0, A = 0, B = 1$이면 FA=0, FB=0, $y = 0$이 된다.
- $x = 0, A = 1, B = 0$이면 FA=1, FB=1, $y = 0$이 된다.
- $x = 0, A = 1, B = 1$이면 FA=0, FB=0, $y = 0$이 된다.
- $x = 1, A = 0, B = 0$이면 FA=1, FB=1, $y = 0$이 된다.
- $x = 1, A = 0, B = 1$이면 FA=1, FB=1, $y = 1$이 된다.
- $x = 1, A = 1, B = 0$이면 FA=1, FB=1, $y = 0$이 된다.
- $x = 1, A = 1, B = 1$이면 FA=0, FB=1, $y = 1$이 된다.

④ 회로도와 플립플롭의 특성 방정식을 이용하여 상태 방정식을 구한다.

JK 플립플롭의 특성 방정식은 $A(t+1) = \overline{K}A + J\overline{A}$이므로 각 플립플롭의 입력함수를 이 식에 대입하면 아래와 같은 상태 방정식을 구할 수 있다.

$$A(t+1) = \overline{B}A + \overline{A}x\overline{A} = \overline{B}A + x\overline{A}$$
$$B(t+1) = \overline{x}B + (A+x)\overline{B} = \overline{x}B + A\overline{B} + x\overline{B} = x \oplus B + A\overline{B}$$

⑤ 상태표를 작성한다.

플립플롭의 다음 상태와 출력을 바탕으로 [표 10-5]와 같이 상태표를 작성한다.

[표 10-5] JK 플립플롭으로 구성된 순차 논리회로 예의 상태표

현재상태		다음 상태				출력	
		$x=0$		$x=1$		$x=0$	$x=1$
A	B	A	B	A	B	y	y
0	0	0	0	1	1	0	0
0	1	0	0	1	1	0	1
1	0	1	1	1	1	0	0
1	1	0	0	0	1	0	1

⑥ 상태표로부터 상태도를 구한다.

[표 10-5]의 상태표에 대한 상태도는 [그림 10-11]과 같다. 플립플롭 개수가 2개이므로 순차 논리회로 전체가 가질 수 있는 상태의 조합은 네 가지(AB=00, 01, 10, 11)가 존재한다. 따라서 [그림 10-11]의 상태도에서는 네 개의 원이 존재한다.

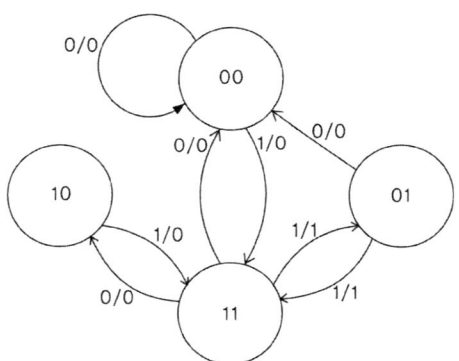

[그림 10-11] JK 플립플롭으로 구성된 순차 논리회로 예의 상태도

⑦ 상태표와 상태도를 통해 순차 논리회로의 동작에 관한 타이밍 다이어그램을 그린다.

두 개의 JK 플립플롭은 상승 에지 트리거를 사용했으므로 상태 전이는 클럭의 상승 에지에서 발생한다. 플립플롭의 초기 상태는 리셋 되어 있다고 가정한다. [그림 10-12]는 JK 플립플롭으로 구성된 순차 논리회로 예의 타이밍 다이어그램을 보여준다.

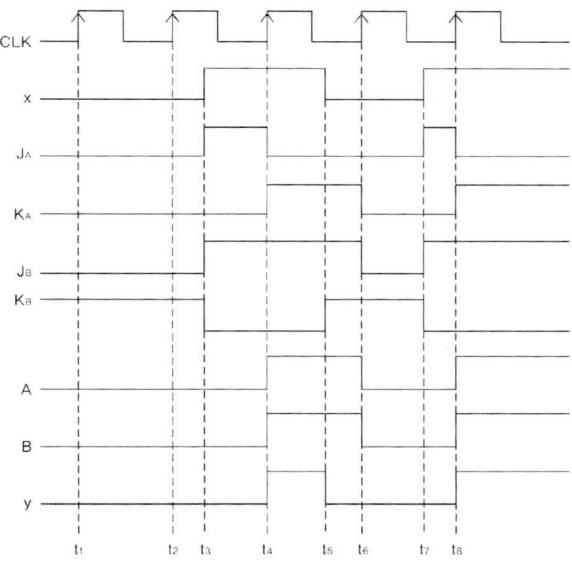

[그림 10-12] JK 플립플롭으로 구성된 순차 논리회로 예의 타
이밍 다이어그램

- t_1: 플립플롭의 초기 상태가 0이고 x가 0이므로 $J_A = 0, K_A = 0, J_B = 0$이다. 그러나 K_B는 x의 인버터이므로 1을 유지한다. 따라서 플립플롭 A와 B는 모두 0이고 출력 y는 0이다.
- t_2: t_1과 동일한 상태이다.
- t_3: 입력 x가 1로 상승하므로 J_A와 J_B가 1로 상승하고 K_B는 0으로 하강한다. 출력 y는 0을 유지한다.
- t_4: 플립플롭 A와 B가 모두 1로 상승한다. 플립플롭 A가 상승함에 따라 J_A는 0으로 하강한다. K_A는 1로 상승한다. 출력 y는 1로 상승한다.
- t_5: 입력 x가 0으로 떨어지므로 K_B는 1로 상승하고 출력 y는 0으로 하강한다.
- t_6: 플립플롭 A는 리셋 상태가 되므로 0으로 떨어지고 플립플롭 B는 토글 상태이므로 0으로 떨어진다. 출력 y는 0을 유지한다.
- t_7: 입력 x가 1로 상승하므로 J_A가 1로 상승한다. K_A는 0을 유지한다. K_B는 입력 x의 인버터이므로 0으로 하강한다. J_B도 1로 상승한다.
- t_8: 플립플롭 A와 B가 모두 1로 상승한다. 출력 y는 1로 상승한다.

10.1.4. T 플립플롭으로 구성된 순차 논리회로 해석

T 플립플롭으로 구성된 순차 논리회로 해석도 앞에서 설명한 다른 플립플롭들의 해석
과 유사한 방법으로 이루어진다. [그림 10-13]에서와 같이 T 플립플롭 두 개로 구성된 순
차 논리회로를 해석해 보기로 하자. 이 회로는 두 개의 플립플롭과 한 개의 OR 게이트
그리고 한 개의 AND 게이트로 구성되어 있다. 이 순차 논리회로의 해석 과정은 아래와
같이 진행한다.

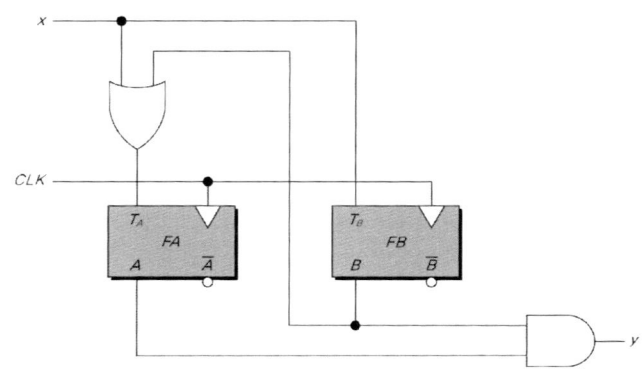

[그림 10-13] T 플립플롭으로 구성된 순차 논리회로 예

① 단계: 입력과 출력에 대한 변수들에 명칭을 부여한다.

　　왼쪽 플립플롭: FA　　　　　　오른쪽 플립플롭: FB

　　입력변수: x　　　　　　　　　출력변수: y

　　FA 플립플롭의 출력: A

　　FB 플립플롭의 출력: B

　　FA 플립플롭의 입력: T_A

　　FB 플립플롭의 입력: T_B

② 단계: 조합 논리회로 부분에 대한 부울 함수를 구한다.

　　FA 플립플롭의 입력: $T_A = B + x$

　　FB 플립플롭의 입력: $T_B = x$

　　출력: $y = AB$

③ 단계: 플립플롭의 다음 상태 값과 출력을 구한다.

　　• $x = 0, A = 0, B = 0$이면 FA＝0, FB＝0, $y = 0$이 된다.

- $x=0, A=0, B=1$이면 FA=1, FB=1, $y=0$이 된다.
- $x=0, A=1, B=0$이면 FA=1, FB=0, $y=0$이 된다.
- $x=0, A=1, B=1$이면 FA=0, FB=1, $y=1$이 된다.
- $x=1, A=0, B=0$이면 FA=1, FB=1, $y=0$이 된다.
- $x=1, A=0, B=1$이면 FA=1, FB=0, $y=0$이 된다.
- $x=1, A=1, B=0$이면 FA=0, FB=1, $y=0$이 된다.
- $x=1, A=1, B=1$이면 FA=0, FB=0, $y=1$이 된다.

④ 회로도와 플립플롭의 특성 방정식을 이용하여 상태 방정식을 구한다.

T 플립플롭의 특성 방정식은 $A(t+1)=T\oplus A$이므로 각 플립플롭의 입력함수를 이 식에 대입하면 아래와 같은 상태 방정식을 구할 수 있다.

$$A(t+1)=(B+x)\oplus A$$
$$=\overline{(B+x)}A+(B+x)\overline{A}$$
$$=A\overline{B}\overline{x}+\overline{A}B+\overline{A}x$$

$$B(t+1)=x\oplus B$$
$$=B\overline{x}+\overline{B}x$$

⑤ 상태표를 작성한다.

플립플롭의 다음 상태와 출력을 바탕으로 [표 10-6]과 같이 상태표를 작성한다.

[표 10-6] T 플립플롭으로 구성된 순차 논리회로 예의 상태표

현재상태		다음상태				출력	
		$x=0$		$x=1$		$x=0$	$x=1$
A	B	A	B	A	B	y	y
0	0	0	0	1	1	0	0
0	1	1	1	1	0	0	0
1	0	1	0	0	1	0	0
1	1	0	1	0	0	1	1

⑥ 상태표로부터 상태도를 구한다.

[표 10-6]의 상태표에 대한 상태도는 [그림 10-14]와 같다. 플립플롭 개수가 2개이므로 순차 논리회로 전체가 가질 수 있는 상태의 조합은 네 가지(AB=00, 01, 10, 11)가 존재한다. 이 회로에서 출력 y는 입력 x에 전혀 영향을 받지 않고 상태 A와 B에 의해서만 결정되기 때문에 원 내부에 상태 조합을 나타내는 값 다음에 빗금(/)을 넣어, '상태/출력'의 형태로 표시하였다.

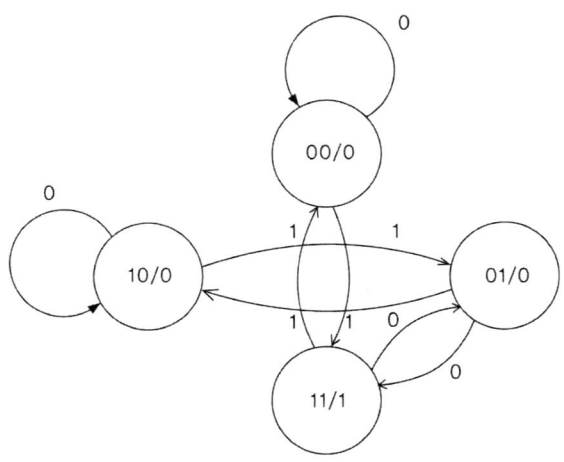

[그림 10-14] T 플립플롭으로 구성된 순차 논리회로 예의
상태도

⑦ 상태표와 상태도를 통해 순차 논리회로의 동작에 관한 타이밍 다이어그램을 그린다.
두 개의 T 플립플롭은 상승 에지 트리거를 사용했으므로 상태 전이는 클럭의 상승 에
지에서 발생한다. 플립플롭의 초기 상태는 리셋 되어 있다고 가정한다. [그림 10-15]는 T
플립플롭으로 구성된 순차 논리회로 예의 타이밍 다이어그램을 보여준다.

- t_1: 플립플롭의 초기 상태가 0이고 x가 0이므로 $T_A = 0$, $T_B = 0$이다. 따라서 플립플롭
  A와 B는 모두 초기 상태의 0을 유지한다. 출력 y는 0이다.
- t_2: t_1과 동일한 상태이다.
- t_3: 입력 x가 1로 상승하므로 T_A와 T_B가 1로 상승한다.
- t_4: T_A와 T_B가 1이므로 플립플롭 A와 B는 토글하여 모두 1로 상승한다. 출력 y는 1로
  상승한다.
- t_5: 입력 x가 0으로 떨어지므로 T_B는 0으로 하강한다. 그러나 T_A는 플립플롭 B가 1
  이므로 여전히 1을 유지한다.

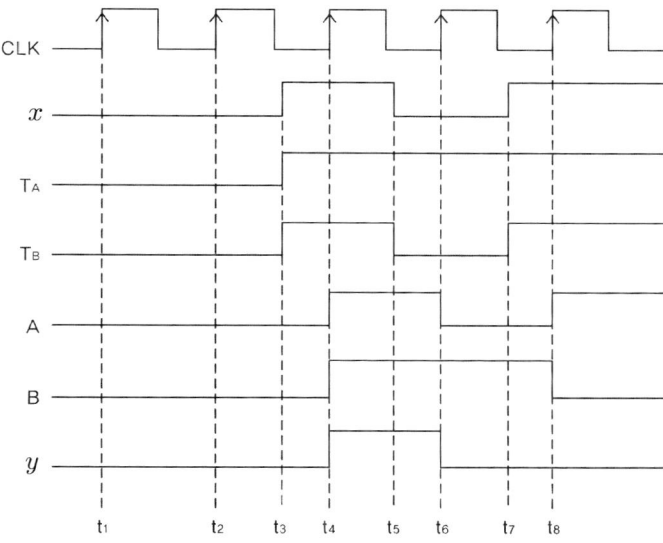

[그림 10-15] T 플립플롭으로 구성된 순차 논리회로 예의 타이밍 다이
어그램

- t_6: T_A가 1이므로 플립플롭 A는 토글하여 0으로 하강한다. T_B는 0이므로 플립플롭
  B는 1의 상태를 유지한다. 출력 y는 플립플롭 A가 0으로 하강하므로 함께 0으로 하
  강한다.
- t_7: 입력 x가 1로 상승하므로 T_B가 1로 상승한다. T_A는 1을 유지한다.
- t_8: 플립플롭 A는 토글하여 1로 상승한다. 플립플롭 B도 토글하여 0으로 하강한다. 출
  력 y는 0을 유지한다.

10.2. 플립플롭의 여기표

순차 논리회로를 해석할 때에는 플립플롭의 현재 상태에서 각각의 입력조건에 따라 플
립플롭의 다음 상태가 어떻게 변화하는가를 살피는 일이 중요하다. 이와 같이 플립플롭이
0 혹은 1에서 입력조건에 따라 다음 상태로 어떻게 바뀌지는 지를 나타내는 표를 특성표
라고 한다. 순차 논리회로를 해석할 때에 바로 이 특성표를 바탕으로 상태표를 작성하게
된다.

순차 논리회로를 설계하기 위해서는 플립플롭의 현재 상태에서 다음 상태로 바뀌기 위
한 입력조건들을 구해야 한다. 즉 플립플롭의 주변 회로인 조합 논리회로를 설계하기 위

해서는 플립플롭의 상태 변화에 따른 입력 조건들을 구해야 한다. 이와 같이 플립플롭의 현재 상태에서 다음 상태로 변화하기 위한 입력 조건을 명시한 표를 여기표(excitation) 또는 입력표(input table)이라고 한다. 본 절에서는 플립플롭의 특성표를 우선 살펴보고 이를 바탕으로 하여 각각의 플립플롭에 대한 여기표를 작성해 보기로 한다.

10.2.1. 플립플롭의 특성표

플립플롭의 특성표는 현재 상태에서 입력 조건의 조합에 따라 플립플롭의 다음 상태를 표시한 표를 말한다. 플립플롭의 진리표는 각 입력 조건의 조합에 따라 출력이 어떻게 변화하는가를 나타내지만 특성표는 현재 상태를 기준으로 하여 각 입력 조건에 따라 다음 상태가 어떻게 변화하는지를 표기하는 점이 다르다.

[표 10-7]은 RS 플립플롭과 JK 플립플롭의 특성표를 나타낸다.

[표 10-7] RS 플립플롭과 JK 플립플롭의 특성표

입력			출력		입력			출력
$Q_{(t)}$	S	R	$Q_{(t+1)}$		$Q_{(t)}$	J	K	$Q_{(t+1)}$
0	0	0	0		0	0	0	0
0	0	1	0		0	0	1	0
0	1	0	1		0	1	0	1
0	1	1	금지		0	1	1	1
1	0	0	1		1	0	0	1
1	0	1	0		1	0	1	0
1	1	0	1		1	1	0	1
1	1	1	금지		1	1	1	0

(a) RS 플립플롭   (b) JK 플립플롭

[표 10-7]에서 RS 플립플롭의 경우 입력 S와 입력 R의 조합들 중에 $S=1, R=1$은 금지된 입력 조건이다. RS 플립플롭의 다른 항목들도 플립플롭의 진리표의 내용과 일치하며 단지 플립플롭의 현재 상태를 입력 조건에 포함시킨 점이 다르다. JK 플립플롭에서도 플립플롭의 현재 상태, 입력 J, 입력 K 등을 입력 조건으로 하여 각 조합에 따라 출력인 플립플롭의 다음 상태를 표기하고 있다.

[표 10-8]은 D 플립플롭과 T 플립플롭의 특성표를 나타낸다.

[표 10-8]은 D 플립플롭과 T 플립플롭의 특성표를 나타낸다.

입력		출력
$Q_{(t)}$	D	$Q_{(t+1)}$
0	0	0
0	1	1
1	0	0
1	1	1

(a) D 플립플롭

입력		출력
$Q_{(t)}$	T	$Q_{(t+1)}$
0	0	0
0	1	1
1	0	1
1	1	0

(b) T 플립플롭

[표 10-8]에서 D 플립플롭의 경우 플립플롭의 현재 상태와 상관없이 입력 D의 값에 따라 플립플롭의 다음 상태가 결정됨을 알 수 있다. T 플립플롭의 경우에는 입력 T에 따라 현재 상태의 값이 다음 상태에서 유지되든가 혹은 토글 됨을 알 수 있다.

10.2.2. 플립플롭의 여기표

플립플롭의 여기표는 현재 상태에서 다음 상태로 변하기 위한 입력 조건을 나타낸 표이다. 플립플롭의 특성표는 현재 상태와 입력 조건에 따라 다음 상태를 나타낸 표이므로 이것을 바탕으로 하여 여기표를 작성할 수 있다. 즉 특성표의 입력조건과 다음 상태를 서로 바꾸면 여기표가 되는 것이다. 여기표의 왼쪽에 $Q(t)$와 $Q(t+1)$을 표시하고, 오른쪽에는 각 플립플롭의 입력을 표시함으로써 여기표를 완성할 수 있다.

(1) RS 플립플롭의 여기표

RS 플립플롭의 여기표는 [표 10-9]에 나타낸다.

[표 10-9] RS 플립플롭의 여기표

$Q_{(t)}$	$Q_{(t+1)}$	S	R
0	0	0	X
0	1	1	0
1	0	0	1
1	1	X	0

- $Q(t) = 0$, $Q(t+1) = 0$

RS 플립플롭에서 현재 상태가 0일 때에 다음 상태가 0이 되려면 입력 R과 입력 S는 어떠한 값을 가져야 하는 것일까? 우선 값이 변하지 않았으므로 이러한 조건은 $S=0, R=0$ 이다. 그런데 다음 상태가 0으로 리셋 상태이므로 $S=0, R=1$이어도 된다. 따라서 $S=0$ 이기만 하면 R은 0 혹은 1이 되어도 상관없게 된다. 이는 입력 R이 don't care 상태임을 의미한다. don't care 상태를 ×로 표기한다.

- $Q(t)=0, Q(t+1)=1$

RS 플립플롭의 현재 상태가 0일 때에 다음 상태로 1이 되기 위해서는 [표 10-7]의 RS 플립플롭 특성표에서 $S=1, R=0$의 입력 조건뿐이다.

- $Q(t)=1, Q(t+1)=0$

RS 플립플롭의 특성표에서 현재 상태가 1일 때에 다음 상태가 0이 되기 위해서는 $S=0, R=1$의 입력 조건뿐이다.

- $Q(t)=1, Q(t+1)=1$

RS 플립플롭에서 현재 상태와 다음 상태가 동일하기 위해서는 $S=0, R=0$의 입력 조건이 필요하다. 그런데 다음 상태가 1이 되기 위해서는 $R=0$이라는 조건하에서 입력 S가 1이면 된다. 즉 $R=0$이면 입력 S는 0 혹은 1이어도 상관없게 되므로 입력 S는 don't care 조건인 것이다.

(2) JK 플립플롭의 여기표

JK 플립플롭의 여기표는 [표 10-10]에 나타낸다.

[표 10-10] JK 플립플롭의 여기표

$Q_{(t)}$	$Q_{(t+1)}$	J	K
0	0	0	X
0	1	1	X
1	0	X	1
1	1	X	0

- $Q(t)=0, Q(t+1)=0$

[표 10-7]의 JK 플립플롭 특성표에서 입력 J와 입력 K가 둘 다 0이면 플립플롭의 상태가 바뀌지 않는다. 또한 $J=0, K=1$이어도 다음 상태에서 논리 0이 되므로 입력 J가 0이라는 조건하에서는 K는 0 혹은 1이어도 상관없게 되어 입력 K는 don't care 조건이 된다.

- $Q(t)=0, Q(t+1)=1$

JK 플립플롭에서 현재 상태가 0일 때에 다음 상태가 1이 되기 위해서는 세트(set)로서 $J=1, K=0$이어야 한다. 또한 현재 상태에서 토글 되어 다음 상태에서 바뀌는 조건은 $J=1, K=1$이다. 따라서 $J=1$이면 입력 K는 don't care 조건이 된다.

- $Q(t)=1, Q(t+1)=0$

현재 상태가 1이고 다음 상태가 0이 되는 것은 리셋(reset)이므로 $J=0, K=1$이 되어야 한다. 또한 현재 상태에서 토글 되어 다음 상태에서 바뀌는 조건은 $J=1, K=1$이다. 따라서 $K=1$이면 입력 J는 don't care 조건이 된다.

- $Q(t)=1, Q(t+1)=1$

입력 J와 입력 K가 둘 다 0이면 플립플롭의 상태가 바뀌지 않는다. 또한 $J=1, K=0$이어도 다음 상태에서 논리 1이 되므로 입력 K가 0이라는 조건하에서 J는 0 혹은 1이어도 상관없게 되어 입력 J는 don't care 조건이 된다.

JK 플립플롭의 여기표에는 don't care 입력 조건이 많이 포함되어 있으므로 순차 논리회로를 설계할 때에 이 플립플롭을 사용하면 카르노 맵을 통한 부울 함수의 간략화가 용이하게 되어 입력 함수에 관한 조합 논리회로를 보다 더 간단한 형태로 줄일 수 있게 된다.

(3) D 플립플롭의 여기표

D 플립플롭의 여기표는 [표 10-11]에 나타낸다.

[표 10-11] D 플립플롭의 여기표

$Q_{(t)}$	$Q_{(t+1)}$	D
0	0	0
0	1	1
1	0	0
1	1	1

D 플립플롭에서는 다음 상태가 현재 상태와 상관없이 언제나 입력 D와 같다. 따라서 다음 상태에서 0이 되기 위해서는 D 입력이 0이 되어야 하고, 다음 상태에서 1이 되기 위해서는 D 입력이 1이 되어야 한다.

(4) T 플립플롭의 여기표

T 플립플롭의 여기표는 [표 10-12]와 같다.

[표 10-12] T 플립플롭의 여기표

$Q_{(t)}$	$Q_{(t+1)}$	T
0	0	0
0	1	1
1	0	1
1	1	0

T 플립플롭에서는 입력 T가 0이면 현재 상태와 다음 상태의 값이 동일하고 입력 T가 1이면 현재 상태의 값이 토글 되어 다음 상태에 나타난다. 따라서 플립플롭의 상태가 변하지 않을 때에는 입력 T는 0 값을 가져야 하고, 현재 상태가 다음 상태에서 바뀔 때에는 입력 T가 1 값을 가져야 한다.

10.3. 순차 논리회로 설계

10.3.1. 순차 논리회로 설계 개요

순차 논리회로는 플립플롭과 주변의 조합 논리회로로 이루어지는데 사용하는 플립플롭의 종류에 따라 조합 논리회로의 구성과 복잡도가 달라진다. 동기식 순차 논리회로의 설계는 플립플롭을 우선적으로 선택하고 설계 사양에 맞도록 플립플롭과 조합 논리회로를 설계하는 것이다. 플립플롭의 개수는 순차 논리회로에서 필요로 하는 상태 수에 따라 결정된다. 플립플롭의 개수가 결정되면 각 플립플롭의 입력 함수를 구함으로써 순차 논리회로를 구성할 수 있게 된다. 순차 논리회로를 설계하는 절차는 아래와 같다.

① 회로의 동작에 관하여 상세하게 분석한 후에 상태도와 상태표를 구한다.
② 플립플롭의 종류를 선택하고 플립플롭의 개수와 함께 상태 수를 결정한다.
③ 플립플롭의 입력과 출력 그리고 외부의 입력에 각각 문자 기호를 부여한다.
④ 상태표로부터 순차 논리회로의 여기표를 작성한다.
⑤ 카르노 맵 또는 부울 대수의 법칙을 이용하여 간소화된 플립플롭의 입력 함수와 순차 논리회로의 출력 함수를 구한다.
⑥ 논리회로를 설계한다.

플립플롭의 개수는 상태 수로 결정되는데 예를 들어서 상태 수가 4이면 플립플롭의 개수는 2개가 된다. 플립플롭의 개수가 m이라고 할 때에 상태의 총수가 2^m보다 적으면 순차 논리회로 중 사용하지 않는 2진 상태가 있으므로 이렇게 사용하지 않는 상태는 조합 논리회로 부분을 설계할 때에 don't care 조건으로 표시하면 된다.

10.3.2. D 플립플롭을 이용한 순차 논리회로 설계

[그림 10-16]의 상태도에 대한 순차 논리회로를 D 플립플롭을 이용하여 설계해 보기로 하자. 이 상태도는 클럭 펄스가 하나씩 들어올 때마다 2진수로 표현된 상태가 하나씩 감소하는 회로 동작을 보여주고 있다.

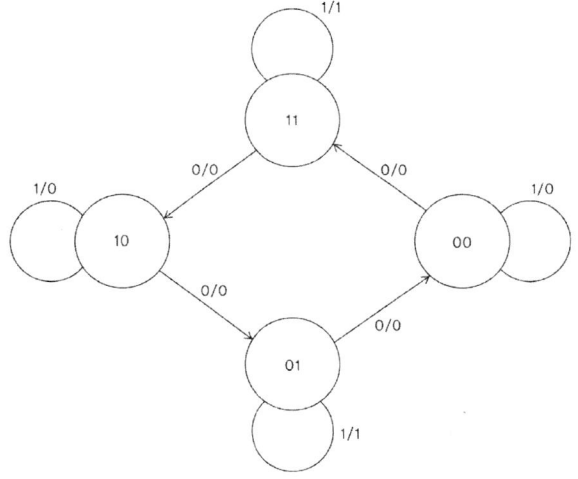

[그림 10-16] 상태도

D 플립플롭을 사용하여 [그림 10-16]의 상태도에 대한 순차 논리회로를 설계하는 절차는 아래와 같다.

① 상태도에 대한 상태표를 구하면 [표 10-13]과 같다.

[표 10-13] D 플립플롭 순차 논리회로의 상태표

현재 상태		다음 상태				출력	
		$x=0$		$x=1$		$x=0$	$x=1$
A	B	A	B	A	B	y	y
0	0	1	1	0	0	0	0
0	1	0	0	0	1	0	1
1	0	0	1	1	0	0	0
1	1	1	0	1	1	0	1

② 플립플롭은 D 플립플롭으로 결정하고 플립플롭의 개수는 2개, 상태수는 4개로 결정한다.

③ 플립플롭의 입력과 출력 그리고 외부 입력과 출력에 대해 아래와 같이 문자 기호를 부여한다.

플립플롭: FA, FB

FA 플립플롭의 출력: A

FB 플립플롭의 출력: B

FA 플립플롭의 입력: D_A

FB 플립플롭의 입력: D_B

외부의 입력: x

외부의 출력: y

④ 상태표로부터 순차 논리회로의 여기표를 [표 10-14]와 같이 작성한다.

[표 10-14] D 플립플롭을 이용한 순차 논리회로의 여기표

입력	현재 상태		다음 상태		플립플롭 입력		출력
x	A	B	A	B	D_A	D_B	y
0	0	0	1	1	1	1	0
0	0	1	0	0	0	0	0
0	1	0	0	1	0	1	0
0	1	1	1	0	1	0	0
1	0	0	0	0	0	0	0
1	0	1	0	1	0	1	1
1	1	0	1	0	1	0	0
1	1	1	1	1	1	1	1

[표 10-13]의 상태표에서 입력, 현재 상태, 다음 상태 등의 순으로 작성한 후에 다음 상

태 옆으로 플립플롭의 입력 항을 넣고 맨 나중의 항에 출력을 삽입하면 순차 논리회로의 여기표가 구성된다. 외부 입력 n개와 플립플롭 m개로 구성된 순차 논리회로의 여기표는 입력과 현재 상태를 위해 $n+m$개의 열이 필요하고, 2진수로 나열되는 행의 개수는 $2^{(m+n)}$이 된다. 플립플롭의 다음 상태는 플립플롭 개수에 해당하는 m개의 열을 가지게 되며, 각 플립플롭의 입력 개수가 k개라고 할 때에 각 플립플롭의 입력 값은 $m \times k$개의 열로 구성된다. 만약 순차 논리회로에 j개의 출력이 있으면 여기표에도 j개의 출력 열이 포함되어야 한다.

[표 10-14]의 첫 번째 항에서는 플립플롭 FA와 플립플롭 FB의 상태가 모두 0에서 1로 바뀌었다. D 플립플롭에서는 입력 D의 값이 곧 다음 상태가 되므로 이를 고려하면 D_A와 D_B는 각각 플립플롭 FA와 FB의 다음 상태와 일치하여 구성해야 한다. 출력 y항은 상태표의 내용을 입력 x항에 맞추어 작성하면 된다.

⑤ 카르노 맵을 통하여 간소화된 플립플롭의 입력 함수와 순차 논리회로의 출력을 구하면 아래와 같다.

$$D_A = \overline{A}\,\overline{B}\overline{x} + Ax + AB$$
$$D_B = \overline{B}\overline{x} + Bx$$
$$y \quad = Bx$$

⑥ 순차 논리회로를 작성하면 [그림 10-17]과 같다.

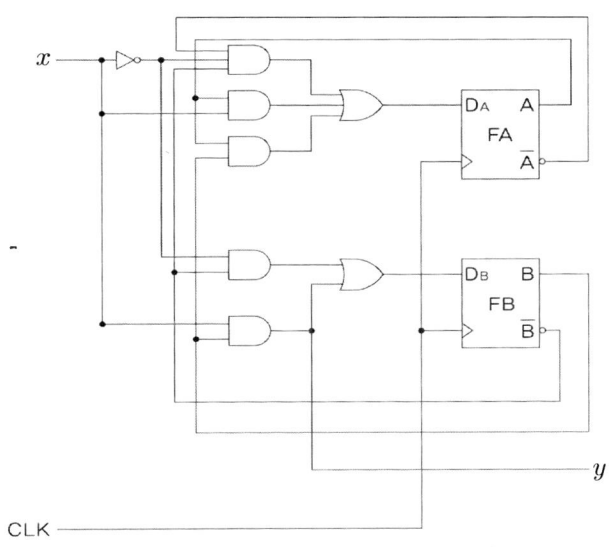

[그림 10-17] D 플립플롭을 이용한 순차 논리회로

10.3.3. JK 플립플롭을 이용한 순차 논리회로 설계

[그림 10-16]의 상태도에 대한 순차 논리회로를 JK 플립플롭을 이용하여 설계해 보자. JK 플립플롭으로 설계할 때에도 상태표는 동일하다. 상태표를 바탕으로 순차 논리회로의 여기표를 작성함에 있어서는 플립플롭 입력 항이 달라진다. JK 플립플롭에서는 입력이 J와 K로 두 개 있기 때문에 우선 입력 열의 개수가 늘어나야 하고 또한 JK 플립플롭의 여기표에 맞추어 플립플롭의 입력조건을 기입해야 한다. [표 10-15]는 JK 플립플롭을 이용한 순차 논리회로의 여기표를 나타낸다.

[표 10-15] JK 플립플롭을 이용한 순차 논리회로의 여기표

입력	현재 상태		다음 상태		플립플롭 입력				출력
x	A	B	A	B	J_A	K_A	J_B	K_B	y
0	0	0	1	1	1	X	1	X	0
0	0	1	0	0	0	X	X	1	0
0	1	0	0	1	X	1	1	X	0
0	1	1	1	0	X	0	X	1	0
1	0	0	0	0	0	X	0	X	0
1	0	1	0	1	0	X	X	0	1
1	1	0	1	0	X	0	0	X	0
1	1	1	1	1	X	0	X	0	1

입력 J와 K 값을 구할 때에는 플립플롭마다 개별적으로 살펴야 한다. 플립플롭 입력 J_A와 K_A는 플립플롭 A의 현재 상태와 다음 상태에 따라 결정된다. 예를 들어서 첫 번째 항의 플립플롭 A는 현재 상태가 0이고 다음 상태가 1로 바뀐다. JK 플립플롭의 여기표를 참고하면 0에서 1로 바뀌는 J와 K의 입력 조건은 $J = 1, K = $x이다. 여기에서 x는 don't care 입력 조건을 의미한다. 따라서 첫 번째 항의 플립플롭 입력 조건은 $J_A = 1, K_A = $ x와 $J_B = 1, K_B = $ x가 되는 것이다. 동일한 방법으로 입력 x, A의 현재 상태, B의 현재 상태의 8가지 조합마다 각각의 플립플롭 입력을 기입함으로써 순차 논리회로 여기표를 작성할 수 있다.

순차 논리회로의 여기표에 대한 카르노 맵을 작성한다. 카르노 맵은 A, B, x로 이루어지는 8개의 셀로 구성된다. 카르노 맵을 통해 간략화 한 플립플롭의 입력 함수와 순차 논리회로의 출력을 구하면 아래와 같다.

$$J_A = \overline{B}\overline{x}, \qquad K_A = \overline{B}\overline{x}$$
$$J_B = \overline{x}, \qquad K_B = \overline{x}$$
$$y = Bx$$

상기의 플립플롭 입력 함수를 이용하여 순차 논리회로를 구성하면 [그림 10-18]과 같다. 동일한 상태도에 대해 D 플립플롭을 사용하여 구성한 논리회로보다 JK 플립플롭으로 구성한 논리회로가 간략화됨을 확인할 수 있다.

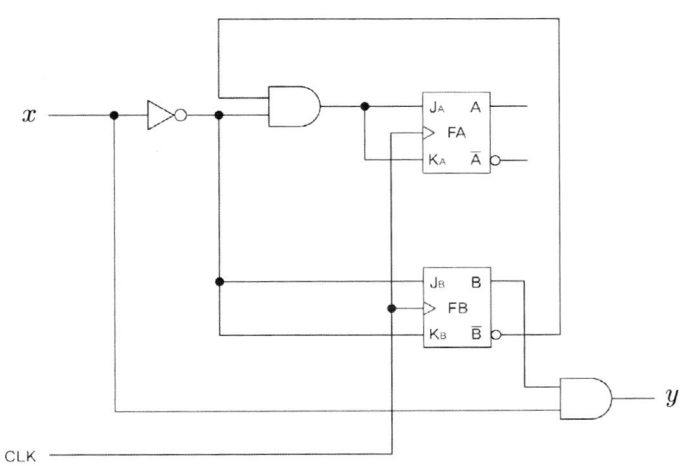

[그림 10-18] JK 플립플롭을 이용한 순차 논리회로

10.3.4. T 플립플롭을 이용한 순차 논리회로 설계

[그림 10-16]의 상태도에 대한 순차 논리회로를 T 플립플롭을 이용하여 설계해 보자. T 플립플롭으로 설계할 때에도 상태표는 동일하다. 상태표를 바탕으로 순차 논리회로의 여기표를 작성함에 있어서는 플립플롭 입력 항이 달라진다. T 플립플롭에서는 입력이 T이기 때문에 D 플립플롭을 이용한 순차 논리회로의 여기표에서 플립플롭 입력을 D_A와 D_B 대신에 각각 T_A와 T_B로 기입한다. 입력 x, A의 현재 상태, B의 현재 상태 등의 조합에 따른 플립플롭 T_A와 T_B 값은 T 플립플롭의 여기표를 참조하여 기입한다. [표 10-16]은 T 플립플롭을 이용한 순차 논리회로의 여기표를 나타낸다.

[표 10-16] T 플립플롭을 이용한 순차 논리회로의 여기표

입력	현재 상태		다음 상태		플립플롭 입력		출력
x	A	B	A	B	T_A	T_B	y
0	0	0	1	1	1	1	0
0	0	1	0	0	0	1	0
0	1	0	0	1	1	1	0
0	1	1	1	0	0	1	0
1	0	0	0	0	0	0	0
1	0	1	0	1	0	0	1
1	1	0	1	0	0	0	0
1	1	1	1	1	0	0	1

T 플립플롭은 현재 상태에서 다음 상태로 변화가 없을 때에는 입력 T가 0 값을 갖고, 변화가 있을 때에는 입력 T가 1 값을 가진다. 첫 번째 항에서 플립플롭 FA는 현재 상태 0 에서 다음 상태 1로 바뀌었기 때문에 T_A 값이 1을 가진다. 플립플롭 FB도 마찬가지로 현재 상태 0에서 다음 상태 1로 바뀌었기 때문에 T_B 값이 1을 갖게 되는 것이다. 여기표의 두 번째 항에서는 플립플롭 FA가 현재 상태 0에서 다음 상태 0으로 바뀌지 않았기 때문에 T_A 값이 0이지만, 플립플롭 FB는 현재 상태 1에서 다음 상태 0으로 바뀌었기 때문에 T_B가 1 값을 가진다.

순차 논리회로의 여기표에 대한 카르노 맵을 작성함에 있어서 A, B, x로 이루어지는 8개 의 셀로 구성한다. 카르노 맵을 통해 간략화한 플립플롭의 입력 함수와 순차 논리회로의 출력을 구하면 아래와 같다.

$$T_A = \overline{B}\,\overline{x}$$
$$T_B = \overline{x}$$
$$y = Bx$$

상기의 플립플롭 입력 함수를 이용하여 순차 논리회로를 구성하면 [그림 10-19]와 같다.

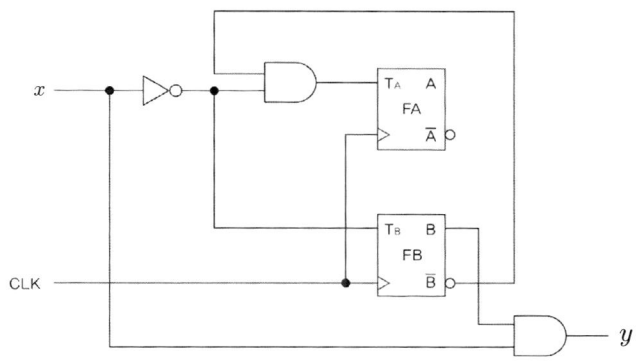

[그림 10-19] T 플립플롭을 이용한 순차 논리회로

10.3.5. 미사용 상태의 설계

순차 논리회로에서 플립플롭의 개수는 상태 수와 관련이 깊다. m개의 플립플롭이 포함된 순차 논리회로는 최대 2^m개의 상태 수를 가진다. 그러나 2^m개의 상태들 중에서 사용하지 않는 상태가 있게 된다. 예를 들어서 플립플롭을 3개 사용한다면 전체 상태 수는 $2^3 = 8$개가 가능한데 실제로 사용하는 상태 수가 6개라고 하면 나머지 2개의 상태는 사용되지 않는 것이다. 순차 논리회로를 설계할 때에 사용하지 않는 상태는 여기표와 상태표에서 표기하지 않으며 플립플롭의 입력 함수를 간소화할 경우에 don't care 조건으로 처리한다.

[표 10-17]에 제시된 상태표를 보고 RS 플립플롭을 사용한 순차 논리회로를 구성해 보자. 이 상태표에는 6개의 상태가 있고 001 상태와 111 상태가 제외되어 있다.

[표 10-17] 상태표

현재 상태			다음 상태					
			$x = 0$			$x = 1$		
A	B	C	A	B	C	A	B	C
0	0	0	0	0	0	0	1	0
0	1	0	0	1	1	0	1	1
0	1	1	1	0	0	0	1	0
1	0	0	1	0	0	1	0	1
1	0	1	0	1	1	1	1	0
1	1	0	1	1	0	0	0	0

[표 10-17]의 상태표로부터 순차 논리회로의 여기표를 작성하면 [표 10-18]과 같다. 이 여기표에서 입력 x는 있지만 출력이 존재하지 않으므로 출력 부분은 없다.

[표 10-18] 순차 논리회로의 여기표

입력	현재 상태			다음 상태			플립플롭 입력					
x	A	B	C	A	B	C	S_A	R_A	S_B	R_B	S_C	R_C
0	0	0	0	0	0	0	0	X	0	X	0	X
0	0	1	0	0	1	1	0	X	X	0	1	0
0	0	1	1	1	0	0	1	0	0	1	0	1
0	1	0	0	1	0	0	X	0	0	X	0	X
0	1	0	1	0	1	1	0	1	1	0	X	0
0	1	1	0	1	1	0	X	0	X	0	0	1
1	0	0	0	0	1	0	0	X	1	0	0	X
1	0	1	0	0	1	1	0	X	X	0	1	0
1	0	1	1	0	1	0	0	X	X	0	0	1
1	1	0	0	1	0	1	X	0	0	X	1	0
1	1	0	1	1	1	0	X	0	1	0	0	1
1	1	1	0	0	0	0	0	1	0	1	0	X

[표 10-18]의 여기표를 작성할 때에 RS 플립플롭의 여기표를 참고한다. RS 플립플롭의 여기표에서 현재 상태가 0이고 다음 상태가 0이면 입력 조건은 $S=0, R=$x이다. 현재 상태가 0이고 다음 상태가 1이면 입력 조건은 $S=1, R=0$이다. 현재 상태가 1이고 다음 상태가 0이면 입력 조건은 $S=0, R=1$이다. 마지막으로 현재 상태가 1이고 다음 상태도 1이면 입력 조건은 $S=$x, $R=0$이다.

[표 10-18]의 여기표로부터 입력 조건 $S_A, R_A, S_B, R_B, S_C, R_C$ 등을 구하기 위해 카르노 맵을 작성하면 [그림 10-20]과 같다. 상태표에서 A, B, C가 001과 111상태는 존재하지 않으므로 카르노 맵에서 A, B, C, x가 0010, 0011, 1110, 1111 셀들은 don't care 항으로 채운다. 카르노 맵을 간소화시키면 아래와 같은 입력 함수를 얻을 수 있다.

$S_A = \overline{A}\,C\overline{x}, \ R_A = Bx + \overline{B}\,C\overline{x}$
$S_B = \overline{A}x + AC, \ R_B = A\overline{C}x + \overline{A}\,C\overline{x}$
$S_C = \overline{A}\,B\overline{C} + A\overline{B}\,\overline{C}x, \ R_C = AB + Cx + \overline{A}\,C$

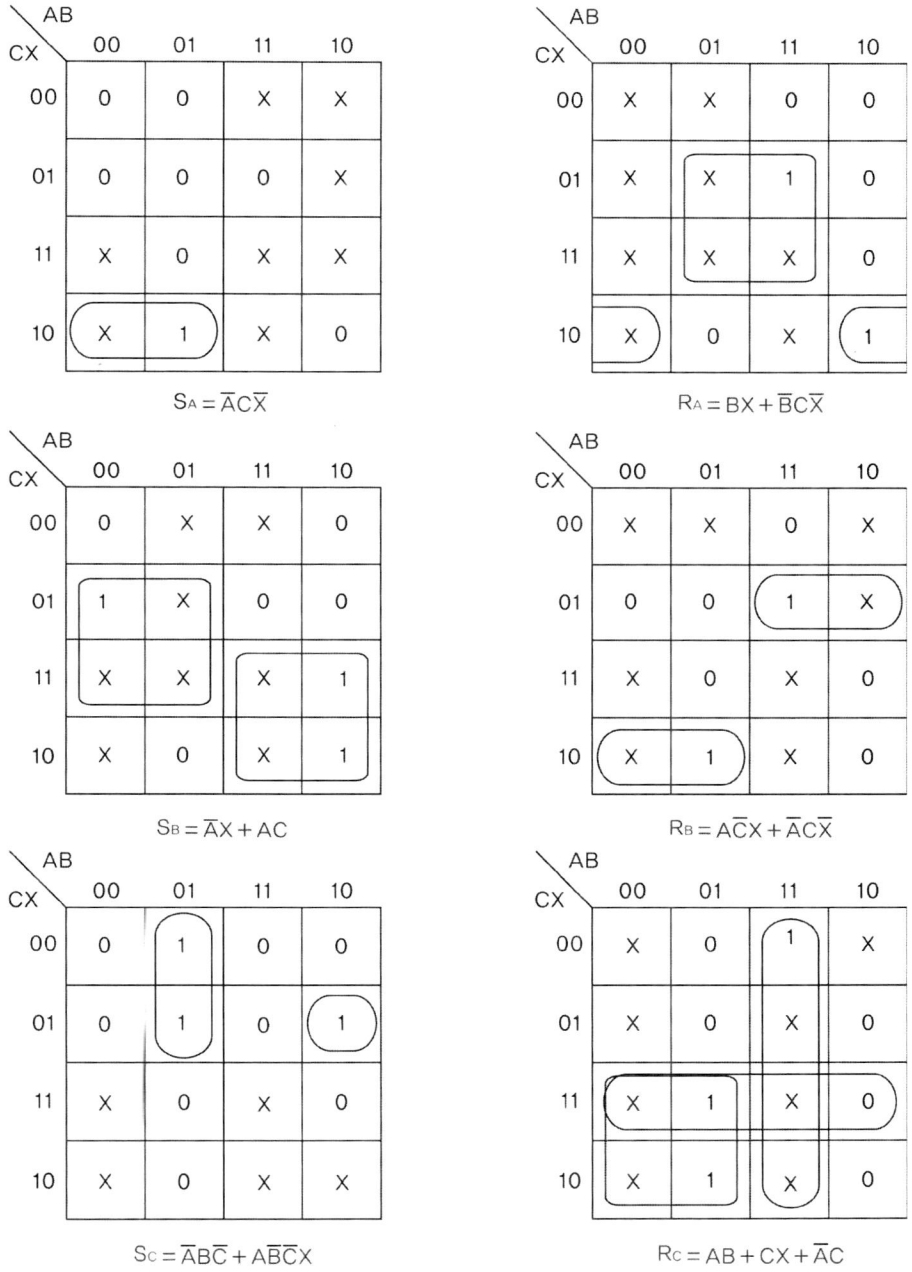

[그림 10-20] 순차 논리회로 여기표에 대한 카르노 맵

RS 플립플롭을 사용하여 순차 논리회로를 구성하면 [그림 10-21]과 같다.

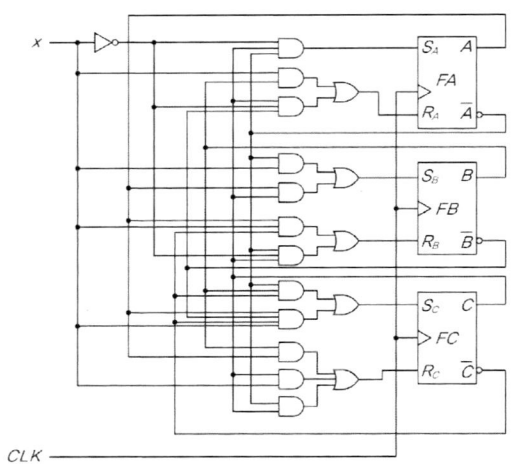

[**그림 10-21**] RS 플립플롭을 사용한 순차 논리회로

[표 10-17]의 상태표에서 2가지 상태, 즉 001 상태와 111 상태는 존재하지 않으므로 이들 상태들은 발생하지 않는다. 그러나 [그림 10-21]의 순차 논리회로에서는 초기 상태에 이들 상태들이 들어설 수 있다. 따라서 사용하지 않는 상태가 초기 상태로 될 수 있음을 고려하여 사용하지 않는 상태에 대해 다음 상태가 어떠한 상태인지 구할 필요가 있다. 사용하지 않는 상태에서 출발한 후에 다음 상태로 천이되는 상태 값을 구하기 위해서는 [그림 10-21]에 이들 사용하지 않는 상태를 대입시켜 구할 수 있다.

그런데 상태 001을 [그림 10-21]에 대입해 보면 S_A와 R_A가 모두 1 값을 가지는데 이는 금지된 입력 조항이다. 001상태에서 $x = 1$인 경우에는 다음 상태로 010상태임을 확인할 수 있다. 상태 111에서는 $x = 0$인 경우에는 다시 상태 111로 되돌아가고, $x = 1$인 경우에는 상태 010으로 옮겨감을 알 수 있다. [표 10-19]는 미사용 상태의 상태표를 나타낸다.

[**표 10-19**] 미사용 상태의 상태표

현재 상태			다음 상태					
			X=0			X=1		
A	B	C	A	B	C	A	B	C
0	0	1				0	1	0
1	1	1	1	1	0	0	1	0

사용하지 않는 상태까지 고려한 상태도는 [그림 10-22]와 같다.

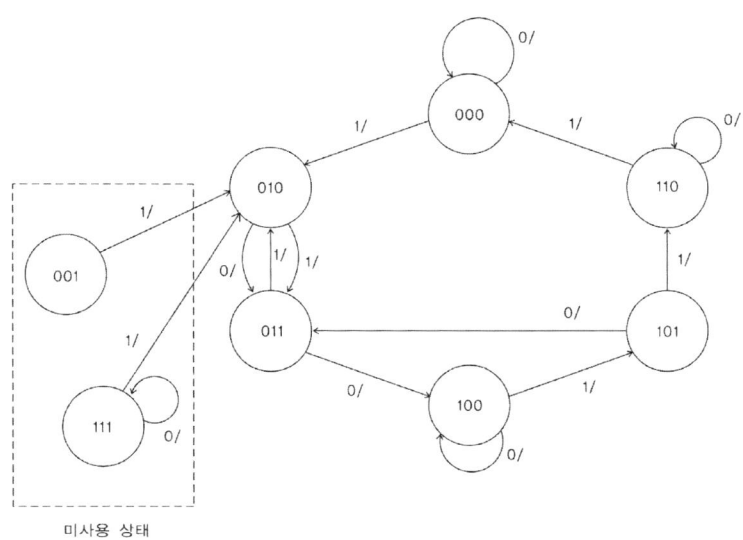

[그림 10-22] 미사용 상태를 포함하는 상태도

10.3.6. 카운터 설계

카운터는 클럭 펄스가 입력될 때마다 플립플롭의 상태가 변화하는 순차 논리회로이다. 카운터에는 외부 입력이나 출력이 없으며 클럭 펄스가 들어올 때마다 상승 혹은 하강 에 지에서 플립플롭의 상태가 바뀌는데 이 플립플롭의 상태들이 곧 순차 논리회로의 상태인 것이다.

플립플롭을 두 개 사용하면 0에서 3까지의 상태를 가질 수 있다. 이와 같이 플립플롭을 n개 사용하면 0에서 $2^n - 1$까지의 순서를 가질 수 있게 된다. 카운터를 설계할 때에는 연속적인 2진 순서를 갖는 2진 카운터(binary counter)의 설계가 가장 간단하다. 3비트 카운터는 플립플롭 3개를 사용하여 클럭 펄스가 입력될 때마다 0(000)~7(111)의 최대 여덟 가지 상태를 순환하며 상태 7(111) 다음에는 상태 0(000)으로 돌아가서 계속 순환한다.

JK 플립플롭을 사용하여 3비트 2진 카운터를 설계해 보기로 하자. [그림 10-23]은 3비트 2진 카운터의 상태도를 보여준다.

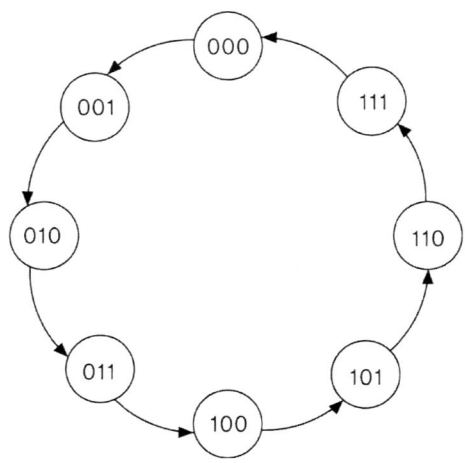

[그림 10-23] 3비트 2진 카운터의 상태도

[그림 10-23]의 상태도에 대한 상태표를 작성하면 [표 10-20]과 같다. 상태 000에서 시작하여 다음 상태인 001로 바뀌고 상태 001은 다음 상태인 010으로 바뀜을 알 수 있다. 상태표의 맨 마지막 항에서 상태 111은 다음 상태 000으로 다시 시작하도록 작성되어 있다.

[표 10-20] 3비트 2진 카운터의 상태표

현재 상태			다음 상태		
A	B	C	A	B	C
0	0	0	0	0	1
0	0	1	0	1	0
0	1	0	0	1	1
0	1	1	1	0	0
1	0	0	1	0	1
1	0	1	1	1	0
1	1	0	1	1	1
1	1	1	0	0	0

상기의 상태표를 JK 플립플롭을 사용하여 설계할 경우 상태 수가 8개이므로 플립플롭은 3개 필요하다. 3개의 플립플롭의 출력을 A, B, C라고 할 때에 3비트 2진 카운터의 플립플롭 여기표는 [표 10-21]과 같이 작성된다.

[표 10-21] 3비트 2진 카운터의 JK 플립플롭 여기표

현재 상태			다음 상태			플립플롭 입력					
A	B	C	A	B	C	J_A	K_A	J_B	K_B	J_C	K_C
0	0	0	0	0	1	0	X	0	X	1	X
0	0	1	0	1	0	0	X	1	X	X	1
0	1	0	0	1	1	0	X	X	0	1	X
0	1	1	1	0	0	1	X	X	1	X	1
1	0	0	1	0	1	X	0	0	X	1	X
1	0	1	1	1	0	X	0	1	X	X	1
1	1	0	1	1	1	X	0	X	0	1	X
1	1	1	0	0	0	X	1	X	1	X	1

플립플롭의 여기표를 바탕으로 각 플립플롭의 입력함수를 카르노 맵으로 작성하면 [그림 10-24]와 같다.

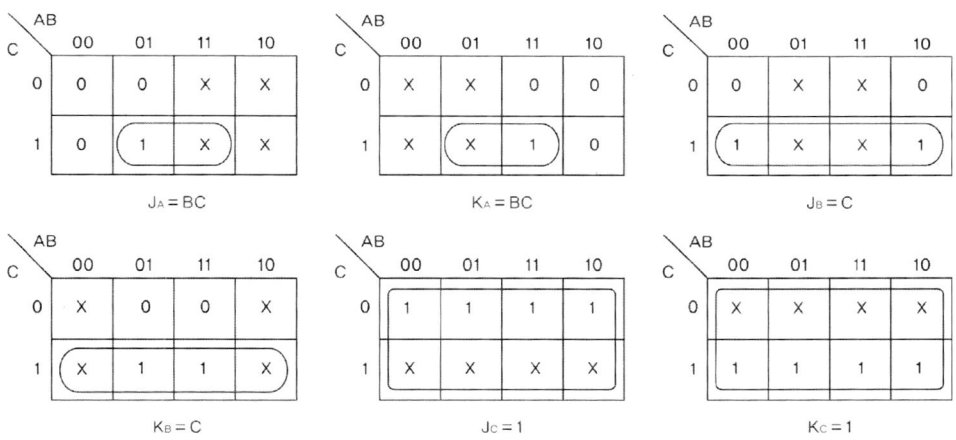

[그림 10-24] JK 플립플롭 여기표에 대한 카르노 맵

카르노 맵을 통해 얻은 플립플롭의 각 입력 함수를 적용하여 작성한 3비트 2진 카운터 논리회로는 [그림 10-25]와 같다.

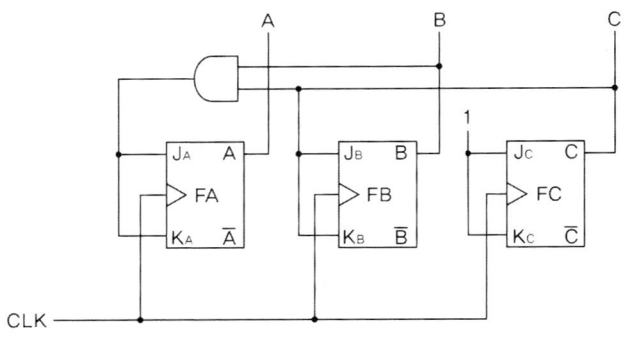

[그림 10-25] JK 플립플롭을 사용한 3비트 2진
카운터 논리회로

[표 10-20]의 상태표에 대해 T 플립플롭을 사용하여 카운터를 설계해 보기로 하자. 카운터 설계는 JK 플립플롭과 함께 T 플립플롭도 자주 사용된다. T 플립플롭의 여기표를 참고함으로써 상태표로부터 카운터의 여기표를 작성한다. [표 10-22]에 3비트 2진 카운터의 T 플립플롭 여기표를 나타낸다.

[표 10-22] 3비트 2진 카운터의 T 플립플롭의 여기표

현재 상태			다음 상태			플립플롭 일력		
A	B	C	A	B	C	T_A	T_B	T_C
0	0	0	0	0	1	0	0	1
0	0	1	0	1	0	0	1	1
0	1	0	0	1	1	0	0	1
0	1	1	1	0	0	1	1	1
1	0	0	1	0	1	0	0	1
1	0	1	1	1	0	0	1	1
1	1	0	1	1	1	0	0	1
1	1	1	0	0	0	1	1	1

상기의 여기표에 대해 플립플롭 입력 T_A, T_B, T_C의 카르노 맵을 작성하면 [그림 10-26]과 같다.

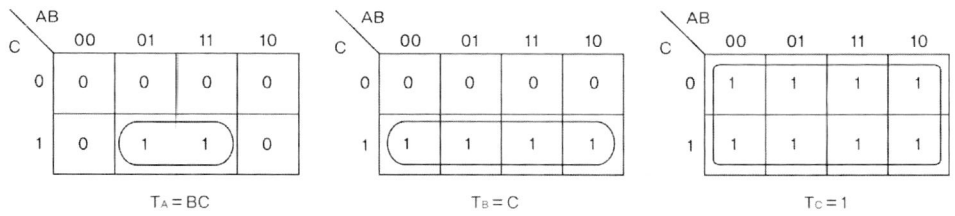

[그림 10-26] 3비트 2진 카운터 T 플립플롭의 카르노 맵

상기의 카르노 맵으로부터 얻은 T 플립플롭의 입력 함수를 바탕으로 하여 3비트 2진 카운터를 T 플립플롭으로 구성하면 [그림 10-27]과 같다.

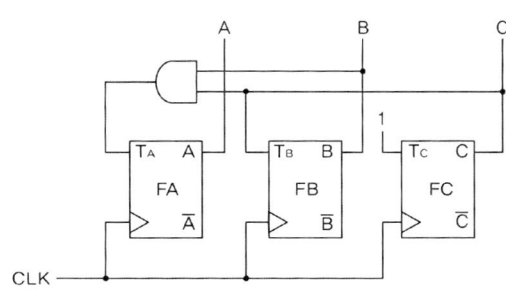

[그림 10-27] T플립플롭을 사용한 3비트 2진 카운터
논리회로

10.3.7. 상태 방정식을 이용한 설계

순차 논리회로는 앞에서 설명한 바와 같이 상태표를 바탕으로 여기표를 작성하여 플립플롭의 입력 함수를 얻어서 구성하지만 또 다른 방식으로 상태 방정식을 통해 설계할 수 있다. 상태 방정식은 입력 변수와 현재 상태의 함수로 플립플롭의 상태 변화에 관한 조건을 명시한 부울 대수식으로서 다음 상태에 관한 조건이 주어지는 식을 말한다. 다시 말하면 상태 방정식은 상태표에 표시된 정보와 동일한 내용을 대수적으로 표시한 것이다.

상태 방정식은 상태표에서 쉽게 유도할 수 있으며 어떤 순차 논리회로라도 상태 방정식으로 표기할 수 있다. 특히 D 플립플롭이나 JK 플립플롭을 사용하는 경우 상태 방정식을 사용하여 순차 논리회로를 설계하는 것이 더욱 편리하다.

(1) JK 플립플롭을 사용한 상태 방정식

JK 플립플롭을 사용한 순차 논리회로의 상태 방정식은 JK 플립플롭의 특성 방정식과 동일한 형태로 변형시킴으로써 JK 플립플롭의 J와 K의 입력 함수를 구할 수 있다. [그림 10-28]의 상태도를 상태 방정식을 이용하여 JK 플립플롭의 순차 논리회로를 구현해 보기로 하자.

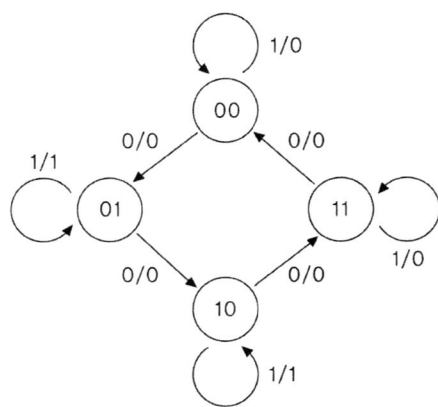

[그림 10-28] JK 플립플롭 순차 논리회로를
위한 상태도

상기의 상태도에 대한 상태표를 작성하면 [표 10-23]과 같다.

[표 10-23] JK 플립플롭 순차 논리회로를 위한 상태표

현재 상태		다음 상태				출력	
		$x=0$		$x=1$		$x=0$	$x=1$
A	B	A	B	A	B	y	y
0	0	0	1	0	0	0	0
0	1	1	0	0	1	0	1
1	0	1	1	1	0	0	1
1	1	0	0	1	1	0	0

상기의 상태표에서 2개의 JK 플립플롭을 각각 A와 B라고 할 때에 플립플롭 A의 다음 상태가 '1'이 되는 항을 최소항으로 하는 곱의 합 형태의 부울 함수를 구한다. 플립플롭 B에 대해서도 마찬가지로 다음 상태가 '1'이 되는 최소항으로 이루어지는 부울 함수를 구한다.

플립플롭 A의 다음 상태를 $A(t+1)$이라 하고, 플립플롭 B의 다음 상태를 $B(t+1)$이라고 하면 이들에 관한 부울 함수는 상태표로부터 아래와 같이 구할 수 있다.

$$A(t+1) = \overline{A}B\overline{x} + A\overline{B}\,\overline{x} + A\overline{B}x + ABx$$
$$B(t+1) = \overline{A}\,\overline{B}\overline{x} + A\overline{B}\,\overline{x} + \overline{A}Bx + ABx$$

플립플롭 A의 특성 방정식은 $A(t+1) = J_A\overline{A} + \overline{K_A}A$이므로 상기의 부울 함수를 아래와 같이 플립플롭의 특성 방정식 형태로 변환한다.

$$\begin{aligned}
A(t+1) &= \overline{A}B\overline{x} + A\overline{B}\,\overline{x} + A\overline{B}x + ABx \\
&= (B\overline{x})\overline{A} + (\overline{B}\,\overline{x} + \overline{B}x + Bx)A \\
&= (B\overline{x})\overline{A} + \overline{(\overline{B}\,\overline{x} + \overline{B}x + Bx)}\,A
\end{aligned}$$

플립플롭 A의 상태 방정식을 $J_A = B\overline{x}, K_A = \overline{(\overline{B}\,\overline{x} + \overline{B}x + Bx)}$로 하면 특성 방정식과 동일한 형태의 부울 대수식이 된다. 따라서 플립플롭 A의 입력인 J_A와 K_A는 아래와 같다.

$$\begin{aligned}
J_A &= B\overline{x} \\
K_A &= \overline{\overline{B}\,\overline{x} + \overline{B}x + Bx} = \overline{\overline{B}\,\overline{x}} + \overline{\overline{B}x} + \overline{Bx} \\
&= \overline{B(\overline{x}+x) + x(\overline{B}+B)} = \overline{\overline{B} + x} \\
&= B\overline{x}
\end{aligned}$$

플립플롭 B의 상태 방정식도 플립플롭 B의 특성 방정식인 $B(t+1) = J_B\overline{B} + \overline{K_B}B$의 형태로 변환한다.

$$\begin{aligned}
B(t+1) &= \overline{A}\,\overline{B}\overline{x} + A\overline{B}\,\overline{x} + \overline{A}Bx + ABx \\
&= (\overline{A}\,\overline{x} + A\overline{x})\overline{B} + (\overline{A}x + Ax)B \\
&= (\overline{x}(\overline{A}+A))\overline{B} + (x(\overline{A}+A))B \\
&= \overline{x}\,\overline{B} + xB = \overline{x}\,\overline{B} + \overline{\overline{x}}\,B
\end{aligned}$$

플립플롭 B의 특성 방정식과 비교하면 아래와 같은 입력 함수를 얻을 수 있다.

$$\begin{aligned}
J_B &= \overline{x} \\
K_B &= \overline{x}
\end{aligned}$$

출력 y는 상태표로부터 아래와 같이 구할 수 있다.

$$\begin{aligned}
y &= x\overline{A}B + xA\overline{B} \\
&= x(\overline{A}B + A\overline{B}) = x(A \oplus B)
\end{aligned}$$

(2) D 플립플롭을 사용한 상태 방정식

D 플립플롭의 특성 방정식은 플립플롭의 현재 상태와 관계없이 다음 상태가 입력 D의 현재 값과 같다. D 플립플롭의 특성 방정식은 아래와 같다.

$$Q(t+1) = D$$

D 플립플롭을 사용한 순차 논리회로를 설계할 때에도 여기표를 사용하지 않고 상태표

로부터 직접 상태 방정식을 구함으로써 플립플롭의 입력함수를 구한 후 순차 논리회로를 설계할 수 있다. [표 10-24]에 나타난 상태표를 가지고 D 플립플롭을 사용한 순차 논리회로를 설계해 보기로 하자.

[표 10-24]

현재 상태		다음 상태			
		$x=0$		$x=1$	
A	B	A	B	A	B
0	0	1	0	0	0
0	1	0	1	0	0
1	0	1	0	1	1
1	1	0	1	1	1

상기의 상태표에서 플립플롭의 상태가 1이 되는 입력 조합, 즉 입력 x, 플립플롭 A의 현재 상태, 플립플롭 B의 현재 상태 등으로 구성된 부울 함수를 아래와 같이 구한다.

$$A(t+1) = \overline{A}\,\overline{B}\overline{x} + A\overline{B}\overline{x} + A\overline{B}x + ABx$$
$$= \overline{B}\overline{x}(\overline{A}+A) + Ax(\overline{B}+B)$$
$$= \overline{B}\overline{x} + Ax$$

상기의 부울 대수식을 D 플립플롭의 상태방정식 $A(t+1) = D$와 비교하면 D_A를 구할 수 있다.

$$D_A = \overline{B}\overline{x} + Ax$$

상태표로부터 D 플립플롭의 부울 함수를 구하면 아래와 같다.

$$B(t+1) = \overline{A}B\overline{x} + AB\overline{x} + A\overline{B}x + ABx$$
$$= Ax + B\overline{x}$$

D 플립플롭 B의 상태 방정식을 특성 방정식과 비교하여 플립플롭 B의 입력 함수를 구하면 아래와 같다.

$$D_B = Ax + B\overline{x}$$

앞에서 구한 입력 함수를 바탕으로 하여 D 플립플롭을 사용한 순차 논리회로를 작성하면 [그림 10-29]와 같다.

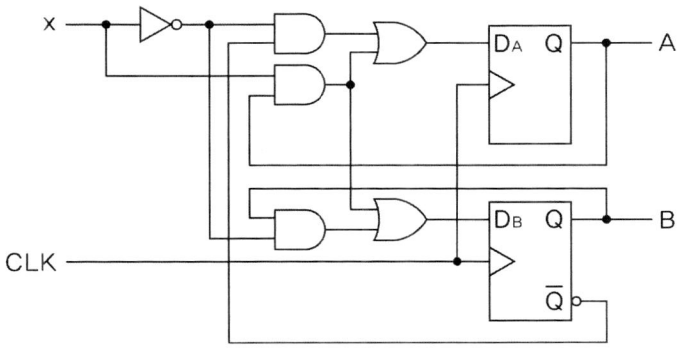

[그림 10-29] D 플립플롭의 상태방정식을 이용한 순차 논리회로

11 _카운터

11.1. 카운터 개요

카운터(counter)는 입력되는 펄스의 개수를 세는 순차 논리회로로서 조합논리회로와 플립플롭들로 구성된다. 카운터는 사용되는 플립플롭들의 수에 따라 최대로 카운트할 수 있는 최댓값이 결정된다. 즉 더 많은 개수의 플립플롭들로 카운터를 구성할수록 카운트 값을 나타내는 카운트 비트의 수가 늘어나기 때문에 더 많은 개수까지 셀 수 있게 된다.

카운터는 설계방법에 따라 크게 비동기식 카운터(asynchronous counter)와 동기식 카운터(synchronous counter)로 분류된다. 비동기식 카운터는 리플 카운터(ripple counter)라고도 부르며 구성요소인 플립플롭들의 동작 시간이 서로 일치하지 않는 방식의 카운터이다. 비동기식 카운터에서는 하나의 플립플롭의 출력이 결정되고 나면 그다음의 플립플롭이 그 값을 받아서 동작을 수행하기 때문에 소자들의 전파 지연시간에 따른 시간 누적으로 인하여 장시간 동작하면 오차가 발생한다. 비동기식 카운터는 설계하는 방법이 상대적으로 간단하다.

동기식 카운터에서는 하나의 공통 클럭을 모든 플립플롭들에게 동시에 인가하기 때문에 플립플롭들의 동작 시간이 일치된다. 동기식 카운터는 다소 설계방식이 복잡하지만 비동기식 카운터에서 발생하는 전파지연시간이 누적되지 않기 때문에 정확하게 동작한다.

이 장에서는 두 가지 방식의 카운터, 즉 비동기식 카운터와 동기식 카운터에 관하여 설명하기로 한다.

11.2. 비동기식 카운터

비동기식이란 어떤 동작들이 시간상으로 동시에 일어나지 않음을 나타낸다. 비동기식 카운터에서는 플립플롭의 동작이 동시에 일어나지 않는데 이는 각각의 플립플롭은 바로 앞단의 플립플롭 출력을 받아서 동작하기 때문이다.

카운터 할 입력 펄스는 첫 번째 플립플롭의 클럭(CLK) 입력으로만 들어가고 그 플립플롭의 출력이 다음 플립플롭의 클럭 입력으로 접속되며, 그다음 플립플롭들도 이와 동일한 방식으로 접속된다. 비동기식 카운터의 플립플롭들은 앞에 위치한 플립플롭의 출력 결과에 따라 순차적으로 트리거되기 때문에 마치 물결이 퍼져가는 모습과 같다고 하여 리플 카운터라고 부른다.

11.2.1. 비동기식 2비트 2진 카운터

비동기식 2비트 2진 카운터는 가장 간단한 구조로서 2개의 JK 플립플롭이나 또는 두 개의 T플립플롭으로 구성한다. JK 플립플롭을 사용하는 경우에는 모든 플립플롭의 입력 J와 K를 'high' 상태로 고정시킴으로써 플립플롭 상태가 토글(toggle) 되며 카운터로 동작된다. T 플립플롭의 경우에는 입력 T를 'high' 상태로 고정시킴으로써 플립플롭이 토글 상태가 되도록 구성한다.

JK 플립플롭을 이용하여 비동기식 2비트 2진 카운터를 구성하면 [그림 11-1]의 (a)와 같다. 2비트 카운터이므로 플립플롭을 두 개 사용하였고 이는 $2^2 = 4$가지 상태를 가질 수 있다. 즉 상태 00 → 01 →10 → 11 → 00 등으로 동작된다. 토글 상태를 이용하기 위해 두 플립플롭의 입력 J와 K는 모두 논리 '1'에 고정되어 있으며 입력 클럭 펄스는 첫 번째 플립플롭인 FF0의 CLK 단자로 연결된다. 두 번째 플립플롭인 FF1의 CLK단자에는 첫 번째 플립플롭 FF0의 출력 Q_0가 연결된다.

두 플립플롭은 하강 에지에서 동작된다. FF0가 클럭 펄스의 하강 에지에서 상태가 변화하고, FF1의 상태는 FF0의 출력 Q_0의 하강 에지에서 변화한다. FF1은 FF0와 동일한 시점에서 동작하지 못하고 FF0 동작 바로 직후에 동작함에 따라 두 플립플롭의 상태 변이는 정확하게 동일한 시간에 수행되지 않고 비동기적으로 동작하게 된다.

[그림 11-1] (b)는 비동기식 2비트 2진 카운터의 타이밍 다이어그램을 나타낸다. 그림에서 화살표는 클럭의 하강 에지에서 플립플롭이 동작함을 표시한다. 초기 상태가 $Q_0 = 0$, $Q_1 = 0$으로 세트 한 후에 외부 클럭 펄스가 입력되면 카운터가 동작하기 시작한다.

시간 T_1의 하강 에지에서 플립플롭 FF0가 토글 되어 상태가 1로 바뀌게 된다. 그러나 플립플롭 FF1의 클럭인 Q_0는 하강 에지가 아님으로 Q_1은 상태 0에서 변화하지 않고 그대로 상태 0을 유지한다. 초기 상태에서 시간 T_1 사이의 구간은 00 상태이고 시간 T_1과 시간 T_2 사이 구간은 01 상태가 된다.

두 번째 클럭이 들어오면 플립플롭 FF0는 토글 되어 상태 1에서 상태 0으로 떨어지고 Q_0가 떨어지는 시점에서 플립플롭 FF1은 토글 되어 상태 0에서 상태 1로 바뀌게 된다. 따라서 시간 T_2와 시간 T_3 사이 구간은 10 상태가 된다. 세 번째 클럭 펄스 하강 시점인 시간 T_3에서 플립플롭 FF0는 다시 토글 되어 상태 1로 상승하지만 플립플롭 FF1은 하강 에지가 아니므로 상태가 변화하지 않는다. 네 번째 클럭 펄스 하강 시점인 시간 T_4에서는 플립플롭 FF0와 플립플롭 FF1이 둘 다 토글 되어 상태 00으로 되돌아간다.

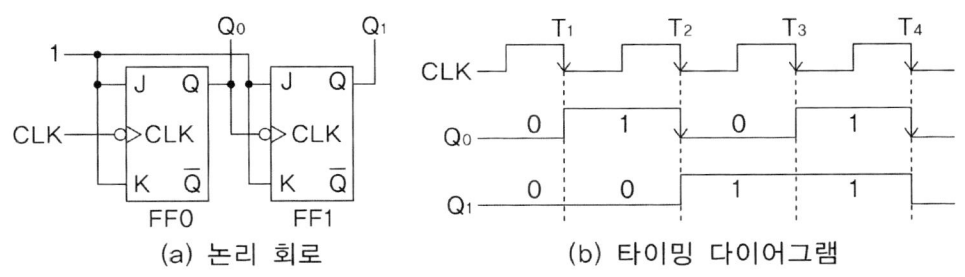

[그림 11-1] 비동기식 2비트 2진 카운터의 논리회로와 타이밍 다이어그램

[표 11-1]은 비동기식 2비트 2진 카운터의 플립플롭 출력인 Q_0와 Q_1의 상태표를 나타낸다. 이 표에서는 2개의 플립플롭을 사용하여 네 가지의 서로 다른 상태(00, 01, 10, 11)를 나타내며 10진수로는 0에서 시작하여 3까지 카운트하고 다시 0으로 순환한다. 카운터를 구성하는 플립플롭의 출력은 하나의 비트를 나타내는데 Q_0는 최하위 비트(LSB: Least Significant Bit)라고 하고, Q_1은 최상위 비트(MSB: Most Significant Bit)라고 부른다.

[표 11-1] 비동기식 2비트 2진 카운터의 상태표

클럭 펄스	Q_1	Q_0	10진수
1	0	0	0
2	0	1	1
3	1	0	2
4	1	1	3
5	0	0	0

11.2.2. 비동기식 3비트 2진 카운터

비동기식 3비트 2진 카운터는 3개의 JK 플립플롭 혹은 3개의 T 플립플롭을 사용하여 구성하며, $2^3 = 8$가지 상태를 가짐으로써 0부터 7까지를 카운트한다. 비동기식 3비트 카운터도 2비트 카운터와 동일한 방식으로 앞 단의 플립플롭 출력을 뒷단의 클럭 단자에 연결 구성함으로써 구현할 수 있다.

비동기식 카운터에서 앞 단의 플립플롭 출력 중에서 Q를 뒷단의 클럭 단자에 연결 구성하면 카운터의 2진 값이 증가 해가는 증가 카운터가 되고, $\overline{Q}$ 출력을 뒷단의 클럭 단자에 연결 구성하면 카운터의 2진 값이 감소 해가는 감소 카운터가 된다.

(1) 증가 카운터

비동기식 3비트 2진 증가 카운터는 [그림 11-2] (a)와 같이 플립플롭 3개를 사용하여 구성한다. 모든 JK 플립플롭의 입력 J와 입력 K는 'high'에 고정시킴으로써 토글 상태를 유지하게 한다. LSB에 해당하는 첫 번째 플립플롭의 클럭 단자에 외부 입력 클럭 펄스를 연결 구성하며 두 번째 비트에 해당하는 플립플롭의 클럭 단자에는 첫 번째 플립플롭의 출력 Q를 연결 구성한다. 그리고 세 번째 플립플롭의 클럭 단자에는 두 번째 플립플롭의 출력 Q를 연결 구성한다.

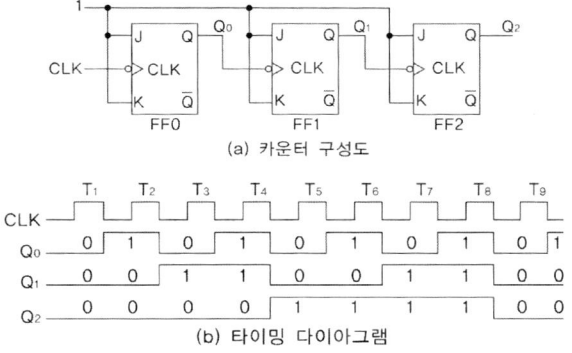

(a) 카운터 구성도

(b) 타이밍 다이아그램

[그림 11-2] 비동기식 3비트 2진 증가 카운터

[그림 11-2] (b)는 비동기식 3비트 2진 증가 카운터의 타이밍 다이아그램을 나타낸다. 각 플립플롭의 초기 상태는 $Q_0 = 0$, $Q_1 = 0$, $Q_2 = 0$이다. 첫 번째 클럭의 하강 에지 시점인 T_1에서 플립플롭 FF0는 토글 되어 상태 0에서 상태 1로 바뀌게 되고 두 번째 플립플롭과 세 번째 플립플롭은 클럭의 하강 에지가 아직 도착하지 않으므로 상태 0을 유지하게 된다. 카운터 상태는 000에서 001로 바뀐다.

두 번째 클럭의 하강 에지 시점인 T_2에서는 첫 번째 플립플롭 FF0가 토글 되어 상태 1에서 상태 0으로 하강하고, 이 하강 동작이 두 번째 플립플롭 FF1으로 하여금 토글 하게 하여 상태 0에서 상태 1로 바뀌게 한다. 세 번째 플립플롭 FF2는 아직 하강 시점을 만나지 못하여 상태 0을 그대로 유지하게 된다. 카운터 상태는 001에서 010으로 하나 증가하게 된다.

세 번째 클럭의 하강 에지 시점인 T_3에서는 플립플롭 FF0가 상태 0에서 1로 바뀌게 되고 두 번째 플립플롭과 세 번째 플립플롭은 클럭의 하강 에지가 입력되지 않으므로 상태가 바뀌지 않는다. 따라서 카운터 상태는 010에서 011로 바뀌게 된다.

네 번째 클럭의 하강 에지 시점인 T_4에서는 첫 번째 플립플롭 FF0가 상태 1에서 상태 0으로 하강하게 되고 이 하강 에지가 두 번째 플립플롭 FF1을 토글 시켜서 상태 1에서 0으로 하강하게 하며, 두 번째 플립플롭 출력의 하강은 세 번째 플립플롭의 상태를 0에서 1로 상승하게 만든다. 카운터 상태는 011에서 100으로 바뀌게 된다.

다섯 번째 클럭의 하강 에지 시점인 T_5에서는 첫 번째 플립플롭 FF0가 토글 되어 상태 0에서 상태 1로 상승하고, 두 번째 플립플롭 FF1과 세 번째 플립플롭 FF2는 클럭의 하강 에지가 도착하지 않으므로 상태 변화가 발생하지 않는다. 카운터 상태는 100에서 101로 바뀐다.

여섯 번째와 일곱 번째 클럭의 하강 에지에서 상기와 동일한 방식으로 카운터 값이 증가하게 된다. 여덟 번째 클럭의 하강 에지에서는 첫 번째 플립플롭 FF0가 상태 1에서 상태 0으로 하강하게 되고 이 하강 클럭으로 인해 두 번째 플립플롭이 하강하고 두 번째 플립플롭 출력의 하강은 세 번째 플립플롭을 상태 1에서 상태 0으로 하강시킴에 따라 카운터 상태는 111에서 000으로 초기 상태가 되며 이후 클럭의 하강 에지가 도착할 때마다 하나씩 증가하게 되어 111까지 증가함을 반복하는 것이다.

카운터의 타이밍 다이아그램을 살펴보면 외부 클럭 펄스의 하강 에지마다 플립플롭 FF0가 토글 함으로써 주기가 두 배 늘어나고 두 번째 플립플롭은 첫 번째 플립플롭 출력의 하강 시점마다 토글 되기 때문에 다시 주기가 두 배 늘어나게 된다. 이와 같이 뒷단의 플립플롭은 앞 단의 상태 변화를 분주하게 된다. [표 11-2]는 비동기식 3비트 2진 증가 카운터의 상태표를 나타낸다. 외부로부터 클럭 펄스가 입력될 때마다 카운터 값은 0부터 시작하여 7까지 증가함을 알 수 있다.

[표 11-2] 비동기식 3비트 2진 증가 카운터의 상태표

클럭 펄스	Q_2	Q_1	Q_0	10진수
1	0	0	0	0
2	0	0	1	1
3	0	1	0	2
4	0	1	1	3
5	1	0	0	4
6	1	0	1	5
7	1	1	0	6
8	1	1	1	7

(2) 감소 카운터

비동기식 3비트 2진 감소 카운터는 [그림 11-3] (a)와 같이 JK 플립플롭 3개로 구성할 수 있다. 증가 카운터와 달리 감소 카운터는 LSB에 해당하는 첫 번째 플립플롭의 Q가 아니라 $\overline{Q}$를 두 번째 클럭 펄스 입력 단자에 연결 구성한다. 세 번째 클럭 펄스 입력 단자에도 두 번째 플립플롭의 $\overline{Q}$를 연결한다. [그림 11-3] (b)는 타이밍 다이아그램을 보여준다. 세 개의 플립플롭의 초기 상태는 각각 1로 세트시킨다.

첫 번째 클럭 펄스의 하강 에지에서 첫 번째 플립플롭 FF0는 초기 상태 1에서 0으로 토글한다. 그러나 두 번째 플립플롭은 첫 번째 플립플롭의 $\overline{Q}$와 연결되어 있으므로 증가 카운터와는 달리 Q의 상승 에지에서 토글하게 된다. 따라서 첫 번째 클럭의 하강 에지에서는 두 번째 플립플롭의 상태가 변화하지 않는다. 세 번째 플립플롭의 상태도 변화하지

않고 그대로 1 상태를 유지한다. 따라서 첫 번째 클럭의 하강 에지 이후에는 카운터의 상태가 111에서 110으로 바뀐다.

두 번째 클럭 펄스의 하강 에지에서는 플립플롭 FF0가 다시 토글 되어 0에서 1로 바뀐다. 플립플롭 FF0의 Q 출력이 상승함은 $\overline{Q}$의 하강함을 의미하므로 이 에지에서 두 번째 플립플롭이 토글하여 상태 1에서 0으로 떨어진다. 세 번째 플립플롭 FF2는 아직 클럭 펄스의 에지가 도착하지 않으므로 상태 1을 그대로 유지하게 된다. 카운터 상태는 110에서 101로 바뀐다.

세 번째 클럭 펄스의 하강 에지에서 플립플롭 FF0는 토글하여 1에서 0으로 바뀌지만 두 번째 플립플롭은 첫 번째 플립플롭 $\overline{Q_0}$의 하강 에지, 즉 Q_0의 상승 에지에서 상태가 바뀐다. 세 번째 플립플롭도 여전히 상태를 그대로 유지한다. 따라서 카운터 상태는 101에서 100으로 바뀌게 된다.

네 번째 클럭 펄스의 하강 에지에서는 플립플롭 FF0의 출력이 토글하여 0에서 1로 상승하고 이러한 상태 변화가 플립플롭 FF1을 토글하게 하여 상태를 0에서 1로 바뀌게 한다. 두 번째 플립플롭 FF1의 출력 Q의 상승은 곧 $\overline{Q}$의 하강이므로 이 에지에서 세 번째 플립플롭이 토글하여 상태 1에서 0으로 떨어지게 된다. 따라서 카운터 상태는 100에서 011로 바뀐다.

다섯 번째 클럭 펄스의 하강 에지에서 플립플롭 FF0는 토글하고 두 번째 플립플롭과 세 번째 플립플롭은 상태를 바꾸지 않게 된다. 따라서 카운터 상태는 011에서 010이 된다.

여섯 번째 클럭 펄스의 하강 에지에서 플립플롭 FF0가 토글하여 그 상태가 0에서 1로 바뀌고 이러한 상태 변화는 두 번째 플립플롭을 토글하게 하여 상태 1에서 0으로 바뀌게 한다. 세 번째 플립플롭의 상태는 여전히 0을 유지한다. 카운터 상태는 010에서 001이 된다.

일곱 번째 클럭에서는 첫 번째 플립플롭 FF0만 토글하여 카운터 상태는 001에서 000으로 바뀌게 된다. 여덟 번째 클럭 펄스의 하강 에지에서는 첫 번째 플립플롭이 0에서 1로 상승하고 이 상승은 두 번째 플립플롭을 0에서 1로 상승하게 하며 이는 세 번째 플립플롭을 0에서 1로 상승하게 한다. 따라서 카운터 상태는 000에서 다시 111의 초기 상태로 되돌아가게 된다.

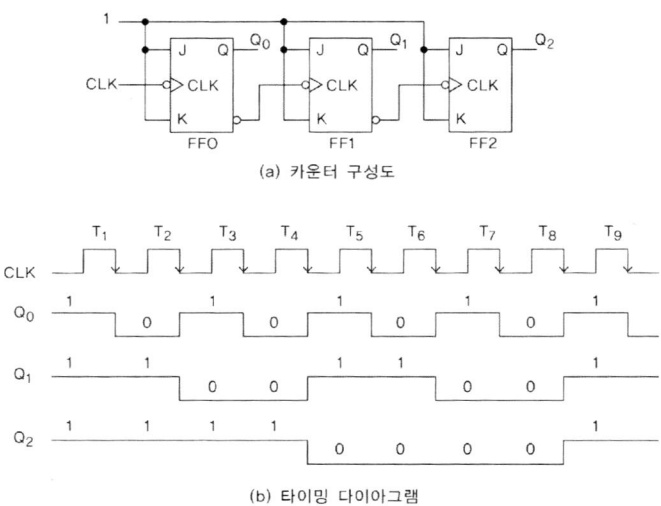

(a) 카운터 구성도

(b) 타이밍 다이아그램

[그림 11-3] 비동기식 3비트 2진 감소 카운터

[표 11-3]은 비동기식 3비트 2진 감소 카운터의 상태표를 나타낸다. 플립플롭 FF2의 출력 Q_2를 MSB로 하고 플립플롭 FF0의 출력 Q_0를 LSB로 하는 이 카운터의 상태는 초기 상태 111에서 시작하여 클럭 펄스가 하나씩 들어올 때마다 하나씩 감소하여 000 상태가 되면 그 다음 클럭 펄스에서 다시 111로 되돌아가는 상태를 보여준다.

[표 11-3] 비동기식 3비트 2진 감소 카운터의 상태표

클럭 펄스	Q_2	Q_1	Q_0	10진수
1	1	1	1	7
2	1	1	0	6
3	1	0	1	5
4	1	0	0	4
5	0	1	1	3
6	0	1	0	2
7	0	0	1	1
8	0	0	0	0

(3) 비동기식 증가/감소 카운터

비동기식 3비트 2진 증가 카운터에서는 플립플롭의 출력 Q를 그다음 단계 플립플롭의 클럭 입력으로 연결 구성한다. 감소 카운터에서는 플립플롭의 출력 $\overline{Q}$를 그다음 단계 플립플롭의 클럭 입력으로 연결한다. 증가 카운터와 감소 카운터를 하나의 회로로 구성하려

면 어떻게 해야 하는 것인가?

비동기식 3비트 2진 증가/감소 카운터는 [그림 11-4]에 나타낸 바와 같이 증가 카운터로 동작시키기 위한 count-up 제어 입력 단자와 감소 카운터로 동작시키기 위한 count-down 제어 입력 단자가 있다. count-up 제어 입력이 1이고 count-down 제어 입력이 0인 경우에는 AND 게이트의 동작으로 플립플롭의 출력 Q가 그 다음 단계의 플립플롭 클럭 입력으로 연결되기 때문에 증가 카운터로 동작하게 된다. count-down 제어 입력이 1이고 count-up 제어 입력이 0인 경우에는 반대로 감소 카운터로 동작한다.

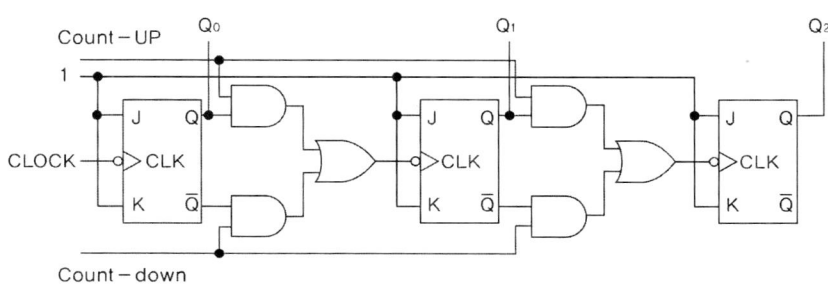

[그림 11-4] 비동기식 3비트 2진 증가/감소 카운터

11.2.3. 비동기식 4비트 2진 카운터

비동기식 4비트 2진 카운터는 플립플롭을 4개 사용한다. 플립플롭을 4개 사용하면 $2^4 = 16$ 가지의 상태를 구별할 수 있으므로 0000에서 1111까지 카운트 할 수 있게 된다.

앞에서 설명한 바와 같이 비동기식 카운터는 JK 플립플롭의 입력 J와 K를 high에 고정시키든가 혹은 T 플립플롭의 입력 T를 high로 고정시켜서 구성할 수 있다. [그림 11-5]는 4개의 T 플립플롭을 사용하여 구성한 비동기식 4비트 2진 카운터이다. 그림에서 플립플롭들의 모든 입력 T는 high에 고정되어 있고 첫 번째 플립플롭 FF0는 외부 클럭을 입력으로 받아서 출력 Q를 두 번째 플립플롭의 클럭 입력 단자에 공급한다. 두 번째 플립플롭의 출력 Q는 세 번째 플립플롭의 클럭 입력 단자에 공급되고, 같은 방법으로 세 번째 플립플롭의 출력 Q가 네 번째 플립플롭의 클럭 입력 단자로 연결 구성된다.

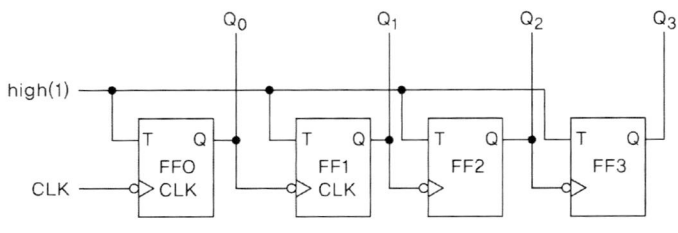

[그림 11-5] 비동기식 4비트 2진 카운터 구성도

플립플롭의 초기 상태가 모두 0이라면 첫 번째 클럭의 하강 에지에서 첫 번째 플립플롭이 0에서 1로 상승한다. 이때에 나머지 플립플롭들은 아직 하강 에지를 만나지 못하고 있으므로 0상태를 유지하게 된다. 따라서 첫 번째 클럭 펄스가 입력되면 카운터 상태는 0000에서 0001 상태로 변한다. 이는 외부로부터 클럭 펄스가 한 개 들어왔기 때문에 카운터 값이 1이 되는 것이다.

[그림 11-6]은 비동기식 4비트 2진 카운터의 타이밍 다이어그램을 보여준다. 초기의 카운터 값은 0000으로 시작되고 이후 클럭 펄스의 하강 에지가 들어올 때마다 하나씩 증가하여 1111이 된다. 1111 상태에서 클럭 펄스의 하강 에지가 도착하면 카운터 값은 다시 0000으로 되돌아가게 된다.

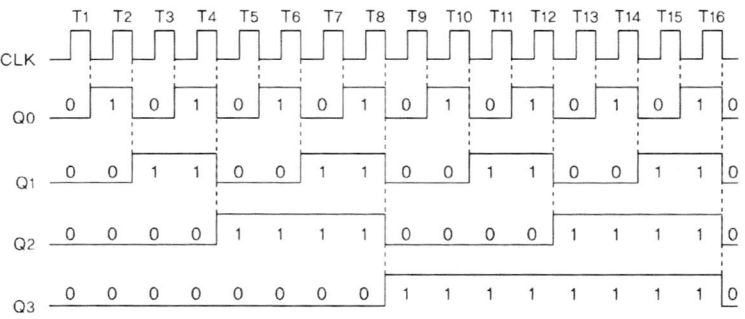

[그림 11-6] 비동기식 4비트 2진 카운터의 타이밍 다이어그램

앞에서 설명한 바와 같이 비동기식 카운터에서는 앞 단의 플립플롭이 동작하고 나서 바로 뒷단의 플립플롭이 동작하는 형태를 가지므로 마치 물결이 앞단에서 뒷단으로 퍼져 나가는 현상과 비슷하다고 하여 리플(ripple)카운터라고 불린다. 비동기식 카운터는 구성이 매우 간단하지만 동작 시간이 길다는 단점이 있다.

첫 번째 플립플롭이 클럭 펄스를 입력으로 받아서 출력을 내기까지는 전파지연시간(t_p)

에 해당하는 만큼의 시간이 걸린다. 두 번째 플립플롭은 첫 번째 플립플롭의 출력으로 동작하기 때문에 외부에서 입력되는 클럭 펄스를 기준으로 하면 두 배의 전파지연시간 후에 출력을 내보내게 된다. 결과적으로 카운터가 하나의 입력 펄스를 카운트 하는 데에 걸리는 시간은 (플립플롭의 개수 $\times t_p$)가 걸린다. 예를 들어서 비동기식 4비트 2진 카운터의 경우에 $t_p = 20ns$ 라고 하면 각 입력 펄스의 카운트 동작은 $4 \times 20ns = 80ns$ 가 소요된다.

그런데 입력 펄스의 폭이 카운터의 전체 지연시간보다 짧다면, 즉 카운터의 동작이 안정화되기 전에 새로운 입력 펄스가 도달한다면 첫 번째 플립플롭은 새로운 상태로 바뀌어버림으로써 제대로 된 4비트 카운터를 구성할 수 없게 된다. 이와 같은 문제 때문에 비동기식 카운터에서는 입력 펄스의 주기를 제한할 수밖에 없다. 그러한 한계를 피하기 위해서는 카운터를 구성할 때에 플립플롭의 개수를 줄일 수밖에 없기 때문에 비동기식 카운터는 주로 적은 수를 카운트 하는 응용회로에 사용된다.

11.2.4. 비동기식 BCD 카운터

2진 카운터에서 플립플롭의 개수가 n개이면 최대 2^n개의 상태수를 나타낼 수 있기 때문에 2^n 이하까지를 카운트할 수 있는 카운터를 설계할 수 있다. 비동기식 BCD 카운터는 10진 카운터로서 10가지의 상태를 나타내는 비트 조합을 생성할 수 있어야 하기 때문에 플립플롭을 4개 사용해야 한다. 그런데 플립플롭을 4개 사용하면 모두 16개의 상태들이 존재하므로 10가지 상태만 존재하는 BCD 카운터를 설계함에 있어서는 상태를 줄이기 위한 외부 회로가 요구된다.

BCD 카운터는 [표 11-4]에서 보는 바와 같이 상태 0000(0)에서 시작하여 상태 1001(9)까지의 10개 상태를 순차적으로 증가하고 9에서 다시 0으로 재순환하는 카운터이다.

[표 11-4] BCD 카운터의 상태표

클럭 펄스	Q_3	Q_2	Q_1	Q_0	10진수
1	0	0	0	0	0
2	0	0	0	1	1
3	0	0	1	0	2
4	0	0	1	1	3
5	0	1	0	0	4
6	0	1	0	1	5
7	0	1	1	0	6
8	0	1	1	1	7
9	1	0	0	0	8
10	1	0	0	1	9

BCD 카운터의 설계는 크게 2가지, 즉 클리어(clear) 방법과 순차적 방법이 있다. 클리어 방법은 상태 9에서 10으로 바뀌는 순간에 모든 플립플롭을 0으로 클리어시킴으로써 상태 9에서 상태 0으로 순환시키는 방법이고, 순차적 방법은 순차적으로 상태 0에서 시작하여 상태 9를 지나 다시 상태 0으로 재순환시키는 방법을 말한다.

(1) 클리어(clear) 방법

클리어 방법은 1001(9)의 상태에서 입력 펄스가 한 개 더 들어왔을 때에 1010이 아닌 0000으로 바뀌도록 모든 카운터를 리셋시키는 방법이다. [그림 11-7]은 T 플립플롭을 사용하여 클리어 방법으로 BCD 카운터를 구현한 논리회로를 보여준다. 그림에서 T 플립플롭을 4개 사용하여 Q_3 출력을 MSB로 하고 Q_0 출력을 LSB로 하였다. 외부 입력 클럭은 LSB에 해당하는 플립플롭의 클럭 입력 단자에 연결되고 이 플립플롭의 출력 Q는 두 번째 비트에 해당하는 플립플롭의 클럭 입력 단자에 연결 구성한다. 이와 동일한 방식으로 네 번째 플립플롭까지를 연결구성하고 Q_3 출력과 Q_1 출력을 NAND시켜서 그 아웃풋(output)을 모든 플립플롭의 $\overline{CLR}$ 입력 단자에 공급하였다.

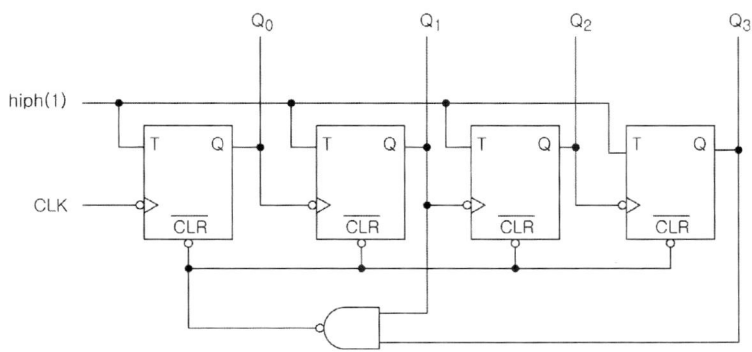

[그림 11-7] T 플립플롭을 사용한 clear 방법의 BCD 카운터 구성도

$Q_3Q_2Q_1Q_0 = 0000$에서부터 시작하여 하나씩 증가하다가 상태 9에서 상태 10으로 넘어가는 순간, 즉 $Q_3 = Q_1 = 1$이 되어 1010이 되는 순간에 모든 플립플롭을 리셋시킬 수 있도록 Q_3와 Q_1을 NAND시켜서 이 출력을 클리어 입력 단자에 연결 구성하였다.

[그림 11-8]은 clear 방법의 BCD 카운터의 타이밍 다이아그램을 보여준다.

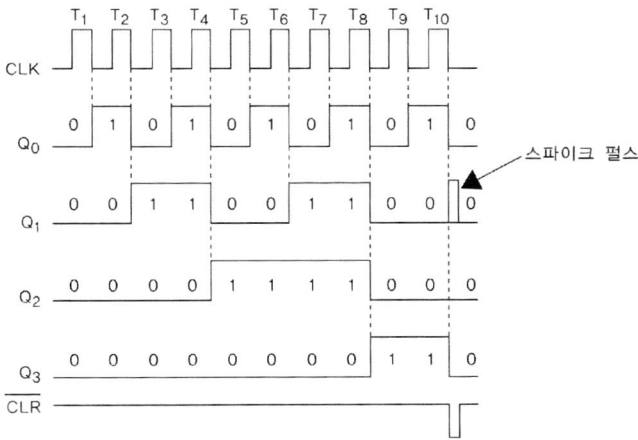

[그림 11-8] clear 방법의 BCD 카운터의 타이밍 다이아그램

카운터가 초기 상태 0000에서 시작하여 외부로부터 클럭 펄스가 한 개씩 입력될 때마다 카운터는 한 개씩 증가한다. 10번째 입력 펄스가 들어오면 Q_1과 Q_3가 동시에 1이 되고 NAND 게이트 출력은 0이 되며 이는 모든 플립플롭의 $\overline{CLR}$ 단자를 active low 상태로 만들게 된다. 따라서 Q_1과 Q_3도 다른 플립플롭들과 마찬가지로 0이 되는데 이때에 Q_1의 상태는 플립플롭의 동작 지연 시간 크기의 스파이크 펄스(spike pulse)가 발생하게 된다. 스파이크 펄스가 발

생하여 Q_1이 0으로 떨어지면 $\overline{CLR}$ 신호는 1로 올라가서 인액티브(inactive) 상태로 되돌아간다.

(2) 순차적 방법

순차적 방법에서는 $\overline{CLR}$ 단자를 사용하지 않고 플립플롭의 입력 신호를 활용한다. [그림 11-9]는 JK 플립플롭을 사용한 순차적 방법의 BCD 카운터 구성도를 보여준다.

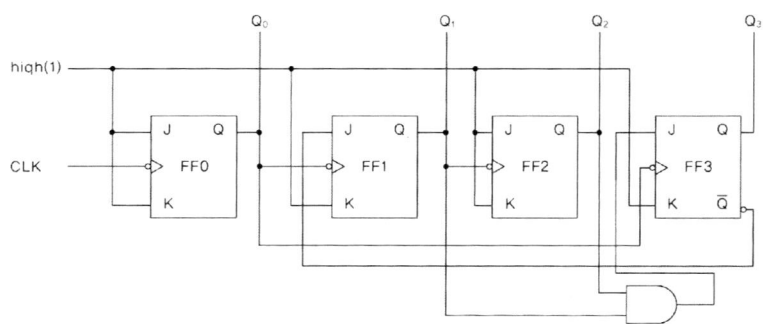

[**그림 11-9**] JK플립플롭을 사용한 순차적 방법의 BCD 카운터

[그림 11-9]에서 LSB에 해당하는 플립플롭 FF0의 입력 J와 입력 K는 모두 high에 고정되어 있기 때문에 클럭 펄스의 하강 에지마다 토글 된다. 두 번째 플립플롭 FF1의 입력 K는 high에 고정되어 있고 입력 J는 플립플롭 FF3의 $\overline{Q}$에 연결되어 있기 때문에 플립플롭 FF3 상태가 0이면 토글 되고 상태가 1이 되는 동안에는 리셋 된다. 세 번째 플립플롭 FF2의 입력 J와 입력 K는 모두 high로 고정되어 있으므로 두 번째 플립플롭 출력의 하강 에지에서 토글 된다. 마지막으로 네 번째 플립플롭의 입력 K는 high에 고정되어 있고 입력 J는 플립플롭 FF1의 출력과 플립플롭 FF2의 출력을 AND 시킨 출력 단자에 연결되어 있기 때문에 이들 두 플립플롭의 상태가 모두 1이면 네 번째 플립플롭은 토글 된다. 네 번째 플립플롭은 Q_1 혹은 Q_2가 0으로 떨어지면 Q_0의 하강 에지에 맞추어 리셋 된다.

[그림 11-10]은 JK 플립플롭을 사용한 순차적 방법의 BCD 카운터의 타이밍 다이아그램을 나타낸다. 그림에서 Q_0는 외부 클럭의 하강 에지 순간마다 토글 된다. Q_1은 Q_3가 0인 동안에는 토글을 반복하다가 Q_3가 1이 되는 구간에서는 리셋 된다. 10번째 클럭 펄스의 하강 에지에서 Q_0가 하강함에도 Q_1이 토글 되지 못하는 것은 Q_3 상태가 1이기 때문이다. 플립플롭 FF3의 동작 지연 시간으로 인해 Q_3가 0으로 떨어지는 시점이 Q_0의 하강 시점보다 늦기 때문에 Q_1은 10번째 클럭에서 리셋 되는 것이다. Q_2는 Q_1의 하강 에지에서 토글

된다. Q_3는 Q_1과 Q_2가 모두 1일 때에 Q_0의 하강 에지에서 1로 상승하고, Q_1 혹은 Q_2가 0일 때에는 Q_0의 하강 에지에서 0으로 떨어진다.

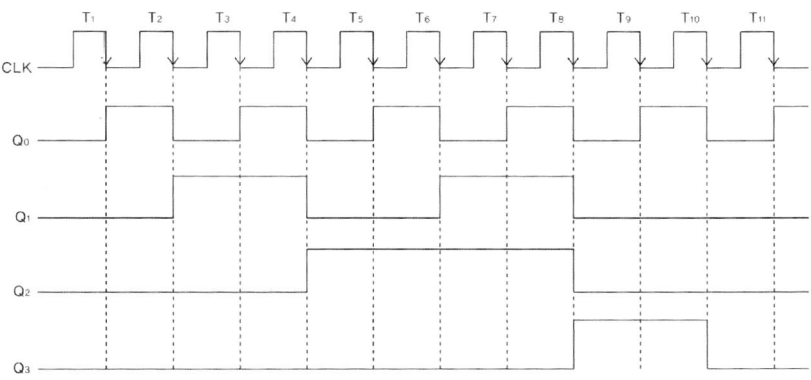

[그림 11-10] JK 플립플롭을 사용한 순차적 방법의 BCD 카운터의 타이밍 다이아그램

11.2.5. 프리셋 카운터

프리셋 카운터는 초기 상태를 미리 세트 시켜놓고서 카운트하는 방식으로서 카운터의 상태수를 자유롭게 조정할 수 있는 장점이 있다. [그림 11-11]은 JK 플립플롭을 사용한 프리셋 카운터를 보여준다. 모든 플립플롭의 입력 J와 입력 K는 high에 고정되어 있으므로 클럭의 하강 에지에서 토글 하며 상태를 증가시켜 나간다. 플립플롭의 개수가 3개이므로 전체 8개의 상태수를 가짐에 따라 000에서 111까지를 카운트할 수 있다.

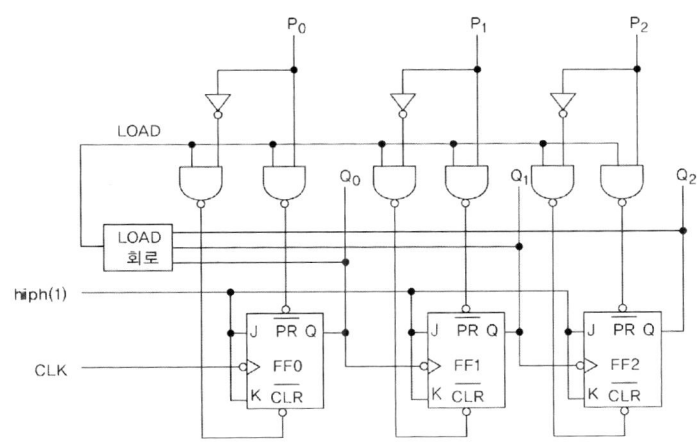

[그림 11-11] JK 플립플롭을 사용한 프리셋 카운터

그림에서 프리셋을 위해 $\overline{PR}$ 제어 입력 단자와 $\overline{CLR}$ 제어 입력 단자를 사용하고 있다. 그리고 프리셋 입력들은 P_0, P_1, P_2이다. 이들 입력 값들은 LOAD 회로 출력과 NAND 게이트를 통하여 각 플립플롭의 $\overline{PR}$과 $\overline{CLR}$ 입력 단자로 연결 구성된다. LOAD 회로 출력이 1 값을 가질 때에만 프리셋 입력들이 플립플롭의 상태로 세트 될 수 있다. LOAD 값이 1 이고 프리셋 값 P_0, P_1, P_2가 100이라고 하면 첫 번째 플립플롭 FF0는 1로 프리셋 되고 두 번째와 세 번째 플립플롭들은 리셋 되어 각각 0으로 프리셋 된다.

LOAD 회로 출력이 0이 되면 카운트가 시작되어 입력 펄스에 따라 플립플롭의 출력은 프리셋 된 값에서 시작하여 순차적으로 LOAD 회로 출력이 1이 될 때까지 카운트를 하게 된다. LOAD 회로를 플립플롭의 출력 Q_0, Q_1, Q_2들의 NOR 게이트로 구성한다면 이들 세 값이 모두 0일 때에 LOAD가 1이 되어 카운터가 프리셋 된다.

[그림 11-12]는 프리셋 값이 001이고 출력 Q_0, Q_1, Q_2들의 NOR 게이트 출력을 LOAD 신호로 사용할 때의 상태도를 보여준다. 초기에 카운터가 001로 프리셋 되고서 입력 펄스가 들어오면 010, 011, 100, 101, 110, 111까지 카운트 하다가 그다음 펄스에서 000으로 바뀌는 순간에 LOAD 회로의 출력이 1로 바뀜에 따라 카운터 상태는 프리셋 되어 있는 001 상태로 되돌아간다.

프리셋 카운터는 카운터의 모듈러스(modulus)를 쉽게 변화시킬 수 있다. 즉 플립플롭을 3개 사용하면 0에서 7까지 카운트할 수 있지만 프리셋을 설정하면 모듈러스 값을 변화시킬 수 있다. 프리셋 카운터의 모듈러스는 아래와 같다.

프리셋 카운터의 modulus = 최대 modulus 2^n − 프리셋 된 수

상기의 식에서 n은 사용된 플립플롭의 개수이다. 예를 들어서 플립플롭 3개를 사용할 경우 최대 modulus는 $2^3 = 8$이 된다. 프리셋 된 수가 001일 경우에 프리셋 카운터의 모듈러스는 8−1=7 모듈러스로 감소하게 된다.

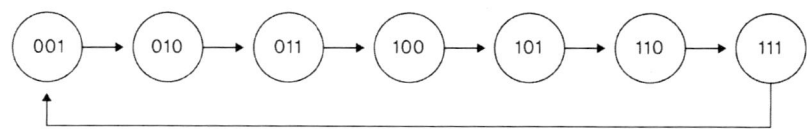

[그림 11-12] 프리셋 카운터의 상태도

11.3. 동기식 카운터

동기식 카운터(synchronous counter)는 플립플롭의 클럭 단자에 동시에 클럭 펄스가 인가되는 카운터를 말한다. 비동기식 카운터에서는 플립플롭들이 서로 종속적으로 연결 구성되기 때문에 전파지연이 커지는 단점이 있으나 동기식 카운터에서는 전파 지연시간이 없기 때문에 정확한 카운터 설계에 활용된다. 또한 동기식 카운터는 앞장에서 설명한 순차 논리회로의 설계 절차에 따라 설계할 수 있으므로 보다 명확한 카운터 설계가 가능해진다.

11.3.1. 동기식 2비트 2진 카운터

동기식 2비트 2진 카운터는 두 개의 플립플롭을 사용하여 4가지의 상태를 가진다. [그림 11-13]은 2비트 2진 카운터의 상태도를 나타낸다.

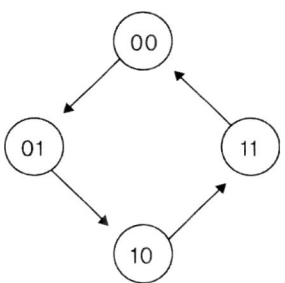

[그림 11-13] 2비트 2진
카운터의 상태도

동기식 2비트 2진 카운터는 순차 논리회로 방식으로 설계할 수 있다. JK 플립플롭을 사용하여 카운터를 설계할 경우에 상태도에 맞는 카운터의 상태 여기표를 작성하면 [표 11-5]와 같다. 카운터는 순차적으로 상태 값이 증가하기 때문에 현재 상태 항목의 아래 상태가 곧 다음 상태가 된다.

[표 11-5] 동기식 2비트 2진 카운터의 상태 여기표

현재 상태		다음상태		플립플롭 입력			
Q_1	Q_0	$Q_{1(t+1)}$	$Q_{0(t+1)}$	J_1	K_1	J_0	K_0
0	0	0	1	0	x	1	x
0	1	1	0	1	x	x	1
1	0	1	1	x	0	1	x
1	1	0	0	x	1	x	1

상기의 상태 여기표로부터 플립플롭의 각 입력 J_0, K_0, J_1, K_1에 대한 카르노 맵을 작성한 후 이를 통해 간소화된 부울 함수를 얻음으로써 2개의 JK 플립플롭으로 구성된 카운터를 설계할 수 있다. 상태 여기표로부터 J_0, K_0, J_1, K_1에 대한 부울 함수식을 구하면 아래와 같다.

$$J_0 = 1 \qquad K_0 = 1$$
$$J = Q_0 \qquad K_1 = Q_0$$

상기의 함수를 순차 논리회로로 구성하면 [그림 11-14]와 같다.

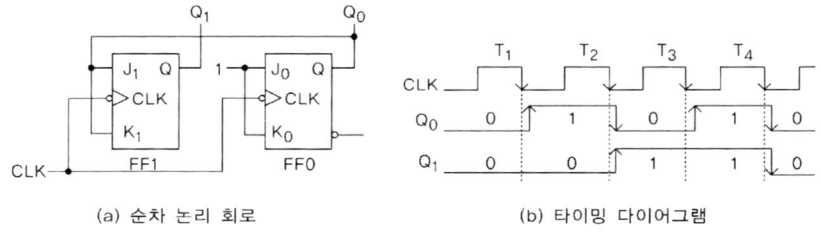

(a) 순차 논리 회로   (b) 타이밍 다이어그램

[그림 11-14] 동기식 2비트 2진 카운터

클럭 펄스는 두 개의 플립플롭에 공통으로 입력되고, 클럭 펄스의 하강 에지에서 각 플립플롭은 상태를 변화시킨다. LSB에 해당하는 플립플롭 FF0의 입력 J_0와 K_0는 모두 1에 연결되어 있으므로 클럭 펄스의 하강 에지마다 토글 된다. 두 번째 비트에 해당하는 플립플롭 FF1의 입력 J_1과 K_1은 플립플롭 FF0의 출력 Q_0에 연결 구성된다.

동기식 2비트 2진 카운터의 초기 상태가 00이라고 할 때에 카운터의 동작은 아래와 같다.
- 첫 번째 클럭의 하강 에지에서 플립플롭 FF0는 토글 되어 상태 0에서 상태 1로 상승한다. 플립플롭 FF1은 입력 J_1과 입력 K_1이 0 값을 가졌으므로 상태 변화가 발생하지 않아서 플립플롭 상태는 0을 유지한다. 따라서 첫 번째 클럭의 하강 에지에서 카운터 상태는 00에서 01로 증가하게 된다. 플립플롭 FF0가 상승하는 시점은 클럭 펄스의 하강 에지보다 약간 뒤쪽에서 발생하는데 이는 플립플롭의 전파지연 시간으로 인한 것이다.

- 두 번째 클럭의 하강 에지에서 플립플롭 FF0는 토글 되어 상태 1에서 상태 0으로 하강한다. 플립플롭 FF1은 클럭의 하강 에지 바로 전의 입력 J_1과 입력 K_1이 Q_0 값, 즉 1이었으므로 토글이 발생하여 상태 0에서 1로 상승하게 된다. 따라서 카운터 상태는 01에서 10으로 상승한다. 플립플롭 FF1이 클럭의 하강 에지보다 약간 늦게 토글 된 것은 플립플롭의 전파지연 시간 때문이다. 동기식 플립플롭에서는 이와 같이 두 개의 플립플롭 모두 동일한 크기의 전파지연 시간이 소요된다.
- 세 번째 클럭의 하강 에지에서 플립플롭 FF0는 토글 되어 상태 0에서 상태 1로 상승한다. 플립플롭 FF1은 전 상태 값을 그대로 유지한다. 따라서 카운터의 상태는 10에서 11로 하나 증가한다.
- 네 번째 클럭의 하강 에지에서 플립플롭 FF0는 토글 되어 상태 1에서 상태 0으로 하강한다. 플립플롭 FF1은 토글 되어 상태 1에서 상태 0으로 하강한다. 카운터의 상태는 11에서 00의 초기 상태로 되돌아간다.

11.3.2. 동기식 3비트 2진 카운터

동기식 3비트 2진 카운터의 상태도는 [그림 11-15]와 같다. 이 상태도를 바탕으로 순차 논리회로 방식을 사용하여 카운터를 설계하기 위해 [표 11-6]과 같이 상태 여기표를 작성한다.

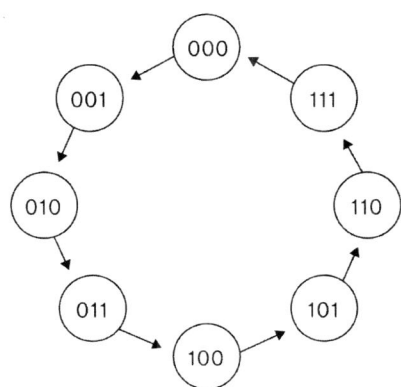

[그림 11-15] 동기식 3비트 2진 카운터
의 상태도

[표 11-6] 동기식 3비트 2진 카운터의 상태 여기표

현재 상태			다음상태			플립플롭 입력					
Q_2	Q_1	Q_0	$Q_{2(t+1)}$	$Q_{1(t+1)}$	$Q_{0(t+1)}$	J_2	K_2	J_1	K_1	J_0	K_0
0	0	0	0	0	1	0	x	0	x	1	x
0	0	1	0	1	0	0	x	1	x	x	1
0	1	0	0	1	1	0	x	x	0	1	x
0	1	1	1	0	0	1	x	x	1	x	1
1	0	0	1	0	1	x	0	0	x	1	x
1	0	1	1	1	0	x	0	1	x	x	1
1	1	0	1	1	1	x	0	x	0	1	x
1	1	1	0	0	0	x	1	x	1	x	1

상기의 상태 여기표를 바탕으로 플립플롭의 입력들에 대해 카르노 맵을 작성하면 [그림 11-16]과 같다.

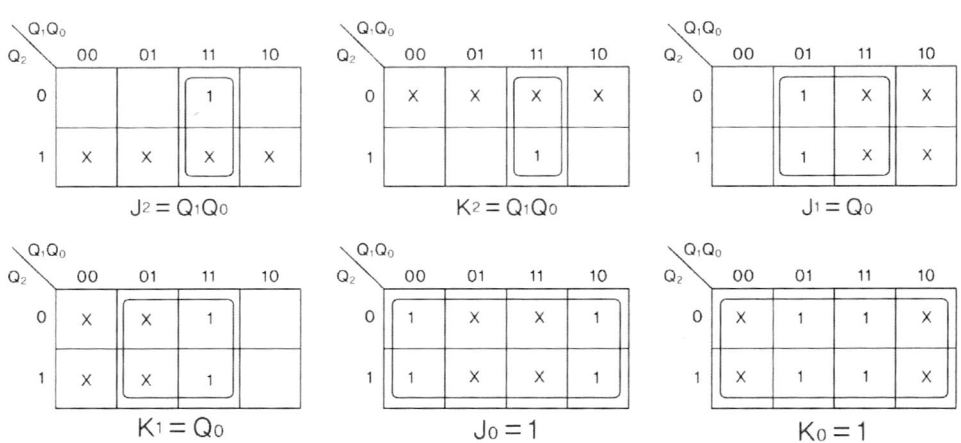

[그림 11-16] 동기식 3비트 2진 카운터의 입력들에 대한 카르노 맵

상기의 카르노 맵을 통해 플립플롭의 입력에 대한 간소화된 부울 함수는 아래와 같다.

$$J_2 = Q_1 \cdot Q_0 \qquad K_2 = Q_1 \cdot Q_0$$
$$J_1 = Q_0 \qquad\qquad K_1 = Q_0$$
$$J_0 = 1 \qquad\qquad K_0 = 1$$

상기의 부울 함수를 논리회로로 구성하면 [그림 11-17]과 같다.

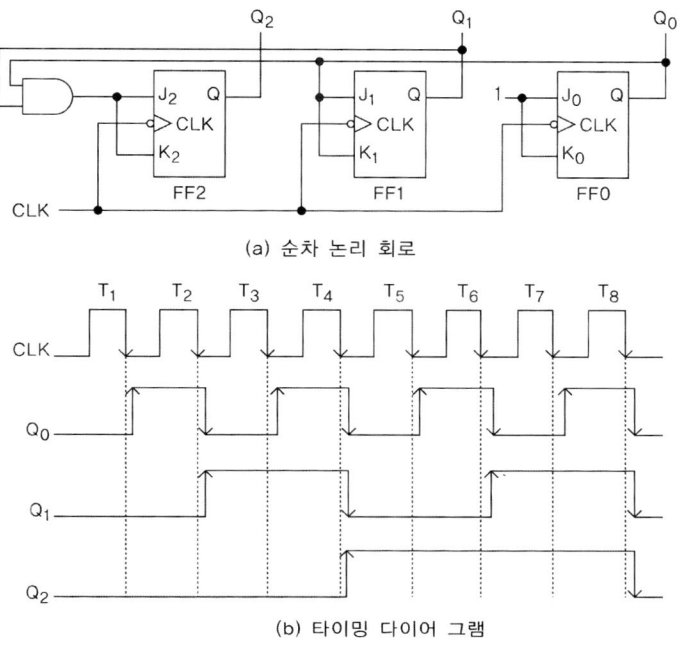

(a) 순차 논리 회로

(b) 타이밍 다이어 그램

[그림 11-17] 동기식 3비트 2진 카운터

동기식 3비트 2진 카운터는 3개의 JK 플립플롭을 사용하여 구성한다. MSB에 해당하는 플립플롭 FF2의 입력 J와 입력 K는 Q_0와 Q_1을 AND 시킨 출력을 연결한다. 외부 클럭은 3개의 플립플롭에 동시에 입력되며 모든 플립플롭은 클럭의 하강 에지에서 동작된다. 카운터의 초기 상태가 000이라고 가정하면 동작 과정은 아래와 같다.

- 첫 번째 클럭의 하강 에지에서 플립플롭 FF0는 입력 J와 입력 K가 1에 고정되어 있으므로 토글하여 0에서 1로 상승한다. 플립플롭 FF1은 Q_0에 연결된 입력 J와 입력 K가 0이었기 때문에 상태가 변화하지 않고 0을 유지한다. 플립플롭 FF2는 Q_0와 Q_1이 둘 다 1일 때에만 토글하지만 이들 값이 0이므로 토글하지 않고 0을 유지한다. 카운터 상태는 000에서 001로 상승한다.

- 두 번째 클럭의 하강 에지에서 플립플롭 FF0는 토글하여 1에서 0으로 하강한다. 플립플롭 FF1은 Q_0가 1이었으므로 토글하여 0에서 1로 상승한다. 그러나 플립플롭 FF2의 입력 J와 입력 K는 여전히 0값을 가지므로 값이 변화하지 않는다. 카운터 상태는 001에서 010으로 상승한다.

- 세 번째 클럭의 하강 에지에서 플립플롭 FF0는 토글하여 0에서 1로 상승한다. 플립플롭 FF1은 Q_0가 0이었으므로 상태가 변화하지 않고 1을 유지한다. 플립플롭 FF2는 Q_0

가 0이었으므로 상태가 변화하지 않고 0을 유지한다. 카운터 상태는 010에서 011로 상승한다.

- 네 번째 클럭의 하강 에지에서 플립플롭 FF0는 또다시 토글하여 1에서 0으로 하강한다. 플립플롭 FF1은 플립플롭 FF0이 1이었으므로 토글하여 1에서 0으로 하강한다. 플립플롭 FF2는 Q_0와 Q_1이 모두 1이었으므로 AND 출력이 1이 되어 토글 상태로 들어감에 따라 0에서 1로 바뀐다. 카운터 상태는 011에서 100으로 상승한다.

- 다섯 번째, 여섯 번째, 일곱 번째 클럭의 하강 에지에서 상기와 동일한 형태로 카운터 상태가 상승하게 된다. 여덟 번째 클럭의 하강 에지에서는 플립플롭 FF0가 토글하여 1에서 0으로 하강한다. 플립플롭 FF1은 Q_0가 0이었으므로 토글하여 1에서 0으로 하강한다. 플립플롭 FF2는 Q_0와 Q_1이 모두 1이었으므로 토글하여 1에서 0으로 하강한다. 따라서 카운터는 111에서 000으로 다시 초기 상태로 되돌아가게 되며 이후 클럭이 들어올 때마다 상기 동작을 반복하게 된다.

11.3.3. 동기식 mod-6 카운터

mod-6 카운터는 상태의 수가 6개인 카운터를 말한다. 즉, 입력 펄스를 카운트하여 0부터 5까지를 나타내는 상태들을 순차적으로 발생하고 다시 그 상태 시퀀스를 반복하는 카운터이다.

동기식 mod-6 카운터는 디지털 시계(digital clock)에서 분(minute)을 가리키는 두 자릿수(00~59) 중에서 앞의 숫자들(0~5)을 결정하는 데에 사용된다. 동기식 mod-6 카운터는 입력 펄스가 들어올 때마다 상태 값이 000부터 101까지 순서대로 증가하고, 그다음 펄스에서 다시 000으로 되돌아가서 이를 반복하게 된다. [그림 11-18]은 mod-6 카운터의 상태도를 나타낸다.

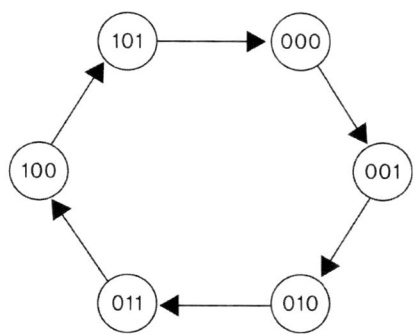

[그림 11-18] mod-6 카운터의 상태도

mod-6 카운터는 모두 여섯 가지의 상태들을 가지므로 세 개의 플립플롭들이 필요하다. mod-6 카운터를 JK 플립플롭을 사용하여 설계해 보자. 카운터 설계를 위해 mod-6 카운터의 상태 여기표를 작성하면 [표 11-7]과 같다.

[표 11-7] JK 플립플롭을 이용한 mod-6 카운터의 상태 여기표

현재 상태			다음상태			플립플롭 입력					
Q_2	Q_1	Q_0	$Q_{2(t+1)}$	$Q_{1(t+1)}$	$Q_{0(t+1)}$	J_2	K_2	J_1	K_1	J_0	K_0
0	0	0	0	0	1	0	x	0	x	1	x
0	0	1	0	1	0	0	x	1	x	x	1
0	1	0	0	1	1	0	x	x	0	1	x
0	1	1	1	0	0	1	x	x	1	x	1
1	0	0	1	0	1	x	0	0	x	1	x
1	0	1	0	0	0	x	1	0	x	x	1

상기의 상태 여기표도 다른 여기표와 마찬가지로 세 개의 플립플롭의 상태 변화에 따른 입력 J와 입력 K의 조합을 나타낸다. 즉, 각 플립플롭의 현재 상태에서 다음 상태로 천이되기 위한 플립플롭의 입력 J와 입력 K의 값을 표시한다. 표에서 'X'는 don't care 상태를 나타낸다. 플립플롭의 입력들에 간소화된 부울 함수를 구하기 위해 카르노 맵을 작성해 보면 [그림 11-19]와 같다. 카르노 맵은 각각의 플립플롭의 J 입력과 K 입력에 대하여 각각 작성되어야 한다. 카운터의 카르노 맵을 작성함에 있어서 유의해야 할 사항은 카운팅 시퀀스에 포함되지 않는 현재 상태의 조합들은 don't care 입력조건으로 두어야 한다. mod-6 카운터에서는 110과 111 상태가 시퀀스에 포함되지 않으므로 그들에 대응되는 셀들은 don't care를 나타내는 X로 채워야 한다.

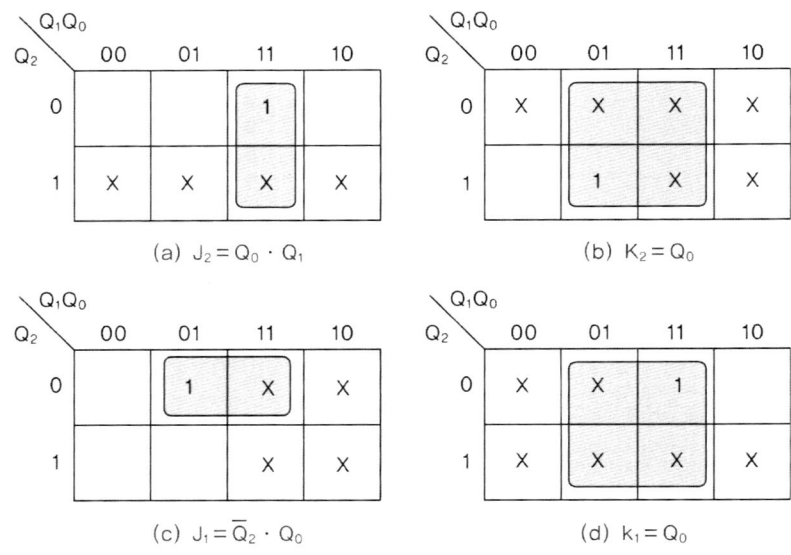

(a) $J_2 = Q_0 \cdot Q_1$ (b) $K_2 = Q_0$

(c) $J_1 = \overline{Q_2} \cdot Q_0$ (d) $k_1 = Q_0$

[그림 11-19] JK 플립플롭의 입력들에 대한 카르노 맵

상기의 카르노 맵을 통해 플립플롭의 입력 J와 입력 K를 간략화하면 아래와 같은 부울 함수식을 얻는다.

$$J_2 = Q_0 \cdot Q_1 \qquad K_2 = Q_0$$
$$J_1 = \overline{Q_2} \cdot Q_0 \qquad K_1 = Q_0$$
$$J_0 = 1 \qquad\qquad K_0 = 1$$

상기의 입력 함수들을 이용하여 mod-6 카운터의 회로를 구성하면 [그림 11-20]과 같다. 세 개의 JK 플립플롭과 두 개의 AND 게이트가 필요하다. LSB에 해당하는 플립플롭 FF0는 입력 J와 입력 K가 모두 high에 고정되어 있으므로 클럭 펄스의 상승 에지마다 토글 된다. 두 번째 LSB인 플립플롭 FF1은 Q_0가 1이고 Q_2가 0일 때에 토글 되므로 카운터는 상태 001 에서 010으로 바뀌게 된다. 플립플롭 FF1은 Q_0가 0이면 상태가 변화하지 않는다. MSB에 해당하는 플립플롭 FF2는 Q_0와 Q_1의 값이 둘 다 1일 때에 클럭의 상승 에지에서 토글 되 므로 상태 011에서 100으로 상태 변화가 발생하게 된다. 플립플롭 FF2는 Q_0가 1인 상태에 서 Q_1이 0이면 리셋(reset)되므로 카운터는 상태 101에서 상태 000으로 되돌아간다.

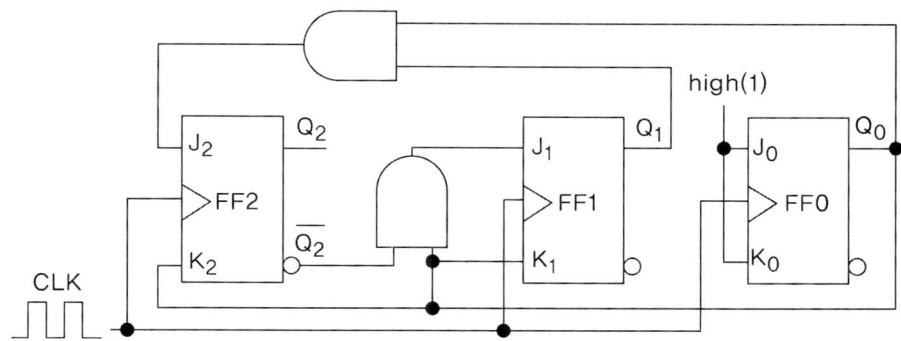

[그림 11-20] JK 플립플롭을 이용한 mod-6 카운터의 논리회로

11.3.4. 동기식 BCD 카운터

각종 디지털 시스템에서 가장 널리 사용되고 있는 카운터로 10진수를 카운트하는 BCD 카운터가 있다. 비동기식 BCD 카운터는 응답 속도가 느리다는 단점을 가지고 있으므로 여기에서는 JK플립플롭을 사용한 동기식 BCD 카운터를 설계해 보기로 하자. 이 카운터는 모듈로 10 카운터에 해당하며 10가지 상태, 즉 0000 → 0001 → 0010 → 0011 → 0100 → 0101 → 0110 → 0111 → 1000 → 1001의 순서로 상태 전이가 발생하다가 다시 0000 상태로 되돌아간다. 이 카운터를 JK 플립플롭을 사용하여 설계하려면 앞에서와 동일한 방식으로 카운터의 상태 여기표를 작성해야 한다.

동기식 BCD 카운터의 상태 여기표는 [표 11-8]과 같다. 플립플롭 4개 중에서 MSB에 해당하는 플립플롭의 출력을 Q_3라고 하였고, 두 번째 MSB 플립플롭의 출력을 Q_2, 세 번째 플립플롭의 출력을 Q_1, 마지막으로 LSB에 해당하는 플립플롭의 출력을 Q_0라고 하였다. 각각의 플립플롭 입력은 각각의 플립플롭 현재 상태와 다음 상태를 비교하여 구한다. 즉, 플립플롭의 입력은 각 플립플롭마다 서로 독립적이다.

[표 11-8] 동기식 BCD 카운터의 상태 여기표

현재 상태				다음상태				플립플롭 입력							
Q_3	Q_2	Q_1	Q_0	Q_3	Q_2	Q_1	Q_0	J_3	K_3	J_2	K_2	J_1	K_1	J_0	K_0
0	0	0	0	0	0	0	1	0	x	0	x	0	x	1	x
0	0	0	1	0	0	1	0	0	x	0	x	1	x	x	1
0	0	1	0	0	0	1	1	0	x	0	x	x	0	1	x
0	0	1	1	0	1	0	0	0	x	1	x	x	1	x	1
0	1	0	0	0	1	0	1	0	x	x	0	0	x	1	x
0	1	0	1	0	1	1	0	0	x	x	0	1	x	x	1
0	1	1	0	0	1	1	1	0	x	x	0	x	0	1	x
0	1	1	1	1	0	0	0	1	x	x	1	x	1	x	1
1	0	0	0	1	0	0	1	x	0	0	x	0	x	1	x
1	0	0	1	0	0	0	0	x	1	0	x	0	x	x	1

상기의 상태 여기표를 바탕으로 플립플롭 입력들에 대한 카르노 맵을 작성하면 [그림 11-21]과 같다. 여기에서 BCD 카운터의 상태로 존재하지 않는 $Q_3 Q_2 Q_1 Q_0 = 1010 \sim 1111$은 don't care 입력 조건으로 처리하였다.

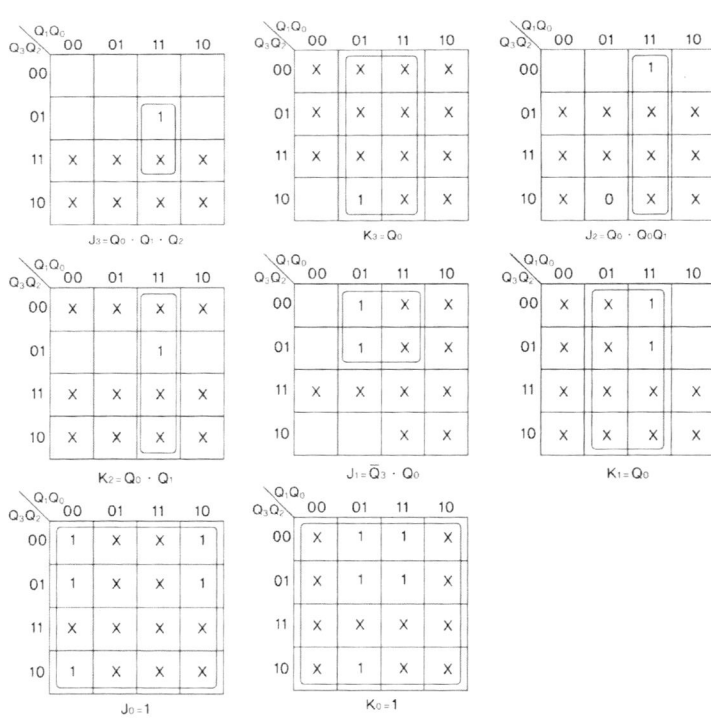

[그림 11-21] 동기식 BCD 카운터의 카르노 맵

상기의 카르노 맵을 통하여 플립플롭의 입력들을 간소화된 부울 함수로 표기하면 아래와 같다.

$$J_3 = Q_0 \cdot Q_1 \cdot Q_2 \qquad K_3 = Q_0$$
$$J_2 = Q_0 \cdot Q_1 \qquad K_2 = Q_0 \cdot Q_1$$
$$J_1 = \overline{Q_3} \cdot Q_0 \qquad K_1 = Q_0$$
$$J_0 = 1 \qquad K_0 = 1$$

상기의 입력 함수들을 이용하여 네 개의 JK 플립플롭들로 구성한 동기식 BCD 카운터의 논리회로는 [그림 11-22]와 같다.

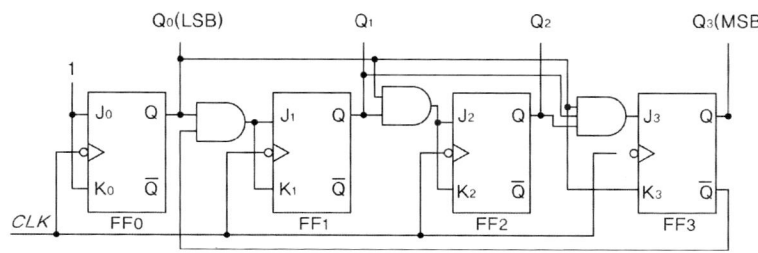

[**그림 11-22**] JK 플립플롭을 사용한 동기식 BCD 카운터의 논리회로

11.3.5. 동기식 카운터의 직렬연결

플립플롭을 직렬로 연결하여 카운터를 구성하면 주파수를 분할할 수 있는 분주회로를 구성할 수 있다. 또한 카운터를 직렬로 연결하면 필요한 수만큼의 자릿수를 가지는 10진수를 카운트할 수 있는 카운터를 구성할 수 있다.

하나의 플립플롭은 입력 펄스의 주기를 2배로 늘리는 출력 펄스를 출력한다. 예를 들어서 주파수가 4인 입력 클럭 펄스가 플립플롭 하나를 거치면 출력 클럭의 주파수는 $4 \div 2 = 2$가 된다. 주파수가 2배로 줄어드는 것을 2분주라고 한다. 5진 카운터는 클럭 주파수를 5분주한 클럭을 출력한다. 5진 카운터의 최종 출력 단자를 2진 카운터의 입력 클럭으로 연결 구성하면, 즉 5진 카운터와 2진 카운터를 직렬연결 구성하면 $\div (5 \times 2) = \div 10$분주 회로가 구성된다. 이와 같이 m진(mod-m) 카운터의 최상위비트(MSB) 출력을 n진(mod-n) 카운터의 입력에 연결하면 $\div (m \times n)$의 주파수 분주 회로를 구성할 수 있다.

카운터를 직렬로 연결하여 카운트할 수 있는 숫자를 늘리는 방법의 예로 스톱워치(stop watch)가 있다. 스톱워치는 0부터 59초까지의 시간을 측정하는 데 사용되는 디지털 장치이다. 스톱워치는 [그림 11-23]과 같이 10진 카운터와 6진 카운터, 세븐 세그먼트 디코더,

LED(Light Emitting Diode) 등으로 구성된다.

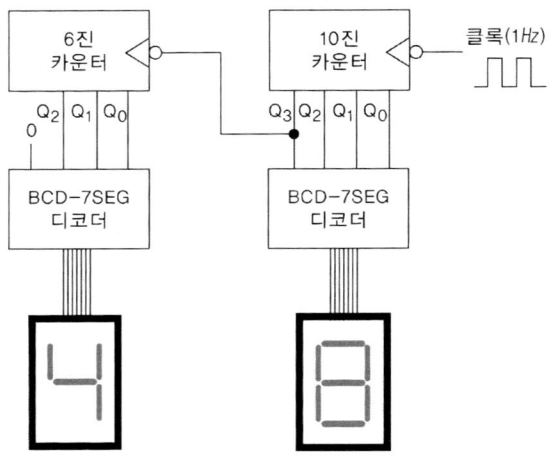

[그림 11-23] 카운터의 직렬연결을 통한 스톱 워치 구성

스톱 워치 구성에서 10진 카운터는 1의 자리를 표시하고 6진 카운터는 10의 자리를 나타낸다. 10진 카운터의 최상위 비트에 해당하는 Q_3가 6진 카운터의 클럭 입력으로 연결 구성되어 있다. 10진 카운터는 0에서 시작하여 9까지 카운트하다가 10에 도달하는 시점에서 모든 플립플롭이 0으로 리셋 된다. 이 시점에서 Q_3는 1에서 0으로 하강하게 되고 이 하강 에지로 6진 카운터 값은 하나 증가한다. 즉, 10개의 입력 펄스가 스톱 워치로 들어오면 10진 카운터 값은 0이 되고 6진 카운터 값은 1이 되어 LED에는 '10'을 나타내게 된다.

10진 카운터의 클럭으로 $1Hz$를 사용하면 매 초마다 10진 카운터는 1씩 증가하여 9가된 후에 0으로 되돌아가고 6진 카운터가 1이 증가함에 따라 00~59초까지를 카운트할 수 있게 된다. 즉, 스톱 워치는 $10 \times 6 = 60$진 카운터로 동작하게 된다. 스톱 워치의 출력을 또 다른 60진 카운터의 입력으로 연결하면 분(minute)을 나타내는 회로가 되고 이를 다시 12진 카운터로 연결하면 시(hour)를 나타내는 회로가 되어 시간을 카운트할 수 있는 디지털 시계를 꾸밀 수 있다.

11.3.6. 기타 카운터 회로

카운터는 플립플롭과 조합회로 등으로 구성하여 외부 입력 펄스의 개수를 카운트한다든지 혹은 주파수를 분주하는 기능으로 활용된다. 카운터는 기본적으로 플립플롭의 상태 변화 특성, 즉 입력 함수에 따라 현재 상태에서 다음 상태가 결정되는 특성을 활용한 논리회로이다. 카운터는 타이밍 순차 회로에도 활용된다. 카운터와 디코더를 사용하여 각종 제어 장치에 활용할 수 있는 타이밍 신호 발생기를 구성할 수 있으며 기타 카운터 회로로서 링 카운터와 존슨 카운터 등이 있다.

(1) 타이밍 신호 발생기

타이밍 신호 발생기는 카운터와 디코더를 사용하여 [그림 11-24]와 같이 구성할 수 있다. 2비트 카운터를 이용하여 출력 Q_0와 Q_1의 펄스를 발생시킨다. $Q_1 Q_0$는 00, 01, 10, 11의 순서로 카운트가 진행되고 이들 출력을 2×4 디코더의 입력으로 연결하면 디코더 출력은 [그림 11-24] (b)와 같은 타이밍 신호를 순차적으로 발생하게 된다. $Q_1 Q_0$가 00상태이면 디코더의 입력이 00이므로 첫 번째 출력인 T_0의 외부 클럭 주기 동안 액티브 된다. 이후 카운터가 진행됨에 따라 T_1, T_2, T_3의 순서대로 외부 클럭 주기 동안 액티브 된다.

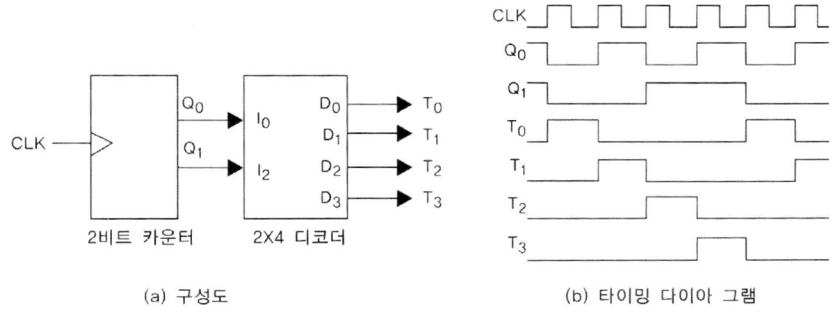

(a) 구성도　　　　　　(b) 타이밍 다이아 그램

[그림 11-24] 타이밍 신호 발생기

(2) 링 카운터

링 카운터(ring counter)는 임의의 시간에 하나의 플립플롭 상태만 1이고 나머지 플립플롭의 상태들은 모두 0이 되는 카운터이다. [그림 11-25]는 4개의 플립플롭들로 구성된 링 카운터의 상태도를 나타낸다. 그림에서 맨 왼쪽 플립플롭의 상태만 1이고 나머지 세 개는 0 상태였다가 다음 클럭이 들어오면 맨 왼쪽에서 두 번째 플립플롭의 상태만 1이고 나머지 세 개는 0 상태가 된다. 플립플롭의 상태가 마치 링(ring)처럼 한 바퀴 돈다고 하여 링 카운터라고 불린다.

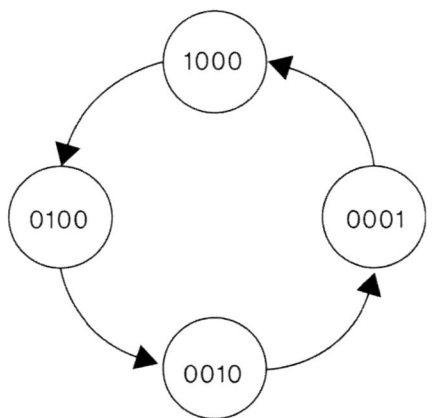

[그림 11-25] 4비트 링 카운터의 상태도

상기의 상태도에 대한 플립플롭의 상태 여기표를 작성하면 [표 11-9]와 같다. 플립플롭이 4개 사용되어도 링 카운터에서는 어느 한 순간에 하나의 플립플롭만이 상태가 1이고 나머지 플립플롭들은 0이기 때문에 상태의 수가 플립플롭의 개수와 일치하게 된다.

[표 11-9] 4비트 링 카운터의 상태 여기표

현재 상태				다음상태				플립플롭 입력							
Q_A	Q_B	Q_C	Q_D	Q_A	Q_B	Q_C	Q_D	J_A	K_A	J_B	K_B	J_C	K_C	J_D	K_D
1	0	0	0	0	1	0	0	x	1	1	x	0	x	0	x
0	1	0	0	0	0	1	0	0	x	x	1	1	x	0	x
0	0	1	0	0	0	0	1	0	x	0	x	x	1	1	x
0	0	0	1	1	0	0	0	1	x	0	x	0	x	x	1

상기의 상태 여기표로부터 각각 플립플롭의 입력 J와 입력 K에 대한 카르노 맵을 작성하면 [그림 11-26]과 같다. 각각의 입력 J와 입력 K에 관한 카르노 맵은 16개의 셀들로 구성되지만 상태 여기표에 표시된 4개의 셀들을 제외한 나머지 셀들은 모두 don't care 상태로서 'X'로 표기하였다. 카르노 맵을 통해 플립플롭의 입력 J와 입력 K에 대해 간소화된 부울 함수를 구하면 아래와 같다.

$$J_A = Q_D \qquad K_A = 1$$
$$J_B = Q_A \qquad K_B = 1$$
$$J_C = Q_B \qquad K_C = 1$$
$$J_D = Q_C \qquad K_D = 1$$

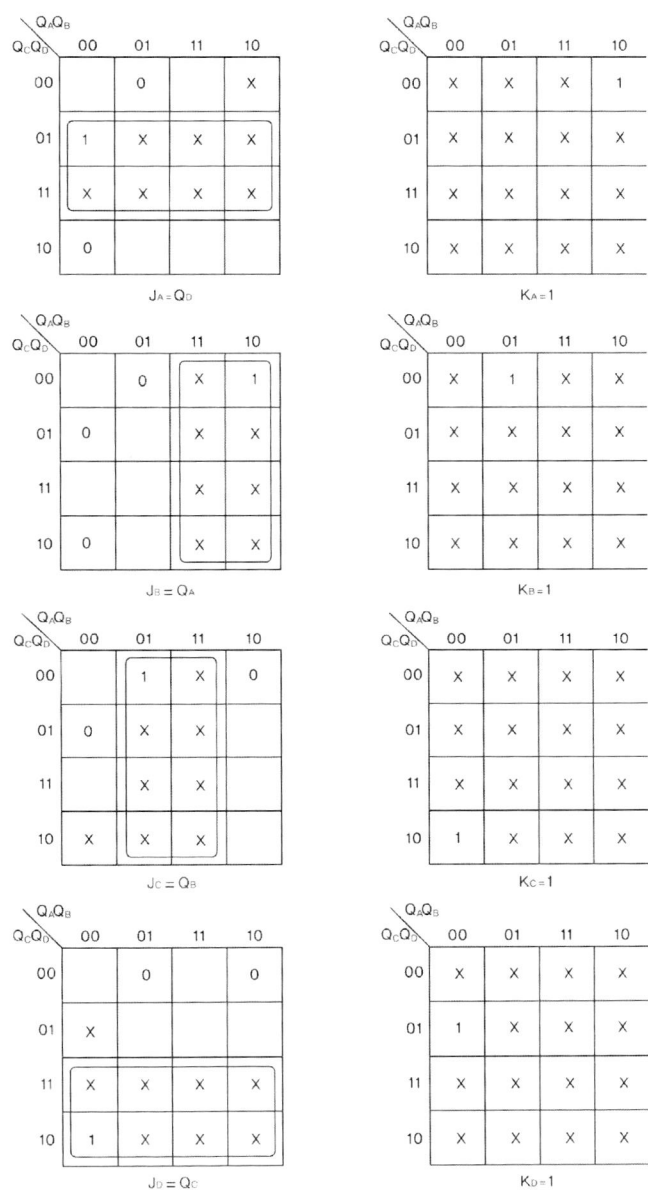

[그림 11-26] 4비트 링 카운터의 카르노 맵

상기의 플립플롭 입력 J와 K의 부울 함수를 이용하여 순차 논리회로를 구성하면 [그림 11-27]과 같다. [그림 11-27] (a)에서 외부 클럭 펄스는 4개의 플립플롭의 클럭 입력 단자에 동시에 공급되고 플립플롭의 입력 K는 모두 high에 고정되어 있다. 플립플롭의 입력 K가 항상 1을 유지하므로 각각의 플립플롭은 입력 J의 값에 따라 클럭의 하강 에지마다 리셋 혹은 토글 상태로 동작한다.

초기 상태가 $Q_A Q_B Q_C Q_D = 1000$이라고 할 때에 첫 번째 클럭의 하강 에지에서 $J_A = Q_D$ 가 0이었으므로 첫 번째 플립플롭 FFA는 리셋 되고, 두 번째 플립플롭은 $J_B = Q_A$가 1이었으므로 토글 되어 1로 상승한다. 두 번째 클럭의 하강 에지에서는 Q_C가 1로 상승하고 세 번째 클럭의 하강 에지에서는 Q_D가 1로 상승한다. [그림 11-27] (b)는 4비트 링 카운터의 타이밍 다이어그램을 나타낸다.

이와 같이 클럭 펄스가 입력될 때마다 클럭 펄스의 하강 에지에서 오른쪽으로 한 자리씩 이동하며 출력이 1이 되는 카운터를 자리 이동 카운터(shift counter)라고 부른다. [그림 11-27] (a)에서는 JK 플립플롭으로 구성하였으나 RS 플립플롭 혹은 D 플립플롭으로도 구현할 수 있다. RS 플립플롭을 사용하는 경우에는 맨 오른쪽 플립플롭의 출력 Q와 $\overline{Q}$를 각각 맨 왼쪽 플립플롭의 S와 R 입력에 연결하고, 맨 왼쪽 플립플롭의 출력 Q와 $\overline{Q}$는 두 번째 플립플롭의 S와 R 입력에 연결하는 방식으로 구성하면 된다. D 플립플롭을 사용하는 경우에는 맨 오른쪽 플립플롭의 출력 Q를 맨 왼쪽 플립플롭의 입력 D에 연결하고, 맨 왼쪽 플립플롭의 출력 Q는 두 번째 플립플롭의 입력 D에 연결하는 방식으로 구성하면 된다.

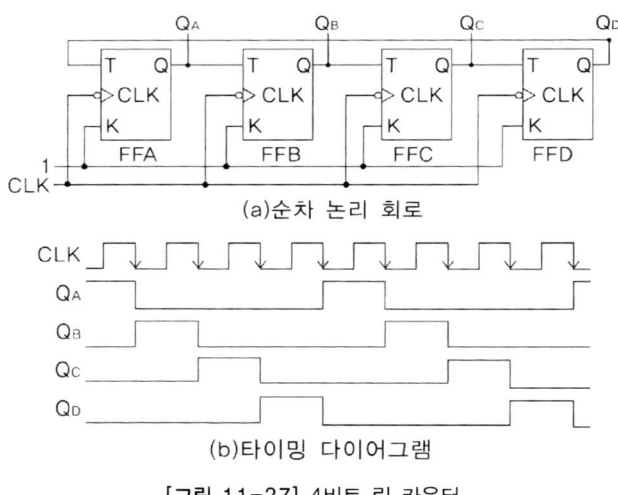

(a)순차 논리 회로

(b)타이밍 다이어그램

[그림 11-27] 4비트 링 카운터

(3) 존슨 카운터(Johnson counter)

존슨 카운터는 자리 이동 카운터의 일종으로서 꼬리 바꿈 (switch-tail) 링 카운터의 기능을 가지고 있다. 플립플롭 4개를 사용한 존슨 카운터는 [그림 11-28] (a)에서와 같이 맨 오른쪽 플립플롭의 $\overline{Q}$와 Q를 각각 맨 왼쪽 플립플롭의 입력 J와 입력 K에 연결 구성한다. 맨 왼쪽 플립플롭의 Q와 $\overline{Q}$는 각각 두 번째 플립플롭의 입력 J와 K에 연결한다. 두 번째 플립플롭의 출력 Q와 $\overline{Q}$는 각각 그다음 단계의 플립플롭 입력 J와 K에 연결구성함으로써 존슨 카운터를 구현할 수 있다.

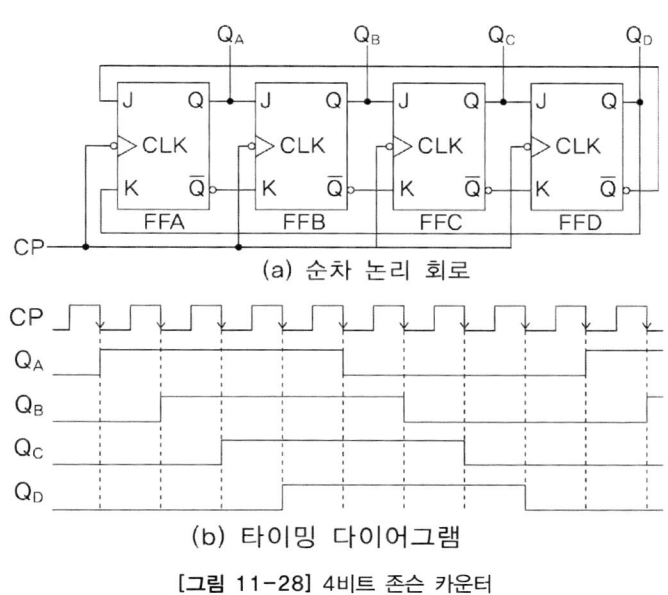

(a) 순차 논리 회로

(b) 타이밍 다이어그램

[그림 11-28] 4비트 존슨 카운터

[그림 11-28] (b)는 4개의 플립플롭으로 이루어진 존슨 카운터의 타이밍 다이어그램을 보여준다. 존슨 카운터의 초기 상태를 $Q_A Q_B Q_C Q_D = 0000$이라고 하자. 첫 번째 클럭의 하강 에지에서 첫 번째 플립플롭은 $\overline{Q_D} = J$가 1이고 $Q = K$가 0이므로 셋(set) 되어 0에서 1로 상승한다. 첫 번째 클럭의 하강 에지에서 나머지 플립플롭들은 자신의 전 단계 플립플롭들의 상태가 0이었으므로 초기 상태인 0을 그대로 유지한다. 두 번째 클럭의 하강 에지에서는 첫 번째 플립플롭의 입력 J와 입력 K가 여전히 각각 1과 0이므로 셋(set) 상태를 유지하고 두 번째 플립플롭도 셋(set) 상태가 되어 1로 상승한다. 세 번째와 네 번째 플립플롭은 여전히 0을 유지한다. 클럭의 하강 에지가 들어올 때마다 왼쪽의 플립플롭부터 1의 상태가 되며 이후 모든 플립플롭의 상태가 1이 되는 1111 상태가 된다. 그다음 클럭의 하강 에지가 입력될 때마다 왼쪽부터 0의 상태가 되며 이후 존슨 카운터의 모든 플립플롭들이 모두 0이 되는 0000 상태로 접어든다. 이후 앞의 동작을 반복하며 플립플롭의 상태가 전개되어 나간다.

존슨 카운터의 단점은 비정상적인 초기 상태, 즉 사용되지 않는 상태가 주어지면 초기에 주어진 비정상적인 데이터에 의한 순서로 계속하여 반복하게 된다는 점이다. 이러한 단점을 보완하기 위해서는 [그림 11-28] (a)에서 세 번째 플립플롭의 입력 J, 즉 J_C를 다음 부울 함수로 수정하면 해결할 수 있다.

$$J_C = (Q_A + Q_C) Q_B$$

12 _레지스터

12.1. 레지스터 개요

레지스터(register)는 2진 정보를 저장하거나 저장된 데이터를 전송하는 데 사용되는 디지털 회로이다. 영어의 register가 예약이라는 의미가 있듯이 디지털 논리회로에서 레지스터는 어떤 회로 기능을 위해 2진 정보를 예약 혹은 저장해 두는 회로라는 의미로 이해할 수 있다.

하나의 플립플롭으로 한 개의 비트를 저장할 수 있다. 여러 개의 플립플롭을 사용하면 여러 개의 비트를 저장할 수 있는데 이와 같이 플립플롭의 집합으로 레지스터를 구성할 수 있다. 즉, n 비트 레지스터는 n개의 플립플롭으로 구성되며 n비트의 2진 정보를 저장할 수 있게 된다. 레지스터는 플립플롭들뿐만 아니라 이들 플립플롭들이 저장하고 있는 정보를 제어하고 전송하기 위한 조합회로를 가진다. 플립플롭은 2진 정보를 저장하고 조합회로는 새로운 정보를 레지스터에 저장하고 전송할 시점과 방법을 제어한다.

플립플롭들로 구성되는 카운터도 미리 정해진 순서에 따라 상태가 변화하는 레지스터라고 볼 수 있다. 레지스터가 카운터와 다른 점은 상태 변화에 있어서 명확한 순서가 없다는 점이다. 일반적으로 레지스터는 디지털 시스템의 내부 데이터를 일시적으로 저장하거나, 디지털 시스템과 외부 시스템 사이에 데이터 전달을 위한 구성장치 목적으로 사용되며 상태의 순서적인 특성을 가지지는 않는다. 이와 같은 이유로 레지스터는 이름을 달리하여 카운터와 구별하는 것이 보통이다.

레지스터는 동작 방법에 따라 크게 병렬 레지스터와 시프트 레지스터로 구분된다. 병렬 레지스터(parallel register)는 2진 정보를 저장하기 위해 사용되므로 저장 레지스터(storage register)라고도 부른다. 시프트 레지스터(shift register)는 데이터의 전달뿐만 아니라 데이터 연산에도 사용된다.

병렬 레지스터는 데이터를 일시적으로 저장하기 위한 일종의 버퍼(buffer)로서 컴퓨터 시스템에서 많이 사용된다. 예를 들어서 컴퓨터 시스템의 CPU(central processing unit) 내부에 여러 개의 레지스터가 있는데 이들은 컴퓨터 프로그램 수행을 위해 임시적으로 저장하기 위한 버퍼 혹은 메모리로 사용된다. 또한 디지털 시스템에서 제어 회로를 구동시키기 위해 임시적으로 저장해 두기 위한 메모리로서 병렬 레지스터가 사용된다.

시프트 레지스터는 컴퓨터 시스템의 터미널과 컴퓨터 내부 시스템, 프린터와 컴퓨터 내부 시스템 등과 같이 컴퓨터 시스템과 I/O 시스템 사이에 직렬 통신을 위한 임시 버퍼로 사용된다. 시프트 레지스터는 시프트 방향에 따라 좌측 시프트 레지스터(left shift register)와 우측 시프트 레지스터(right shift register)로 구분된다. 좌측 시프트 레지스터는 말 그대로 클럭이 입력될 때마다 비트가 각각 우측에서 좌측으로 한 비트씩 이동하는 레지스터를 말한다. 이와 반대로 우측 시프트 레지스터는 클럭이 들어올 때마다 한 비트씩 우측으로 이동하는 레지스터이다.

레지스터는 데이터를 입력하고 출력하는 방법에 따라 아래와 같이 4가지 종류, 즉 병렬입력-병렬출력, 직렬입력-직렬출력, 직렬입력-병렬출력, 병렬입력-직렬출력 등이 있다.

- 병렬입력-병렬출력(PIPO: Parallel In Parallel Out): 데이터가 레지스터에 병렬로 로드(load)되고 병렬로 출력되는 형태이다. CPU 내부의 레지스터, 컴퓨터 시스템 내의 버퍼 등이 여기에 해당하고 또한 I/O 시스템과의 통신 형태가 병렬일 때에 이 방식이 적용된다.
- 직렬입력-직렬출력(SISO: Serial In Serial Out): 데이터를 직렬로 입력하여 직렬로 내보내는 레지스터로서 저장되어 있는 비트를 관리할 목적으로 사용된다. 예를 들어서 저장되어 있는 레지스터의 각 비트들을 체크할 때에 한 비트씩 시프트 시켜가면서 각각의 비트를 체크할 수 있다.
- 직렬입력-병렬출력(SIPO: Serial In Parallel Out): 직렬로 데이터를 받아서 병렬로 데이터를 꺼내는 레지스터로서 컴퓨터 시스템의 I/O 장치에서 데이터를 직렬로 받아 컴퓨터의 메모리에 저장할 때에 사용된다.
- 병렬입력-직렬출력(PISO: Parallel In Serial Out): 병렬로 데이터를 받아서 직렬로 내보내는 레지스터로서 컴퓨터 시스템에서 I/O 장치로 직렬 데이터를 전송할 때에 사용된다.

[그림 12-1]은 상기 레지스터들의 개념을 그림으로 표현한 레지스터의 종류를 나타낸

다. 그림에서 제어신호는 레지스터의 데이터 입출력 동작을 제어한다. 병렬입력－병렬출력 형태인 (a)는 단순히 레지스터라고 부르지만 나머지 레지스터들은 비트가 한 개씩 이동한다고 하여 시프트 레지스터라고 부른다.

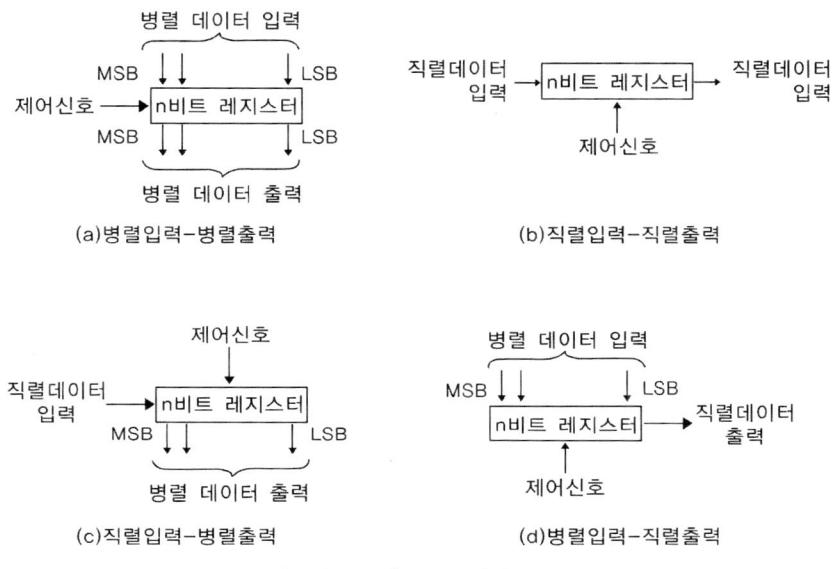

[그림 12-1] 레지스터의 종류

12.2. 병렬입력－병렬출력 레지스터

레지스터에 새로운 데이터를 입력시키는 것을 로드(load)라고 한다. 병렬입력－병렬출력 레지스터에서 데이터를 저장시킬 때에 병렬 로드를 수행하는데 이는 모든 플립플롭이 하나의 클록 펄스에 의해 동시에 로드되는 것을 말한다.

[그림 12-2]는 4개의 D 플립플롭으로만 구성된 간단한 4비트 병렬입력－병렬출력 레지스터이다. 이 회로는 2진 데이터를 저장하기 위해 외부로부터 입력하고자 하는 데이터 비트 I_A, I_B, I_C, I_D를 각각의 플립플롭 입력 D에 연결구성하고 D 플립플롭의 출력 Q_A, Q_B, Q_C, Q_D를 데이터 출력 포트로 사용하고 있다.

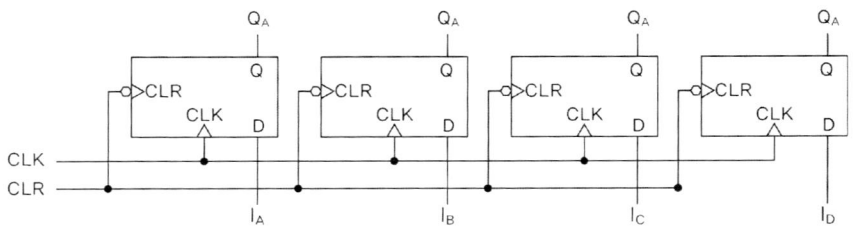

[그림 12-2] D 플립플롭으로 구성된 4비트 병렬입력-병렬출력 레지스터

[그림 12-2]에서는 클럭 펄스의 하강 에지에서 입력 D가 플립플롭 내부 상태로 저장되며 이 데이터는 출력 Q에 나타나게 된다. 클럭 펄스의 하강 에지가 도착하지 않으면 레지스터의 내용은 변화가 없게 된다. 따라서 외부의 데이터를 레지스터 내부에 저장하기 위해서는 클럭 펄스가 공급되어야 한다. CLR(clear) 신호는 레지스터에 저장되어 있는 데이터를 모두 0, 0, 0, 0으로 클리어 하는 신호이다.

(1) RS 플립플롭을 사용한 병렬입력병렬출력 레지스터

RS 플립플롭으로 구성된 4비트 병렬입력-병렬출력 레지스터는 [그림 12-3]과 같다.

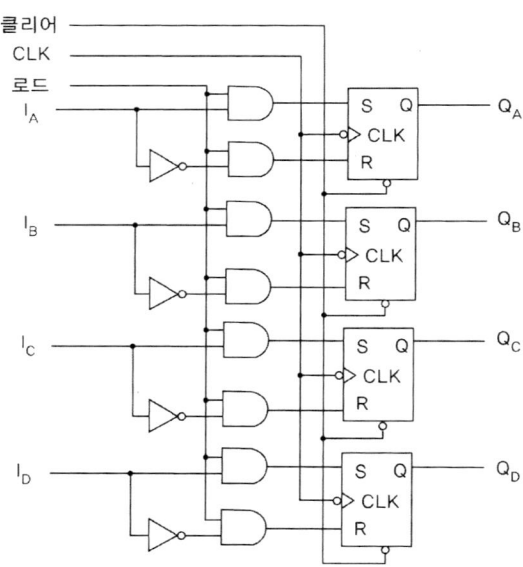

[그림 12-3] RS 플립플롭을 사용한 4비트 병렬입력-병렬출력 레지스터

레지스터의 CLK 입력은 RS 플립플롭의 CLK 입력에 동일하게 공급되고 각각의 RS 플립플롭의 CLK 단자에 버블이 있으므로 클럭의 하강 에지에서 동작함을 알 수 있다. 클리어 입력은 레지스터에 저장된 데이터를 모두 0으로 만들기 위한 제어 입력으로서 RS 플립플롭의 $\overline{CLR}$ 단자에 연결 구성한다. 클리어 입력이 0일 때에 레지스터의 데이터들은 클럭 펄스 입력에 상관없이 모두 0으로 리셋(reset)된다.

로드 입력은 데이터 입력 I_A, I_B, I_C, I_D과 AND 게이트로 묶여 있다. 로드 입력이 0일 때에는 RS 플립플롭의 입력 R과 입력 S가 0이므로 플립플롭의 상태, 즉 레지스터의 상태가 변화하지 않는다. 로드 입력이 1이면 레지스터의 병렬입력 데이터인 I_A, I_B, I_C, I_D가 클럭 펄스의 하강 에지에서 레지스터에 동시에 입력되어 저장된다. 병렬입력된 데이터는 저장되자마자 출력 Q에 나타나므로 출력 Q와 연결 구성함으로써 레지스터의 데이터를 병렬 출력시킬 수 있는 것이다.

입력 데이터인 I_A, I_B, I_C, I_D의 각 비트가 1이면 해당하는 RS 플립플롭의 입력은 $S=1, R=0$이 되어 그 RS 플립플롭에 데이터 1이 저장되고, 각 비트가 0이면 $S=0, R=1$이 되어 데이터 0이 저장된다. 외부의 데이터가 레지스터에 저장되기 위해서는 클리어 입력과 로드 입력이 모두 1이고 클럭 펄스의 하강 에지를 공급해야 한다.

(2) D 플립플롭을 사용한 병렬입력－병렬출력 레지스터

D 플립플롭을 사용한 4비트 병렬입력－병렬출력 레지스터는 [그림 12-4]와 같다. 클리어 입력은 액티브 로우(active low) 신호로서 이 신호의 레벨이 0이면 모든 플립플롭이 리셋(reset)되어 레지스터의 데이터가 0이 된다. 클럭 펄스는 4개의 D 플립플롭에 동일하게 공급된다.

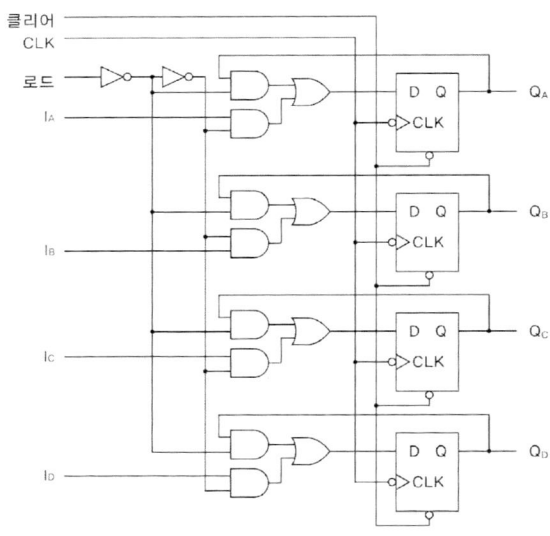

[그림 12-4] D 플립플롭을 사용한 4비트 병렬입력-병렬
출력 레지스터

플립플롭의 입력 D는 OR 게이트의 출력과 연결되어 있는데 이 OR 게이트의 입력으로
는 로드와 입력 데이터의 AND 게이트 출력, 그리고 로드 인버터와 플립플롭 출력으로부
터 피드백 된 데이터의 AND 게이트 출력으로 이루어져있다. 따라서 플립플롭 입력은 두
군데, 즉 입력 데이터와 피드백 데이터 등으로부터 저장된다. 로드 입력이 1일 때에는 피
드백 데이터가 차단되고 입력 데이터가 플립플롭의 입력 D에 연결된다. 이와 반대로 로드
입력이 0일 때에는 입력 데이터가 차단되고 플립플롭의 피드백 데이터가 입력 D에 연결
된다. 이는 D 플립플롭이 클럭 펄스가 입력될 때마다 입력 D에 로드된 데이터가 출력되
므로 레지스터의 현재 상태를 유지하기 위해서는 출력 값을 D 입력으로 피드백시켜야 하
기 때문이다. 즉 로드 입력이 0인 경우에 각 D 플립플롭의 D 입력은 논리 0이 되어 클럭
펄스가 입력되면 출력이 0이 됨으로써 현재 상태가 변화할 수 있게 된다. 따라서 D 플립
플롭을 사용한 레지스터에는 매 클럭 펄스마다 입력 값에 따라 출력 상태 값이 결정되므
로 출력 상태를 변화 없이 그대로 유지하기 위해서는 각 플립플롭의 D 입력에 현재의 Q
출력 값을 피드백시킬 수 있는 피드백 회로가 필요하다.

D 플립플롭을 사용한 또 다른 레지스터의 예로서 [그림 12-5]와 같이 하이 임피던스
(high impedence) 제어 기능을 갖는 병렬입력-병렬출력 레지스터를 소개하기로 한다. [그
림 12-5]에서 LOAD 신호가 0일 때에는 병렬입력 데이터가 AND 게이트로 인해 차단되므
로 데이터 저장이 불가능하다. 오로지 LOAD가 1일 때에만 외부 입력 데이터가 클럭의 하

강 에지에서 레지스터 내부에 저장될 수 있다.

병렬출력은 $\overline{RD}$ 신호가 0이면 각 플립플롭의 출력 데이터는 버퍼를 통해 동시에 Q_A, Q_B, Q_C, Q_D에 출력되며, $\overline{RD}$ 신호가 1이면 출력되지 않는다. $\overline{RD}$를 0으로 하면 3 상태 버퍼가 플립플롭의 출력 Q를 레지스터 출력에 연결해 주지만, $\overline{RD}$가 1 값을 가지면 버퍼가 하이 임피던스 상태가 되어 버퍼 회로는 끊어진 상태와 동일하게 작용한다. 하이 임피던스를 가지는 레지스터는 다른 레지스터, I/O 장치, 메모리의 데이터 버스에 공통으로 연결하여 버퍼 제어 신호에 따라 버퍼 문을 열고 닫는 기능을 통해 데이터 흐름을 제어할 목적으로 사용된다.

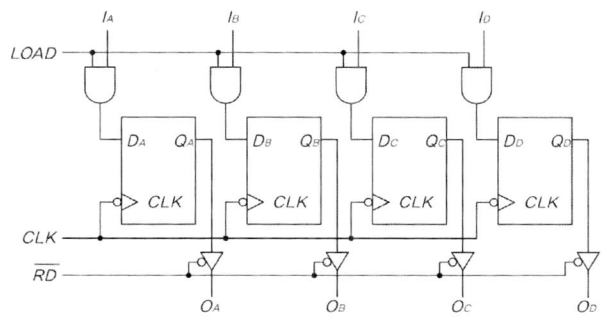

[그림 12-5] 하이 임피던스 제어 기능의 병렬입력-병렬출력 레지스터

12.3. 직렬입력-직렬출력 레지스터

직렬 방식의 레지스터는 시프트 레지스터(shift register)임을 의미한다. 시프트 레지스터는 레지스터 내부에 저장된 2진 데이터를 오른쪽 또는 왼쪽으로 자리 이동을 시킬 수 있는 레지스터를 말하며, 디지털 시스템에서 데이터를 저장하거나, 비트를 체크하거나, 직렬로 전송할 때에 매우 유용하게 이용된다. 시프트 레지스터는 각 플립플롭의 출력이 시프트할 다음의 플립플롭 입력이 되도록 연결된 플립플롭들로 구성되며, 모든 플립플롭에 공통으로 클록 펄스가 인가되어 한 번에 한 자리씩 동시에 자리 이동을 한다. [그림 12-6]은 레지스터의 데이터 이동을 나타낸다.

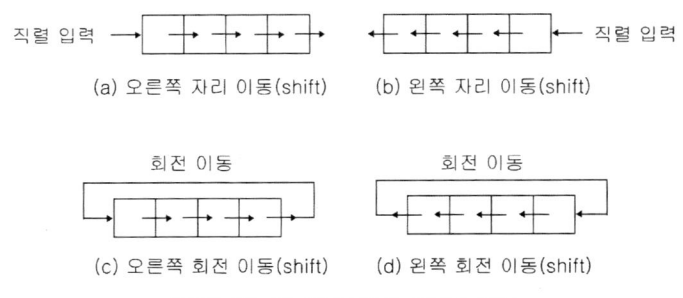

(a) 오른쪽 자리 이동(shift) 　　　 (b) 왼쪽 자리 이동(shift)

회전 이동 　　　　　　　　　 회전 이동

(c) 오른쪽 회전 이동(shift) 　　　 (d) 왼쪽 회전 이동(shift)

[그림 12-6] 레지스터의 데이터 이동

　[그림 12-6] (a)는 레지스터의 오른쪽 자리 이동, 즉 right shift 동작을 나타낸다. 왼쪽 끝에서 직렬로 입력된 데이터는 클럭이 하나씩 입력될 때마다 오른쪽으로 한 자리씩 자리 이동하게 된다. 첫 번째 클럭에서는 왼편의 밖에 대기하고 있던 데이터가 레지스터의 맨 왼쪽 비트 자리로 들어오게 되고, 두 번째 클럭에서는 두 번째 비트 자리로 이동하다가 5번째 클럭이 들어오면 레지스터 밖으로 빠져나가게 된다. [그림 12-6] (b)는 왼쪽 자리 이동을 보여준다. 오른쪽 자리 이동과 방향만 반대이고 매 클럭마다 비트가 자리 이동하는 동작은 동일하다.

　회전 이동은 자리 이동과 비슷하지만 데이터가 레지스터 밖에서 들어와서 다시 레지스터 밖으로 나가는 것이 아니라 꼬리 물기 형태로 순환하는 레지스터를 말한다. [그림 12-6] (c)는 오른쪽 회전 이동을 나타낸다. 매 클럭마다 레지스터 내부의 데이터가 한 자리씩 자리 이동하며 레지스터 오른쪽 끝에서는 다음 클럭에서 레지스터 왼편 끝으로 이동하게 된다. [그림 12-6] (d)는 왼쪽 회전 이동을 보여준다. 클럭 펄스가 들어올 때마다 레지스터의 내부 데이터는 왼쪽으로 한 자리씩 이동하게 되고 왼쪽 끝에 있던 데이터 비트는 다음 클럭에서 회전하여 오른쪽 끝자리로 순환하게 된다.

　D 플립플롭을 사용한 4비트 직렬입력-직렬출력 레지스터를 [그림 12-7]에 나타낸다. 각 플립플롭의 출력 Q는 오른쪽 플립플롭의 입력 D에 연결되어 클럭 펄스가 들어올 때마다 레지스터 내의 데이터가 오른쪽으로 한 비트씩 시프트 하게 된다. 직렬 데이터는 자리 이동, 즉 시프트 할 때 맨 왼쪽 플립플롭의 D에 입력되고, 직렬출력은 클럭 펄스가 들어오면 맨 오른쪽 플립플롭의 출력 Q를 통해 출력된다. 클럭 신호가 인버터를 통해 모든 D 플립플롭에 공급되므로 클럭의 하강 에지에서 데이터 시프트 동작이 일어나게 된다.

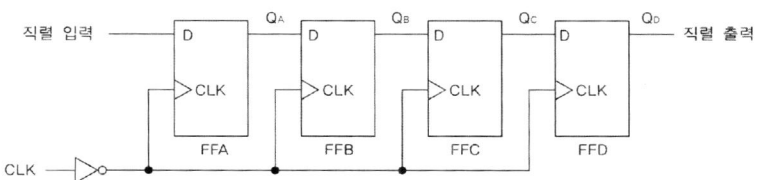

[그림 12-7] 직렬입력 – 직렬출력 시프트 레지스터

[표 12-1]은 상기 4비트 오른쪽 시프트 레지스터가 클럭 펄스에 의해 직렬입력된 데이터가 클럭 펄스마다 오른쪽으로 시프트 하여 직렬로 출력되는 데이터의 움직임을 나타낸 것이다.

[표 12-1] (a) 직렬입력 데이터의 레지스터 저장 과정

클록 펄스입력	직렬입력	FFA	FFB	FFC	FFD	직렬출력
초기상태		0	0	0	0	
CLK_1	1	1	0	0	0	
CLK_2	0	0	1	0	0	
CLK_3	1	1	0	1	0	
CLK_4	1	1	1	0	1	

[표 12-1] (b) 레지스터에 저장된 데이터의 직렬출력 과정

클록 펄스입력	직렬입력	FFA	FFB	FFC	FFD	직렬출력
초기상태	0	1	1	0	1	
CLK_1	0	0	1	1	0	1
CLK_2	0	0	0	1	1	0
CLK_3	0	0	0	0	1	1
CLK_4	0	0	0	0	0	1

4비트 레지스터에서 초기의 플립플롭 상태가 0000이라고 하자. 첫 번째 클럭의 하강 에지에서 입력되는 비트가 1이라고 하면 레지스터의 데이터는 1000이 된다. 두 번째로 입력되는 데이터가 0이라고 하면 두 번째 클럭의 하강 에지에서 첫 번째 플립플롭의 데이터 1은 두 번째 플립플롭으로 이동하고 동시에 새로 입력된 데이터 0이 첫 번째 플립플롭에 저장됨으로써 레지스터의 데이터는 0100이 된다. 세 번째 클럭의 하강에지에서는 새로 입력된 데이터 비트 1이 들어오고 한 비트씩 오른쪽으로 시프트 됨에 따라 1010이 된다. 마지막으로 네 번째 클럭의 하강 에지에서는 새로 입력된 데이터 1을 포함하여 1101의 데이터가 레지스터 내에 저장된다.

1101이 저장된 레지스터에서 직렬입력 데이터가 0이라고 할 때에 첫 번째 클럭이 들어
오면 왼쪽에서 데이터 0이 들어오고 한 비트씩 이동하므로 0110 상태가 되며 직렬출력 데
이터는 맨 오른쪽 플립플롭 내에 저장되어 있던 1이 출력된다. 두 번째 클럭에서는 새로
이 데이터 비트 0이 레지스터 내로 들어오고 한 비트씩 이동함으로써 맨 왼쪽 플립플롭에
저장되어 있던 데이터 0이 직렬로 출력된다. 두 번째 클럭에서 레지스터의 데이터는 0011
이 된다. 세 번째 클럭에서 데이터 1이 출력되고 네 번째 클럭에서도 데이터 1이 직렬로
출력된다.

12.4. 직렬입력 – 병렬출력 레지스터

직렬입력 – 병렬출력 레지스터는 직렬 방식으로 데이터 비트가 레지스터 내에 들어가
고 출력 시에는 각각의 플립플롭으로부터 동시에 데이터를 출력시킨다. [그림 12-8]은 D
플립플롭으로 구성된 4비트 직렬입력 – 병렬출력 레지스터를 보여준다. 데이터가 들어오
는 직렬입력은 맨 왼쪽 플립플롭의 입력 D에 연결되어 있고 클럭은 동시에 각 D 플립플
롭에 공급되며, 데이터 출력은 각각의 플립플롭 Q로부터 3 상태 게이트를 통해 출력된다.

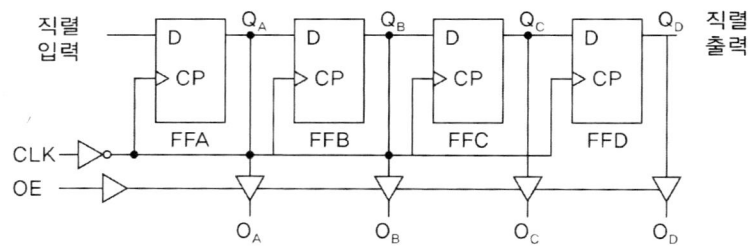

[그림 12-8] 직렬입력 – 병렬출력 레지스터

3 상태 게이트는 OE(Output Enable)의 제어 입력에 의해 동작된다. 즉, OE 신호가 액티
브 되면 레지스터 내의 데이터들이 동시에 3 상태 게이트를 통해 출력되고, 인액티브 상
태이면 출력 데이터들은 게이트를 통해 출력되지 못하고 게이트는 3 상태가 된다.

클럭 펄스가 입력되면 직렬입력의 한 비트는 플립플롭 FFA로 들어가고 FFA에 저장되
어 있던 데이터 비트는 플립플롭 FFB로 이동된다. 마찬가지로 FFB에 있던 데이터 비트는
FFC로 이동하고 FFC에 있던 데이터 비트는 FFD로 이동한다. 4비트 레지스터에서 4개의

클럭 펄스가 입력되면 4비트의 직렬입력 데이터가 레지스터에 모두 저장된다. 만일 5개의 클럭 펄스가 입력되면 직렬입력된 데이터 중에서 FFD에 저장되었던 4번째의 데이터 비트는 오버 라이트(over write)되어 데이터가 사라지게 된다. 따라서 카운터를 통해 비트 개수만큼 정확하게 클럭 펄스가 공급되어야 한다.

직렬입력-병렬출력 레지스터에서는 레지스터 내에 저장되어 있는 데이터의 모든 비트가 동시에 출력된다. 앞에서 설명한 바와 같이 병렬출력은 OE 입력이 1이면 각 플립플롭에 저장되어 있던 데이터가 출력 $O_A \sim O_D$를 통해 동시에 출력되며, OE 입력이 0이면 하이 임피던스 상태가 되어 데이터는 출력되지 않는다.

12.5. 병렬입력-직렬출력 레지스터

병렬입력-직렬출력 레지스터에서는 데이터가 병렬로 동시에 레지스터 내에 저장되고 데이터 비트 이동은 직렬 방식으로 수행되며 데이터 출력은 하나의 플립플롭 출력으로부터 출력된다. [그림 12-9]는 4비트의 병렬입력-직렬출력 레지스터를 보여준다.

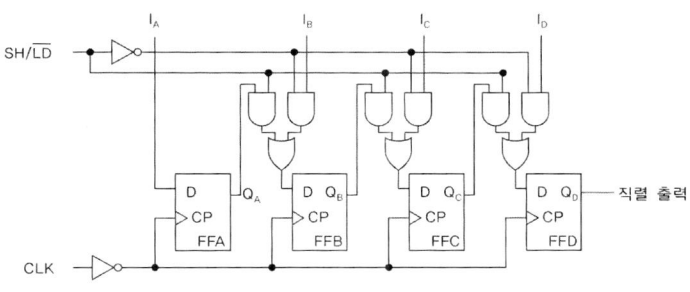

[그림 12-9] 병렬입력-직렬출력 레지스터

병렬입력-직렬출력 레지스터에서 맨 왼쪽 플립플롭의 입력 D는 I_A에 연결되어 있고 두 번째 플립플롭부터는 입력 D가 두 가지 루틴(routine)으로부터 공급된다. 하나의 루틴은 인접해 있는 왼쪽 플립플롭의 출력Q이고 다른 한쪽 루틴은 병렬입력 데이터이다. 이들 두 루틴 중에서 선택하기 위한 제어 입력으로 $SH/\overline{LD}$ 신호가 사용된다. 이 신호가 1인 경우에는 시프트 기능이 동작되고 0이면 병렬 로드(parallel load) 기능이 적용된다. 즉, $SH/\overline{LD}$ 신호가 1이면 직렬입력-직렬출력과 동일한 기능을 수행하게 되고 신호 값이 0이면 시프트 연결선이 절단된 것과 동일한 상태에서 I_A, I_B, I_C, I_D의 병렬 데이터가 해당하는 플립플롭에 로딩 된다.

병렬입력을 로딩하기 위해서는 $SH/\overline{LD}$ 신호 값을 0으로 하고 클럭 펄스를 공급해야 한다. $SH/\overline{LD}$ 신호가 0인 동안에 클럭 펄스의 하강 에지에서 I_A, I_B, I_C, I_D의 병렬 데이터가 레지스터에 입력된다.

직렬출력을 위해서는 $SH/\overline{LD}$ 신호 값이 1이 되어야 한다. $SH/\overline{LD}$ 신호가 1인 동안에 병렬 데이터 입력이 차단되고 클럭의 하강 에지마다 레지스터의 각 비트는 왼쪽에서 오른쪽으로 시프트 되며 맨 오른쪽의 플립플롭에서 레지스터 밖으로 직렬로 출력하게 된다.

12.6. 레지스터 사이의 데이터 전송

디지털 시스템에서 데이터를 전송할 때에 두 가지 방식, 즉 직렬 전송(serial transfer)과 병렬 전송(parallel transfer)이 있다. 직렬 전송은 한 번에 한 비트씩 전송하는 방식이고, 병렬 전송은 한 번에 한 워드씩 전송하는 방식을 말한다.

12.6.1. 직렬 전송

직렬 전송은 직렬입력 – 직렬출력 레지스터를 사용하여 송신측 레지스터에서 한 번에 한 비트씩 수신측 레지스터로 데이터 비트를 전송하는 방식이다. [그림 12-10]은 레지스터 사이의 직렬 데이터 전송을 나타낸다.

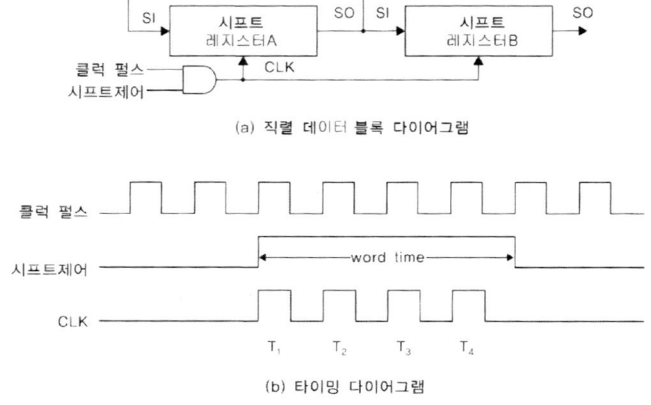

(a) 직렬 데이터 블록 다이어그램

(b) 타이밍 다이어그램

[그림 12-10] 레지스터 사이의 직렬 데이터 전송

[그림 12-10] (a)는 시프트 레지스터 A와 시프트 레지스터 B 사이에 직렬로 데이터가 전송되기 위한 블록 다이어그램을 보여준다. 시프트 레지스터 A에 저장된 데이터 비트는 클럭 펄스가 입력될 때마다 한 번에 한 비트씩 오른쪽으로 시프트하여 레지스터 A의 SO에서 출력된 데이터가 레지스터 B의 SI로 입력된다. 레지스터 A에 저장된 데이터는 레지스터 B로 전송되고 동시에 피드백 되어 다시 레지스터 A로 되돌아오게 구성되어 있다. 이는 레지스터 B로 전송된 데이터에서 오류가 발생할 경우 레지스터 A에 재 저장된 데이터로 전송오류를 복구하기 위한 목적이다.

시프트 제어(shift control) 입력은 데이터 비트가 자리 이동할 수 있는 구간을 지정하기 위한 신호이다. [그림 12-10] (b)에서는 데이터의 크기가 4비트이므로 4비트 구간 동안 시프트 제어 신호가 액티브 된다. 시프트 제어 신호가 high로 액티브 되어 있는 동안에 클럭 펄스가 입력되면 레지스터 A의 데이터 비트는 한 비트씩 오른쪽으로 시프트 되어 레지스터 B로 입력되고 동시에 레지스터 A의 왼편으로 재 입력된다. 그림에서 각 클럭 펄스 사이의 시간 간격을 비트 시간(bit time)이라고 부르고, 레지스터 내의 전체 데이터 이동 시간을 워드 시간(word time)이라고 한다.

12.6.2. 병렬 전송

병렬 전송은 하나의 클럭 펄스 기간 동안에 레지스터 A에 저장되어 있는 n 비트의 데이터가 모두 레지스터 B로 전송되는 방식이다. [그림 12-11]은 병렬 방식 레지스터의 데이터 전송을 나타낸다.

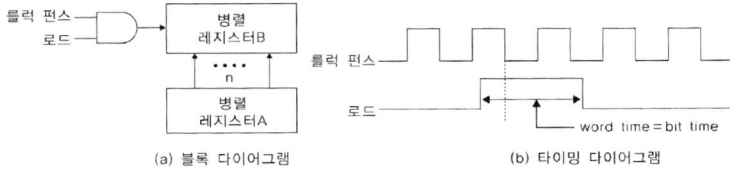

(a) 블록 다이어그램   (b) 타이밍 다이어그램

[그림 12-11] 병렬 방식 레지스터의 데이터 전송

직렬 전송에서는 전송하는 레지스터의 맨 끝 출력 하나가 전송받는 레지스터의 맨 끝 입력으로 연결 구성되지만 병렬 전송에서는 전송하는 레지스터의 모든 데이터 비트 출력이 전송받는 레지스터의 모든 데이터 입력으로 연결 구성된다. [그림 12-11] (a)에서 병렬 레지스터 A의 데이터 출력은 병렬 레지스터 B의 데이터 입력에 일대일로 연결되어 있다.

로드(load) 신호가 1로 액티브된 기간 동안에 클럭 펄스가 입력되면 레지스터 A의 데이터는 레지스터 B로 전송된다. [그림 12-11] (b)에서 보는 바와 같이 데이터 이동 시간은 하나의 펄스로 충분하므로 직렬 전송보다 시간이 훨씬 짧게 걸리는 장점이 있다.

12.6.3. 직렬 전송과 병렬 전송의 차이점

직렬 전송과 병렬 전송은 아래와 같은 차이점이 있다.
- 직렬 방식에서는 레지스터 사이의 데이터 전송을 위해 데이터 길이만큼의 클럭 펄스가 필요하지만 병렬 방식에서는 한 번의 클럭 펄스로 모든 데이터를 전송할 수 있다.
- 직렬 방식은 데이터 전송 시간이 오래 걸리지만 병렬 방식은 데이터 전송 속도가 매우 빠르다.
- 직렬 방식은 시프트 레지스터의 데이터를 순차적으로 전송할 때에 하나의 회로를 반복하여 사용하므로 하드웨어의 규모가 간단해지지만 병렬 방식은 레지스터의 비트 수만큼 데이터 전송 경로를 가지므로 직렬 방식에 비하여 복잡해진다.
- 직렬 방식은 하드웨어 제작비용이 병렬 방식과 비교하여 비싸다는 단점이 있다.
- 직렬 방식은 두 레지스터 사이에 거리가 떨어져있을 때에 유리하고, 병렬 방식은 직렬 방식과 비교하여 짧은 거리에서 두 레지스터 사이의 데이터 전송에 많이 활용된다.

12.7. 양방향 시프트 레지스터

양방향 시프트 레지스터는 데이터 비트가 오른쪽 혹은 왼쪽으로 시프트 될 수 있는 레지스터로서 오른쪽과 왼쪽의 방향을 결정하기 위한 제어 입력을 따로 구비하고 있다. [그림 12-12]는 4비트 양방향 시프트 레지스터를 보여준다.

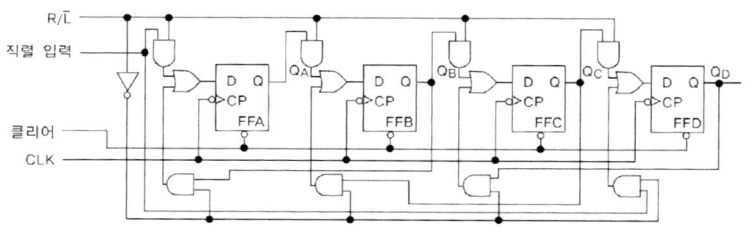

[그림 12-12] 4비트 양방향 시프트 레지스터

[그림 12-12]는 D 플립플롭을 4개 사용하고 클럭 펄스는 동시에 모든 플립플롭에 공급된다. 클리어 입력 신호는 모든 플립플롭을 0으로 초기화시킬 때에 사용된다. 직렬입력은 AND 게이트와 OR 게이트를 통해 맨 왼쪽 플립플롭의 입력 D에 연결될 뿐만 아니라 또 다른 AND 게이트와 OR 게이트를 통해 맨 오른쪽 플립플롭의 입력 D에 연결된다.

직렬입력을 맨 왼쪽의 플립플롭으로 공급하기 위해서는 $R/\overline{L}$ 신호가 1이 되어야 하고, 맨 오른쪽의 플립플롭으로 입력되게 하기 위해서는 $R/\overline{L}$ 신호가 0이 되어야 한다. 따라서 $R/\overline{L}$ 신호 값이 1인 경우에는 오른쪽 시프트 레지스터로 동작하며 $R/\overline{L}$ 신호 값이 0인 경우에는 왼쪽 시프트 레지스터로 동작하게 된다.

12.8. 범용 시프트 레지스터

범용 시프트 레지스터(universal shift register)는 직렬로 입력되는 데이터를 병렬로 변환하고 또한 병렬로 입력되는 데이터를 직렬로 변환시키는 데에 사용된다. [그림 12-13]은 멀티플렉서를 사용한 범용 시프트 레지스터를 나타낸다.

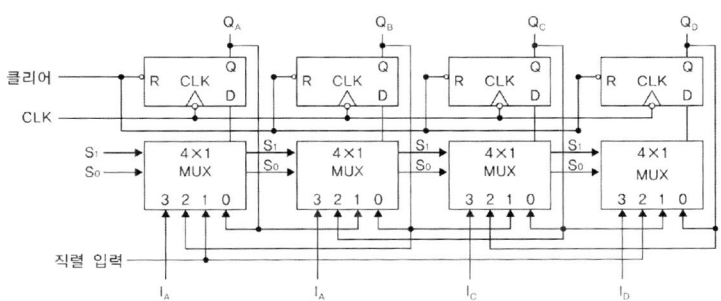

[그림 12-13] 멀티플렉서를 사용한 범용 시프트 레지스터

[그림 12-13]의 범용 시프트 레지스터는 4개의 D 플립플롭을 가지며 공통으로 공급되는 클럭 펄스 입력과 0으로 초기화시키기 위한 클리어 제어 입력 신호를 가지고 있다. 플립플롭의 입력 D는 4×1 멀티플렉서의 출력과 연결되어 있으므로 각 플립플롭은 4가지의 입력 데이터 중의 하나와 연결되는 것이다. 4가지 종류의 데이터는 자신의 플립플롭 출력 Q, 직렬입력 혹은 자신의 왼쪽 플립플롭의 출력 Q, 직렬입력 혹은 자신의 오른쪽 플립플롭의 Q, 병렬 데이터 입력 등이다. 멀티플렉서 제어 입력 S_0와 S_1의 값에 따라 아래와 같

이 범용 시프트 레지스터의 기능이 선택된다.

- $S_1S_0 = 00$: 각 멀티플렉서의 출력으로 입력 채널 0, 즉 현재 출력 값이 선택되어 클럭 펄스가 입력되어도 자신의 출력 Q가 입력 D에 공급되므로 레지스터의 데이터 내용은 변화하지 않는다.

- $S_1S_0 = 01$: 각 멀티플렉서의 출력으로 입력 채널 1이 선택되어 맨 왼쪽 플립플롭의 입력 D는 직렬입력 데이터를 받아들이고, 나머지 플립플롭 입력 D는 자신의 왼쪽 플립플롭의 출력을 받아들인다. 따라서 클럭 펄스가 입력될 때마다 데이터 비트는 왼쪽에서 오른쪽에서 시프트 되는 오른쪽 시프트 레지스터로 동작하게 된다.

- $S_1S_0 = 10$: 각 멀티플렉서의 출력으로 입력 채널 2가 선택되어 맨 오른쪽 플립플롭의 입력 D는 직렬입력 데이터를 받아들이고, 나머지 플립플롭 입력 D는 자신의 오른쪽 플립플롭의 출력을 받아들인다. 따라서 매 클럭 펄스의 입력마다 데이터 비트가 오른쪽에서 왼쪽으로 자리 이동하는 왼쪽 시프트 레지스터로 동작한다.

- $S_1S_0 = 11$: 각 멀티플렉서의 출력으로 입력 채널 3이 선택되어 병렬 데이터 I_A, I_B, I_C, I_D가 각각의 플립플롭 입력 D에 연결됨에 따라 클럭 펄스가 입력되는 시점에서 이들 병렬 데이터가 레지스터 내에 로드된다.

12.9. 시프트 레지스터의 응용

12.9.1. 재순환 시프트 레지스터

직렬출력 시프트 레지스터에서는 클럭 펄스가 입력될 때마다 한 비트씩 출력되어 레지스터 밖으로 나가버리고 저장되어 있던 레지스터 내의 데이터는 지워지게 된다. 재순환 시프트 레지스터(recirculating shift register)는 직렬출력 시프트 레지스터에서 저장되어 있던 데이터가 지워지는 것을 방지하기 위해 출력 비트가 다시 시프트 레지스터로 귀환되어 들어오도록 한다. [그림 12-14]는 재순환 기능의 4비트 시프트 레지스터를 보여준다.

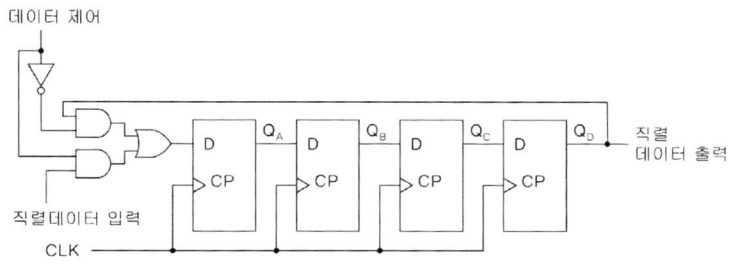

[그림 12-14] 재순환 기능의 4비트 시프트 레지스터

[그림 12-14]는 4개의 D 플립플롭들로 구성되고 맨 왼쪽 플립플롭의 입력 D는 두 개의 입력을 선택하도록 구성되어 있다. 하나는 직렬 데이터 입력이고 또 다른 하나는 직렬 데이터 출력이다. 이들 데이터 입력들 중에서 하나를 선택하기 위한 신호로서 데이터 제어를 사용한다. 데이터 제어 신호가 1 값을 가지면 직렬 데이터 입력의 AND 게이트가 액티브 되고 직렬 데이터 출력의 AND 게이트는 차단되므로 오른쪽 시프트 레지스터로 동작하게 된다. 데이터 제어 신호가 0 값을 가지면 반대로 직렬 데이터 입력이 차단되고 직렬 데이터 출력이 선택되므로 순환 시프트 레지스터로 동작한다.

12.9.2. 시간 지연을 위한 시프트 레지스터

직렬입력−직렬출력 레지스터는 임의의 지정된 시간 동안 디지털 데이터를 지연시키는 데에도 사용된다. 직렬입력−직렬출력 레지스터는 클럭 펄스가 입력될 때마다 레지스터 안으로 입력된 데이터 비트를 오른쪽 혹은 왼쪽으로 자리 이동시키며 최종적으로는 레지스터 밖으로 데이터 비트를 출력시킨다. [그림 12-15]는 시간 지연을 위한 시프트 레지스터 동작을 나타낸다.

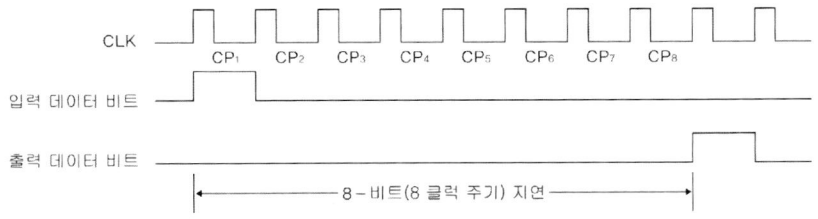

[그림 12-15] 시간 지연을 위한 시프트 레지스터 동작

[그림 12-15]에서 첫 번째 입력 클럭 펄스가 들어오면 레지스터 밖에 있던 데이터 비트가 레지스터 안으로 입력된다. 두 번째 클럭 펄스가 들어오면 첫 번째 클럭 펄스에서 입력되었던 데이터 비트는 오른쪽 혹은 왼쪽으로 자리 이동을 하게 되고 이후 레지스터 비트 크기만큼의 클럭 펄스가 입력되면 이 데이터 비트는 레지스터 밖으로 출력된다. 8비트 크기의 레지스터인 경우에는 [그림 12-15]에서처럼 8비트의 시간만큼 데이터 비트를 지연시킬 수 있다. 지연시간에 관하여 아래와 같은 관계식이 성립된다.

지연시간=클럭주기(T_C) $\times n$

여기에서 n은 레지스터의 비트 수를 나타낸다.

12.9.3 디지털 금고

디지털 금고는 미리 정해진 비밀번호를 순서에 맞게 키를 누를 때에만 금고문이 열린다. [그림 12-16]은 디지털 금고 구성도를 나타낸다.

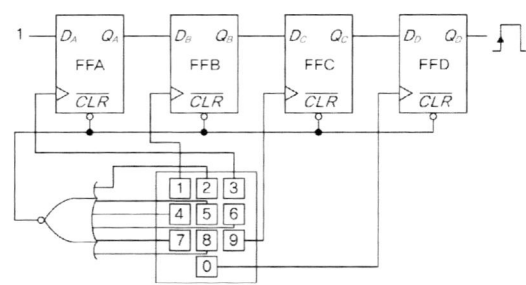

[그림 12-16] 디지털 금고 구성도

[그림 12-16]에서는 비밀 번호가 3, 1, 9, 0이라고 할 때에 디지털 금고의 구성도를 보여준다. 디지털 금고는 비밀 번호 개수만큼의 D 플립플롭을 사용한다. 맨 왼쪽의 D 플립플롭의 입력 D는 high로 고정되어 있다. 키 패드에서 키 3을 누르면 하나의 펄스가 발생하고 이 펄스 입력에 의해 플립플롭 FFA는 데이터 비트 1이 저장된다. 키 1을 누르면 발생하는 펄스는 플립플롭 FFB의 클럭에 입력되므로 이때에 플립플롭 FFA의 출력 값 1이 플립플롭 FFB로 전달된다. 세 번째 비밀번호인 9를 누르면 세 번째 플립플롭 FFC에 클럭이 공급되어 FFB의 출력 1 값이 플립플롭 FFC에 저장된다. 마지막으로 네 번째 비밀번호인 0을 누르면 플립플롭 FFD의 출력이 1이 되어 그림에서와 같이 하나의 펄스가 나타나게 되는데 이 출력 펄스로 인하여 금고문이 열리게 된다. 금고문은 반드시 비밀번호의 순서에 맞게

눌러야만 해당 플립플롭의 클럭이 순서대로 동작하게 됨에 따라 금고문이 열리게 되는 것이다. 비밀번호 외의 어떠한 번호라도 누르면 NOR 게이트의 출력이 0 값이 되어 모든 플립플롭들이 리셋 된다. 따라서 중간에 비밀번호를 잘못 누르게 되면 처음부터 새로 올바른 비밀번호를 눌러야만 금고문이 열리도록 작동한다.

12.9.4 난수 발생 회로

난수 발생 회로는 랜덤(random)하게 수열을 발생하는 회로를 의미한다. [그림 12-17]은 4비트 시프트 레지스터와 XOR 게이트를 이용한 난수발생기(pseudo-random number generation)를 보여준다. 플립플롭 FFC의 출력 Q_C와 플립플롭 FFD의 출력 Q_D를 입력으로 하는 XOR 게이트 출력이 플립플롭 FFA의 입력 D_A로 연결 구성되어 있다.

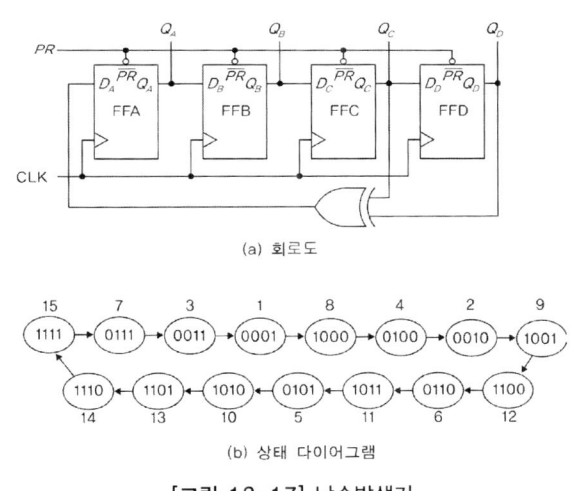

(a) 회로도

(b) 상태 다이어그램

[그림 12-17] 난수발생기

초기에 $\overline{PR}$ 신호를 0으로 하고 다시 1로 하면 모든 플립플롭의 데이터는 1로 세트되어 난수발생기의 최초 출력은 1111이 된다. 첫 번째 클럭의 상승 에지에서 플립플롭 FFA의 입력 D는 플립플롭 FFC 출력과 플립플롭 FFD 출력의 XOR 게이트 출력 값과 동일하므로 $0(1 \oplus 1 = 0)$이 되고 따라서 첫 번째 클럭 펄스에서 난수발생기의 상태는 0111이 된다. 두 번째 클럭 펄스에서는 한 비트씩 오른쪽으로 시프트하고 Q_A는 0이 되어 0011로 변한다. 세 번째 클럭 펄스에서도 한 비트씩 오른쪽으로 시프트하고 Q_A가 0이므로 0001 상태로 변한다. 이후 계속하여 15번째 클럭 펄스가 인가되면 초기 상태인 1111로 되돌아오게 되며 이상의 순환이 반복된다. [그림 12-17] (b)는 난수발생기의 상태 다이어그램을 나타낸다.

난수 발생 회로는 레지스터의 개수와 XOR 게이트의 입력을 다르게 구성함으로써 다양한 랜덤 수열을 얻을 수 있다. n비트 레지스터인 경우 난수 $(2^n - 1)$개가 발생된 후에 원래의 수로 되돌아간다.

13 _메모리Memory

13.1. 메모리 개요

플립플롭은 2진 정보를 저장하는 데에 사용되며 여러 개의 플립플롭들을 사용하여 하나의 레지스터를 구성한다. 레지스터는 데이터를 일시적으로 저장하거나 그 주변의 논리 회로를 사용하여 저장된 데이터를 처리하는 데 사용된다. 디지털 시스템에서는 레지스터와 같은 일시적인 저장 회로와 함께 반도체 메모리가 널리 활용되고 있다.

디지털 컴퓨터의 메모리는 기능적으로 데이터와 프로그램이 저장되는 집합체이다. 컴퓨터의 제어장치는 메모리에 저장되어 있는 프로그램을 디코딩하여 각 명령어에 맞게 연산 혹은 제어 기능을 수행한다. 컴퓨터가 최적의 연산 기능을 수행하기 위해서는 프로그램과 데이터가 가능한 한 빠른 시간 내에 제어 장치와 프로세서에 의해 액세스(access)될 수 있어야 한다.

컴퓨터 메모리에는 크게 주 메모리(main memory)와 보조 메모리(secondary memory)가 있다. 주 메모리는 빠른 액세스를 가능하게 한다. 빠른 액세스 조건은 주 메모리에 많은 양의 하드웨어를 요구하므로 주 메모리의 비용을 증가하게 만든다. 메모리의 비용을 줄이기 위해서 컴퓨터에 당장 필요로 하지 않는 데이터나 프로그램은 보통 비용이 싼 보조 메모리에 저장된다. 보조 메모리 내의 데이터나 프로그램들은 프로세서가 필요로 할 때 주 메모리에 옮겨진다. 메모리가 클수록 많은 데이터를 저장할 수 있고 대부분의 필요한 데이터를 곧바로 이용할 수 있게 되므로 더 빠른 처리가 가능해진다. 주 메모리와 보조 메모리의 양은 속도와 비용을 동시에 고려하여 결정해야 한다.

메모리에 저장되는 자료 데이터와 프로그램 데이터를 통틀어서 데이터라고 부른다. 데이터는 쓰기라는 명령어를 통해 메모리에 저장되고, 읽기라는 명령어를 통해 메모리 내의 데이터가 검색된다. 메모리는 데이터가 저장될 수 있는 저장 장소(storage location)들로 구성되며, 각 장소는 주소에 의해 구별된다. 예를 들어서 저장 장소의 개수가 1,000개일 경우 각 장소에 대한 주소의 개수도 1,000개가 필요하게 된다. 메모리에 따라 저장 장소의 개수는 몇 개에서부터 수십만 개 이상까지 다양하다.

13.1.1. 메모리의 구조

메모리는 2진 데이터를 워드라고 하는 비트의 집합으로 저장한다. 워드는 컴퓨터 제어장치가 메모리에서 입출력 시에 한 번에 액세스하는 비트의 양을 의미한다. 비트가 8개 모인 것을 바이트라고 한다. 8비트 컴퓨터는 메모리를 액세스할 때에 8비트 단위로 처리하므로 워드는 한 바이트, 즉 8비트가 된다. 16비트 컴퓨터의 워드는 2바이트가 되며 32비트 컴퓨터의 워드는 4바이트가 된다. 일반적으로 메모리의 용량은 최대 저장할 수 있는 전체 바이트 수로 나타낸다.

메모리를 액세스하기 위해서는 어드레스 신호, 데이터 신호, 읽기 제어 신호, 쓰기 제어 신호 등이 필요하다. 이들 신호 중에서 어드레스 신호와 데이터 신호는 메모리 주변에 외부 레지스터를 통해 메모리에 전달된다. [그림 13-1]은 메모리의 블록도를 나타낸다.

- 읽기 제어 신호(read control signal): 메모리로부터 데이터를 읽고자 할 때에 메모리에 전달하는 신호이다.
- 쓰기 제어 신호(write control signal): 메모리에 데이터를 저장하고자 할 때에 메모리에 전달하는 신호이다.
- 메모리 어드레스 레지스터(MAR: memory address register): 데이터를 읽거나 쓰기 위한 메모리의 주소를 나타내는 어드레스 값이 임시적으로 저장되는 레지스터이다.
- 메모리 버퍼 레지스터(MBR: memory buffer register): 메모리와 외부 장치 사이에서 전송되는 데이터의 전송 통로이다. 읽기 제어 신호를 메모리에 보내면 메모리 어드레스 레지스터가 가리키는 메모리의 주소에 저장되어 있는 데이터가 메모리 버퍼 레지스터로 옮겨진다. 쓰기 제어 신호를 메모리에 보내면 메모리 어드레스 레지스터가 가리키는 메모리의 주소에 메모리 버퍼 레지스터에 저장되어 있는 데이터가 저장된다.

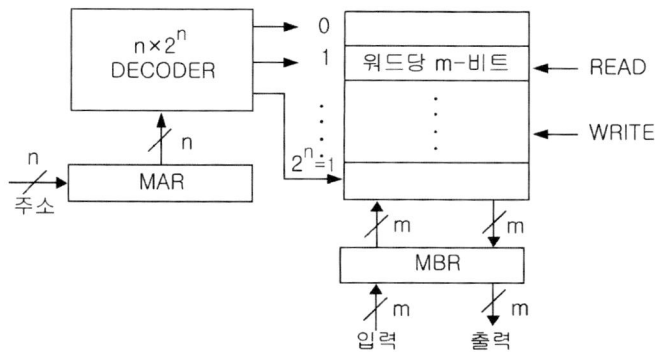

[그림 13-1] 메모리의 블록도

[그림 13-1]에서 MAR의 크기는 전체 메모리의 사이즈와 관련이 있다. 즉, MAR이 8비트이면 최대 메모리 사이즈는 $2^8 = 256$ 워드이고, 10비트이면 $2^{10} = 1,024$ 워드까지 메모리 크기를 가질 수 있다. 그림에서 n은 어드레스 비트 수를 나타내고 m은 데이터 비트 수를 나타낸다. n이 크면 클수록 액세스 할 수 있는 전체 메모리 사이즈는 커지고, m이 크면 클수록 한 번의 액세스로 데이터를 전달할 수 있는 비트 수가 커지는 것이다.

13.1.2. 메모리의 동작

메모리의 동작에는 읽기 동작과 쓰기 동작이 있다. [그림 13-2]는 메모리의 각 레지스터의 초기 값을 나타낸다.

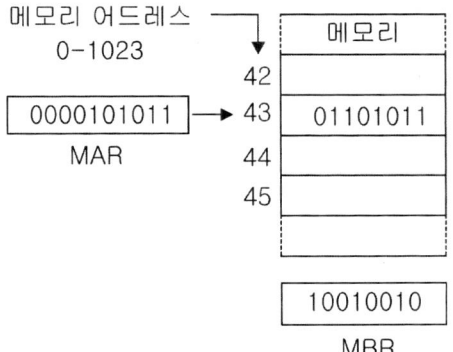

[그림 13-2] 메모리의 각 레지스터의 초기 값

[그림 13-2]에서 MAR은 메모리 어드레스 값을 저장하는 레지스터로서 크기가 10비트이므로 1,024워드까지의 메모리를 지정할 수 있다. 즉, 메모리의 전체 크기는 1,024워드이다. 여기에서는 한 워드가 한 바이트이다. MAR의 초기 값은 000101011로서 10진수로는 43이므로 메모리의 43번지를 가리키고 있다. 메모리의 43번지에는 초기에 01101011이 저장되어 있고, 데이터를 임시로 저장하고 있는 레지스터인 MBR에는 10010010이 저장되어 있다.

MAR이 가리키는 주소의 메모리 내용을 읽기 위한 동작 순서는 아래와 같다.

① CPU에서 전달되는 메모리 어드레스 값을 MAR에 저장한다.

② 읽기 제어 신호를 액티브(active) 시킨다.

[그림 13-3] (a)는 43번지에 저장되어 있는 2진 데이터 01101011이 MBR로 전송되는 동작을 나타낸다. [그림 13-3] (b)는 메모리에 저장되어 있는 데이터를 읽는 과정을 사이클 타이밍으로 나타낸 것이다. 클럭 펄스는 CPU의 기본 사이클을 나타내며 이 사이클에 동기가 맞추어져서 어드레스 신호, 데이터 신호, 읽기 제어 신호, 쓰기 제어 신호가 전달된다. 읽기 동작에서는 $R/\overline{W}$ 신호가 1이 되며 이 구간에서 메모리 어드레스가 메모리에 전달되면 해당 번지의 데이터가 메모리로부터 출력된다.

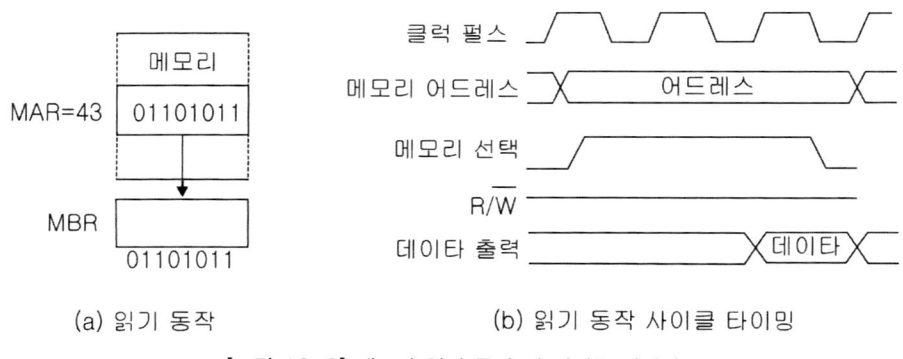

(a) 읽기 동작   (b) 읽기 동작 사이클 타이밍

[그림 13-3] 메모리 읽기 동작 및 사이클 타이밍

MAR이 가리키는 주소의 메모리에 새로운 데이터를 저장하기 위한 동작 순서는 아래와 같다.

① 데이터를 저장하고자 하는 메모리의 주소를 MAR로 전송한다.

② 저장하려는 데이터를 MBR로 전송한다.

③ 쓰기 제어 신호를 액티브 시킨다.

[그림 13-4] (a)는 메모리에 쓰기 제어 신호가 입력될 때에 MBR에 저장되어 있는 데이터

비트가 43번지의 메모리에 저장되는 동작을 나타낸다. [그림 13-4] (b)는 메모리에 데이터를 저장하는 과정을 사이클 타이밍으로 나타낸 것이다.

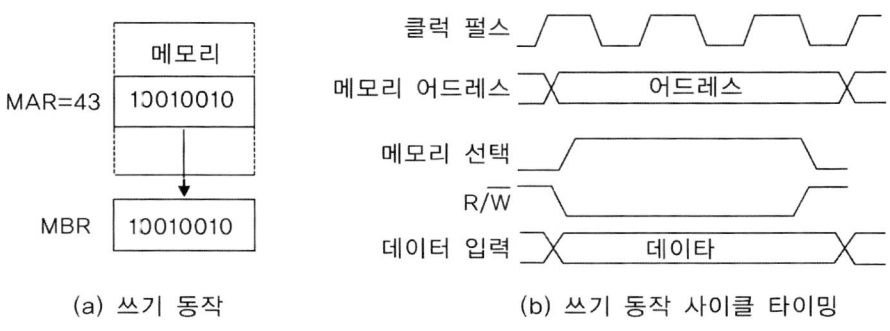

| (a) 쓰기 동작 | (b) 쓰기 동작 사이클 타이밍 |

[**그림 13-4**] 메모리 쓰기 동작과 사이클 타이밍

읽기 동작에서와 마찬가지로 쓰기 동작에서도 CPU에 공급되는 클럭 펄스에 동기를 맞춰 메모리 어드레스, 읽기 제어 신호, 쓰기 제어 신호, 데이터 신호 등이 전달된다. 어드레스 신호는 데이터를 쓰고자 하는 메모리의 주소 값으로서 버스 형태로 메모리에 전달된다. 쓰기 동작에서는 $R/\overline{W}$ 신호가 0으로 액티브 되어야 한다. 읽기 동작에서는 어드레스 신호와 읽기 신호가 메모리에 전달된 얼마 후에 데이터가 읽혀지지만, 쓰기 동작에서는 메모리 어드레스와 쓰기 신호 등을 데이터와 함께 메모리에 공급해야 한다.

13.1.3. 메모리의 분류

메모리는 저장 위치를 찾는 방법에 따라 순서적 액세스 메모리와 랜덤 액세스 메모리로 구분된다. 또한 반도체는 데이터의 휘발성과 비휘발성에 따라 ROM과 RAM으로 분류한다. 메모리를 분류하는 관점은 여러 가지가 있을 수 있으나 대표적으로 액세스 방법, 기록 기능, 기억 방식 등에 따라 분류한다. [그림 13-5]는 메모리의 분류를 나타낸다.

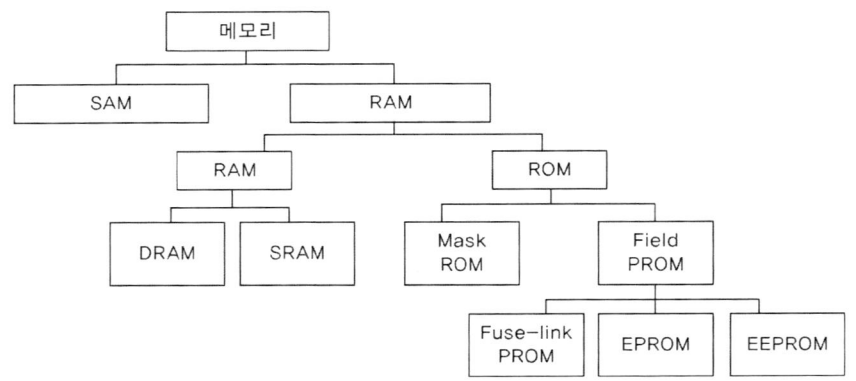

[그림 13-5] 메모리의 분류

(1) 액세스 방법에 의한 분류

메모리로부터 데이터를 읽거나 메모리에 데이터를 쓰는 동작을 메모리 액세스(access)라고 한다. 메모리를 액세스하는 방법에 따라 메모리는 크게 SAM(Sequential Access Memory)과 RAM(Random Access Memory)으로 분류된다. SAM은 메모리에 저장된 데이터를 처음 번지부터 순차적으로 조사하여 지정된 메모리에 도달한 후 액세스하는 메모리로서 직접 액세스하는 메모리보다 속도가 늦다는 단점이 있으나 가격이 저렴하다. SAM에는 자리 이동 레지스터와 CCD(Charge Coupled Device) 또는 MBM(Magnetic Bubble Memory) 등이 있으며 MBM은 비휘발성 메모리이다.

RAM은 각각의 메모리가 독립적인 주소 공간을 가지므로 메모리 번지를 사용하여 어떠한 위치의 메모리라도 직접 액세스할 수 있다. 예를 들어 100번지의 메모리를 액세스하고자 할 때에 굳이 0번지부터 순차적으로 위치를 찾아가지 않고 처음부터 직접 100번지에 찾아가서 데이터를 액세스할 수 있다.

(2) 기록 기능에 의한 분류

메모리는 정보를 읽어내는 기능과 정보를 기록하는 기능으로 나누어진다. 메모리의 데이터를 기록하는 방법에는 사용자가 기록하는 방법과 제조자가 기록하는 방법이 있다. 사용자가 읽기도 하고 기록할 수 있는 메모리를 RWM(Read and Write Memory)이라고 하며, 읽기만 가능한 메모리를 ROM(Read Only Memory)이라고 한다. RWM을 보통 RAM이라고 부른다.

ROM은 전원이 꺼져도 그 안의 데이터가 지워지지 않으므로 비휘발성의 특성이 있다고 하며 프로그램이나 문자 패턴 등 고정적인 정보를 기록하는 데에 사용된다. ROM은 제조

시에 정보가 기록되는 마스크 ROM(MROM, Mask ROM)과 제조된 후에 사용자가 기록할 수 있는 PROM(Programmable ROM)으로 분류된다. PROM은 한 번만 기록할 수 있는 fuse-link PROM과 자외선을 쪼여서 내용을 지운 후에 다시 기록할 수 있는 EPROM(Erasable PROM), 전기적으로 내용을 지운 후에 다시 기록할 수 있는 EEPROM(Electrically Erasable PROM) 등으로 구분된다.

MROM은 Mask 가격과 제조 시간 때문에 대량 생산에 유리하다. fuse-link PROM은 보통 PROM이라고 부르며 프로그래밍에 시간이 소요되므로 집적도가 중간 정도인 경우가 가격 면에서 유리하다. 데이터 내용이 자주 바뀌는 연구 개발 과정에서는 EPROM이나 EEPROM이 유리하다.

(3) 저장 방식에 의한 분류

RAM은 정적 RAM(SRAM, Static RAM)과 동적 RAM(DRAM, Dynamic RAM) 등으로 구분된다. SRAM은 주로 2진 정보를 저장하기 위한 플립플롭들로 구성되며 저장된 정보는 전원이 공급되는 동안 보존된다. DRAM은 2진 정보를 콘덴서에 공급하는 전하 형태로 보관하는데 콘덴서에 사용되는 전하는 시간이 경과하면 방전되므로 일정한 시간 내에 재충전(refreshing)해야 한다. DRAM은 전력소비가 적고 단일 메모리 칩에 더 많은 정보를 저장할 수 있으며, SRAM은 사용하기 쉽고 읽기와 쓰기 사이클이 더 짧다는 특징이 있다.

(4) 휘발성/비휘발성 메모리

전원이 꺼지면 저장된 내용이 지워지는 메모리 형태를 휘발성(volatile) 메모리라고 한다. RAM은 모두 외부에서 공급되는 전력을 통해 정보를 저장하고 전력 공급이 중단되면 데이터 내용이 지워지므로 휘발성 메모리에 해당한다. 자기 코어나 자기 디스크, ROM 등과 같은 비휘발성(non-volatile) 메모리는 전원이 차단되어도 저장된 데이터가 계속 유지된다.

플래쉬(Flash) 메모리는 일종의 비휘발성 기억장치로서 전기적인 처리에 의해 데이터를 지울 수 있는 점에서는 EEPROM과 유사하지만 EEPROM은 한 번에 1바이트씩 소거할 수 있는 데 반해 플래쉬 메모리는 블록 단위로 소거해야 한다. 가격 측면으로는 EPROM과 EEPROM의 중간 정도이다. 플래쉬 메모리는 휴대형 컴퓨터의 하드 디스크 대용 또는 보충용으로 사용된다.

(5) 기억소자에 의한 분류

메모리는 기억소자에 따라 바이폴라(bipolar) 메모리, MOS(Metal Oxide Semiconductor) 메모리, CCD(Charge Coupled Device), MBM(Magnetic Bubble Memory) 등으로 나눌 수 있다. 바이폴라 메모리는 메모리 셀 및 주변 회로에 BJT(Bipolar Junction Transistor)를 사용한 메모리로 TTL, ECL 등의 RAM, PROM, 시프트 레지스터 등이 있다. 액세스 시간이 빠르지만 전력소비가 많으므로 집적도가 높은 경우에는 사용하지 않는다. MOS 메모리는 pMOS, nMOS 또는 CMOS를 사용한 메모리로 RAM, PROM, ROM, 시프트 레지스터 등이 있다. MOS 메모리는 바이폴라 메모리에 비하여 속도가 느리지만 전력소비가 적고 고집적도에 적합하다.

13.1.4. 컴퓨터 시스템의 메모리 구성

메모리는 컴퓨터 시스템에서 소프트웨어 프로그램과 자료 데이터를 저장하는 기억장치로 사용된다. 컴퓨터 시스템에는 현재 실행되고 있는 프로그램과 데이터를 저장하고 있는 주기억장치 외에도 필요한 경우에 사용할 목적으로 프로그램과 데이터를 저장하는 대용량 보조기억장치가 있다. 주기억장치는 바이폴라 메모리나 MOS 메모리 등과 같은 반도체 메모리로 구성된다. 보조기억장치에는 자기 테이프, 하드 디스크, 플로피 디스크 등이 있는데 이들 장치들은 기계적 구동부가 있어서 동작 속도가 느리다. 키보드, 프린터, 모니터 등과 같은 I/O 장치 인터페이스에도 소용량 메모리가 장착되며 이들은 프로그램 실행 도중에 데이터의 일시적인 저장용으로 사용되거나 속도가 느린 I/O장치와 주기억장치 사이의 버퍼로 사용된다.

[그림 13-6]은 컴퓨터 시스템의 블록도를 나타낸다. 컴퓨터 시스템은 CPU와 메모리 그리고 I/O 장치들로 구성된다. CPU와 컴퓨터 디바이스들 사이에는 시스템 버스(system bus)가 설치되어있는데 시스템 버스는 데이터 버스, 어드레스 버스, 제어 버스 등으로 구성된다. 여기에서 버스라 함은 컴퓨터 시스템의 디바이스들 사이에 데이터 전송을 위한 공유 통신 링크(shared communication link)를 말한다. 데이터 버스는 양방향 버스로서 데이터를 주고받는 통로이다. 어드레스 버스는 메모리의 주소와 I/O장치의 주소를 전송하는 버스이다. 제어버스는 데이터 전송에 필요한 각종 제어 신호들을 연결하는 버스로서 메모리 읽기 신호, 메모리 쓰기 신호, I/O 장치 읽기 신호, I/O 장치 쓰기 신호, 인터럽트 신호 등이 여기에 속한다.

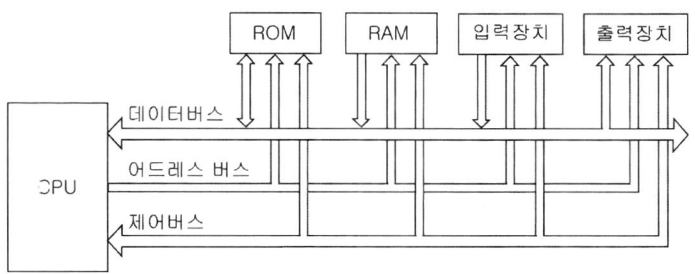

[그림 13-6] 컴퓨터 시스템의 블록도

CPU는 특정 메모리 혹은 특정 I/O 장치의 주소(address)를 지정하여 어드레스 버스에 실어 보내고 동시에 제어 신호(읽기/쓰기 제어 신호)를 제어 버스에 실어 보낸다. 또한 데이터는 데이터 버스에 실어서 전송한다. 주소버스는 단방향 버스이지만 데이터 버스와 제어버스는 양방향 버스이다. 메모리 중에서 RAM은 데이터를 읽거나 쓸 수 있으므로 양방향이고 ROM은 읽기만 하므로 단방향이다. 입력장치와 출력장치의 I/O 장치들도 지정된 주소를 통해 데이터를 송수신하게 된다.

13.2. ROM

ROM(Read Only Memory)은 저장된 데이터를 읽을 수는 있으나, 별도의 장치를 구비하지 않은 상태에서는 데이터를 기록하거나 변경할 수 없다. ROM은 자주 사용하는 데이터를 영구적으로 저장할 때 사용하는 메모리로서 코드 변환, 수학적 환산표, 컴퓨터 프로그램 등에 사용된다. 반도체 ROM은 바이폴라 트랜지스터와 MOS 트랜지스터 등으로 제조된다.

ROM은 하나의 IC에 디코더와 여러 개의 OR 게이트를 포함하고 있는 디바이스로서 디코더의 출력과 OR 게이트의 입력들을 서로 연결하여 ROM에 데이터를 저장시킬 수 있다. ROM은 고정된 2진 데이터의 집합이 저장되어 있는 메모리이며, 2진 데이터는 사용자의 요구에 따라 ROM 속에 기록된다. ROM은 특별한 내부 퓨즈(fuse)를 가지고 있으며, 필요한 회로를 구성하기 위해 이 퓨즈들을 절단시키거나 혹은 원래의 연결 상태로 남겨두게 된다. ROM은 일단 프로그램이 완성되면 전원이 끊기더라도 저장된 데이터가 지워지지 않고 그대로 남아 있게 된다.

13.2.1. ROM의 구성

ROM은 메모리이지만 일반적인 조합회로로도 꾸밀 수 있다. ROM은 부호 변환기와 같이 디코더 부분과 인코더 부분으로 구성된다. 디코더 부분은 어드레스 비트로 하나의 출력을 선택하는 기능을 가진다. 예를 들어서 어드레스 비트가 3개인 경우에는 $2^3 = 8$개의 서로 다른 기억주소를 가지게 되므로 3×8 디코더로 구현할 수 있다. 인코더 부분은 각각의 기억주소마다 서로 다른 데이터가 저장되어 있는데 이들 데이터를 회로 출력으로 표기해주는 기능을 수행한다.

[표 13-1]의 ROM 데이터 진리표를 조합회로를 통해 구현해 보기로 하자.

[표 13-1] ROM 데이터 진리표

메모리 주소	어드레스			데이터			
	A_2	A_1	A_0	D_3	D_2	D_1	D_0
m_0	0	0	0	0	1	0	1
m_1	0	0	1	0	1	1	0
m_2	0	1	0	1	0	1	0
m_3	0	1	1	1	1	0	1
m_4	1	0	0	0	0	1	0
m_5	1	0	1	1	1	1	1
m_6	1	1	0	0	0	0	1
m_7	1	1	1	0	1	1	0

상기 표는 어드레스 비트가 3비트로서 총 8개의 기억장소 $(m_0, m_1,) m_2 \cdots m_7$를 가지며 각 기억장소마다 해당 데이터가 저장되어 있는 ROM을 나타낸다. 예를 들어 어드레스 $A_2 A_1 A_0 = 000$, 즉 0번지의 메모리 위치는 m_0이며 이곳에 저장되어 있는 데이터 워드는 $D_3 D_2 D_1 D_0 = 0101$이다. 또한 $A_2 A_1 A_0 = 111$, 즉 7번지의 메모리 위치는 m_7이며 이곳에 저장되어 있는 데이터 워드는 $D_3 D_2 D_1 D_0 = 0110$이다.

[표 13-1]의 ROM 메모리의 디코더 부분과 인코더 부분 회로를 [그림 13-7]에 나타낸다.

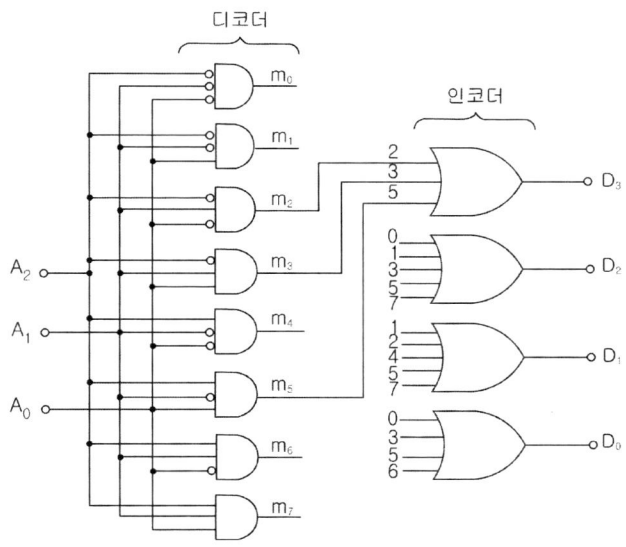

[그림 13-7] ROM 메모리의 디코더 부분과 인코더 부분 회로

[그림 13-7]은 인코더 부분과 디코더 부분으로 구성되어 있는데 디코더 부분은 어드레스를 입력으로 하는 AND 게이트들로 구성되어 있고, 인코더 부분은 디코더 회로의 출력을 입력으로 하는 OR 게이트들로 구성되어 있다. 인코더 부분의 OR 게이트는 입력을 디코더의 출력들로 구성되는데 이들 출력은 해당 주소의 메모리 데이터 비트가 1로 저장되어 있는 디코더의 출력들의 집합이다.

예를 들어서 OR 게이트 G_3의 입력은 m_2, m_3, m_5들인데 이들은 어드레스 2, 어드레스 3, 어드레스 5를 나타내며 이들 주소에 저장되어 있는 데이터 비트 D_3는 모두 1이다. 인코더 회로 부분의 OR 게이트 G_2는 데이터 비트 D_2가 1인 어드레스들을 입력으로 하는데 이들의 주소는 0, 1, 3, 5, 7 번지임을 [표 13-1]에서 확인할 수 있다.

앞에서 설명한 바와 같이 ROM은 디코더 회로 부분과 인코더 회로 부분으로 구성되어 있는데 인코더 부분은 디코더 회로의 출력과 고정적으로 구성되어있지 않고 디코더 출력과 OR 게이트 사이에 퓨즈 링크(fuse link)가 설정되어 있다. 이와 같이 퓨즈 링크와 OR 게이트를 묶어서 메모리 배열이라고 부른다. 따라서 ROM의 기본 구조는 [그림 13-8]과 같이 디코더와 메모리 배열로 구성된다.

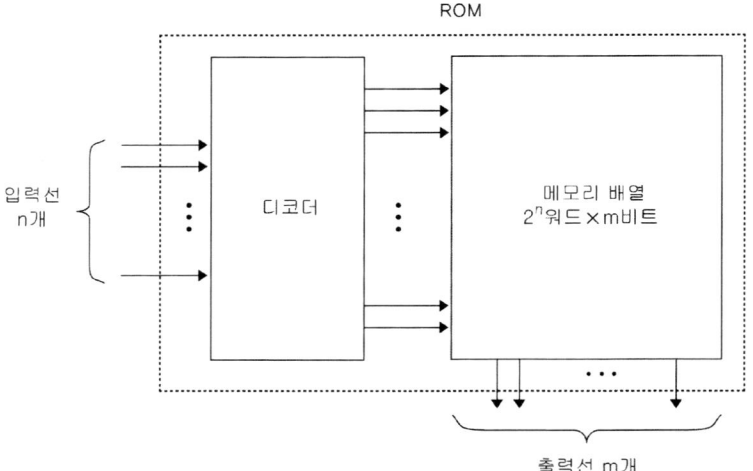

[그림 13-8] ROM의 기본 구조

[그림 13-8]에서 ROM은 입력선 n개와 출력선 m개로 구성된다. 입력변수들의 비트 조합은 디코더의 입력들로서 메모리 액세스 위치를 지정하기 위한 주소가 되고, 출력선에서 출력되는 비트 조합은 메모리의 워드가 되며 한 워드는 m개의 비트들로 구성된다.

입력변수가 n개인 경우, 디코더로 지정할 수 있는 서로 다른 주소의 개수는 2^n개 되며, 지정된 주소마다 한 워드씩 대응된다. ROM에는 최대 2^n개의 주소가 있으므로 서로 다른 워드를 최대 2^n개 저장할 수 있다. 그러나 어떤 ROM에서는 ROM을 표시할 때에 ROM 내부에 저장할 수 있는 전체 비트의 수($2^n \times m$)로 표시하는 경우도 있다.

[그림 13-9]는 32×4 ROM의 내부 논리 구조를 나타낸다. 5개의 입력변수들은 디코더를 통해 32개가 출력되며, 각 디코더의 출력은 32개 주소 중에서 1개만 선택한다. 주소 입력은 5비트이며 디코더로부터 선택되는 최소항은 입력의 5비트와 등가인 10진수로 표시되는 최소항이다. 디코더의 32개 출력은 퓨즈를 통해 각 OR 게이트의 입력으로 연결된다.

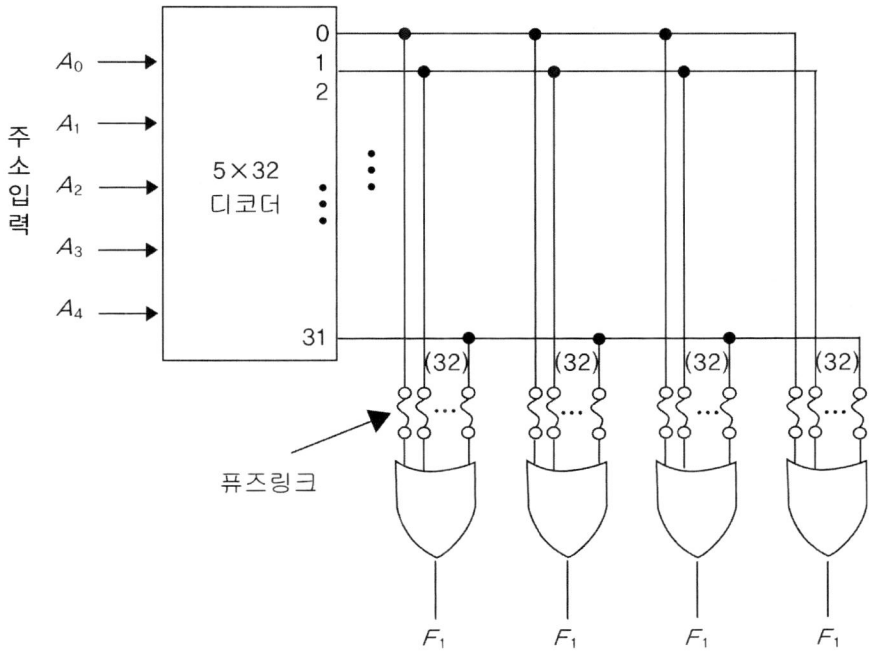

[그림 13-9] 32×4 ROM의 내부 논리 구조

[그림 13-9]에는 OR 게이트의 입력에 3개만 표시되어 있으나 실제로 각 OR 게이트는 32개의 입력을 가지고 있으므로 전체 퓨즈 개수는 32×4＝128개가 된다. 퓨즈의 연결 상태로 ROM의 데이터를 표시한다. 즉, 각 어드레스에 저장되어 있는 각 비트가 1이면 해당하는 퓨즈 링크는 OR 게이트의 입력으로 연결되어야 하므로 퓨즈 링크를 절단하지 않고 그대로 남겨둔다.

[그림 13-10]은 32×4 ROM의 내부 구조를 간단하게 표시한 것이다. 각각의 OR 게이트는 실제로 32개의 입력을 가지고 있지만 이들의 입력선을 한 선으로 나타내고 그 대신에 디코더의 출력과 입력선이 만나는 지점에 'X'를 표시함으로써 해당 OR 게이트의 입력임을 나타내고 있다.

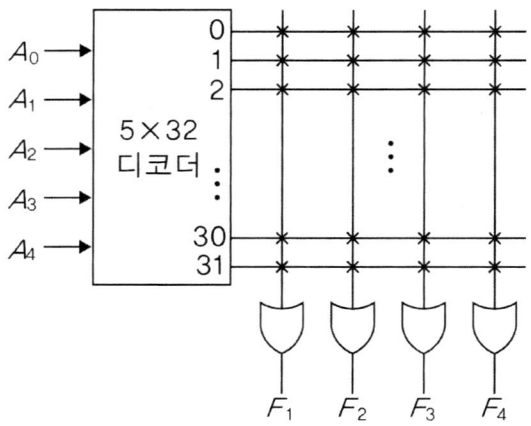

[그림 13-10] 간략화한 32×4 ROM의 내부 논리 구조

ROM에서는 2진 데이터를 표시하기 위해 각 주소에 해당하는 워드의 내용을 나타내는 진리표를 사용한다. 32×8 ROM에 대한 진리표의 예를 [표 13-2]에 나타낸다. 진리표에서 입력은 ROM의 주소에 해당하고, 출력은 해당 주소에 저장되어 있는 데이터의 내용이다. ROM에 데이터를 저장하는 과정은 주어진 진리표에 따라 내부 퓨즈를 절단하는 것이다. 즉, 퓨즈를 절단하면 0을 표현하고 절단하지 않으면 1을 나타낸다.

예를 들어서 [표 13-2]의 진리표를 이용하여 ROM을 프로그램한 결과를 알아보기로 하자. 입력 00010에 대한 출력 10010011이 되는 과정은 아래와 같다.

① 입력 00010에 대한 디코더의 출력, 즉 주소 2만이 선택되고 나머지의 디코더 출력은 액티브 되지 않는다.

② 디코더의 세 번째 출력, 즉 주소 2와 8개의 OR 게이트의 교차점 A_7, A_4, A_1, A_0를 입력으로 하는 OR 게이트에 각각 1의 값이 전송된다.

③ 다른 4개의 OR 게이트 출력은 0을 유지하므로 데이터 10010011이 출력된다.

[표 13-2] ROM 진리표의 예

입력					출력							
I_4	I_3	I_2	I_1	I_0	A_7	A_6	A_5	A_4	A_3	A_2	A_1	A_0
0	0	0	0	0	1	0	0	1	1	0	1	0
0	0	0	0	1	0	1	1	0	0	1	0	1
0	0	0	1	0	1	0	0	1	0	0	1	1
		...							...			
1	1	1	0	1	1	1	0	0	0	1	1	0
1	1	1	1	0	0	1	0	0	1	0	1	0
1	1	1	1	1	0	0	0	1	1	0	0	1

[그림 13-11]은 상기의 진리표에 대한 ROM 프로그램을 나타낸다. 일반적으로 $2^k \times n$ ROM은 $k \times 2^k$의 디코더와 n개의 OR 게이트로 구성되고, 각각의 OR 게이트는 2^k개의 입력을 가지고 있으며 디코더 출력의 각각에 퓨즈를 통해 연결된다. ROM은 최소 항들의 합을 두 단계로 구현하는데 이 두 단계의 구현이 AND-OR일 필요는 없다. 임의의 다른 가능한 두 단계 최소 항으로 구현할 수도 있는 것이다. 따라서 보통 두 번째 단계는 퓨즈들의 연결을 쉽게 하기 위해 연결 논리(wired logic)로 구성하는 경우가 많다. 여기에서 연결 논리라 함은 OR 게이트를 사용하지 않고 단지 회로 선을 묶어도 OR 게이트의 효과를 가져오는 구성을 말한다.

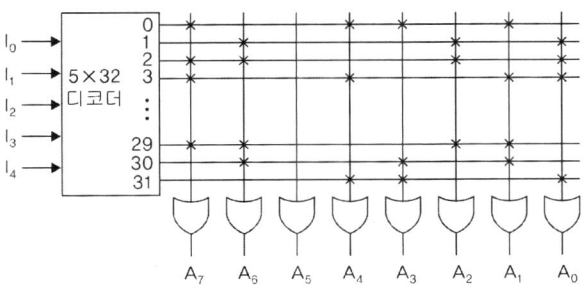

[그림 13-11] ROM 진리표의 예에 대한 ROM 프로그램

13.2.2. ROM의 종류

ROM은 데이터 저장 방법에 따라 크게 마스크 ROM, PROM, EPROM 등으로 구분된다.

(1) 마스크 ROM

마스크 ROM은 사용자가 원하는 특별한 비트 패턴(bit pattern)을 제조 회사에 요구하면 사용자의 요구대로 프로그램되는 것이므로 초기 설계를 위해서는 많은 비용이 소요되지만, 일단 설계가 완성되면 대량 생산을 할 수 있으므로 동일한 형태가 대량으로 소요되는 경우에는 매우 경제적이다.

(2) PROM

PROM은 사용자가 필요에 따라 현장에서 특정 장치를 이용하여 프로그램을 할 수 있으므로 적은 양을 필요로 하는 경우에 매우 경제적이다. PROM은 손상되지 않은 원래 상태의 퓨즈로 구성되어 있으므로, 원하는 형태로 퓨즈 링크를 절단함으로써 ROM을 프로그램할 수 있다.

PROM의 퓨즈 링크를 원하는 형태로 절단하기 위해서는 해당하는 주소를 선택한 다음에 출력 단자를 통해 높은 전압이나 전류 펄스를 인가하여 퓨즈를 절단하여 프로그램을 할 수 있다. 절단된 퓨즈 상태는 ROM 데이터의 0을 저장하게 되고 절단되지 않은 퓨즈는 1을 저장하게 되는 것이다. PROM도 마스크 ROM과 같이 일단 프로그램을 완료하면 반영구적으로 유지되며 저장된 데이터를 변경할 수 없게 된다.

(3) EPROM

EPROM은 PROM과 같이 퓨즈의 형태로 구성되어 있으며 필요에 따라서 사용자가 ROM의 데이터 내용을 변경하거나 지울 수 있다는 점이 다르다. EPROM은 PROM처럼 퓨즈와 같은 장치를 사용하지 않고 절연된 게이트상에 높은 전압으로 전하를 공급하는 형태로 프로그램 된다. 일단 프로그램 되면 전하는 수년 동안 남게 되어 전원이 끊어져도 저장된 프로그램은 유실되지 않는다. 프로그램의 내용을 지우려면 일정시간 자외선에 노출시켜서 프로그램을 지울 수 있다. 복원 과정을 거쳐서 초기 상태로 복원된 EPROM은 다시 프로그램을 통해 필요한 데이터를 저장할 수 있다.

(4) EEPROM

EEPROM은 EPROM과 거의 동일하지만 저장된 프로그램을 지우기 위해 자외선 대신에 전기적인 전압을 사용한다는 점이 다르다.

13.3. RAM

RAM은 메모리에 저장된 데이터를 읽을 수도 있고 또한 필요한 데이터를 저장할 수도 있는 메모리로서 RWM이라고도 부른다. 반도체 RAM은 바이폴라 트랜지스터와 MOS 트랜지스터로 제조된다.

RAM에는 정적 RAM(SRAM: Static RAM)과 동적 RAM(DRAM: Dynamic RAM)이 있다. SRAM은 바이폴러 트랜지스터 혹은 MOS 트랜지스터를 사용하여 제조되며 DRAM은 MOS 트랜지스터를 사용하여 제조된다. SRAM에 사용되는 저장 소자는 래치(latch)이므로 전원이 켜 있는 동안에는 언제나 데이터를 유지할 수 있지만, DRAM은 축전기(capacitor)상에 데이터를 저장해야 하므로 일정 시간마다 주기적으로 재충전시켜주어야 저장된 데이터를 유지할 수 있다.

13.3.1. 정적 RAM(SRAM)

(1) SRAM의 메모리 셀 구조와 동작

m개의 저장 장소에 각 워드의 길이가 n비트인 RAM의 구조는 메모리 셀 $m \times n$개와 각 워드를 선택하는 데 필요한 주소를 출력하는 논리회로로 구성된다.

[그림 13-12]는 1비트 데이터를 저장하는 SRAM 메모리 셀의 구조를 나타낸다. 이 메모리 셀은 메모리를 구성하는 기본 단위이고 메모리 셀은 1개의 래치(또는 플립플롭)와 몇 개의 게이트로 표시되어 있지만 실제로는 입력이 여러 개인 2개의 트랜지스터로 구성되어 있다.

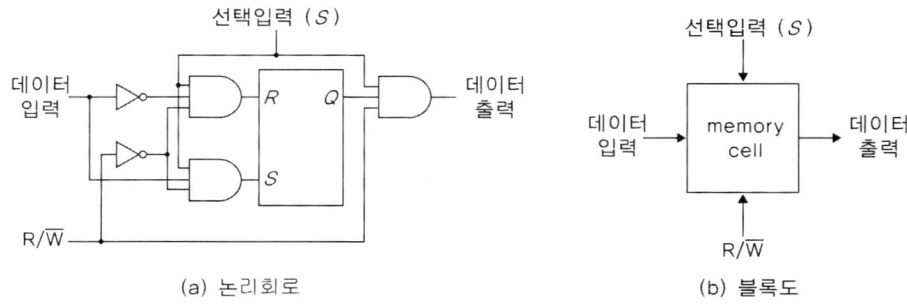

(a) 논리회로　　　　　　　　　　(b) 블록도

[그림 13-12] SRAM 메모리 셀의 구조

[그림 13-12]의 메모리 셀에서 선택 입력 S(select)는 여러 개의 메모리 셀들 중에서 외부로부터 입력되는 주소에 의해 선택되었을 때에 논리 1이 입력된다. 선택 입력 S는 입력 신호와 출력 신호의 양쪽 AND 게이트에 모두 입력 신호로 들어가므로 $S=1$ 아니면 메모리 셀은 동작하지 않게 된다. $S=1$일 때에, 즉 해당 메모리 셀이 선택되었을 때에 $R/\overline{W}$ (read/write) 입력이 1이면 래치에 저장되어 있는 데이터 비트가 데이터 출력 단자를 통해 출력되며, $R/\overline{W}$ 입력이 0이면 데이터 입력 단자에 있던 데이터 비트가 래치로 저장된다. 이런 경우에 래치는 클럭 펄스 없이 동작하여 데이터의 1비트를 메모리 셀에 저장할 수 있다.

(2) SRAM의 기본 구조

[그림 13-13]은 4×3 SRAM의 기본 구조를 나타낸다. 이 RAM은 4개의 저장 장소에 각각 3비트의 워드로 구성되므로 전체 메모리 셀 개수는 12개가 된다. 이 그림에서 BC(binary cell)는 메모리 셀 1개를 표시하며 각 BC마다 선택입력(S), 데이터 입력, 데이터 출력, $R/\overline{W}$ 신호 등이 있다.

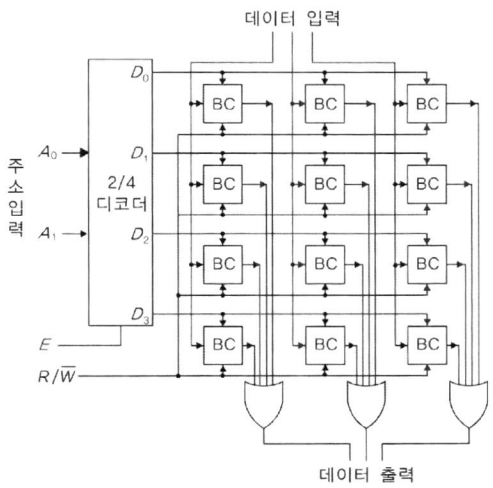

데이터 입력

데이터 출력

[그림 13-13] 4×3 SRAM의 기본 구조

이 SRAM의 저장 장소는 모두 4개이므로 이들 저장 장소를 각각 구별하기 위해서는 $2^2 = 4$로서 어드레스 라인이 2개 필요하게 된다. 즉, 셀을 지정하기 위해 주소 입력 2개로 2×4 디코더를 구성하여 이 디코더의 출력을 각 BC의 선택입력(S)에 연결 구성해야 한다. 디코더의 제어 신호로서 인에이블(E) 입력이 있는데 이 입력이 논리 0이면 디코더의 모든 출력은 논리 0이 되어 워드를 선택할 수 없으므로 메모리 셀의 내용이 변하지 않으며, 인에이블 신호가 논리 1일 때에만 두 주소 입력값에 따라 워드 4개 중에서 하나가 선택된다. 이때 $R/\overline{W}$ 입력이 논리 1이면 지정된 워드의 데이터가 OR 게이트 3개를 통해 출력되며, $R/\overline{W}$ 입력이 논리 0이면 입력 단자에 있던 데이터가 선택된 주소의 메모리 셀에 저장된다.

[그림 13-14]는 256×4 SRAM의 외부 구조를 보여준다. SRAM은 ROM과는 달리 $R/\overline{W}$ 제어 입력이 존재한다. $R/\overline{W}$가 논리 1인 읽기(read) 모드에서는 칩 선택 $\overline{CS} = 0$일 때에 선택된 주소로부터 4개의 데이터 비트가 출력된다. $R/\overline{W}$가 논리 0일 때에는 쓰기(write) 모드로서 주소로부터 선택된 메모리 셀에 데이터가 저장된다. 256×4 SRAM의 외부 구조에서 출력 측에 ▽ 표시는 3 상태(tri-state) 출력을 나타낸다. 메모리 확장으로 인해 다른 메모리와 데이터 버스를 공유할 때에 선택되지 않은 SRAM은 3 상태로 남아 있음으로써 데이터 충돌 없이 올바른 데이터 액세스를 가능하게 해준다.

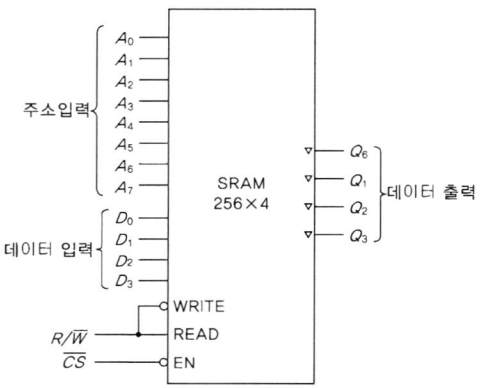

[그림 13-14] 256×4 SRAM의 외부 구조

[그림 13-15]는 256×4 SRAM의 기본 구조를 보여준다. SRAM은 메모리 셀 선택을 위해 어드레스 입력을 행(row) 어드레스와 열(column) 어드레스로 구성한다. 즉, 행 어드레스는 행 디코더를 통해 메모리의 행 그룹을 선택하고, 열 어드레스를 가지고 행 그룹의 메모리들 중에서 최종적으로 하나의 메모리를 선택하게 된다. [그림 13-15]에서는 주소 입력 8개 중에서 5개($A_0 \sim A_4$)는 행 어드레스로 사용되어 32행 중에서 하나를 선택하고, 나머지 3개 ($A_5 \sim A_7$)는 열 어드레스로 사용하여 8개의 열 중에서 하나를 선택함으로써 최종적인 어드레스가 선택된다.

읽기 모드에서 입력 버퍼는 디스에이블(disable)되고, 출력 버퍼는 인에이블 되어 선택된 주소의 메모리로부터 4개의 데이터 비트들이 출력을 통해 출력된다. 쓰기 모드에서는 출력 버퍼가 디스에이블 되고, 입력 버퍼는 인에이블 되어 4개의 입력 데이터 비트들이 선택된 주소의 메모리에 저장된다.

칩 선택 $\overline{CS}$ 입력은 읽기 모드와 쓰기 모드에서 논리 0이 되어야 한다. 어드레스 출력을 칩 선택 $\overline{CS}$ 신호로 사용함으로써 메모리를 확장시킬 수 있다. 즉, 예를 들어서 두 개의 256×4 SRAM이 구성될 경우에 $\overline{CS}$ 신호를 사용하여 이들 두 RAM 중에서 하나를 선택할 수 있게 함으로써 메모리를 두 배 확장시킬 수 있게 된다.

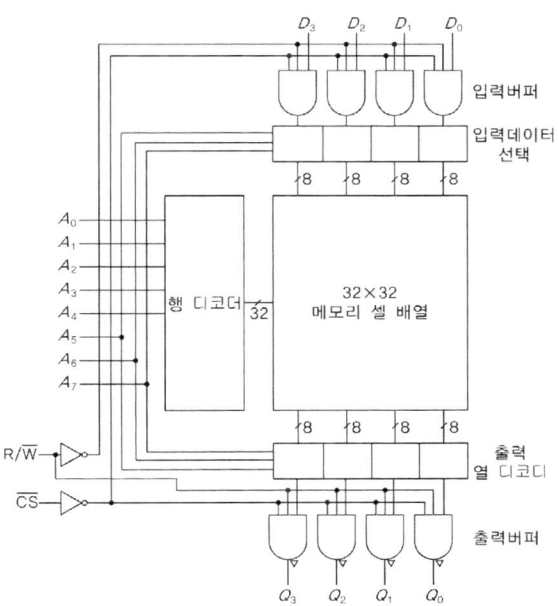

[그림 13-15] 256×4 SRAM의 기본 구조

13.3.2. 동적 RAM(DRAM)

DRAM은 데이터 비트를 커패시터(capacitor)에 저장하며 메모리 셀(memory cell)은 매우 단순한 구조를 가진다. DRAM은 SRAM보다 비트 당 가격이 싸고 고밀도 칩을 구성할 수 있다. 그러나 DRAM은 메모리 셀이 커패시터로 구성되어 있기 때문에 일정한 시간이 지나면 저장된 데이터가 소멸되어버리므로 주기적으로 재충전(refresh) 시켜주어야 한다. 재충전을 위한 부수적인 논리회로가 추가적으로 필요하게 된다.

(1) DRAM의 메모리 셀 구조와 동작

[그림 13-16]은 MOS 트랜지스터와 커패시터로 구성된 DRAM의 메모리 셀을 나타낸다.

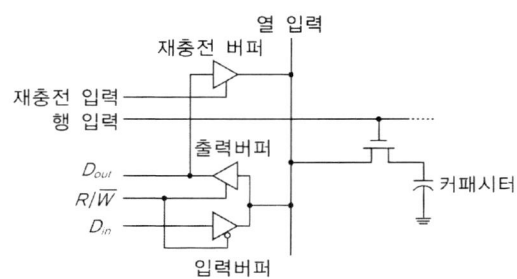

[그림 13-16] DRAM의 메모리 셀 구조

상기 그림에서 트랜지스터는 스위치로 동작한다. DRAM의 기능은 쓰기, 읽기, 재충전이 있는데 이들 기능에 관한 설명은 아래와 같다.

(가) 쓰기 모드

쓰기 모드는 $R/\overline{W}$ 입력이 0인 상태로서 3 상태 입력 버퍼가 인에이블 되고, 출력 버퍼는 디스에이블 된다. 메모리 셀에 논리 1을 저장하기 위해서 데이터 입력 Din=1로 하고, 행 입력이 논리 1이면 트랜지스터는 ON 상태가 된다. 트랜지스터가 ON 상태가 되면 커패시터에는 양(+)의 전압이 충전된다. 논리 0을 저장하기 위해서 데이터 입력 Din=0으로 하면 커패시터는 충전되지 않는다. 이때에 커패시터에 데이터 1이 저장되어 있는 경우에는 이를 방전시키면 된다. 그러나 열 입력이 논리 0이므로 트랜지스터가 off 되어 커패시터의 전하(논리 1 또는 논리 0)는 트래핑(trapping)된다.

(나) 읽기 모드

읽기 모드는 $R/\overline{W}$ 입력이 1인 상태로서 3 상태 버퍼인 출력 버퍼가 인에이블 되고, 입력 버퍼는 디스에이블 된다. 행 입력이 논리 1이면 MOS 트랜지스터는 ON 상태가 되어 커패시터는 비트 선(bit line)을 통해 출력 버퍼에 연결된다. 따라서 저장된 데이터는 출력 (Dout)을 통해 외부로 출력된다.

(다) 재충전

DRAM에서 재충전은 저장된 메모리 셀 내용을 읽어서 다시 메모리 셀에 쓰는 동작으로 수행된다. [그림 13-16]에서 $R/\overline{W}$ 입력, 행 입력, 재충전 입력 등을 모두 논리 1로 하면 트랜지스터가 ON 되어 커패시터는 비트 선에 연결된다. 출력 버퍼는 인에이블 되고, 저장된 데이터 비트는 재충전 입력이 논리 1이 되어 인에이블 되므로 재충전 버퍼를 통해 쓰기 동작이 되어 저장된다.

(2) DRAM의 기본 구조

DRAM과 SRAM의 주된 차이점은 메모리 셀의 형태이며, DRAM에서는 메모리 셀에 저장된 데이터를 유지시키기 위해 재충전이 필요하기 때문에 부수적인 논리회로가 필요하다. DRAM의 주요 특징은 아래와 같다.

(가) 주소 입력의 멀티플렉싱

모든 DRAM은 어드레스 선 개수와 패키지(package)의 입출력 핀 수를 줄이기 위해 주소 입력을 멀티플렉싱(multiplexing)으로 구성한다. [그림 13-17]은 16K(16K×1)의 DRAM을 나타낸다.

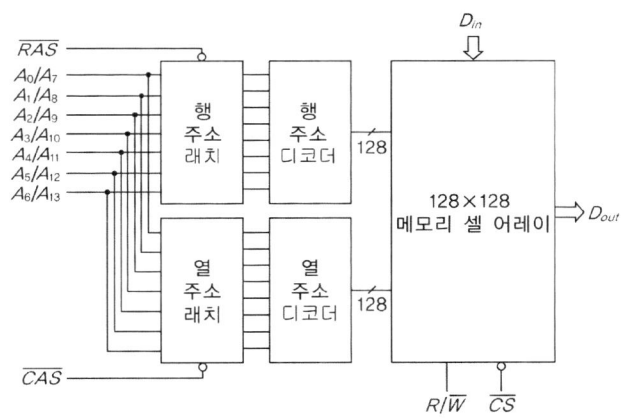

[그림 13-17] 16K DRAM의 블록도

16K의 메모리 사이즈를 위해서는 주소 입력 개수가 14개 필요한데 이들 주소 입력은 7비트의 열(column)과 7비트의 행(row)으로 나누어 구성된다. 먼저 $\overline{RAS}$ 신호 입력에 의해 7비트의 행 주소(row address)가 입력되어 행 주소 래치에 저장되고, 그다음에 $\overline{CAS}$ 신호 입력에 의해 7비트의 열 주소가 입력되어 열 주소 래치에 저장된다. 7비트의 행 주소와 7비트의 열 주소는 읽기와 쓰기 동작 시에 메모리 셀을 선택하기 위해 사용된다. [그림 13-18]은 주소 입력의 멀티플렉싱에 대한 신호 파형을 나타낸다.

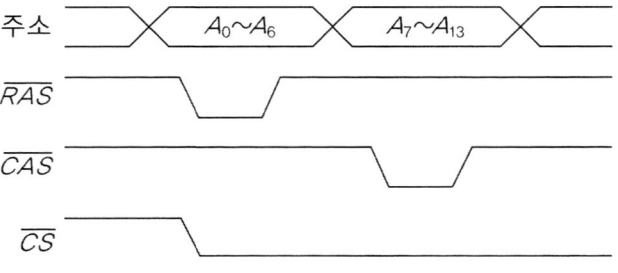

[그림 13-18] 주소 입력의 멀티플렉싱에 대한 신호 파형

(나) 메모리 재충전 회로

모든 DRAM은 재충전이 필요하며 재충전 논리회로는 메모리 칩의 내부 또는 외부에 둘 수 있다. [그림 13-19]는 [그림 13-17]의 16K DRAM에 재충전 논리회로를 추가시킨 가장 단순한 형태로서, 메모리 재충전 동작은 모든 메모리 셀이 행 입력을 통해 재충전이 될 때까지 순차적으로 각각의 메모리 셀들을 재충전한다. 이것을 버스트(burst) 재충전이라고 하며 대표적인 DRAM에서 2~4ms마다 반복한다. 재충전이 되는 동안에는 데이터를 메모리로부터 읽거나 쓸 수 없게 된다.

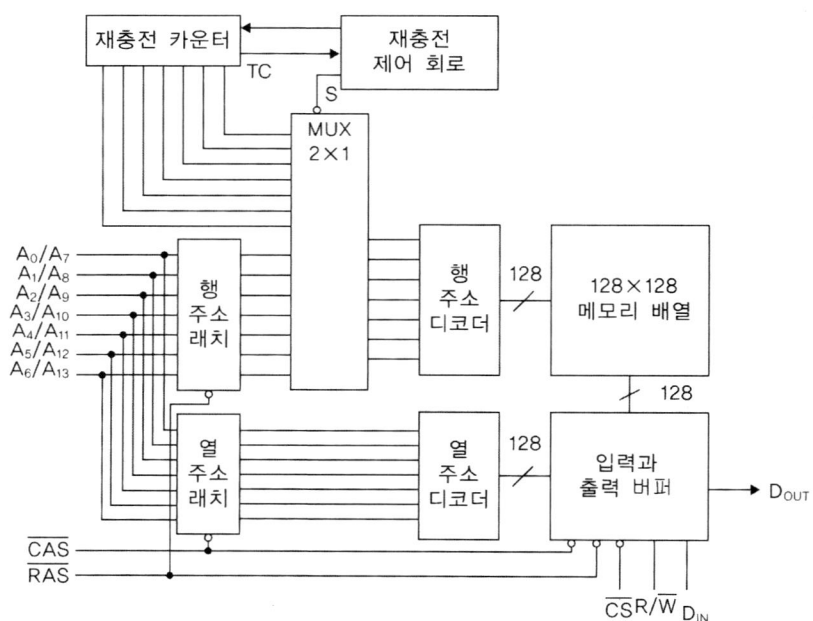

[그림 13-19] 재충전 논리회로를 가진 DRAM의 블록도

메모리의 재충전 과정은 아래와 같다.

- 재충전 카운터로부터 7개의 출력 선이 멀티플렉서에 입력되면 멀티플렉서는 재충전 제어 입력 S에 의해 7개의 출력 선이 선택되어 행 주소 선에 있는 행 디코더에 입력된다.
- 재충전 카운터의 동작이 시작되며 그의 모든 상태 0~127를 순차적으로 동작하며, 각각의 메모리 셀의 행 입력이 순차적으로 선택되고, $\overline{RAS}$ 신호 입력에 의해 순차적으로 메모리 셀들이 재충전된다.
- 이때 변화된 데이터가 재충전될 때 출력 선에 나타나지 않도록 하기 위해 출력 버퍼를 동작 불가능하게 하고 $\overline{CAS}$ 제어 입력을 논리 1로 한다.
- 재충전 카운터가 마지막에 이르면 재충전 동작이 끝나고, 메모리는 정상적인 읽기와 쓰기 동작을 수행할 수 있게 된다.

13.3.3. 메모리 확장

메모리들은 데이터 비트가 1비트, 4비트, 8비트 등의 구조로 이루어져 있으며 이들을 이용하여 대용량의 메모리를 구성할 수 있다. 1비트의 메모리로 8비트 혹은 16비트의 워드로 확장시키는 것을 워드 길이 확장이라고 부른다. 1K 사이즈의 메모리로 2K 사이즈의 메모리를 구성하는 것을 워드 용량 확장이라고 한다. 워드 길이 확장은 하나의 어드레스로 선택된 메모리 셀의 비트 수가 증가함을 나타내고, 워드 용량 확장은 어드레스 범위가 늘어남을 의미한다.

[그림 13-20]은 1K×8 RAM의 블록도이다. 1K×8 RAM은 8비트 크기의 1,024 워드를 저장할 수 있는 메모리이다. 주소는 10비트이고, 입출력은 8비트이며 그림에서는 하나의 선에 숫자로 표시되어 있다. CS(Chip Select)는 RAM을 선택하는 입력이며 $R/\overline{W}$는 선택된 RAM 칩의 읽기와 쓰기 동작을 제어한다. 출력의 ▽ 표시는 3 상태 출력을 나타낸다.

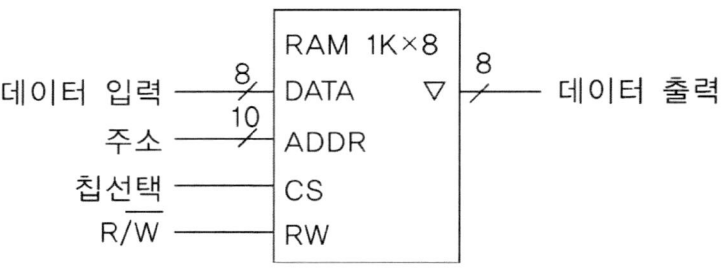

[그림 13-20] 1K×8 RAM의 블록도

$CS=0$이면 RAM 칩이 선택되지 않고 출력은 하이 임피던스(high impedance)가 된다. $CS=1$이고 $R/\overline{W}=1$이면 주소에 의해 선택된 8비트 데이터가 출력 선을 통해 출력된다. [그림 13-20]의 메모리에서는 데이터 입력과 데이터 출력이 서로 분리되어 있지만, 일반적인 RAM 칩에서는 데이터 입력과 데이터 출력이 하나의 선으로 전달되는 양방향(bidirectional) 기능을 가진다.

메모리 설계 시에 원하는 용량을 하나의 RAM 칩으로 구성할 수 없는 경우가 많은데 이러한 경우에는 여러 개의 RAM 칩을 구성하여 메모리를 확장해야 한다. 예로서 1K×8 RAM을 4개 사용하여 4K×8의 RAM을 구성해보자.

워드 길이 확장이 아니라 메모리 사이즈 확장이므로 각각 RAM의 8개 데이터 입출력 선을 공통으로 접속한다. 즉, 데이터 입출력 선의 개수는 8개로서 더 이상 늘어나지 않는다. 4K를 구성하기 위한 12개의 주소 선 중에서 하위 10개의 주소 선은 모든 RAM 칩에 공통으로 접속한다. 10개의 주소 선으로는 각 RAM 내부의 주소를 지정하는 데에 사용되는 것이다. 상위 2개의 주소 선은 2×4 디코더의 입력에 연결한다. 디코더의 4개 출력은 각각 RAM 칩의 CS 입력에 접속한다.

메모리가 디스에이블(disable) 되어 디코더의 EN(enable)의 입력이 논리 0이면 어떤 RAM 칩도 선택되지 않는다. 디코더가 인에이블(enable) 되면 주소선 11과 12에 의해 4개의 RAM 칩 중에 어느 하나가 선택된다. 만약 주소 선 11과 12가 00이면 첫 번째 RAM이 선택되고, 10개의 하위 주소 선에 의해 0~1,023의 메모리 주소가 선택된다. 주소선 11과 12가 01이면 두 번째 RAM 칩이 선택되어 1,024~2,047의 메모리 주소가 선택된다. 주소 선 11과 12가 10이면 2,048~3,071의 메모리 주소가 선택되고 주소 선 11과 12가 11이면 3,072~4,095의 메모리 주소가 선택된다. [그림 13-21]은 1K×8 RAM으로 구성한 4K×8 RAM의 블록 도를 나타낸다.

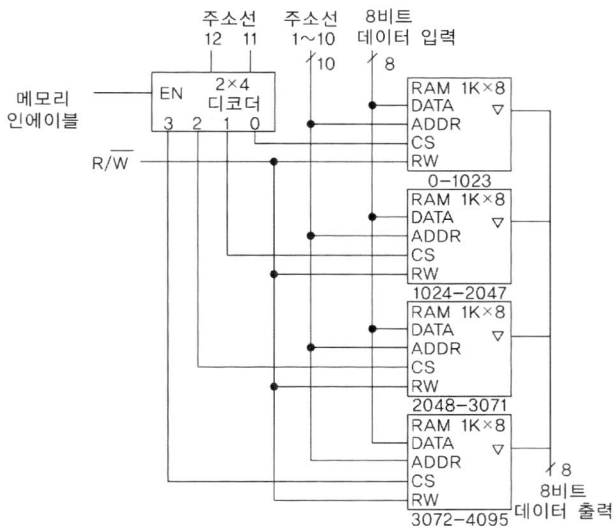

[그림 13-21] 1K×8 RAM으로 구성한 4K×8 RAM의 블록도

1K×8 RAM 두 개를 사용하여 1K×16 RAM을 구성해 보기로 하자. 이 구성은 워드 길이 확장이므로 주소 선은 공통으로 사용하고 데이터 입력과 데이터 출력을 병렬로 확장 구성해야 한다. 즉, 하나의 메모리는 $D_0 \sim D_7$의 데이터 라인을 RAM의 데이터 입력에 연결하고, 또 다른 메모리에는 $D_8 \sim D_{15}$의 데이터 라인을 RAM의 데이터 입력에 연결한다. 데이터 출력도 이와 같은 방법으로 연결 구성한다. 10개의 주소 선과 $R/\overline{W}$ 입력은 2개의 RAM 칩에 공통으로 접속된다. [그림 13-22]는 1K×8 RAM으로 구성한 1K×16 RAM의 블록도를 보여준다.

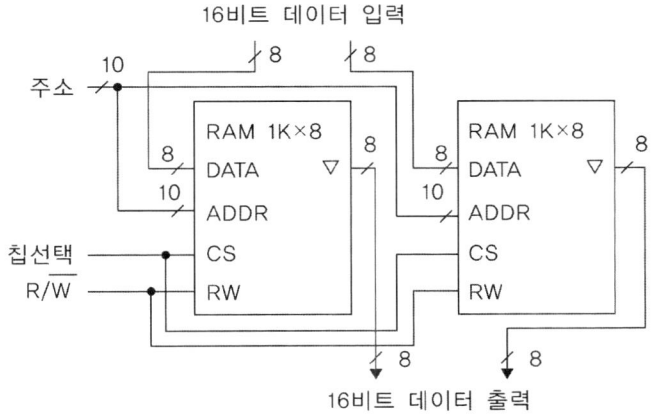

[그림 13-22] 1K×8 RAM으로 구성한 1K×16 RAM의 블록도

참고문헌

『디지털 논리회로』, 김정현 지음, 대광서림, 2007.

『디지털 논리회로』, 이우춘·전지용·하기종·박영철·이승환 공저, 한올출판사, 2001

『디지털 논리회로 설계』, 이상범 저, 정익사, 2004.

『디지털 논리회로』, 윤재강·정찬수 공저, 동일출판사, 1991.

『디지털 논리회로』, 유치형·이혜정 공저, 도서출판 연학사, 2008.

『디지털 논리회로 이론, 실습, 시뮬레이션』, 임석구·홍경호 공저, 한빛미디어, 2010.

『디지털 시스템』, 김성락·남시병·임해진 공저, 정익사, 2003.

『디지털회로설계』, 이동렬 저, 생능출판사, 2003.

『디지털 기본회로의 이해와 설계』, 이영욱 저, 생능출판사, 1998.

『논리회로설계』, 김종현 저, 연세대학교 출판부, 2009.

『최신 디지털 논리회로 설계』, 안계선 저, 21세기사, 2010.

『디지털논리회로』, 이영식·박종찬·강재덕 공저, 도서출판 명진, 2011.

『컴퓨터 구조』, 오창환 저, 서울사이버대학교 출판사, 2006.

『데이터통신』, 오창환 저, 한국학술정보(주), 2010.

『인간과 컴퓨터 이해』, 오창환 저, 한국학술정보(주), 2011.

『세상을 바꾸는 IT 100선』, 오창환, 서울사이버대학교 출판사, 2008.

『Introduction to Digital Logic Design』, Hayes, John P., Addison-Wesley, 1993.

『Digital Design』, Mano, M. M., prentice-Hall, 1991.

『Computer Design & Architecture, 2nd ed』, Shiva, Sajjan G., Harper Collins, 1991.

찾아보기

오창환

고려대학교 전자공학 학사
고려대학교 공학대학원 석사
일본 오사카대학교 정보공학 박사
한국전자통신연구원 책임연구원
광주과학기술원 연구교수
(주)네트리 대표이사
현)『전기연감』집필위원
　　한국대학신문 논설위원
　　서울사이버대학교 컴퓨터정보통신학과 교수

『컴퓨터 구조』(2006)
『데이터베이스 기초』(2008)
『세상을 바꾸는 IT 100선』(2008)
『ZigBee 개발 핸드북』(번역서, 2009)
『데이터통신』(2010)
『인간과 컴퓨터 이해』(2011)
『유비쿼터스 이해』(2012)
『디지털 3.0 시대의 상식 사전』(2012)

Priority Control ATM for Switching Systems, IEICE Trans. on Communications, Oh C.H., Murata M., and Miyahara

Circuit Emulation Technique in ATM Networks, IEICE Trans. on Communications, Oh C.H., Murata M., and Miyahara

Performance Enhancement of Mobile IP by Reducing Out-of-Sequence Packets Using Priority Scheduling, IEICE Trans. on Communications, Lee D.W., Hwang G.Y., Oh C.H.

디지털 논리회로 이해

초 판 인 쇄 | 2013년 3월 27일
초 판 발 행 | 2013년 3월 27일

지 은 이 | 오창환
펴 낸 이 | 채종준
펴 낸 곳 | 한국학술정보㈜
주 　 　 소 | 경기도 파주시 문발동 파주출판문화정보산업단지 513-5
전 　 　 화 | 031) 908-3181(대표)
팩 　 　 스 | 031) 908-3189
홈 페 이 지 | http://ebook.kstudy.com
E - m a i l | 출판사업부　publish@kstudy.com
등 　 　 록 | 제일산-115호(2000. 6. 19)

ISBN　　978-89-268-4188-4 93560 (Paper Book)
　　　　978-89-268-4189-1 95560 (e-Book)